大数据系列丛书

多元数据分析原理与实践

杨寿渊 编著

清华大学出版社
北京

内 容 简 介

本书是多元数据分析的基础教材，内容涵盖方差分析、总体分布和独立性检验、矩阵的奇异值分解、多元线性回归分析、主成分分析、因子分析、聚类分析、多维标度分析、判别分析、逻辑回归分析、典型相关分析等多元数据分析的核心内容。写作上力求深入浅出、循序渐进，既照顾学生的理解能力与学习兴趣，又考虑内容的全面性与深度。本书在内容取舍、习题选择等方面依据作者的教学经验做了仔细考虑，同时参考国内外的经典教材与文献，力求做到与时俱进，能够与前置和后续课程很好地衔接。 书中除了方法原理讲解外，还有大量计算和应用实例，并附有完整的 MATLAB 代码和数据集，以及详细的使用说明和代码注释，读者能够很容易地实现所学方法。每章末尾均有拓展阅读建议，供学有余力或有兴趣的学生参考。此外，本书还配有用 LaTeX 精心制作的 PDF 课件，方便授课教师使用。

本书可作为基础数学、概率统计、应用数学、大数据、管理科学与工程、金融工程等专业的本科教材，也可作为相关专业研究生基础课程的教材或参考书。

图书在版编目（CIP）数据

多元数据分析原理与实践 / 杨寿渊编著. —北京：清华大学出版社，2023.11

（大数据系列丛书）

ISBN 978-7-302-64862-8

Ⅰ. ①多… Ⅱ. ①杨… Ⅲ. ①多元分析 Ⅳ. ①O212.4

中国国家版本馆 CIP 数据核字（2023）第 213248 号

责任编辑：郭　赛
封面设计：常雪影
责任校对：李建庄
责任印制：丛怀宇

出版发行：清华大学出版社

网　　　　址：https://www.tup.com.cn, https://www.wqxuetang.com		
地　　　　址：北京清华大学学研大厦 A 座	邮　　编：100084	
社　总　机：010-83470000	邮　　购：010-62786544	
投稿与读者服务：010-62776969，c-service@tup.tsinghua.edu.cn		
质　量　反　馈：010-62772015，zhiliang@tup.tsinghua.edu.cn		
课　件　下　载：https://www.tup.com.cn, 010-83470236		

印 装 者：三河市铭诚印务有限公司

经　　销：全国新华书店

开　　本：185mm×260mm　　印　张：22.25　　字　数：526 千字

版　　次：2023 年 11 月第 1 版　　印　次：2023 年 11 月第 1 次印刷

定　　价：79.90 元

产品编号：103657-01

前 言

PREFACE

近十年来，大数据和人工智能技术进步飞快，数据渗透至社会的各个行业、各个领域以及人类的生产、生活的方方面面，2020 年 4 月发布的《中共中央国务院关于构建更加完善的要素市场化配置体制机制的意见》正式将数据列为生产要素，与劳动力、土地、资本具有同等重要的地位。不仅如此，数据也已成为现代人一刻都离不开的消费品。因此，从数据中发现规律、发掘有价值的信息便成了必备的研究、生产甚至生活的技能，数据分析的相关课程在大学生能力培养中的地位日益突出。

近年来，江西财经大学领导对数据分析的相关专业基础课的教学越来越重视，但发现目前没有一本数据分析或多元统计方面的教材能够适应现阶段的培养方案，因此笔者不揣冒昧，决定自编一本多元数据分析的教材。

现有的数据分析教材或是陷于烦琐的统计软件操作教学，或是偏重于数理推导和证明，轻视实践，或是虽兼有理论和实践，但二者没有很好地融合。笔者多年讲授"管理统计学"课程和数学建模，发现很多学生缺乏的是统计建模能力，导致对方法的应用缺乏深层次的认知和理解，在复杂多变的场景中不能灵活应用。基于这一经验，笔者决定从统计建模的角度重新梳理一些核心多元统计方法的教学方式，从观察现象和样本数据开始提出问题，然后围绕问题提出假设，建立数学模型，再分析讨论模型的性质、求解方法以及解的性质，再到计算实现，最后提出一个综合性的应用问题，让学生在解决问题的过程中熟悉方法的应用，领悟方法的核心思想和要点，同时鼓励学生拓展和创新，培养学生的综合能力和创新能力。

本书是为上述教学改革目标服务的。要达成这一目标并不轻松，需要用到一些比较深奥的概率统计、矩阵代数、优化等领域的知识，学生在修课之前并没有这方面的知识准备，因此本书第 1 章及书末的附录对需要用到的知识作了较为系统的介绍。特别是对多元正态分布知识作了系统详尽的介绍，因为这部分知识对多元数据分析非常重要，但据笔者所知，现有教材都只是列出部分结论，或泛泛而论，不作深入介绍，本书为了方便读者查阅和深入学习，在第 1 章花了不少的篇幅系统、深入地介绍了这部分知识。

第 2 章对均值检验和方差分析作了较为系统的介绍，证明了离差平方和分解引理以及组间离差平方和、组内离差平方和的抽样分布定理，并详细介绍方差分析的 MATLAB 实现。

第 3 章对拟合优度检验、正态性检验和独立性检验作了系统介绍。现有教材对拟合优度检验的 Pearson 统计量的抽样分布都没有给出证明，本书专辟一节证明了多项分布的中心极限定理，然后用这个定理很简洁地证明了 Pearson 统计量的抽样分布定理。关于多项分布的中心极限定理的证明，笔者给出的证明只需用到矩母函数和极限知识，比现有文献中的证明方法更初等、直接。

第 4 章系统介绍矩阵奇异值分解的知识, 并给出奇异值分解在矩阵的低秩逼近、超定线性方程组的解以及矩阵的 Moore-Penrose 伪逆中的应用, 为后面的主成分分析、因子分析、多维标度分析、典型相关分析等章的模型求解作准备。

第 5 章系统介绍线性回归分析, 是从统计建模的角度展开的。先是通过例子提出问题, 然后提出假设, 建立线性回归模型, 然后探讨模型的解及解的性质, 再讨论问题的几何本质, 还介绍了偏相关系数, 最后是回归方法的应用。解释线性回归问题的几何本质时, 我们将其看作内积空间 $L^2(\Omega)$ 中的最佳线性逼近问题, 在更高的观点下探索一般性的结果。

第 6 章系统介绍主成分分析, 也是从统计建模的角度展开的。首先通过观察和讨论提出降维的思想, 然后提出假设建立主成分的数学模型, 接下来探讨模型的求解以及主成分的性质, 再讨论主成分的计算实现, 最后是主成分分析的应用。与现有教材不同的是, 本书仅用矩阵的特征分解和一些简单的线性代数知识推导出主成分模型的解及其性质, 这样做不仅直接, 还便于探索主成分分析与奇异值分解的联系。

第 7 章系统介绍因子分析。从 Holzinger 和 Swineford 的智力测验发起讨论, 提出问题, 建立模型, 探索模型的性质及参数估计方法, 然后给出计算实例, 分析计算结果, 讨论如何增强公共因子的可解释性, 由此引出因子旋转的问题, 最后讨论因子得分的估计。与现有教材不同的是, 本书利用矩阵的奇异值分解和低秩逼近很自然地导出估计因子载荷矩阵的主成分法和主因子法。本书还通过计算实例对三种常用因子模型参数估计方法作了比较, 讨论各自的优缺点。本书对因子得分的估计方法也作了深入讨论。

第 8 章系统介绍系统聚类法和 K-均值聚类法, 并通过应用实例探讨聚类分析实际应用中会遇到的一些问题。递推公式是编程实现系统聚类法的关键, 重心法、Ward 法的递推公式证明比较难, 现有教材都是直接跳过, 本书给出了详细证明。

第 9 章系统介绍多维标度分析。由数据可视化的问题引出多维标度分析, 然后建立严格的数学模型, 探讨模型的求解, 由此得到多维标度分析的古典解, 并揭示多维标度分析与主成分分析的联系。本章对非度量多维标度法也作了深入的讨论, 并给出实现方法和应用实例。本书在多维标度分析的严格数学表述及解的推导上有自己的特色, 使用矩阵奇异值分解从矩阵的低秩逼近的角度进行探讨, 角度新颖自然。

第 10 章系统介绍两个总体和多个总体的判别模型、平均错判成本最小判别法、Bayes 判别法、距离判别法、Fisher 线性判别法、逻辑回归分析、softmax 回归分析等内容, 通过实例详细介绍实现和应用的细节, 并附上完整的 MATLAB 代码。本章对于判别分析、逻辑回归分析的讨论都是从数学建模的角度展开的, 让学生在建模的过程中明白方法的由来, 在模型求解的过程中明白方法的原理及实现要点, 通过应用实例让学生掌握方法的应用要点, 并拓展学生的创新思维。对于平均错判成本最小判别模型的解, 现有教材都是给出结论, 没有推导过程, 本书给出了严格推导。softmax 回归模型较为深刻复杂, 一般的多元统计教材不会纳入这部分内容, 但考虑它是机器学习和模式识别中重要的分类方法, 也是神经网络的基本构成单元, 对于大数据分析和人工智能专业的学生是必不可少的基础知识, 因此本章对它作了深入讨论并给出了应用实例。

第 11 章系统介绍典型相关分析的基本思想、数学模型、求解方法及 MATLAB 实现, 并通过实例讲解典型相关分析的应用要点。对于典型相关模型的解析解, 本书利用 Lagrange

乘数法及矩阵奇异值分解给出一种清晰简洁的推导, 有助于学生掌握典型相关分析的本质。

为了方便读者动手实践, 本书给出实现书中计算实例、应用实例的完整 MATLAB 代码和数据集, 以及详细的使用说明和代码注释, 读者能够很容易地实现所学方法。为便于读者阅读, 本书中的矩阵、向量、矢量等不再单独标示成黑斜体, 统一使用白斜体形式。此外, 针对本书的全套教学课件已制作完成, 是由 LaTeX 精心制作的 PDF 课件, 可用常用的 PDF 阅读器播放演示。这些程序、数据集、课件以及制作课件的 LaTeX 源代码, 可在清华大学出版社官网免费下载。

在写作本书的过程中, 笔者参考了国内外一些经典的多元统计、数据分析、概率统计、测度论、机器学习、矩阵论、泛函分析的教材, 国内的如方开泰教授的经典著作 [10], 何晓群教授的经典教材 [19], 范金城和梅长林的数据分析教材 [21], 王星教授的非参数统计教材 [63], 陈希孺教授的概率论与数理统计教材 [28], 邓集贤等的概率论与数理统计教材 [29], 严家安教授的测度论讲义 [33], 方保镕等的矩阵论教材 [71], 周志华教授的机器学习经典教材 [136], 张恭庆和林源渠教授的泛函分析教材 [75]。国外的如 Anderson 的经典多元统计分析著作 [12], Johnson 和 Wichern 的著作 [17], Lattin 等的多元数据分析教材 [18], Krzanowski 的多元统计分析原理 [138], K.L.Chung(钟开莱) 的概率论经典教材 [1], Larsen 和 Marx 的数理统计教材 [27], T. Tao（陶哲轩）的测度论教材 [32], Golub 和 Loan 的矩阵计算专著 [69], Adriaans 和 Zantinge 的数据挖掘教材 [9]。还有其他经典著作, 这里就不一一列举了, 笔者在此对这些教材和著作的作者表示衷心的感谢!

本书的写作得到了国家自然科学基金 (项目编号：10701040) 和江西财经大学信毅教材基金的资助, 同时得到了江西财经大学信息管理学院的大力支持。在本书的写作过程中, 齐亚伟院长、韩加林主任、华长生教授给予了笔者鼓励和支持, 并提出了大量的宝贵意见, 助教贺瑾收集和整理了大量的资料和教学材料, 笔者对诸位同仁的无私奉献表示衷心的感谢!

最后, 因笔者学识水平有限, 虽然尽了最大努力, 但书中难免存在错漏, 寄望读者诸君不吝赐教, 给予批评指正, 笔者在此表示衷心的感谢!

杨寿渊

江西财经大学

2023 年 10 月

目 录

CONTENTS

导论与预备知识

1.1 数据分析的研究对象

自然科学和社会科学的主要任务是研究客体的性质、性质之间的联系以及客体与客体之间的联系, 从中找出内在规律。我们把被研究的客体称为**实体 (entity)**, 例如一个人, 一个组织, 一种物质等都可以看作实体。一个笼统的实体是没法研究的, 必须从各方面对它进行观察和测量, 通过观测结果研究实体各方面的性质。我们把实体的可供观测的性质称为**其属性 (property)** 或**特征 (characteristic)**, 在统计学中习惯称之为**变量 (variable)**。例如, 为了研究人这一实体, 我们可以通过测量其体重、身高、智力水平、性别、年龄、受教育程度等对其进行深入研究, 这里的体重、身高、智力水平、性别、年龄、受教育程度等就是 "人" 这一实体的属性或变量。又例如研究的实体是公司, 则可以通过考察其年营业额、销售量、利润率、员工人数等方面对其进行深入研究, 这里的年营业额、销售量、利润率、员工人数等就是 "公司" 这一实体的变量。变量的选择并不是一成不变的, 它与研究任务密切相关, 同时受客观条件的限制。变量的选择对研究结果有重大影响, 选择不合适将影响研究结果的客观性和有效性。

科学研究的一个重要步骤是通过实验观测获取**数据 (data)**, 所谓数据, 就是实体变量的观测值。不同变量的测量方式和数据编码方式是不一样的。变量的测量方法依赖于特定的原理和模型。例如, 重量可以用天平或者磅秤称, 液体的体积可以用量筒量, 人的智力水平则是一个抽象的变量, 只能依据心理学原理以间接的方式测量。不同变量的编码方式也不一样。例如, 人的性别这一变量, 它只有 "男" 和 "女" 两个可能取值, 因此可以采用二值编码方式: "性别=0"代表男性, "性别=1"代表女性。性别这一变量能够提供的信息是极其有限的, 它仅仅告诉我们研究实体是属于男人这个类还是女人这个类。但人的体重却不能这样编码, 因为体重的取值范围是实数, 必须用一个取实数的变量表示, 同时体重这一变量也能够提供更多的信息, 不仅可以依据体重划分不同的人群, 还可以比较大小, 作加减乘除运算。通常用**测量标度 (measurement scale)** 衡量从数据测量值中可获得信息量的大小。数据按测量标度可分为以下四类。

标称型数据 (nominal scale data): 标称型数据给出的唯一信息就是研究实体属于若干互斥的集合中的哪一个。像人的性别就属于标称型数据, "性别=0"代表实体是男性, 或者说实体属于"男人"这个集合; "性别=1"代表实体是女性, 或者说实体属于"女人"这个集合。

顺序型数据 (ordinal scale data): 顺序型数据除了能够表示实体属于哪一个类之外, 还能够反映实体之间的某种顺序关系, 例如商品品牌的优劣, "D=1"表示最优品牌, "D=2"表示次优品牌, "D=3"表示排第三的品牌, 如此等等, 这就是顺序型数据。顺序型数据可以比较大小, 但作差是没有意义的, 不能说排第一的品牌比排第二的品牌大 1。

区间型数据 (interval scale data): 区间型数据除了具有顺序型数据的所有性质外, 还可以作差, 表示两者之间相差的绝对量。例如摄氏温度, 可以说 80℃ 比 20℃ 高 60℃, 但不能说 80℃ 是 20℃ 的 4 倍。换句话说, 区间型数据作商是没有意义的。

比例型数据 (ratio scale data): 比例型数据除了具有区间型数据的所有性质外, 还可以作商, 表示两者之间的倍数关系。例如体重、身高等。

这四种类型的数据之间的关系可以用图 1.1 表示。

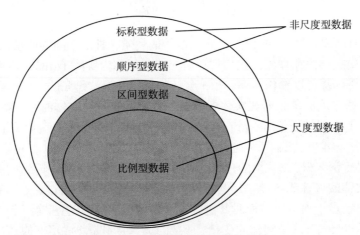

图 1.1　四种数据类型之间的关系

通常把标称型数据和顺序性数据合称为**非尺度型数据 (non-metric data)**, 把区间型数据和比例型数据合称为**尺度型数据 (metric data)**。

对实体的研究从选择变量、观测数据开始, 最终目的是要弄清楚数据的内在结构和规律, 以达成对实体的认识。整个流程可用图 1.2 表示。

数据分析的第一步是选择变量并获取数据。变量选择必须结合研究任务和目的, 选择与研究问题密切相关的变量。在有些情况下, 还需要依据特定的算法对变量进行筛选, 我们将在后续相关章节中介绍。对变量进行观察和测量时需要依据变量的特性选择适当测量模型，并对测量结果进行适当的量化和编码，才能得到客观有效的观测数据。得到数据后，便可进行第二步处理，就是建立适当的数据模型，对数据进行计算分析，得出数据的结构与规律。数据模型的建立和选择也是与研究任务和目的密切相关的，如果想要降维、消除冗余或简化数据，则常用主成分模型、因子模型、聚类模型、多维标度模型等；如果想要做预测，则常用线性回归模型、逻辑回归模型等；如果想要做判别，则常用距离判别、Bayes 判别、Fisher 线性判别等模型；如果想要分析变量之间的相关性，则常用线性回归模型、典型相关模型等。以上每种模型对应一种多元统计方法，本书的绝大部分内容就是讲述各种多元统计方法。

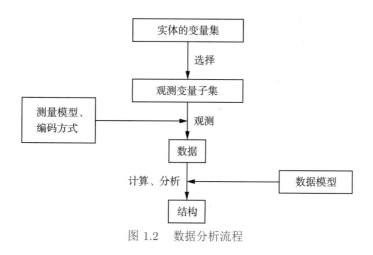

图 1.2　数据分析流程

多元数据分析需要大量使用线性代数的有关知识，有些内容是读者在线性代数公共课程中未曾学过的，接下来的几节主要给读者补充线性代数的有关知识。

1.2　向量空间

我们用 $\mathbb{N}$ 表示自然数集，$\mathbb{Z}$ 表示整数集，$\mathbb{Q}$ 表示有理数集，$\mathbb{R}$ 表示实数集，$\mathbb{C}$ 表示复数集，一个矩阵 A 的转置记作 A^{T}。如果 A 是一个 n 阶方阵，则记其行列式为 $\det A$；如果 $\det A \neq 0$，则称 A 是**非奇异的**，此时 A 的逆矩阵存在，记作 A^{-1}。

称非空集合 V 是实数集 $\mathbb{R}$ 上的一个**向量空间**（或**线性空间**），如果它满足下列条件：

i) 在 V 上定义有加法运算：$+ : V \times V \to V,\ (u, v) \mapsto u + v$，并且满足下列条件：

$$(u + v) + w = u + (v + w) \text{ (加法结合律)}, \quad u + v = v + u \quad \text{（加法交换律）}$$

ii) V 中有一个元素 0（称为**零向量**），满足如下性质：

$$0 + u = u, \qquad \forall u \in V$$

iii) 对于每一个 $u \in V$，存在**负向量** $-u$，使得 $u + (-u) = 0$，以后我们把 $u + (-v)$ 记作 $u - v$，称为向量 u 与 v 的**差**；

iv) 在 V 上定义有数乘运算 $\cdot : \mathbb{R} \times V \to V, \ (\lambda, u) \mapsto \lambda u$, 并且满足下列条件: 对任意 $\lambda, \mu \in \mathbb{R}, \ u, v \in V$ 皆有

$$1v = v, \qquad \mu(\lambda v) = (\mu \lambda)v \tag{1.1}$$

$$\lambda(u + v) = \lambda u + \lambda v, \qquad (\lambda + \mu)u = \lambda u + \mu u$$

例 1.1　考虑下列集合

$$V = \left\{ (v_1, v_2, \cdots, v_n)^{\mathrm{T}} : \ v_1, v_2, \cdots, v_n \in \mathbb{R} \right\} \tag{1.2}$$

在其上定义加法与数乘运算如下:

$$(u_1, u_2, \cdots, u_n)^{\mathrm{T}} + (v_1, v_2, \cdots, v_n)^{\mathrm{T}} = (u_1 + v_1, u_2 + v_2, \cdots, u_n + v_n)^{\mathrm{T}}$$

$$\lambda(v_1, v_2, \cdots, v_n)^{\mathrm{T}} = (\lambda v_1, \lambda v_2, \cdots, \lambda v_n)^{\mathrm{T}}$$

则不难验证 V 满足向量空间定义的所有条件, 因此是一个向量空间, 这个向量空间通常记作 $\mathbb{R}^n$。

设 V 是一个向量空间, $v_1, v_2, \cdots, v_n \in V$, 如果存在不全为 0 的实数 $c_1, c_2, \cdots, c_n$ 使得

$$\sum_{i=1}^{n} c_i v_i = 0 \tag{1.3}$$

则称 $v_1, v_2, \cdots, v_n$ 是**线性相关的**, 否则称它是**线性无关的**。如果 $\{v_1, v_2, \cdots, v_n\}$ 是线性无关的, 则称它是一个**线性无关组**。

例 1.2　令

$$e_1 = (1, 0, \cdots, 0)^{\mathrm{T}}, \quad e_2 = (0, 1, \cdots, 0)^{\mathrm{T}}, \quad \cdots, \quad e_n = (0, 0, \cdots, 1)^{\mathrm{T}} \tag{1.4}$$

则 $\{e_1, e_2, \cdots, e_n\}$ 是 $\mathbb{R}^n$ 上的一个线性无关组。

设 V 是一个向量空间, $B = \{v_1, v_2, \cdots, v_n\}$ 是 V 上的一个线性无关组, 如果只要再往 B 中添加任意一个向量后, 它便不再是线性无关的, 则称 B 是 V 的一个**极大线性无关组**。V 的极大线性无关组也称为 V 的**基**。

设 $B = \{v_1, v_2, \cdots, v_n\}$ 是向量空间 V 的一个基, 则 V 中任何一个元素 u 皆可唯一地表示为

$$u = \sum_{i=1}^{n} c_i v_i \tag{1.5}$$

这是因为 B 是 V 的极大线性无关组, 因此 $v_1, v_2, \cdots, v_n, u$ 是线性相关的, 从而存在不全为 0 的实数 $a_1, a_2, \cdots, a_{n+1}$ 使得

$$\sum_{i=1}^{n} a_i v_i + a_{n+1} u = 0 \tag{1.6}$$

注意到 a_{n+1} 必不为 0（否则 $v_1, v_2, \cdots, v_n$ 线性相关, 与 B 是极大无关组矛盾）, 因此可从式 (1.6) 解出

$$u = \sum_{i=1}^{n} \frac{a_i}{a_{n+1}} v_i = \sum_{i=1}^{n} c_i v_i \qquad (\diamondsuit\ c_i = a_i/a_{n+1}) \tag{1.7}$$

为了说明表示式 (1.5) 的唯一性, 不妨假设有两个表示

$$u = \sum_{i=1}^{n} c_i v_i, \qquad u = \sum_{i=1}^{n} b_i v_i \tag{1.8}$$

两式相减, 得

$$\sum_{i=1}^{n} (c_i - b_i) v_i = 0 \tag{1.9}$$

由于 B 是无关组, 因此必有 $(c_i - b_i) = 0, i = 1, 2, \cdots, n$, 从而 $b_i = c_i, i = 1, 2, \cdots, n$。

设 $v_1, v_2, \cdots, v_k$ 是向量空间 V 中任意一组向量, 记

$$\mathrm{Span}\{v_1, v_2, \cdots, v_k\} := \{c_1 v_1 + c_2 v_2 + \cdots + c_k v_k : c_i \in \mathbb{R},\ i = 1, 2, \cdots, k\} \tag{1.10}$$

则它是 V 的子集, 且本身也构成一个向量空间, 称为由 $\{v_1, v_2, \cdots, v_k\}$ 生成的**子（向量）空间**。如果 $\{v_1, v_2, \cdots, v_n\}$ 是 V 的基, 则显然有

$$V = \mathrm{Span}\{v_1, v_2, \cdots, v_n\} \tag{1.11}$$

一个向量空间的基不是唯一的, 但不同的基包含的元素的个数相同, 这就是下面的定理。

定理 1.1　设 V 是一个向量空间, 如果 $\{v_1, v_2, \cdots, v_n\}$ 和 $\{u_1, u_2, \cdots, u_m\}$ 都是 V 的基, 则一定有 $m = n$。

证明　用反证法。如果 $m \neq n$, 不妨设 $m > n$, 下面导出矛盾。由于 $\{v_1, v_2, \cdots, v_n\}$ 是 V 的基, 因此 u_1 可以用 $v_1, v_2, \cdots, v_n$ 线性表示为

$$u_1 = c_1 v_1 + c_2 v_2 + \cdots + c_n v_n \tag{1.12}$$

由于 $u_1 \neq 0$, 其中必有某个系数 $c_i \neq 0$, 不妨设 $c_1 \neq 0$（否则对 $v_1, v_2, \cdots, v_n$ 重排, 把系数不为 0 的元素排在第一个当作 v_1）, 则 v_1 可表示为

$$v_1 = \frac{1}{c_1} u_1 - \frac{c_2}{c_1} v_2 - \cdots - \frac{c_n}{c_1} v_n \tag{1.13}$$

这说明 $V = \mathrm{Span}\{u_1, v_2, \cdots, v_n\}$, 于是 u_2 可表示为

$$u_2 = d_1 u_1 + d_2 v_2 + \cdots + d_n v_n \tag{1.14}$$

则 $d_2, d_3, \cdots, d_n$ 必不全为 0（否则 u_1, u_2 线性相关），不妨设 $d_2 \neq 0$，则 v_2 可表示为

$$v_2 = \frac{1}{d_2}u_2 - \frac{d_1}{d_2}u_1 - \frac{d_3}{d_2}v_3 - \cdots - \frac{d_n}{d_2}v_n \tag{1.15}$$

从而 $V = \mathrm{Span}\{u_1, u_2, v_3, \cdots, v_n\}$，继续以上过程可以证明 $V = \mathrm{Span}\{u_1, u_2, \cdots, u_n\}$，于是 u_{n+1} 可以用 $u_1, u_2, \cdots, u_n$ 线性表示，但这与 $u_1, u_2, \cdots, u_n, u_{n+1}, \cdots, u_m$ 线性无关矛盾。 $\square$

我们称向量空间 V 的任何一个基包含的元素的个数为向量空间 V 的**维数**，记作 $\dim V$。例如例 1.1 中介绍的向量空间 $\mathbb{R}^n$，其维数为 $\dim \mathbb{R}^n = n$。

定理 1.2 (基的扩张定理) 设 V 是一个 n 维的向量空间，$v_1, v_2, \cdots, v_k (k < n)$ 是 V 中的一组线性无关的向量，则可以找到 $n - k$ 个向量 $v_{k+1}, v_{k+2}, \cdots, v_n$ 使得 $\{v_1, v_2, \cdots, v_k, v_{k+1}, \cdots, v_n\}$ 构成 V 的基。

证明 由于 $k < n$，因此 $V_k := \mathrm{Span}\{v_1, v_2, \cdots, v_k\} \subsetneqq V$，从而存在 $v_{k+1} \in V \setminus V_k$，则 $v_1, \cdots, v_k, v_{k+1}$ 一定是线性无关的，这是因为如果

$$c_1 v_1 + c_2 v_2 + \cdots + c_k v_k + c_{k+1} v_{k+1} = 0 \tag{1.16}$$

则 $c_{k+1} = 0$（否则 v_{k+1} 可由 $v_1, v_2, \cdots, v_k$ 线性表示，与 $v_{k+1} \notin V_k$ 矛盾），继而由 $v_1, v_2, \cdots, v_k$ 的线性无关性推出 $c_1 = c_2 = \cdots = c_k = 0$。如果 $k + 1 = n$，则 $\{v_1, \cdots, v_k, v_{k+1}\}$ 是 V 的基，定理已经得证；如果 $k + 1 < n$，则继续上述过程，往 $\{v_1, v_2, \cdots, v_{k+1}\}$ 中添加一个向量 v_{k+2}，使得 $\{v_1, v_2, \cdots, v_{k+2}\}$ 线性无关，直到某一步 $k + l = n$ 为止，这时得到了 V 基 $\{v_1, v_2, \cdots, v_{k+l}\}$。 $\square$

设 $B = \{v_1, v_2, \cdots, v_n\}$ 和 $D = \{w_1, w_2, \cdots, w_n\}$ 都是向量空间 V 的基，则每一个 w_i 可表示为

$$w_i = \sum_{j=1}^{n} a_{ji} v_j \tag{1.17}$$

写成矩阵的形式为

$$\begin{pmatrix} w_1 \\ w_2 \\ \vdots \\ w_n \end{pmatrix} = \begin{pmatrix} a_{11} & a_{21} & \cdots & a_{n1} \\ a_{12} & a_{22} & \cdots & a_{n2} \\ \vdots & \vdots & \ddots & \vdots \\ a_{1n} & a_{2n} & \cdots & a_{nn} \end{pmatrix} \begin{pmatrix} v_1 \\ v_2 \\ \vdots \\ v_n \end{pmatrix} = A^{\mathrm{T}} \begin{pmatrix} v_1 \\ v_2 \\ \vdots \\ v_n \end{pmatrix} \tag{1.18}$$

其中 $A = (a_{ij})_{n \times n}$ 称为由基 B 到 D 的**过渡矩阵**或**基变换矩阵**。V 中任何一个元素 u 在基 B 和 D 下皆有唯一的表示

$$u = \sum_{i=1}^{n} b_i v_i, \qquad u = \sum_{j=1}^{n} d_j w_j \tag{1.19}$$

那么系数向量（也称为坐标向量）$b = (b_1, b_2, \cdots, b_n)^{\mathrm{T}}$ 和 $d = (d_1, d_2, \cdots, d_n)^{\mathrm{T}}$ 有什么关系呢? 注意到

$$u = \sum_{j=1}^{n} d_j w_j = \sum_{j=1}^{n} d_j \left(\sum_{i=1}^{n} a_{ij} v_i \right) = \sum_{i=1}^{n} \left(\sum_{j=1}^{n} a_{ij} d_j \right) v_i \tag{1.20}$$

结合式 (1.19) 中左边的等式得到

$$b_i = \sum_{j=1}^{n} a_{ij} d_j, \qquad i = 1, 2, \cdots, n \tag{1.21}$$

用矩阵乘法表示为

$$b = Ad \tag{1.22}$$

这就是在不同基下的**坐标变换公式**。

1.3　范　　数

所谓**范数**, 也就是向量的长度, 从数学的角度来看就是给向量空间 V 中每一个向量 u 指派一个非负实数 $\|u\|$ 与之对应, 即定义一个映射 $\|\cdot\|: V \to \mathbb{R}, u \mapsto \|u\|$, 满足下列条件:

i) 正定性: $\|u\| \geqslant 0, \forall u \in V$, 且 $\|u\| = 0$ 当且仅当 $u = 0$;

ii) 齐次性: 对任意 $u \in V$ 及实数 $\lambda \in \mathbb{R}$ 皆有 $\|\lambda u\| = |\lambda| \cdot \|u\|$;

iii) 三角不等式: 对任意 $u, v \in V$ 皆有

$$\|u + v\| \leqslant \|u\| + \|v\| \tag{1.23}$$

在一个向量空间 V 上定义了范数 $\|\cdot\|$ 后, 常将其记作 $(V, \|\cdot\|)$, 称作一个**赋范向量空间**（或**赋范线性空间**）。

　　例 1.3　设 $p \geqslant 1$, 在 $\mathbb{R}^n$ 上定义

$$\|u\|_p = \left(\sum_{i=1}^{n} |u_i|^p \right)^{1/p}, \qquad \forall u = (u_1, u_2, \cdots, u_n)^{\mathrm{T}} \in \mathbb{R}^n \tag{1.24}$$

则 $\|\cdot\|_p$ 是 $\mathbb{R}^n$ 上的一个范数, 通常称之为 ℓ^p-范数。证明 $\|\cdot\|_p$ 满足正定性和齐次性是很容易的, 难点在于证明它满足三角不等式。为了证明这一点, 需要用到一个很有名的不等式, 即 Hölder 不等式。

　　设 $p, q > 1$, 如果 $1/p + 1/q = 1$, 则称 q 是 p 的**共轭指标**, 同时规定 1 的共轭指标是 ∞, 并定义

$$\|u\|_\infty = \max_{1 \leqslant i \leqslant n} |u_i| \tag{1.25}$$

引理 1.1 (Young 不等式)　设 $p > 1$, q 是 p 的共轭指标, $a, b > 0$, 则有

$$ab \leqslant \frac{a^p}{p} + \frac{b^q}{q} \tag{1.26}$$

证明　由于函数 $y = \ln x$ 在 $(0, +\infty)$ 上是严格凹的, $1/p + 1/q = 1$, 因此

$$\frac{1}{p} \ln x + \frac{1}{q} \ln y \leqslant \ln\left(\frac{1}{p} x + \frac{1}{q} y\right), \qquad \forall\, x, y > 0 \tag{1.27}$$

在式 (1.27) 中取 $x = a^p$, $y = b^q$, 得

$$\ln(ab) = \frac{1}{p} \ln a^p + \frac{1}{q} \ln b^q \leqslant \ln\left(\frac{a^p}{p} + \frac{b^q}{q}\right) \tag{1.28}$$

再由对数函数的单调性推出式 (1.26), 引理得证。　□

定理 1.3 (Hölder 不等式)　设 $p \geqslant 1$, q 是 p 的共轭指标, 则

$$\sum_{i=1}^{n} |u_i v_i| \leqslant \|u\|_p \|v\|_q, \qquad \forall\, u, v \in \mathbb{R}^n \tag{1.29}$$

证明　当 $p = 1$ 时不难验证不等式 (1.29) 是成立的, 只需要考虑 $p > 1$ 的情形。如果 u 和 v 中有一个是零向量, 则不等式 (1.29) 两边皆为 0, 因此是成立的; 如果 u 和 v 皆不为 0, 则由 Young 不等式得

$$\frac{|u_i v_i|}{\|u\|_p \|v\|_q} = \frac{|u_i|}{\|u\|_p} \frac{|v_i|}{\|v\|_q} \leqslant \frac{1}{p} \frac{|u_i|^p}{\|u\|_p^p} + \frac{1}{q} \frac{|v_i|^q}{\|v\|_q^q} \tag{1.30}$$

不等式 (1.30) 两端求和, 得

$$\begin{aligned}
\frac{\sum_{i=1}^{n} |u_i v_i|}{\|u\|_p \|v\|_q} &\leqslant \frac{1}{p} \frac{\sum_{i=1}^{n} |u_i|^p}{\|u\|_p^p} + \frac{1}{q} \frac{\sum_{i=1}^{n} |v_i|^q}{\|v\|_q^q} \\
&= \frac{1}{p} \frac{\|u\|_p^p}{\|u\|_p^p} + \frac{1}{q} \frac{\|u\|_q^q}{\|v\|_q^q} \\
&= \frac{1}{p} + \frac{1}{q} = 1
\end{aligned} \tag{1.31}$$

将不等式 (1.31) 变形, 得到式 (1.29)。　□

现在可以证明例 1.3 中定义的范数满足三角不等式了。

定理 1.4 (Minkowski 不等式)　设 $p \geqslant 1$, 则有

$$\|u + v\|_p \leqslant \|u\|_p + \|v\|_p, \qquad \forall\, u, v \in \mathbb{R}^n \tag{1.32}$$

证明　首先注意到

$$\|u + v\|_p^p = \sum_{i=1}^{n} |u_i + v_i|^p = \sum_{i=1}^{n} |u_i + v_i| \cdot |u_i + v_i|^{p-1}$$

$$\leqslant \sum_{i=1}^{n} \left(|u_i| + |v_i| \right) |u_i + v_i|^{p-1} \tag{1.33}$$

设 q 是 p 的共轭指标, 由 Hölder 不等式得

$$\sum_{i=1}^{n} |u_i| \cdot |u_i + v_i|^{p-1} \leqslant \left(\sum_{i=1}^{n} |u_i|^p \right)^{1/p} \left(\sum_{i=1}^{n} |u_i + v_i|^{(p-1)q} \right)^{1/q}$$

$$= \|u\|_p \left(\sum_{i=1}^{n} |u_i + v_i|^p \right)^{(p-1)/p}$$

$$= \|u\|_p \|u + v\|_p^{p-1} \tag{1.34}$$

同理可证

$$\sum_{i=1}^{n} |v_i| \cdot |u_i + v_i|^{p-1} \leqslant \|v\|_p \|u + v\|_p^{p-1} \tag{1.35}$$

联合不等式 (1.33)、式 (1.34) 和式 (1.35) 得

$$\|u + v\|_p^p \leqslant \left(\|u\|_p + \|v\|_p \right) \|u + v\|_p^{p-1} \tag{1.36}$$

不等式 (1.36) 两边同时除以 $\|u + v\|_p^{p-1}$, 得到式 (1.32)。 $\quad\square$

我们可以在一个赋范向量空间 $(V, \|\cdot\|)$ 上按照如下方式定义**距离 (distance)**:

$$d(u, v) := \|u - v\|, \qquad \forall u, v \in V \tag{1.37}$$

这样, 对于 V 中任意两个点 (向量), 都可以求它们之间的距离, 从而 V 构成一个距离空间。不难验证, 上面定义的距离 $d(\cdot, \cdot)$ 满足下列性质:

i) 正定性: $d(u, v) \geqslant 0, \ \forall u, v \in V$, 且 $d(u, v) = 0 \Leftrightarrow u = v$;

ii) 对称性: $d(u, v) = d(v, u), \ \forall u, v \in V$;

iii) 三角不等式:

$$d(u, w) \leqslant d(u, v) + d(v, w), \qquad \forall u, v, w \in V \tag{1.38}$$

iv) 平移不变性: $d(u + w, v + w) = d(u, v), \ \forall u, v, w \in V$

这四条性质中, 前三条是所有距离都必须满足的, 称为**距离公理**。

1.4 内积空间

设 V 是一个向量空间, 所谓**内积**, 就是一个映射 $\langle \cdot, \cdot \rangle : V \times V \to \mathbb{R}$, 它满足下列条件:

i) 正定性: $\langle u, u \rangle \geqslant 0, \ \forall u \in V$, $\langle u, u \rangle = 0$ 当且仅当 $u = 0$;

ii) 对称性: $\langle u, v \rangle = \langle v, u \rangle$;

iii) 双线性:

$$\langle \alpha u + \beta v, w \rangle = \alpha \langle u, w \rangle + \beta \langle v, w \rangle, \qquad \forall u, v, w \in V, \ \alpha, \beta \in \mathbb{R} \tag{1.39}$$

在 V 上定义了内积运算 $\langle \cdot, \cdot \rangle$ 后, 称之为**内积空间**, 记作 $(V, \langle \cdot, \cdot \rangle)$, 在明确内积是哪个内积的情况下, 也可简记为 V。

例 1.4 在 $\mathbb{R}^n$ 上定义内积如下

$$\langle u, v \rangle = u^{\mathrm{T}} v = \sum_{i=1}^{n} u_i v_i, \quad \forall u = (u_1, u_2, \cdots, u_n)^{\mathrm{T}}, v = (v_1, v_2, \cdots, v_n)^{\mathrm{T}} \tag{1.40}$$

不难验证它满足内积定义的三个条件, 因此是一个货真价实的内积, 称为**欧几里得内积**或**欧氏内积**。$\mathbb{R}^n$ 赋予欧氏内积后, 称为欧氏空间。

在内积空间 $(V, \langle \cdot, \cdot \rangle)$ 上, 可以按照如下方式定义一个范数:

$$\|u\| = \sqrt{\langle u, u \rangle}, \qquad \forall u \in V \tag{1.41}$$

称为由内积 $\langle \cdot, \cdot \rangle$ 诱导的范数。当然, 要证明它确实是一个范数, 还需要验证它满足范数定义的三个条件。正定性和齐次性是容易验证的, 为了验证三角不等式, 需要用到下列著名的 Cauchy-Schwarz 不等式。

定理 1.5 (Cauchy-Schwarz 不等式) 设 $(V, \langle \cdot, \cdot \rangle)$ 是一个内积空间, 则下列不等式成立:

$$|\langle u, v \rangle| \leqslant \|u\| \cdot \|v\|, \qquad \forall u, v \in V \tag{1.42}$$

证明 考查下列二次函数

$$\begin{aligned} \varphi(t) &= \|u - tv\|^2 = \langle u - tv, u - tv \rangle \\ &= \|v\|^2 t^2 - 2\langle u, v \rangle t + \|u\|^2, \qquad t \in \mathbb{R} \end{aligned} \tag{1.43}$$

由于 $\varphi(t) \geqslant 0$, $\forall t \in \mathbb{R}$, 根据韦达定理, 其判别式小于或等于 0, 即

$$4|\langle u, v \rangle|^2 - 4\|u\|^2 \|v\|^2 \leqslant 0 \tag{1.44}$$

变形后便得到式 (1.42)。 □

利用 Cauchy-Schwarz 不等式可以证明由式 (1.41) 定义的范数满足三角不等式:

$$\begin{aligned} \|u + v\|^2 &= \langle u + v, u + v \rangle = \|u\|^2 + 2\langle u, v \rangle + \|v\|^2 \\ &\leqslant \|u\|^2 + 2\|u\| \cdot \|v\| + \|v\|^2 \\ &= (\|u\| + \|v\|)^2 \end{aligned} \tag{1.45}$$

两边开方, 得

$$\|u + v\| \leqslant \|u\| + \|v\| \tag{1.46} \quad \square$$

在内积空间 $(V, \langle \cdot, \cdot \rangle)$ 中, 可以定义两个向量 u 和 v 的夹角 θ 如下:

$$\theta = \arccos \frac{\langle u, v \rangle}{\|u\| \cdot \|v\|} \tag{1.47}$$

如果两个向量的夹角为 $\pi/2$, 则称这两个向量是**正交的**。容易看出两个向量正交的充要条件是它们的内积为 0。

设 $v_1, v_2, \cdots, v_n$ 是内积空间 $(V, \langle \cdot, \cdot \rangle)$ 中的一组向量, 如果它们两两正交, 则称这一组向量是一个**正交组**, 如果它还是规范化的, 即其中每个向量的长度皆为 1, 则称它是一个**规范正交组**或**标准正交组**。不难看出, $v_1, v_2, \cdots, v_n$ 是规范正交组当且仅当

$$\langle v_i, v_j \rangle = \delta_{ij} := \begin{cases} 1, & i = j \\ 0, & i \neq j \end{cases} \tag{1.48}$$

如果 $v_1, v_2, \cdots, v_n$ 是正交组, 且每一个向量都不为 0, 则它一定是线性无关的。事实上, 如果

$$c_1 v_1 + c_2 v_2 + \cdots + c_n v_n = 0 \tag{1.49}$$

对任意 $i = 1, 2, \cdots, n$, 将等式 (1.49) 两边与 v_i 取内积, 得

$$\langle c_1 v_1 + c_2 v_2 + \cdots + c_n v_n, v_i \rangle = 0 \tag{1.50}$$

利用正交性得到 $c_i \langle v_i, v_i \rangle = 0$, 由于 $v_i \neq 0$, 因此 $c_i = 0$。

如果 $v_1, v_2, \cdots, v_n$ 既是正交组, 又是 V 的基, 则称它是 V 的**正交基**; 如果它还是规范化的, 则称它是 V 的规范正交基。

如果 $v_1, v_2, \cdots, v_n$ 是 V 的规范正交基, 则任意向量 $v \in V$ 皆可表示成下列形式

$$v = \sum_{i=1}^{n} \langle v, v_i \rangle v_i \tag{1.51}$$

设 V 是一个 n 维的向量空间, 给定一组线性无关的向量 $v_1, v_2, \cdots, v_n$, 如何得到 V 的一个规范正交基呢? 下面介绍的 Gram-Schmidt 正交化过程便是从极大无关组 $v_1, v_2, \cdots, v_n$ 构造 V 的规范正交基的标准化流程。

第一步: 正交化

$$u_1 = v_1$$

$$u_2 = v_2 - \frac{\langle v_2, u_1 \rangle}{\|u_1\|^2} u_1$$

$$u_3 = v_3 - \frac{\langle v_3, u_1 \rangle}{\|u_1\|^2} u_1 - \frac{\langle v_3, u_2 \rangle}{\|u_2\|^2} u_2$$

$$\cdots$$

$$u_n = v_n - \frac{\langle v_n, u_1 \rangle}{\|u_1\|^2} u_1 - \frac{\langle v_n, u_2 \rangle}{\|u_2\|^2} u_2 - \cdots - \frac{\langle v_n, u_{n-1} \rangle}{\|u_{n-1}\|^2} u_{n-1}$$

第二步：规范化

$$e_1 = \frac{u_1}{\|u_1\|}, \quad e_2 = \frac{u_2}{\|u_2\|}, \quad \cdots, \quad e_n = \frac{u_n}{\|u_n\|} \tag{1.52}$$

设 A 是一个 $n \times n$ 的实矩阵, 如果 $AA^\mathrm{T} = A^\mathrm{T}A = I$, 则称 A 是一个 **正交矩阵**。不难验证正交矩阵 A 的行向量组和列向量组都是规范正交组, 而且

$$1 = \det I = \det(A^\mathrm{T}A) = \det A^\mathrm{T} \det A = [\det A]^2 \tag{1.53}$$

因此 $\det A = \pm 1$。

1.5 线性变换

设 V 和 W 是两个向量空间, $A : V \to W$ 是一个映射, 称 A 是一个 **线性变换**, 如果它满足下列条件:

$$A(c_1 v_1 + c_2 v_2) = c_1 A v_1 + c_2 A v_2, \qquad \forall v_1, v_2 \in V, \ c_1, c_2 \in \mathbb{R} \tag{1.54}$$

如果 A 是从 V 到 V 的线性变换, 则称 A 是 V 上的线性变换。

例 1.5 设 A 是一个 $m \times n$ 的实矩阵, 则 A 定义了一个从 $\mathbb{R}^n$ 到 $\mathbb{R}^m$ 的线性变换:

$$A : \mathbb{R}^n \to \mathbb{R}^m, \qquad v \mapsto Av, \qquad \forall v \in \mathbb{R}^n \tag{1.55}$$

设 $A : V \to W$ 是线性变换, 记

$$\mathcal{R}(A) := \{Av : v \in V\} \tag{1.56}$$

则不难验证 $\mathcal{R}(A)$ 是 W 的子空间, 称为 A 的 **像空间 (image space)**。记

$$\mathcal{N}(A) := \{v \in V : Av = 0\} \tag{1.57}$$

则 $\mathcal{N}(A)$ 是 V 的子空间, 称为 A 的 **零空间 (null space)** 或 **核空间 (kernel space)**。

定理 1.6 设 V 和 W 是向量空间, $A : V \to W$ 是线性变换, 则 A 是单射当且仅当 $\mathcal{N}(A) = \{0\}$; A 是满射当且仅当 $\mathcal{R}(A) = W$。

证明 我们只需要证明定理的前半部分, 后半部分是显然的。对任意 $v_1, v_2 \in V$, 只要 $Av_1 = Av_2$, 就有 $A(v_1 - v_2) = 0$, 即 $v_1 - v_2 \in \mathcal{N}(A)$, 如果 $\mathcal{N}(A) = \{0\}$, 则必有 $v_1 - v_2 = 0$, 即 $v_1 = v_2$, 这就证明了 A 是单射。

反之, 如果 A 是单射, 则满足 $Av = 0$ 的向量 v 只能是零向量, 因此 $\mathcal{N}(A) = \{0\}$。 $\quad\square$

如果线性变换 $A : V \to W$ 既是单射, 又是满射, 则称它是一个**线性同构映射**, 简称**线性同构 (linear isomorphism)**, 此时也称向量空间 V 和 W 是**线性同构的**。

设 $A : V \to W$ 是线性同构, $\{v_1, v_2, \cdots, v_n\}$ 是 V 的基, $w_i = Av_i, i = 1, 2, \cdots, n$, 则 $\{w_1, w_2, \cdots, w_n\}$ 是 W 的基。因此 V 和 W 具有相同的维数。

定理 1.7 设 V 和 W 是向量空间, $\dim V = n$, $A : V \to W$ 是线性变换, 则有

$$\dim \mathcal{N}(\mathcal{A}) + \dim \mathcal{R}(\mathcal{A}) = n \tag{1.58}$$

证明 如果 $\mathcal{N}(A) = \{0\}$, 则 A 是单射, 因此 $A : V \to \mathcal{R}(A)$ 是线性同构, 从而 $\dim \mathcal{R}(A) = \dim V = n$, 等式 (1.58) 成立; 如果 $\mathcal{N}(A) = V$, 则 $\mathcal{R}(A) = \{0\}$, 因此 $\dim \mathcal{R}(A) = 0$, 等式 (1.58) 也成立; 如果 $\mathcal{N}(A)$ 是 V 的非平凡子空间, 设 $\{v_1, v_2, \cdots, v_k\}$ 是 $\mathcal{N}(A)$ 的基, 根据基的扩张定理 (定理 1.2), 存在 $v_{k+1}, \cdots, v_n$ 使得 $\{v_1, \cdots, v_k, v_{k+1}, \cdots, v_n\}$ 是 V 的基, 记 $w_i = Av_i, i = k+1, k+2, \cdots, n$, 下面证明 $\{w_{k+1}, w_{k+2}, \cdots, w_n\}$ 是 $\mathcal{R}(A)$ 的基。首先, $w_{k+1}, w_{k+2}, \cdots, w_n$ 是线性无关的。这是因为如果 $c_{k+1}w_{k+1} + c_{k+2}w_{k+2} + \cdots + c_n w_n = 0$, 则 $c_{k+1}v_{k+1} + c_{k+2}v_{k+2} + \cdots + c_n v_n \in \mathcal{N}(A)$, 于是存在实数 $c_1, c_2, \cdots, c_k$ 使得

$$c_{k+1}v_{k+1} + c_{k+2}v_{k+2} + \cdots + c_n v_n = c_1 v_1 + c_2 v_2 + \cdots + c_k v_k \tag{1.59}$$

但由于 $\{v_1, \cdots, v_k, v_{k+1}, \cdots, v_n\}$ 线性无关, 因此只能是 $c_1 = \cdots = c_k = c_{k+1} = \cdots = c_n = 0$。其次, $\mathcal{R}(A) = \mathrm{Span}\{w_{k+1}, \cdots, w_n\}$。这是因为对任意 $y \in \mathcal{R}(A)$ 皆存在 $x \in V$ 使得 $Ax = y$, 不妨设 $x = c_1 v_1 + \cdots + c_k v_k + c_{k+1}v_{k+1} + \cdots + c_n v_n$, 则

$$y = Ax = c_{k+1}Av_{k+1} + \cdots + c_n Av_n$$

$$= c_{k+1}w_{k+1} + \cdots + c_n w_n \in \mathrm{Span}\{w_{k+1}, \cdots, w_n\} \tag{1.60}$$

因此 $\mathcal{R}(A) \subseteq \mathrm{Span}\{w_{k+1}, \cdots, w_n\}$, 至于反向包含关系, 是显然的。现在可以完成等式 (1.58) 的证明了:

$$\dim \mathcal{N}(A) + \dim \mathcal{R}(A) = k + (n-k) = n \tag{1.61} \quad \square$$

例 1.6 考虑齐次线性方程组 $Ax = 0$, 其中 $A = (a_{ij})_{m \times n}$ 是一个 $m \times n$ 的系数矩阵, 它的解空间就是

$$\mathcal{N}(A) = \{x \in \mathbb{R}^n : Ax = 0\} \tag{1.62}$$

设 $v_1, v_2, \cdots, v_n$ 是 A 的列向量组, 则

$$\mathcal{R}(A) = \{c_1 v_1 + c_2 v_2 + \cdots + c_n v_n : c_i \in \mathbb{R}, \ i = 1, 2, \cdots, n\} \tag{1.63}$$

如果 A 的秩为 $\mathrm{rank}(A)$, 则 A 的列向量组的秩为 $\mathrm{rank}(A)$, 因此由 A 的列向量组生成的向量空间维数为 $\mathrm{rank}(A)$, 即 $\dim \mathcal{R}(A) = \mathrm{rank}(A)$, 根据定理 1.7 得 $\dim \mathcal{N}(A) = n - \mathrm{rank}(A)$, 即齐次线性方程组 $Ax = 0$ 的解空间的维数是 $n - \mathrm{rank}(A)$。

设 V 和 W 分别是 n 维和 m 维的向量空间, $A: V \to W$ 是一个线性变换, 如果给定 V 的一个基 $\{v_1, v_2, \cdots, v_n\}$ 和 W 的一个基 $\{w_1, w_2, \cdots, w_m\}$, 则每一个 Av_i 都可以用 $w_1, w_2, \cdots, w_m$ 线性表示, 不妨设

$$Av_i = a_{1i}w_1 + a_{2i}w_2 + \cdots + a_{mi}w_m, \qquad i = 1, 2, \cdots, n \tag{1.64}$$

或用矩阵乘法表示为

$$(Av_1, Av_2, \cdots, Av_n) = (w_1, w_2, \cdots, w_m)M_A, \qquad M_A = (a_{ij})_{m \times n} \tag{1.65}$$

对于 V 中任意一个向量 $x = c_1v_1 + c_2v_2 + \cdots + c_nv_n$, Ax 都是 W 中的向量, 因此可表示为 $Ax = d_1w_1 + d_2w_2 + \cdots + d_mw_m$, 现在想知道系数向量 $c = (c_1, c_2, \cdots, c_n)^{\mathrm{T}}$ 和 $d = (d_1, d_2, \cdots, d_m)^{\mathrm{T}}$ 之间的关系. 注意到

$$
\begin{aligned}
Ax &= A\left(\sum_{i=1}^{n} c_i v_i\right) = \sum_{i=1}^{n} c_i A v_i = \sum_{i=1}^{n} c_i \sum_{j=1}^{m} a_{ji} w_j \\
&= \sum_{j=1}^{m} \left(\sum_{i=1}^{n} a_{ji} c_i\right) w_j
\end{aligned}
\tag{1.66}
$$

因此有

$$d_j = \sum_{i=1}^{n} a_{ji} c_i, \qquad j = 1, 2, \cdots, m \tag{1.67}$$

用矩阵乘法表示为

$$d = M_A c, \qquad M_A = (a_{ij})_{m \times n} \tag{1.68}$$

称矩阵 $M_A = (a_{ij})_{m \times n}$ 为线性变换 A 在基 $\{v_1, v_2, \cdots, v_n\}$ 和 $\{w_1, w_2, \cdots, w_m\}$ 下的**矩阵表示**.

当然, 同一个线性变换在不同的基下的矩阵表示不一样. 下面探索同一个线性变换在不同基下的矩阵表示之间的关系. 设 $\{v_1', v_2', \cdots, v_n'\}$ 是 V 的另一个基, $\{w_1', w_2', \cdots, w_m'\}$ 是 W 的另一个基, 从 $\{v_1, v_2, \cdots, v_n\}$ 到 $\{v_1', v_2', \cdots, v_n'\}$ 的过渡矩阵是 P, 从 $\{w_1, w_2, \cdots, w_m\}$ 到 $\{w_1', w_2', \cdots, w_m'\}$ 的过渡矩阵是 Q, $x \in V$ 在 V 的两个基下的线性表示分别为

$$x = \sum_{i=1}^{n} c_i v_i, \qquad x = \sum_{i=1}^{n} c_i' v_i' \tag{1.69}$$

$y = Ax$ 在 W 的两个基下的线性表示分别为

$$y = \sum_{j=1}^{m} d_j w_j, \qquad y = \sum_{j=1}^{m} d_j' w_j' \tag{1.70}$$

则有

$$c = Pc', \qquad d = Qd' \tag{1.71}$$

于是

$$d' = Q^{-1}d = Q^{-1}M_Ac = Q^{-1}M_APc' := M_A'c' \tag{1.72}$$

其中 $M_A' = Q^{-1}M_AP$ 就是线性变换 A 在基 $\{v_1', v_2', \cdots, v_n'\}$ 和 $\{w_1', w_2', \cdots, w_m'\}$ 下的矩阵表示。

作为一种特殊情形, 当 A 是 V 上的线性变换时, W 与 V 是同一个空间, 给定 V 的一个基 $\{v_1, v_2, \cdots, v_n\}$, A 就有一个对应的矩阵表示 M_A, 给定 V 的另一个基 $\{v_1', v_2', \cdots, v_n'\}$, A 又有一个对应的矩阵表示 M_A', M_A 与 M_A' 之间的关系为 $M_A' = P^{-1}M_AP$, 其中 P 是从 $\{v_1, v_2, \cdots, v_n\}$ 到 $\{v_1', v_2', \cdots, v_n'\}$ 的过渡矩阵。

设 V 是一个向量空间, U 和 W 是它的子空间, 如果任意 $v \in V$ 皆可唯一地表示为

$$v = u + w, \qquad u \in U, \ w \in W \tag{1.73}$$

则称 V 是 U 和 W 的**直和**, 记作 $V = U \oplus W$。

设 V 是一个 n 维的向量空间, A 是 V 上的线性变换, 则 $\mathcal{N}(A)$ 和 $\mathcal{R}(A)$ 都是 V 的子空间, 而且它们的维数之和为 n, 但 $V = \mathcal{N}(A) \oplus \mathcal{R}(A)$ 一般**不成立**。

例 1.7 设

$$A = \begin{pmatrix} 0 & 1 & 0 \\ 0 & 0 & 1 \\ 0 & 0 & 0 \end{pmatrix} \tag{1.74}$$

把它看作 $\mathbb{R}^3$ 上的线性变换, 则

$$\mathcal{N}(A) = \mathrm{Span}\left\{\begin{pmatrix} 1 \\ 0 \\ 0 \end{pmatrix}\right\}, \qquad \mathcal{R}(A) = \mathrm{Span}\left\{\begin{pmatrix} 1 \\ 0 \\ 0 \end{pmatrix}, \begin{pmatrix} 0 \\ 1 \\ 0 \end{pmatrix}\right\} \tag{1.75}$$

因此 $\mathbb{R}^3 \neq \mathcal{N}(A) \oplus \mathcal{R}(A)$。

设 V 是一个 n 维的向量空间, A 是 V 上的线性变换, 则 $A^2 := A \circ A$, $A^3 = A \circ A \circ A, \cdots$; 作为复合映射还是 A 上的线性变换, 不难验证它们的核与像有下列包含关系:

$$\mathcal{N}(A) \subseteq \mathcal{N}(A^2) \subseteq \mathcal{N}(A^3) \subseteq \cdots \tag{1.76}$$

$$\mathcal{R}(A) \supseteq \mathcal{R}(A^2) \supseteq \mathcal{R}(A^3) \supseteq \cdots \tag{1.77}$$

定理 1.8 设 V 是一个 n 维的向量空间, A 是 V 上的线性变换, 则存在某个自然数 l 使得:

i) 当 $i < l$ 时有

$$\mathcal{N}(A^i) \subsetneqq \mathcal{N}(A^{i+1}), \qquad \mathcal{R}(A^i) \supsetneqq \mathcal{R}(A^{i+1}) \tag{1.78}$$

当 $i \geqslant l$ 时有

$$\mathcal{N}(A^i) = \mathcal{N}(A^{i+1}), \qquad \mathcal{R}(A^i) = \mathcal{R}(A^{i+1}) \tag{1.79}$$

ii) 下列等式成立

$$V = \mathcal{N}(A^l) \oplus \mathcal{R}(A^l) \tag{1.80}$$

证明 记 $m_i = \dim \mathcal{N}(A^i)$, $k_i = \dim \mathcal{R}(A^i)$, 则有

$$0 \leqslant m_1 \leqslant m_2 \leqslant \cdots \leqslant m_i \leqslant \cdots \leqslant n \tag{1.81}$$

$$n \geqslant k_1 \geqslant k_2 \geqslant \cdots \geqslant k_i \geqslant \cdots \geqslant 0 \tag{1.82}$$

如果对所有的 i 皆有 $k_i > k_{i+1}$, 则显然矛盾, 因为这将导致 k_i 为负数 (只要 $i > n$), 故必有某个自然数 $\gamma \leqslant n$ 使得 $k_\gamma = k_{\gamma+1}$, 再利用包含关系式 (1.77) 得到 $\mathcal{R}(A^\gamma) = \mathcal{R}(A^{\gamma+1})$。记

$$l = \min \{ \gamma : \ k_\gamma = k_{\gamma+1} \} \tag{1.83}$$

则当 $i < l$ 时 $k_i > k_{i+1}$, 因此 $\mathcal{R}(A^{i+1})$ 是 $\mathcal{R}(A^i)$ 的真子空间; 当 $i \geqslant l$ 时 $k_i = k_{i+1}$, 因此 $\mathcal{R}(A^i) = \mathcal{R}(A^{i+1})$。由于 $\dim \mathcal{N}(A^i) + \dim \mathcal{R}(A^i) = n$, 因此 $m_i + k_i = n$, 从而当 $i < l$ 时 $m_i < m_{i+1}$, 当 $i \geqslant l$ 时 $m_i = m_{i+1}$, 再利用包含关系式 (1.76) 得到 i) 中第一个包含关系。接下来还需证明 $\mathcal{N}(A^l) \cap \mathcal{R}(A^l) = \{0\}$, 从而式 (1.80) 成立。事实上, 由于 $\mathcal{R}(A^l) = \mathcal{R}(A^{2l})$, 因此 $A^l : \mathcal{R}(A^l) \to \mathcal{R}(A^l)$ 是线性同构 (利用本章习题 9 的结论得到), 因此 $\mathcal{N}(A^l) \cap \mathcal{R}(A^l) = \{0\}$。 $\square$

1.6　特征值与特征向量

考虑 $\mathbb{R}^n$ 上的线性变换, 最简单的莫过于 $v \mapsto \lambda v$ 了, 用矩阵表示就是 λI。当然, 不能奢望所有的线性变换都具有这种形式, 但我们会发现把一般的线性变换 $A : \mathbb{R}^n \to \mathbb{R}^n$ 限制在 $\mathbb{R}^n$ 的某一子空间 V_λ 上时, 确实具有上述简单结构。为了研究这样的 λ 和子空间 V_λ, 我们引进特征值和特征向量的概念。

设 A 是一个 n 阶方阵, 如果存在实数 λ 和非零向量 v, 使得

$$Av = \lambda v \tag{1.84}$$

则称 λ 是 A 的**特征值**, v 是关于特征值 λ 的**特征向量**。

设 λ 是 A 的特征值, 记

$$V_\lambda = \{ v \in \mathbb{R}^n : Av = \lambda v \} \tag{1.85}$$

称为 A 的关于特征值 λ 的**特征子空间**。线性变换 A 限制在 V_λ 上就是简单的数量乘法 $v \mapsto \lambda v$。

定理 1.9　设 A 是一个 n 阶方阵, $\lambda_1, \lambda_2, \cdots, \lambda_m$ 是 A 的不同特征值, $v_1, v_2, \cdots, v_m$ 分别是关于特征值 $\lambda_1, \lambda_2, \cdots, \lambda_m$ 的特征向量, 则 $v_1, v_2, \cdots, v_m$ 一定是线性无关的, 即 A 的关于不同特征值的特征向量构成线性无关组。

证明　我们对 m 使用数学归纳法。当 $m = 1$ 时, 只有一个特征向量, 定理显然成立。设若命题对 $m-1$ 成立, 往证定理对 m 也成立。事实上, 如果

$$c_1 v_1 + c_2 v_2 + \cdots + c_m v_m = 0 \tag{1.86}$$

用矩阵 A 左乘式 (1.86) 两边, 得

$$c_1 A v_1 + c_2 A v_2 + \cdots + c_m A v_m = 0 \tag{1.87}$$

由于 v_i 是关于特征值 λ_i 的特征向量, 因此 $A v_i = \lambda_i v_i, i = 1, 2, \cdots, m$, 于是得到

$$\lambda_1 c_1 v_1 + \lambda_2 c_2 v_2 + \cdots + \lambda_m c_m v_m = 0 \tag{1.88}$$

式 (1.86) 乘以 λ_m, 再减去式 (1.88), 得

$$(\lambda_m - \lambda_1) c_1 v_1 + (\lambda_m - \lambda_2) c_2 v_2 + \cdots + (\lambda_m - \lambda_{m-1}) c_{m-1} v_{m-1} = 0 \tag{1.89}$$

根据归纳假设, $v_1, v_2, \cdots, v_{m-1}$ 是线性无关的, 因此有

$$(\lambda_m - \lambda_i) c_i = 0, \qquad i = 1, 2, \cdots, m - 1 \tag{1.90}$$

又因为 $\lambda_1, \lambda_2, \cdots, \lambda_m$ 互不相同, 因此 $\lambda_m - \lambda_i \neq 0$, 从而 $c_i = 0, i = 1, 2, \cdots, m-1$, 将其代入式 (1.86), 推出 $c_m = 0$。　□

设 $V_1, V_2, \cdots, V_m$ 和 W 都是向量空间 V 的子空间, 如果对任意 $w \in W$ 皆存在唯一的表示

$$w = v_1 + v_2 + \cdots + v_m, \qquad v_i \in V_i, \ i = 1, 2, \cdots, m \tag{1.91}$$

则称 W 是子空间 $V_1, V_2, \cdots, V_m$ 的**直和**, 记作

$$W = V_1 \oplus V_2 \oplus \cdots \oplus V_m \tag{1.92}$$

设 $B_i = \{v_1^{(i)}, v_2^{(i)}, \cdots, v_{n_i}^{(i)}\}$ 是子空间 V_i 的基, 则 $B_1 \cup B_2 \cup \cdots \cup B_m$ 是直和空间 W 的基, 因此有

$$\dim W = \dim V_1 + \dim V_2 + \cdots + \dim V_m \tag{1.93}$$

设 A 是一个 n 阶方阵, $\lambda_1, \lambda_2, \cdots, \lambda_m$ 是 A 所有不相同的特征值, $V_{\lambda_i}, i = 1, 2, \cdots, m$ 是相应的特征子空间, 如果

$$\sum_{i=1}^{m} \dim V_{\lambda_i} = n \tag{1.94}$$

则由定理 1.9 不难得到

$$V = V_{\lambda_1} \oplus V_{\lambda_2} \oplus \cdots \oplus V_{\lambda_m} \tag{1.95}$$

设 $B_i = \{v_1^{(i)}, v_2^{(i)}, \cdots, v_{n_i}^{(i)}\}$ 是特征子空间 V_{λ_i} 的基, 则 $B = \cup_{i=1}^m B_i$ 是 $\mathbb{R}^n$ 的基, 且

$$Av_j^{(i)} = \lambda_i v_j^{(i)}, \qquad i = 1, 2, \cdots, m, \;\; j = 1, 2, \cdots, n_i \tag{1.96}$$

如果用 I_{n_i} 表示 n_i 阶的单位矩阵, 并记

$$\Lambda := \begin{pmatrix} \lambda_1 I_{n_1} & 0 & \cdots & 0 \\ 0 & \lambda_2 I_{n_2} & \cdots & 0 \\ \vdots & \vdots & \ddots & \vdots \\ 0 & 0 & \cdots & \lambda_m I_{n_m} \end{pmatrix} \tag{1.97}$$

$$P := \left(v_1^{(1)}, v_2^{(1)}, \cdots, v_{n_1}^{(1)}, v_1^{(2)}, \cdots, v_{n_2}^{(2)}, \cdots, v_1^{(m)}, \cdots, v_{n_m}^{(m)} \right) \tag{1.98}$$

则可将式 (1.96) 表示为

$$AP = P\Lambda \tag{1.99}$$

由于 B 是 $\mathbb{R}^n$ 的基, P 是由 B 中的元素作为列向量构成的矩阵, 因此 P 是可逆的。用 P^{-1} 左乘式 (1.99) 得

$$P^{-1}AP = \Lambda \tag{1.100}$$

即 A 相似于对角矩阵 Λ, 或者说 A 可以相似对角化。如果把式 (1.100) 变形为

$$A = P\Lambda P^{-1} \tag{1.101}$$

则称之为矩阵 A 的特征分解。

设 λ 是 n 阶方阵 A 的特征值, 则齐次线性方程组 $(\lambda I - A)v = 0$ 有非零解, 从而必有 $\det(\lambda I - A) = 0$, 我们称多项式

$$p_A(\lambda) := \det(\lambda I - A) \tag{1.102}$$

为矩阵 A 的**特征多项式**。矩阵 A 的特征值可以通过求特征方程 $p_A(\lambda) = 0$ 的根得到。

设 $A = (a_{ij})_{n \times n}$, 则有

$$p_A(\lambda) = \det(\lambda I - A) = \begin{vmatrix} \lambda - a_{11} & -a_{12} & \cdots & -a_{1n} \\ -a_{21} & \lambda - a_{22} & \cdots & -a_{2n} \\ \vdots & \vdots & \ddots & \vdots \\ -a_{n1} & -a_{n2} & \cdots & \lambda - a_{nn} \end{vmatrix}$$

$$= \lambda^n - (a_{11} + a_{22} + \cdots + a_{nn})\lambda^{n-1} + \cdots + (-1)^n \det A$$

$$= \lambda^n - (\operatorname{tr} A)\lambda^{n-1} + \cdots + (-1)^n \det A \tag{1.103}$$

通常称

$$\operatorname{tr} A := a_{11} + a_{22} + \cdots + a_{nn} \tag{1.104}$$

为矩阵 A 的**迹**（trace）。

例 1.8　设

$$A = \begin{pmatrix} -2 & 1 & 1 \\ 0 & 2 & 0 \\ -4 & 1 & 3 \end{pmatrix} \tag{1.105}$$

求 A 的特征值和特征向量, 并将其相似对角化。

解　A 特征值可以通过解下列特征方程求出得

$$p_A(\lambda) := \det(\lambda I - A) = 0 \tag{1.106}$$

特征多项式可分解为 $p_A(\lambda) = (\lambda+1)(\lambda-2)^2$, 因此 A 有两个不同的特征值: $\lambda_1 = -1, \lambda_2 = 2$, 线性方程组 $(\lambda_1 I - A)v = 0$ 的基础解系为 $v_1 = (1,0,1)^{\mathrm{T}}$, 因此

$$V_{\lambda_1} = \operatorname{Span}\left\{ \begin{pmatrix} 1 \\ 0 \\ 1 \end{pmatrix} \right\} \tag{1.107}$$

线性方程组 $(\lambda_2 I - A)v = 0$ 的基础解系为 $v_2 = (0,1,-1)^{\mathrm{T}}, v_3 = (1,0,4)^{\mathrm{T}}$, 因此

$$V_{\lambda_2} = \operatorname{Span}\left\{ \begin{pmatrix} 0 \\ 1 \\ -1 \end{pmatrix}, \begin{pmatrix} 1 \\ 0 \\ 4 \end{pmatrix} \right\} \tag{1.108}$$

令

$$P = (v_1, v_2, v_3) = \begin{pmatrix} 1 & 0 & 1 \\ 0 & 1 & 0 \\ 1 & -1 & 4 \end{pmatrix} \tag{1.109}$$

则有

$$P^{-1}AP = \begin{pmatrix} -1 & 0 & 0 \\ 0 & 2 & 0 \\ 0 & 0 & 2 \end{pmatrix} \tag{1.110}$$

须指出的是, 并不是每一个方阵都是可以相似对角化的, 例如

$$A = \begin{pmatrix} 1 & 2 & 1 \\ 2 & 0 & -2 \\ -1 & 2 & 3 \end{pmatrix} \tag{1.111}$$

它有两个不同的特征值: $\lambda_1 = -2$, $\lambda_2 = 2$, 相应的特征子空间为

$$V_{\lambda_1} = \mathrm{Span}\left\{ \begin{pmatrix} 1 \\ -1 \\ 1 \end{pmatrix} \right\}, \qquad V_{\lambda_2} = \mathrm{Span}\left\{ \begin{pmatrix} 1 \\ 0 \\ 1 \end{pmatrix} \right\} \tag{1.112}$$

两个特征子空间的维数之和小于 3, 因此 A 不可对角化。

接下来讨论实对称矩阵的特征分解问题。我们说一个 n 阶方阵 A 是**对称的**, 是指它满足 $A^{\mathrm{T}} = A$。我们首先证明下列结论。

定理 1.10 实对称矩阵 A 的特征值一定是实数。

证明 对于任何一个复矩阵 B, 记 $\overline{B}$ 为其共轭矩阵, 即将 B 的每一个元素取共轭得到的矩阵; 记

$$B^{\sharp} := \left(\overline{B} \right)^{\mathrm{T}} \tag{1.113}$$

称之为 B 的共轭转置矩阵。如果 B 是实矩阵, 则有 $B^{\sharp} = B^{\mathrm{T}}$, 如果 B 是实对称矩阵, 则有 $B^{\sharp} = B$; 对于 n 维复列向量 $v = (v_1, v_2, \cdots, v_n)^{\mathrm{T}}$, 记

$$\|v\| = \sqrt{v^{\sharp} v} = \sqrt{\sum_{i=1}^{n} |v_i|^2} \tag{1.114}$$

称为复向量 v 的范数。如果令 $u = v / \|v\|$, 则 $\|u\| = 1$。现在设 λ 是实对称矩阵 A 的任意一个特征值, u 是相应的单位特征向量 (可能是复向量), 则有

$$u^{\sharp} A u = u^{\sharp} \lambda u = \lambda u^{\sharp} u = \lambda \|u\|^2 = \lambda \tag{1.115}$$

因此有

$$\overline{\lambda} = \lambda^{\sharp} = (u^{\sharp} A u)^{\sharp} = u^{\sharp} A u = \lambda \tag{1.116}$$

从而 λ 是实数。 $\square$

实对称矩阵的特征向量还具有下列性质。

定理 1.11 实对称矩阵 A 的关于不同特征值的特征向量彼此正交。

证明 设 λ_1 和 λ_2 是 A 的两个不同特征值, v_1 和 v_2 分别是关于这两个特征值的特征向量, 则

$$\lambda_1 \langle v_1, v_2 \rangle = \langle \lambda_1 v_1, v_2 \rangle = \langle A v_1, v_2 \rangle = \langle v_1, A v_2 \rangle = \langle v_1, \lambda_2 v_2 \rangle = \lambda_2 \langle v_1, v_2 \rangle \tag{1.117}$$

由此立刻推出 $\langle v_1, v_2 \rangle = 0$。 $\square$

前面已经说过, 一个 n 阶方阵 A 不一定能相似对角化, 但如果 A 是一个实对称矩阵, 则一定能够相似对角化。这就是下面的定理。

定理 1.12　设 A 是一个实对称矩阵, 则一定存在正交矩阵 U, 使得 $\Lambda = U^{\mathrm{T}}AU$ 是对角矩阵, 即 A 可以相似对角化。

证明　对 A 的阶数 n 用数学归纳法。当 $n = 1$ 时, 定理结论显然成立。设若对 $n-1$ 定理结论成立, 往证对 n 定理结论亦成立。设 λ 是 A 的任意一个特征值, v 是关于 λ 的一个单位特征向量, 将其扩充为 $\mathbb{R}^n$ 的规范正交基 $\{v, w_1, w_2, \cdots, w_{n-1}\}$, 并令 $Q = (v, w_1, w_2, \cdots, w_{n-1})$, 则有

$$AQ = (Av, Aw_1, Aw_2, \cdots, Aw_{n-1})$$

$$= (v, w_1, w_2, \cdots, w_{n-1}) \begin{pmatrix} \lambda & b_{1,1} & \cdots & b_{1,n-1} \\ 0 & b_{2,1} & \cdots & b_{2,n-1} \\ \vdots & \vdots & \ddots & \vdots \\ 0 & b_{n,1} & \cdots & b_{n,n-1} \end{pmatrix}$$

$$= Q \begin{pmatrix} \lambda & b^{\mathrm{T}} \\ 0 & B \end{pmatrix} \tag{1.118}$$

其中 $b = (b_{1,1}, b_{1,2}, \cdots, b_{1,n-1})^{\mathrm{T}}$, B 是一个 $n-1$ 阶实方阵, 下面说明 $b = 0$ 且 B 是对称的。由于 Q 是一个正交矩阵, 用 Q^{T} 左乘式 (1.118) 两端得

$$Q^{\mathrm{T}}AQ = \begin{pmatrix} \lambda & b^{\mathrm{T}} \\ 0 & B \end{pmatrix} \tag{1.119}$$

由于 A 是实对称矩阵, 因此式 (1.119) 中等号右边的分块矩阵也是实对称矩阵, 从而有

$$\begin{pmatrix} \lambda & b^{\mathrm{T}} \\ 0 & B \end{pmatrix} = \begin{pmatrix} \lambda & 0^{\mathrm{T}} \\ b & B^{\mathrm{T}} \end{pmatrix} \tag{1.120}$$

由此立刻得到 $b = 0$, $B = B^{\mathrm{T}}$, 因此 B 是实对称矩阵。根据归纳假设, 存在 $n-1$ 阶正交矩阵 P 使得 $\Lambda_{n-1} = P^{\mathrm{T}}BP$ 是对角矩阵, 于是

$$A = Q \begin{pmatrix} \lambda & b^{\mathrm{T}} \\ 0 & B \end{pmatrix} Q^{\mathrm{T}} = Q \begin{pmatrix} \lambda & 0^{\mathrm{T}} \\ 0 & P\Lambda_{n-1}P^{\mathrm{T}} \end{pmatrix} Q^{\mathrm{T}}$$

$$= Q \begin{pmatrix} 1 & 0^{\mathrm{T}} \\ 0 & P \end{pmatrix} \begin{pmatrix} \lambda & 0^{\mathrm{T}} \\ 0 & \Lambda_{n-1} \end{pmatrix} \begin{pmatrix} 1 & 0^{\mathrm{T}} \\ 0 & P^{\mathrm{T}} \end{pmatrix} Q^{\mathrm{T}} \tag{1.121}$$

令

$$U = Q \begin{pmatrix} 1 & 0^{\mathrm{T}} \\ 0 & P \end{pmatrix} \tag{1.122}$$

则 U 是正交矩阵, 且有

$$U^{\mathrm{T}}AU = \begin{pmatrix} \lambda & 0^{\mathrm{T}} \\ 0 & \Lambda_{n-1} \end{pmatrix} \qquad (1.123) \quad \square$$

根据定理 1.12, 任何一个实对称矩阵 A 皆可分解为 $A = U\Lambda U^{\mathrm{T}}$, 其中 U 是正交矩阵, Λ 是对角矩阵, 不难验证 Λ 对角线上的元素正是 A 的特征值, U 的列向量是相应的单位特征向量。于是有

$$A = (u_1, u_2, \cdots, u_n) \begin{pmatrix} \lambda_1 & 0 & \cdots & 0 \\ 0 & \lambda_2 & \cdots & 0 \\ \vdots & \vdots & \ddots & \vdots \\ 0 & 0 & \cdots & \lambda_n \end{pmatrix} \begin{pmatrix} u_1^{\mathrm{T}} \\ u_2^{\mathrm{T}} \\ \vdots \\ u_n^{\mathrm{T}} \end{pmatrix}$$

$$= \sum_{i=1}^{n} \lambda_i u_i u_i^{\mathrm{T}} \qquad (1.124)$$

这就是 A 的特征分解。

例 1.9 设

$$A = \begin{pmatrix} 17 & -2 & -2 \\ -2 & 14 & -4 \\ -2 & -4 & 14 \end{pmatrix} \qquad (1.125)$$

求其特征分解。

解 A 的特征多项式为

$$p_A(\lambda) = \det(\lambda I - A) = -(\lambda - 18)^2(\lambda - 9) \qquad (1.126)$$

因此 A 有两个不同的特征值: $\lambda_1 = 18$, $\lambda_2 = 9$。线性方程组 $(\lambda_1 I - A)v = 0$ 的基础解系为

$$v_1 = (-2, 1, 0)^{\mathrm{T}}, \qquad v_2 = (-2, 0, 1)^{\mathrm{T}} \qquad (1.127)$$

利用 Gram-Schmidt 正交化方法将其正交规范化, 得到正交规范化的特征向量组

$$u_1 = (-2/\sqrt{5}, 1/\sqrt{5}, 0)^{\mathrm{T}}, \qquad u_2 = (-2/\sqrt{45}, -4/\sqrt{45}, 5/\sqrt{45})^{\mathrm{T}} \qquad (1.128)$$

线性方程组 $(\lambda_2 I - A)v = 0$ 的基础解系为 $v_3 = (1, 2, 2)^{\mathrm{T}}$, 规范化后得到

$$u_3 = (1/3, 2/3, 2/3)^{\mathrm{T}} \qquad (1.129)$$

令

$$U = (u_1, u_2, u_3) = \begin{pmatrix} \dfrac{-2}{\sqrt{5}} & \dfrac{-2}{\sqrt{45}} & \dfrac{1}{3} \\ \dfrac{1}{\sqrt{5}} & \dfrac{-4}{\sqrt{45}} & \dfrac{2}{3} \\ 0 & \dfrac{5}{\sqrt{45}} & \dfrac{2}{3} \end{pmatrix}, \qquad \Lambda = \begin{pmatrix} 18 & 0 & 0 \\ 0 & 18 & 0 \\ 0 & 0 & 9 \end{pmatrix} \qquad (1.130)$$

则有

$$A = U\Lambda U^{\mathrm{T}} \qquad (1.131)$$

设 A 是一个实对称矩阵, 如果 A 的所有特征值都大于 0, 则称 A 是**正定的** (positive definite); 如果 A 的所有特征值都是非负的, 则称 A 是**非负定的** (nonnegative definite) 或**半正定的** (semi-positive definite); 如果 A 的所有特征值都小于 0, 则称 A 是**负定的** (negative definite)。

对于每一个实对称矩阵 A, 可定义一个 $\mathbb{R}^n$ 上的函数 $Q_A(x)$ 为

$$Q_A(x) := x^{\mathrm{T}} A x, \qquad x \in \mathbb{R}^n \tag{1.132}$$

称之为由 A 决定的**二次型** (quadratic form)。

对于二次型 $Q_A(x)$, 如果 $Q_A(x) > 0, \forall x \in \mathbb{R}^n \setminus \{0\}$, 则称它是**正定的**; 如果 $Q_A(x) \geqslant 0, \forall x \in \mathbb{R}^n$, 则称它是**非负定的**或**半正定的**; 如果 $Q_A(x) < 0, \forall x \in \mathbb{R}^n \setminus \{0\}$, 则称它是**负定的**。

定理 1.13 设 A 是 n 阶的实对称矩阵, Q_A 是由 A 决定的二次型, 则 Q_A 是正定的 (半正定的、负定的) 当且仅当 A 是正定的 (半正定的、负定的)。

证明 如果 Q_A 是正定的, 对于 A 的任意一个特征值 λ, 设 v 是关于 λ 的单位特征向量, 则有

$$\lambda = \lambda v^{\mathrm{T}} v = v^{\mathrm{T}}(\lambda v) = v^{\mathrm{T}} A v = Q_A(v) > 0 \tag{1.133}$$

反之, 如果 A 是正定的, 则其特征值严格大于 0, 设 A 的特征分解为

$$A = \sum_{i=1}^{n} \lambda_i u_i u_i^{\mathrm{T}} \tag{1.134}$$

其中特征向量组 $\{u_1, u_2, \cdots, u_n\}$ 构成 $\mathbb{R}^n$ 的标准正交基。任意非零向量 $x \in \mathbb{R}^n$ 皆可表示为

$$x = \sum_{j=1}^{n} c_j u_j \tag{1.135}$$

其中系数 $c_j = \langle x, c_j \rangle, j = 1, 2, \cdots, n$ 不全为 0。于是

$$Q_A(x) = x^{\mathrm{T}} A x = \sum_{i=1}^{n} \lambda_i x^{\mathrm{T}} u_i u_i^{\mathrm{T}} x = \sum_{i=1}^{n} \lambda_i \langle x, u_i \rangle \langle u_i, x \rangle$$

$$= \sum_{i=1}^{n} \lambda_i c_i^2 > 0 \tag{1.136}$$

其余两种情况的证明完全类似, 从略。 $\quad\square$

1.7 正交补空间和保范变换

设 $(V, \langle \cdot, \cdot \rangle)$ 是 n 维的实内积空间, U 是 V 的子空间, 记

$$U^{\perp} = \{w \in V : \langle u, w \rangle = 0, \ \forall u \in U\} \tag{1.137}$$

不难验证 $U^\perp$ 是 V 的子空间, 称之为 U 的（关于 V 的）**正交补空间 (orthogonal complement space)** 或**正交补 (orthogonal complement)**。

不难验证 $U \cap U^\perp = \{0\}$, 且如果 $U_1 \subseteq U_2$, 则有 $U_1^\perp \supseteq U_2^\perp$。

定理 1.14 设 $(V, \langle \cdot, \cdot \rangle)$ 是 n 维的实内积空间, U 是 V 的子空间, $U^\perp$ 是 U 的关于 V 的正交补, 则有

$$V = U \oplus U^\perp \tag{1.138}$$

证明 设 $\{u_1, u_2, \cdots, u_m\}$ 是 U 的正交基, 根据定理 1.2 和 Gram-Schmidt 正交化方法, 存在非零正交向量组 $u_{m+1}, u_{m+2}, \cdots, u_n$, 使得 $\{u_1, \cdots, u_m, u_{m+1}, \cdots, u_n\}$ 构成 V 的正交基, 我们断言 $U^\perp = \mathrm{Span}\{u_{m+1}, u_{m+2}, \cdots, u_n\}$, 如果这个断言成立, 则式 (1.138) 显然成立, 接下来我们证明这个断言成立。显然有 $U^\perp \supseteq \mathrm{Span}\{u_{m+1}, u_{m+2}, \cdots, u_n\}$, 我们只需要证明 $U^\perp$ 中任意一个元素皆可由 $u_{m+1}, u_{m+2}, \cdots, u_n$ 线性表示即可。对于任意 $w \in U^\perp$ 皆有下列表示

$$w = c_1 u_1 + c_2 u_2 + \cdots + c_m u_m + c_{m+1} u_{m+1} + \cdots + c_n u_n \tag{1.139}$$

由于 w 与 U 中每一个元素皆正交, 因此必有 $c_1 = c_2 = \cdots = c_m = 0$, 从而有

$$w = c_{m+1} u_{m+1} + \cdots + c_n u_n \tag{1.140} \quad \square$$

设 $(V, \langle \cdot, \cdot \rangle)$ 是 n 维的实内积空间, V_1 和 V_2 是 V 的子空间, 如果 $V_1 \subseteq V_2^\perp$, 则称 V_1 和 V_2 是**正交的**, 记作 $V_1 \perp V_2$。

如果 $V_1, V_2, \cdots, V_k$ 都是内积空间 V 的子空间, 且两两正交, 则称直和 $V_1 \oplus V_2 \oplus \cdots \oplus V_k$ 为**正交直和**。

设 $(V, \langle \cdot, \cdot \rangle)$ 是 n 维的实内积空间, $\{v_1, v_2, \cdots, v_n\}$ 是 V 的基, 记

$$G = (g_{ij})_{n \times n}, \qquad g_{ij} = \langle v_i, v_j \rangle \tag{1.141}$$

称 G 为内积 $\langle \cdot, \cdot \rangle$ 关于基 $\{v_1, v_2, \cdots, v_n\}$ 的**度量矩阵 (metric matrix)**。

设

$$u = \sum_{i=1}^{n} c_i v_i, \qquad v = \sum_{j=1}^{n} d_j v_j \tag{1.142}$$

则有

$$
\begin{aligned}
\langle u, v \rangle &= \left\langle \sum_{i=1}^{n} c_i v_i, \sum_{j=1}^{n} d_j v_j \right\rangle = \sum_{i=1}^{n} \sum_{j=1}^{n} c_i d_j \langle v_i, v_j \rangle = \sum_{i=1}^{n} \sum_{j=1}^{n} c_i d_j g_{ij} \\
&= c^{\mathrm{T}} G d
\end{aligned}
\tag{1.143}
$$

其中 $c = (c_1, c_2, \cdots, c_n)^{\mathrm{T}}$ 和 $d = (d_1, d_2, \cdots, d_n)^{\mathrm{T}}$ 分别是 u 和 v 在基 $\{v_1, v_2, \cdots, v_n\}$ 下的坐标向量。

度量矩阵 G 显然是对称的, 而且还是正定的, 这是因为对任意非零的向量 $d = (d_1, d_2, \cdots, d_n)^{\mathrm{T}}$ 皆有

$$d^{\mathrm{T}} G d = \left\langle \sum_{i=1}^{n} d_i v_i, \sum_{j=1}^{n} d_j v_j \right\rangle = \langle v, v \rangle > 0 \tag{1.144}$$

设 $(V, \langle \cdot, \cdot \rangle)$ 是 n 维的实内积空间, A 是 V 上的线性变换, 如果

$$\|Av\| = \|v\|, \qquad \forall v \in V \tag{1.145}$$

则称 A 是一个**保范线性变换**, 简称**保范变换**。如果 A 是一个保范变换, 则它也是保内积的, 即满足

$$\langle Au, Av \rangle = \langle u, v \rangle, \qquad \forall u, v \in V \tag{1.146}$$

这是因为有下列**极化恒等式 (polarization identity)**

$$\langle u, v \rangle = \frac{1}{4} \left\{ \|u+v\|^2 - \|u-v\|^2 \right\}, \qquad \forall u, v \in V \tag{1.147}$$

保范变换 A 一定是线性同构, 这是因为

$$Au = Av \Rightarrow A(u-v) = 0 \Rightarrow \|u-v\| = \|A(u-v)\| = 0$$
$$\Rightarrow u-v = 0 \Rightarrow u = v \tag{1.148}$$

因此 A 是单射, 从而 $\mathcal{N}(A) = \{0\}$, 再根据定理 1.7 得到

$$\dim \mathcal{R}(A) = n - \dim \mathcal{N}(A) = n - 0 = n \tag{1.149}$$

因此 $\mathcal{R}(A) = V$, 从而 A 又是满射, 这就证明了 A 是线性同构。

设 $\{v_1, v_2, \cdots, v_n\}$ 是 n 维实内积空间 $(V, \langle \cdot, \cdot \rangle)$ 的基, 保范变换 A 在这个基下的矩阵表示为 M_A, 下面先分析 M_A 的性质。既然 A 是线性同构, M_A 一定是可逆的。其次, 设内积 $\langle \cdot, \cdot \rangle$ 关于这个基的度量矩阵为 $G = (g_{ij})_{n \times n}$, u, v 是 V 中任意两个向量, 它们在这个基下的坐标向量分别为 c 和 d, 则 Au 和 Av 在这个基下的坐标向量分别为 $M_A c$ 和 $M_A d$, 于是有

$$c^{\mathrm{T}} G d = \langle u, v \rangle = \langle Au, Av \rangle = (M_A c)^{\mathrm{T}} G (M_A d) = c^{\mathrm{T}} M_A^{\mathrm{T}} G M_A d \tag{1.150}$$

上述等式对任意坐标向量 c 和 d 都成立, 因此必有 $G = M_A^{\mathrm{T}} G M_A$。如果 $\{v_1, v_2, \cdots, v_n\}$ 是规范正交基, 则 $G = I$, 由此推出 $M_A^{\mathrm{T}} M_A = I$, 即 M_A 是正交矩阵。于是我们得到了如下结论: 保范变换在规范正交基下的矩阵表示为正交矩阵。

在欧氏空间 $\mathbb{R}^n$ 上, 由正交矩阵 A 定义的线性变换称为**正交变换**。正交变换一定是保范的, 这是因为对任意 $v \in \mathbb{R}^n$ 皆有

$$\|Av\|^2 = \langle Av, Av \rangle = (Av)^{\mathrm{T}}(Av) = v^{\mathrm{T}} A^{\mathrm{T}} A v = v^{\mathrm{T}} v = \|v\|^2 \tag{1.151}$$

反过来, 根据前面的分析, 欧氏空间 $\mathbb{R}^n$ 上的任何一个保范线性变换在规范正交基下的矩阵表示都是正交矩阵, 因此是正交变换。换句话说, 欧氏空间中的保范变换和正交变换是一回事。

设 F 是欧氏空间 $\mathbb{R}^n$ 上的一个映射, 如果它满足

$$d(F(x), F(y)) = d(x, y), \qquad \forall\, x, y \in \mathbb{R}^n \tag{1.152}$$

则称 F 是 $\mathbb{R}^n$ 上的**等距变换 (isometry)**。需要强调的是, 上述定义并没有要求等距变换是线性的。一个有意思的问题是欧氏空间 $\mathbb{R}^n$ 上的等距变换到底有哪些?

首先令 $L(x) = F(x) - F(0)$, 则有 $L(0) = 0$, 且 L 是保范的, 这是因为

$$\|L(x)\| = \|L(x) - L(0)\| = d(L(x), L(0)) = d(F(x) - F(0), F(0) - F(0))$$

$$= d(F(x), F(0)) = d(x, 0) = \|x\| \tag{1.153}$$

既然 L 是保范的, 根据极化恒等式, L 也是保内积的。

其次, L 还是线性的。为了证明这一点, 取 $\mathbb{R}^n$ 的一个规范正交基 $\{v_1, v_2, \cdots, v_n\}$, 由于 L 是保内积的, 因此 $\{L(v_1), L(v_2), \cdots, L(v_n)\}$ 也构成 $\mathbb{R}^n$ 的规范正交基, 从而 $L(x)$ 可唯一地表示为

$$L(x) = \sum_{i=1}^{n} \langle L(x), L(v_i) \rangle L(v_i) = \sum_{i=1}^{n} \langle x, v_i \rangle L(v_i) \tag{1.154}$$

从这里便可以看出 L 是线性映射。

既然 L 是线性保范的, 它一定是欧氏空间中的正交变换, 换言之, 存在正交矩阵 A, 使得 $L(x) = Ax$, 于是 $F(x)$ 具有下列形式

$$F(x) = L(x) + F(0) = Ax + F(0) \tag{1.155}$$

即平移和正交变换的合成, 这种变换通常称为**刚体变换 (rigid-body transformation)**。

1.8 多维随机变量

多元数据分析需要用到多维随机变量的有关知识, 本节将对这些知识进行扼要介绍。

1.8.1 随机向量的分布和独立性

设 $X_1, X_2, \cdots, X_n$ 是概率空间 $(\Omega, \mathcal{F}, P)$ 上的随机变量, 则称 $X = (X_1, X_2, \cdots, X_n)^{\mathrm{T}}$ 是 $(\Omega, \mathcal{F}, P)$ 上的 n **维随机变量**或**随机向量**。对于 n 维随机变量, 定义其**概率分布函数** (probability distribution function) 为

$$F(x_1, x_2, \cdots, x_n)$$
$$= P\{X_1 \leqslant x_1, X_2 \leqslant x_2, \cdots, X_n \leqslant x_n\}, \quad \forall\, x = (x_1, x_2, \cdots, x_n) \in \mathbb{R}^n \tag{1.156}$$

通常将其简称为分布函数。如果存在 $\mathbb{R}^n$ 上的非负可测函数 $f(x_1, x_2, \cdots, x_n)$，使得对一切 $x = (x_1, x_2, \cdots, x_n) \in \mathbb{R}^n$ 皆有

$$F(x_1, x_2, \cdots, x_n) = \int_{-\infty}^{x_1} \int_{-\infty}^{x_2} \cdots \int_{-\infty}^{x_n} f(u_1, u_2, \cdots, u_n) \mathrm{d}u_1 \mathrm{d}u_2 \cdots \mathrm{d}u_n \tag{1.157}$$

则称 f 是 X（或 F）的**概率密度函数**或**密度函数**。根据定义，概率密度函数必须满足 $f(x_1, x_2, \cdots, x_n) \geqslant 0$ 且

$$\int_{-\infty}^{\infty} \int_{-\infty}^{\infty} \cdots \int_{-\infty}^{\infty} f(x_1, x_2, \cdots, x_n) \mathrm{d}x_1 \mathrm{d}x_2 \cdots \mathrm{d}x_n = 1 \tag{1.158}$$

如果随机向量 X 存在密度函数, 则称 X 是连续型随机向量。

　　设 X 和 Y 分别是 m 维和 n 维的随机向量, 如果

$$P\{X \leqslant x, Y \leqslant y\} = P\{X \leqslant x\}P\{Y \leqslant y\}, \qquad \forall x \in \mathbb{R}^m, \, y \in \mathbb{R}^n \tag{1.159}$$

则称 X 与 Y 是**独立的**。

　　记

$$F(x, y) = P\{X \leqslant x, Y \leqslant y\} \tag{1.160}$$

称之为 X 与 Y 的**联合分布函数** (joint distribution function)。

　　记

$$F_X(x) = P\{X \leqslant x\}, \qquad F_Y(y) = P\{Y \leqslant y\} \tag{1.161}$$

分别称为 X 和 Y 的**边缘分布函数** (marginal distribution function)。

　　不难证明 X 与 Y 独立当且仅当

$$F(x, y) = F_X(x)F_Y(y) \tag{1.162}$$

如果 X 和 Y 还是连续型随机向量, 则独立性条件也可表示为

$$f(x, y) = f_X(x)f_Y(y) \tag{1.163}$$

其中 $f(x, y)$ 是 X 与 Y 的**联合密度函数** (joint density function), $f_X(x)$ 和 $f_Y(y)$ 分别是 X 与 Y 的**边缘密度函数** (marginal density function)。

　　多个随机向量 $X_1, X_2, \cdots, X_p$ 的独立性可以类似地定义, 即当

$$P\{X_1 \leqslant x_1, X_2 \leqslant x_2, \cdots, X_p \leqslant x_p\} = P\{X_1 \leqslant x_1\}P\{X_2 \leqslant x_2\} \cdots P\{X_p \leqslant x_p\} \tag{1.164}$$

时, 称 $X_1, X_2, \cdots, X_p$ 是独立的。当 $X_1, X_2, \cdots, X_p$ 是连续型随机变量时, 独立性与下面两个条件之一等价。

$$F(x_1, x_2, \cdots, x_p) = F_{X_1}(x_1)F_{X_2}(x_2) \cdots F_{X_p}(x_p) \tag{1.165}$$

$$f(x_1, x_2, \cdots, x_p) = f_{X_1}(x_1)f_{X_2}(x_2) \cdots f_{X_p}(x_p) \tag{1.166}$$

需要强调的是, p 个随机向量两两独立和它们独立不是一回事, 独立性要强于两两独立。

1.8.2 随机向量的数字特征

设 $X = (X_1, X_2, \cdots, X_n)^{\mathrm{T}}$ 为随机向量, 其**数学期望 (mathematical expectation)** 或**均值 (mean)** 定义为

$$EX = (EX_1, EX_2, \cdots, EX_n)^{\mathrm{T}} \tag{1.167}$$

随机向量的均值是一个向量, 相当于对其每一个分量取均值。随机向量的均值具有下列性质。设 A、B 是常数矩阵, 则有

$$E(AX) = AEX, \qquad E(AXB) = A(EX)B \tag{1.168}$$

随机向量 $X = (X_1, X_2, \cdots, X_n)^{\mathrm{T}}$ 的**协方差矩阵 (covariance matrix)** 定义为

$$
\begin{aligned}
DX = \mathrm{cov}(X, X) &= E\left[(X - EX)(X - EX)^{\mathrm{T}}\right] \\
&= \begin{pmatrix}
DX_1 & \mathrm{cov}(X_1, X_2) & \cdots & \mathrm{cov}(X_1, X_n) \\
\mathrm{cov}(X_2, X_1) & DX_2 & \cdots & \mathrm{cov}(X_2, X_n) \\
\vdots & \vdots & \ddots & \vdots \\
\mathrm{cov}(X_n, X_1) & \mathrm{cov}(X_n, X_2) & \cdots & DX_n
\end{pmatrix}
\end{aligned} \tag{1.169}
$$

其中 DX_i 表示随机变量 X_i 的方差, 有时也记作 $\mathrm{var}(X_i)$。如果 X 是一个随机向量, 则用 DX 或 $\mathrm{var}(X)$ 表示 X 的协方差矩阵。

设 $X = (X_1, X_2, \cdots, X_m)^{\mathrm{T}}$ 和 $Y = (Y_1, Y_2, \cdots, Y_n)^{\mathrm{T}}$ 分别是 m 维和 n 维的随机向量, 则 X 与 Y 的协方差矩阵定义为

$$\mathrm{cov}(X, Y) = E\left[(X - EX)(Y - EY)^{\mathrm{T}}\right] = \left(\mathrm{cov}(X_i, Y_j)\right)_{m \times n} \tag{1.170}$$

如果 $\mathrm{cov}(X, Y) = 0$, 则称 X 与 Y 是**不相关的**。

随机向量的协方差矩阵具有下列性质: 设 X 是 m 维随机向量, Y 是 n 维随机向量, A、B 是常数矩阵, 则有

$$\mathrm{cov}(AX, BY) = A\mathrm{cov}(X, Y)B^{\mathrm{T}} \tag{1.171}$$

特别地, 有

$$D(AX) = \mathrm{cov}(AX, AX) = A\mathrm{cov}(X, X)A^{\mathrm{T}} = A(DX)A^{\mathrm{T}} \tag{1.172}$$

如果 A 是一个 $m \times m$ 的常数矩阵, 并记 $\mu = EX, \Sigma = DX$, 则有

$$E(X^{\mathrm{T}}AX) = \mathrm{tr}(A\Sigma) + \mu^{\mathrm{T}}A\mu \tag{1.173}$$

下面证明式 (1.173): 记 $Z = X - \mu$, 则有 $EZ = 0$, 于是

$$E(X^{\mathrm{T}}AX) = E\left[(Z + \mu)^{\mathrm{T}}A(Z + \mu)\right] = E\left[Z^{\mathrm{T}}AZ + Z^{\mathrm{T}}A\mu + \mu^{\mathrm{T}}AZ + \mu^{\mathrm{T}}A\mu\right]$$

$$= E\left(Z^{\mathrm{T}}AZ\right) + \mu^{\mathrm{T}}A\mu$$

$$= E\left(\mathrm{tr}((AZ)Z^{\mathrm{T}})\right) + \mu^{\mathrm{T}}A\mu$$

$$= \mathrm{tr}\left(E((AZ)Z^{\mathrm{T}})\right) + \mu^{\mathrm{T}}A\mu$$

$$= \mathrm{tr}\left(\mathrm{cov}(AX, X)\right) + \mu^{\mathrm{T}}A\mu$$

$$= \mathrm{tr}\left(A\mathrm{cov}(X, X)\right) + \mu^{\mathrm{T}}A\mu$$

$$= \mathrm{tr}\left(A\Sigma\right) + \mu^{\mathrm{T}}A\mu \tag{1.174}$$

其中第四个等号用到了这样一个事实：如果 u 和 v 是同维数的列向量，则有 $u^{\mathrm{T}}v = \mathrm{tr}(vu^{\mathrm{T}})$。这是本章习题 16 的直接推论。

随机向量 $X = (X_1, X_2, \cdots, X_n)^{\mathrm{T}}$ 的相关系数矩阵定义为

$$R = (r_{ij})_{n \times n}, \qquad r_{ij} = \frac{\mathrm{cov}(X_i, X_j)}{\sqrt{DX_i}\sqrt{DX_j}} \tag{1.175}$$

如果令

$$X_i^* = \frac{X_i - EX_i}{\sqrt{DX_i}}, \qquad i = 1, 2, \cdots, n \tag{1.176}$$

则有 $EX_i^* = 0$, $DX_i^* = 1$, 称 X_i^* 为 X_i 的**标准化**。X 的相关系数矩阵 R 就是标准化向量 $X^* = (X_1^*, X_2^*, \cdots, X_n^*)^{\mathrm{T}}$ 的协方差：

$$R = \mathrm{cov}(X^*, X^*) = DX^* \tag{1.177}$$

1.8.3　多维正态分布

首先定义标准的多维正态分布。设 $Z_1, Z_2, \cdots, Z_n$ 是 n 个独立的、服从一维标准正态分布的随机变量，则称随机向量 $Z = (Z_1, Z_2, \cdots, Z_n)^{\mathrm{T}}$ 服从n **维标准正态分布**，记作 $Z \sim \mathcal{N}_n(0, I)$，在明确维数的情况下也简记为 $Z \sim \mathcal{N}(0, I)$。

按照上面的定义，如果 $Z \sim \mathcal{N}(0, I)$，则有 $EZ = 0, DZ = I$，它的分布函数为

$$F(z_1, z_2, \cdots, z_n) = P\{Z_1 \leqslant z_1, Z_2 \leqslant z_2, \cdots, Z_n \leqslant z_n\} = \prod_{i=1}^{n} P\{Z_i \leqslant z_i\}$$

$$= \prod_{i=1}^{n} \Phi(z_i) \tag{1.178}$$

其中

$$\Phi(z_i) = \int_{-\infty}^{z_i} \varphi(t)\mathrm{d}t, \qquad \varphi(t) = \frac{1}{\sqrt{2\pi}}\mathrm{e}^{-t^2/2} \tag{1.179}$$

对分布函数式 (1.178) 求 n 次偏导后得到

$$f(z_1, z_2, \cdots, z_n) = \frac{\partial^n F}{\partial z_1 \partial z_2 \cdots \partial z_n} = \prod_{i=1}^{n} \varphi(z_i) = \frac{1}{(2\pi)^{n/2}} \exp\left\{-\frac{1}{2}(z_1^2 + z_2^2 + \cdots + z_n^2)\right\}$$

$$= \frac{1}{(2\pi)^{n/2}} \exp\left\{-\frac{1}{2}z^{\mathrm{T}}z\right\}, \qquad z = (z_1, z_2, \cdots, z_n)^{\mathrm{T}} \tag{1.180}$$

这就是 n **维标准正态分布的概率密度函数**。

再来看一般的 n 维正态分布。设 $Z = (Z_1, Z_2, \cdots, Z_n)$ 是服从 n 维标准正态分布的随机向量, $\mu = (\mu_1, \mu_2, \cdots, \mu_n)^{\mathrm{T}} \in \mathbb{R}^n$, A 是一个 n 阶的非奇异矩阵, 如果随机向量 X 满足

$$X = AZ + \mu \tag{1.181}$$

则称 X 服从均值为 μ、方差为 $\Sigma := AA^{\mathrm{T}}$ 的**(非退化的)** n **维正态分布**, 记作 $X \sim \mathcal{N}_n(\mu, \Sigma)$ 或 $X \sim \mathcal{N}(\mu, \Sigma)$。

由于

$$EX = E(AZ + \mu) = E(AZ) + E(\mu) = AEZ + \mu = 0 + \mu = \mu \tag{1.182}$$

$$DX = E\left[(X - EX)(X - EX)^{\mathrm{T}}\right] = E[(AZ)(AZ)^{\mathrm{T}}] = E[A(ZZ^{\mathrm{T}})A^{\mathrm{T}}]$$

$$= AE[ZZ^{\mathrm{T}}]A^{\mathrm{T}}$$

$$= AIA^{\mathrm{T}}$$

$$= AA^{\mathrm{T}} = \Sigma \tag{1.183}$$

因此如果 $X \sim \mathcal{N}(\mu, \Sigma)$, 则有 $EX = \mu, DX = \Sigma$。

为了推导多元正态分布的密度函数, 需要用到密度函数的如下性质[1-2]: 设 $f(x)$ 是 n 维随机向量 X 的密度函数, 则对于 $\mathbb{R}^n$ 中任何一个区域 D, 皆有

$$P\{X \in D\} = \int_D f(x)\mathrm{d}x \tag{1.184}$$

现在定义一个映射 $\tau : \mathbb{R}^n \to \mathbb{R}^n$, $x \mapsto \tau(x) = Ax + \mu$, 由于 A 是非奇异的, 因此 τ 是可逆的, 记其逆映射为 τ^{-1}。设 X 的概率密度函数为 $f(x)$, Z 的概率密度函数为 $g(z)$, 对于 $\mathbb{R}^n$ 中任何一个区域 D, 记 $\tau^{-1}(D) = \{z \in \mathbb{R}^n : \tau(z) \in D\}$, 则有

$$\int_D f(x)\mathrm{d}x = P\{X \in D\} = P\{\tau(Z) \in D\} = P\{Z \in \tau^{-1}(D)\}$$

$$= \int_{\tau^{-1}(D)} g(z)\mathrm{d}z$$

$$= \int_D g(\tau^{-1}(x))|J_{\tau^{-1}}|\mathrm{d}x \tag{1.185}$$

其中 $J_{\tau^{-1}}$ 表示映射 τ^{-1} 的 Jacobi 行列式, 最后一个等号用到了 n 重积分的换元公式, 读者可参考文献 [2-5]。由于 $\tau^{-1}(x) = A^{-1}(x - \mu)$, 因此

$$J_{\tau^{-1}} = \det\left(A^{-1}\right) = (\det \varSigma)^{-1/2}, \tag{1.186}$$

$$\begin{aligned}
g(\tau^{-1}(x)) &= \frac{1}{(2\pi)^{n/2}} \exp\left\{ -\frac{1}{2}(A^{-1}(x-\mu))^{\mathrm{T}}(A^{-1}(x-\mu)) \right\} \\
&= \frac{1}{(2\pi)^{n/2}} \exp\left\{ -\frac{1}{2}(x-\mu)^{\mathrm{T}}[(A^{-1})^{\mathrm{T}}A^{-1}](x-\mu) \right\} \\
&= \frac{1}{(2\pi)^{n/2}} \exp\left\{ -\frac{1}{2}(x-\mu)^{\mathrm{T}}(AA^{\mathrm{T}})^{-1}(x-\mu) \right\} \\
&= \frac{1}{(2\pi)^{n/2}} \exp\left\{ -\frac{1}{2}(x-\mu)^{\mathrm{T}}\varSigma^{-1}(x-\mu) \right\}
\end{aligned} \tag{1.187}$$

联合式 (1.185)、式 (1.186) 和式 (1.187) 得到

$$\int_D f(x)\mathrm{d}x = \int_D \frac{1}{(2\pi)^{n/2}(\det \varSigma)^{1/2}} \exp\left\{ -\frac{1}{2}(x-\mu)^{\mathrm{T}}\varSigma^{-1}(x-\mu) \right\} \mathrm{d}x \tag{1.188}$$

由区域 D 的任意性, 得到

$$f(x) = \frac{1}{(2\pi)^{n/2}(\det \varSigma)^{1/2}} \exp\left\{ -\frac{1}{2}(x-\mu)^{\mathrm{T}}\varSigma^{-1}(x-\mu) \right\} \tag{1.189}$$

这就是 n **维正态分布的概率密度函数**。有些书也用上述概率密度函数定义 n 维正态分布。

需要指出的是, 由 $X_1, X_2, \cdots, X_n$ 服从一维正态分布**并不能**推出随机向量 $(X_1, X_2, \cdots, X_n)^{\mathrm{T}}$ 服从 n 维正态分布。下面给出一个反例。

例 1.10 设 X_1 服从一维标准正态分布 $\mathcal{N}(0,1)$, X_2 按照如下方式定义

$$X_2 = \begin{cases} X_1, & |X_1| > 1 \\ -X_1, & |X_1| \leqslant 1 \end{cases} \tag{1.190}$$

则不难验证 X_2 也是服从一维标准正态分布的随机变量, 但 $(X_1, X_2)^{\mathrm{T}}$ 不服从二维正态分布。这些断言的证明请参考本章习题 18。

设 X 是随机变量, 如果

$$M_X(t) := E\left[\mathrm{e}^{tX}\right], \qquad t \in \mathbb{R} \tag{1.191}$$

存在, 则称其为 X 的**矩生成函数 (moment generating function)** 或**矩母函数**。并不是每一个随机变量都有矩母函数的, 只有当其概率密度函数在无穷远处衰减得足够快时才有矩母函数。当然, 服从一些常用的分布的随机变量是存在矩母函数的, 而且还可以将其具体计算出来。

例 1.11 设 $X \sim \mathcal{N}(\mu, \sigma^2)$, 求 X 的矩母函数。

解　令 $Z = (X - \mu)/\sigma$, 则 $Z \sim \mathcal{N}(0, 1)$, 因此有

$$
M_X(t) = E\left[e^{t(\sigma Z + \mu)}\right] = e^{\mu t} E\left[e^{t\sigma Z}\right] = e^{\mu t} \int_{-\infty}^{\infty} e^{t\sigma z} \frac{1}{\sqrt{2\pi}} e^{-\frac{1}{2}z^2} dz
$$

$$
= e^{\mu t} \int_{-\infty}^{\infty} \frac{1}{\sqrt{2\pi}} \exp\left\{-\frac{1}{2}(z - t\sigma)^2 + \frac{1}{2}t^2\sigma^2\right\} dz
$$

$$
= e^{\mu t + \frac{1}{2}\sigma^2 t^2} \int_{-\infty}^{\infty} \frac{1}{\sqrt{2\pi}} \exp\left\{-\frac{1}{2}(z - t\sigma)^2\right\} dz
$$

$$
= e^{\mu t + \frac{1}{2}\sigma^2 t^2} \int_{-\infty}^{\infty} \frac{1}{\sqrt{2\pi}} e^{-\frac{1}{2}u^2} du \qquad (u = z - t\sigma)
$$

$$
= e^{\mu t + \frac{1}{2}\sigma^2 t^2} \tag{1.192}
$$

之所以称 $M_X(t)$ 为 X 的矩母函数, 是因为 X 的各阶矩皆可由 $M_X(t)$ 得到:

$$
e^{tX} = \sum_{k=0}^{\infty} \frac{1}{k!} t^k X^k \tag{1.193}
$$

$$
M_X(t) = E\left[e^{tX}\right] = \sum_{k=0}^{\infty} \frac{1}{k!} t^k E(X^k) \tag{1.194}
$$

$$
E(X^k) = \left.\frac{d^k M_X(t)}{dt}\right|_{t=0} \tag{1.195}
$$

其中展开式 (1.194) 成立的条件是 $M_X(t)$ 在 $t = 0$ 的某个开邻域内有限。此外, 矩母函数还有如下性质: 设 a 是实数, X、Y 是独立的随机变量, 则有

$$
M_{aX}(t) = M_X(at), \qquad M_{X+Y}(t) = M_X(t)M_Y(t) \tag{1.196}
$$

关于矩母函数, 还有一个很重要的性质, 就是下面的定理。

定理 1.15　如果随机变量 X 存在矩母函数, 则其概率分布由矩母函数唯一确定。更具体地, 如果随机变量 X 和 Y 的矩母函数在 $t = 0$ 的某个邻域内一致, 则 X 与 Y 是同分布的。

定理 1.15 的证明需要用到测度论、实分析和复分析中的一些较深刻的结果, 比较复杂, 在此从略, 读者可参考文献 [6-7]。

对于随机向量 $X = (X_1, X_2, \cdots, X_n)^T$, 也可以定义矩母函数:

$$
M_X(t) = E\left[e^{t^T X}\right], \qquad t = (t_1, t_2, \cdots, t_n)^T \in \mathbb{R}^n \tag{1.197}
$$

随机向量的矩母函数具有下列性质: 设 a 是常数, A 是常数矩阵, X、Y 是独立的 n 维随机向量, 则有

$$
M_{X+Y}(t) = M_X(t)M_Y(t), \qquad M_{aX}(t) = M_X(at), \qquad M_{AX}(t) = M_X(A^T t) \tag{1.198}
$$

随机向量的分布也是由其矩母函数唯一确定的, 这就是下面的定理。

定理 1.16　如果 n 维随机向量 X 存在矩母函数, 则其概率分布由矩母函数唯一确定。更具体地, 如果随机向量 X 和 Y 的矩母函数在 $t = 0$ 的某个邻域内一致, 则 X 与 Y 是同分布的。

例 1.12　设 $X \sim \mathcal{N}_n(\mu, \Sigma)$, 其中 Σ 是一个实正定对称矩阵, 试求其矩母函数 $M_X(t)$。

解　按照多维正态分布的定义, X 可表示成 $X = AZ + \mu$ 的形式, 其中 $Z \sim \mathcal{N}_n(0, I)$, $AA^{\mathrm{T}} = \Sigma$。于是

$$M_X(t) = E\left[\mathrm{e}^{t^{\mathrm{T}}(AZ+\mu)}\right] = \mathrm{e}^{t^{\mathrm{T}}\mu} M_Z(A^{\mathrm{T}}t) \tag{1.199}$$

注意到

$$
\begin{aligned}
M_Z(t) &= E\left[\mathrm{e}^{t^{\mathrm{T}}Z}\right] = E\left[\mathrm{e}^{\sum\limits_{i=1}^{n} t_i Z_i}\right] = E\left[\prod_{i=1}^{n} \mathrm{e}^{t_i Z_i}\right] \\
&= \prod_{i=1}^{n} E\left[\mathrm{e}^{t_i Z_i}\right] = \prod_{i=1}^{n} M_{Z_i}(t_i) = \prod_{i=1}^{n} \mathrm{e}^{t_i^2/2} \\
&= \exp\left\{\frac{1}{2}\sum_{i=1}^{n} t_i^2\right\} \\
&= \exp\left\{\frac{1}{2} t^{\mathrm{T}} t\right\}
\end{aligned}
\tag{1.200}
$$

其中第四个等号用到了 $Z_i, i = 1, 2, \cdots, n$ 的独立性, 第六个等号用到了例 1.11的结果。联合式 (1.199) 与式 (1.200) 便得到

$$
\begin{aligned}
M_X(t) &= \mathrm{e}^{t^{\mathrm{T}}\mu} M_Z(A^{\mathrm{T}}t) = \mathrm{e}^{t^{\mathrm{T}}\mu} \exp\left\{\frac{1}{2}(A^{\mathrm{T}}t)^{\mathrm{T}}(A^{\mathrm{T}}t)\right\} = \mathrm{e}^{t^{\mathrm{T}}\mu} \exp\left\{\frac{1}{2} t^{\mathrm{T}}(AA^{\mathrm{T}})t\right\} \\
&= \exp\left\{t^{\mathrm{T}}\mu + \frac{1}{2} t^{\mathrm{T}}\Sigma t\right\}
\end{aligned}
\tag{1.201}
$$

定理 1.17　随机向量 $X = (X_1, X_2, \cdots, X_n)^{\mathrm{T}}$ 服从 n 维正态分布的充要条件是对任意 $a \in \mathbb{R}^n$, 一维随机变量 $a^{\mathrm{T}}X$ 服从一维正态分布。

证明　先证必要性。如果 X 服从 n 维正态分布, 则存在 n 维向量 μ 和 n 阶非奇异矩阵 A 使得 $X = AZ + \mu$, 其中 $Z \sim \mathcal{N}_n(0, I)$, 于是

$$a^{\mathrm{T}}X = a^{\mathrm{T}}AZ + a^{\mathrm{T}}\mu = b^{\mathrm{T}}Z + c, \qquad b = A^{\mathrm{T}}a, \ \ c = a^{\mathrm{T}}\mu \tag{1.202}$$

求其矩母函数得到

$$
\begin{aligned}
M_{a^{\mathrm{T}}X}(t) &= \mathrm{e}^{ct} E\left[\mathrm{e}^{t\sum\limits_{i=1}^{n} b_i Z_i}\right] = \mathrm{e}^{ct}\prod_{i=1}^{n} E\left[\mathrm{e}^{tb_i Z_i}\right] = \mathrm{e}^{ct}\prod_{i=1}^{n} M_{Z_i}(b_i t) \\
&= \mathrm{e}^{ct}\prod_{i=1}^{n} \mathrm{e}^{\frac{1}{2}b_i^2 t^2}
\end{aligned}
$$

$$= \exp\left\{ct + \frac{1}{2}\left(\sum_{i=1}^{n} b_i^2\right)t^2\right\} \tag{1.203}$$

这正是一维正态分布的矩母函数, 因此 $a^{\mathrm{T}}X$ 服从一维正态分布。

再证充分性。如果对任意 $a \in \mathbb{R}^n$, $Y = a^{\mathrm{T}}X$ 都是一维正态随机变量, 则有

$$M_Y(s) = \exp\left\{sEY + \frac{1}{2}s^2\mathrm{var}(Y)\right\} = \exp\left\{s(a^{\mathrm{T}}\mu) + \frac{1}{2}s^2(a^{\mathrm{T}}\varSigma a)\right\} \tag{1.204}$$

其中 $\mu = EX$, $\varSigma = \mathrm{cov}(X, X)$. 于是 X 的矩母函数为

$$M_X(a) = E\left[\mathrm{e}^{a^{\mathrm{T}}X}\right] = E\left[\mathrm{e}^Y\right] = M_Y(1) = \exp\left\{a^{\mathrm{T}}\mu + \frac{1}{2}a^{\mathrm{T}}\varSigma a\right\} \tag{1.205}$$

这正是 n 维正态分布的矩母函数, 因此 X 服从 n 维正态分布。 $\quad\square$

有些书也用上述充要条件定义多维正态分布。

设 X 和 Y 是两个随机变量, 它们的矩母函数分别是 $M_X(t)$ 和 $M_Y(t)$, 随机向量 $(X, Y)^{\mathrm{T}}$ 的矩母函数为 $M(s, t)$（称为 X 与 Y 的**联合矩母函数**）。如果 X 与 Y 是独立的, 则不难得到

$$M(s, t) = M_X(s)M_Y(t), \qquad \forall s, t \in \mathbb{R} \tag{1.206}$$

反过来, 如果式 (1.206) 成立, 是否能推出 X 与 Y 是独立的呢? 答案是肯定的。为了证明这一点, 取一个与 $(X, Y)^{\mathrm{T}}$ 独立同分布的随机向量 $(X', Y')^{\mathrm{T}}$, 并令 $W = (X, Y')^{\mathrm{T}}$, 则有

$$M_W(s, t) = M_X(s)M_{Y'}(t) = M_X(s)M_Y(t) = M(s, t), \qquad \forall s, t \in \mathbb{R} \tag{1.207}$$

根据定理 1.16, 随机向量 $W = (X, Y')^{\mathrm{T}}$ 与 $(X, Y)^{\mathrm{T}}$ 是同分布的, 于是有

$$P\{X \leqslant x, Y \leqslant y\} = P\{X \leqslant x, Y' \leqslant y\} = P\{X \leqslant x\}P\{Y' \leqslant y\}$$

$$= P\{X \leqslant x\}P\{Y \leqslant y\}, \qquad \forall x, y \in \mathbb{R} \tag{1.208}$$

这就证明了 X 与 Y 的独立性。

更一般地, 有下列定理。

定理 1.18　设 X 是 p 维随机向量, Y 是 q 维随机向量, 则 X 与 Y 独立的充要条件是它们的联合矩母函数 M 满足

$$M(s, t) = M_X(s)M_Y(t), \qquad \forall s \in \mathbb{R}^p, \ t \in \mathbb{R}^q \tag{1.209}$$

由此可以进一步推出随机向量 $X = (X_1, X_2, \cdots, X_p)$ 独立的充要条件是其矩母函数满足

$$M_X(t) = \prod_{i=1}^{p} M_{X_i}(t_i), \qquad \forall t = (t_1, t_2, \cdots, t_p) \in \mathbb{R}^p \tag{1.210}$$

下面的定理给出了服从多维正态分布的随机向量的独立性判定法则。

定理 1.19 设随机向量 W 服从正态分布 $\mathcal{N}_{p+q}(\mu, \Sigma)$，其中

$$W = \begin{pmatrix} X \\ Y \end{pmatrix}, \qquad X = (X_1, X_2, \cdots, X_p)^{\mathrm{T}}, \qquad Y = (Y_1, Y_2, \cdots, Y_q)^{\mathrm{T}} \qquad (1.211)$$

$$\mu = \begin{pmatrix} \mu^{(X)} \\ \mu^{(Y)} \end{pmatrix}, \qquad \mu^{(X)} = (\mu_1^{(X)}, \cdots, \mu_p^{(X)})^{\mathrm{T}}, \qquad \mu^{(Y)} = (\mu_1^{(Y)}, \cdots, \mu_q^{(Y)})^{\mathrm{T}} \qquad (1.212)$$

$$\Sigma = \begin{pmatrix} \Sigma_{XX} & \Sigma_{XY} \\ \Sigma_{YX} & \Sigma_{YY} \end{pmatrix} \qquad (1.213)$$

Σ_{XX} 是 $p \times p$ 的实正定对称矩阵，Σ_{YY} 是 $q \times q$ 的实正定对称矩阵，Σ_{XY} 是 $p \times q$ 的实矩阵，$\Sigma_{YX} = \Sigma_{XY}^{\mathrm{T}}$，则 X 与 Y 独立的充要条件是 $\Sigma_{XY} = 0$，即 Σ 是分块对角矩阵；随机向量 X 独立的充要条件是 Σ_{XX} 是对角矩阵。

证明 只需要证明定理的前半部分。必要性是显然的，下面证明充分性。根据定理 1.18，只需要证明 $M_W(s, t) = M_X(s)M_Y(t)$ 即可。利用例题 1.12 的结果得到

$$\begin{aligned} M_W(s, t) &= \exp\left\{ \mu^{\mathrm{T}} \begin{pmatrix} s \\ t \end{pmatrix} + \frac{1}{2}(s^{\mathrm{T}}, t^{\mathrm{T}}) \begin{pmatrix} \Sigma_{XX} & \Sigma_{XY} \\ \Sigma_{YX} & \Sigma_{YY} \end{pmatrix} \begin{pmatrix} s \\ t \end{pmatrix} \right\} \\ &= \exp\left\{ s^{\mathrm{T}}\mu^{(X)} + t^{\mathrm{T}}\mu^{(Y)} + \frac{1}{2}s^{\mathrm{T}}\Sigma_{XX}s + \frac{1}{2}t^{\mathrm{T}}\Sigma_{YY}t \right\} \\ &= \exp\left\{ s^{\mathrm{T}}\mu^{(X)} + \frac{1}{2}s^{\mathrm{T}}\Sigma_{XX}s \right\} \exp\left\{ t^{\mathrm{T}}\mu^{(Y)} + \frac{1}{2}t^{\mathrm{T}}\Sigma_{YY}t \right\} \\ &= M_X(s)M_Y(t) \qquad\qquad\qquad (1.214) \quad \Box \end{aligned}$$

接下来考查多元正态分布的条件分布。设 W、X、Y、μ、Σ 及 Σ 的分块如定理 1.19 定义，用 $X|Y$ 表示 X 对 Y 的条件随机变量，我们想要求出 $X|Y$ 的概率分布。

首先注意到如下事实：如果 M 是 n 阶实正定对称矩阵，N 是 n 阶非奇异方阵，则 NMN^{T} 也是正定的实对称矩阵，这是因为 $N^{\mathrm{T}}x \neq 0$ 当且仅当 $x \neq 0$，因此 M 是正定的当且仅当

$$x^{\mathrm{T}}NMN^{\mathrm{T}}x = (N^{\mathrm{T}}x)^{\mathrm{T}}M(N^{\mathrm{T}}x) > 0, \qquad \forall x \in \mathbb{R}^n,\ x \neq 0 \qquad (1.215)$$

也即 NMN^{T} 是正定的。

利用高斯消元法将 Σ 化为分块对角矩阵：

$$\begin{aligned} \Sigma &= \begin{pmatrix} \Sigma_{XX} & \Sigma_{XY} \\ \Sigma_{YX} & \Sigma_{YY} \end{pmatrix} \\ &= \begin{pmatrix} I_p & \Sigma_{XY}\Sigma_{YY}^{-1} \\ 0 & I_q \end{pmatrix} \begin{pmatrix} \Sigma_{XX} - \Sigma_{XY}\Sigma_{YY}^{-1}\Sigma_{YX} & 0 \\ 0 & \Sigma_{YY} \end{pmatrix} \end{aligned}$$

$$\begin{pmatrix} I_p & 0 \\ \Sigma_{YY}^{-1}\Sigma_{YX} & I_q \end{pmatrix} \tag{1.216}$$

由于 Σ 是正定的, 因此分解式 (1.216) 中间的分块对角矩阵是正定的, 从而 $K := \Sigma_{XX} - \Sigma_{XY}\Sigma_{YY}^{-1}\Sigma_{YX}$ 是正定的。于是 K 可以分解成 $K = BB^{\mathrm{T}}$ 的形式。

现在取与 Y 独立的随机向量 $Z \sim \mathcal{N}_p(0, I)$, 则

$$\begin{pmatrix} Z \\ Y \end{pmatrix} \sim \mathcal{N}\left(\begin{pmatrix} 0 \\ \mu^{(Y)} \end{pmatrix}, \begin{pmatrix} I_p & 0 \\ 0 & \Sigma_{YY} \end{pmatrix}\right) \tag{1.217}$$

于是

$$\begin{pmatrix} BZ \\ Y \end{pmatrix} \sim \mathcal{N}\left(\begin{pmatrix} 0 \\ \mu^{(Y)} \end{pmatrix}, \begin{pmatrix} K & 0 \\ 0 & \Sigma_{YY} \end{pmatrix}\right) \tag{1.218}$$

继而推出

$$U := \begin{pmatrix} \mu^{(X)} + \Sigma_{XY}\Sigma_{YY}^{-1}(Y - \mu^{(Y)}) + BZ \\ Y \end{pmatrix} \sim \mathcal{N}\left(\begin{pmatrix} \mu^{(X)} \\ \mu^{(Y)} \end{pmatrix}, \begin{pmatrix} \Sigma_{XX} & \Sigma_{XY} \\ \Sigma_{YX} & \Sigma_{YY} \end{pmatrix}\right) \tag{1.219}$$

这说明 U 与随机向量 $W = \begin{pmatrix} X \\ Y \end{pmatrix}$ 是同分布的, 从而 $X|Y$ 与下列条件随机变量同分布

$$\mu^{(X)} + \Sigma_{XY}\Sigma_{YY}^{-1}(Y - \mu^{(Y)}) + BZ \,\big|\, Y \tag{1.220}$$

这个条件随机变量服从正态分布, 均值是 $\mu^{(X)} + \Sigma_{XY}\Sigma_{YY}^{-1}(Y - \mu^{(Y)})$, 协方差矩阵是 $BB^{\mathrm{T}} = K = \Sigma_{XX} - \Sigma_{XY}\Sigma_{YY}^{-1}\Sigma_{YX}$, 因此其分布为

$$\mathcal{N}_p\left(\mu^{(X)} + \Sigma_{XY}\Sigma_{YY}^{-1}(Y - \mu^{(Y)}), \Sigma_{XX} - \Sigma_{XY}\Sigma_{YY}^{-1}\Sigma_{YX}\right) \tag{1.221}$$

这就是条件随机变量 $X|Y$ 的分布。我们将上面推导的结果归纳成如下定理。

定理 1.20 设 W、X、Y、μ、Σ 及 Σ 的分块如定理 1.19定义, 则有

$$X|Y \sim \mathcal{N}_p\left(\mu^{(X)} + \Sigma_{XY}\Sigma_{YY}^{-1}(Y - \mu^{(Y)}), \Sigma_{XX} - \Sigma_{XY}\Sigma_{YY}^{-1}\Sigma_{YX}\right) \tag{1.222}$$

从定理 1.20可以看出, 如果 X 与 Y 存在相关性, 给定 Y 后, X 的条件协方差矩阵将比原来的无条件协方差矩阵小, 即 X 的散布范围缩小了, 这正是 Y 带来的额外信息的反映。有趣的是, X 的条件均值也是依赖于 Y 的, 即给定 Y 后, X 的均值可能出现漂移。

1.9 多元统计量及抽样分布

1.9.1 总体、样本和统计量

首先复习一下总体和样本的概念。

统计学的研究对象不是单个实体的属性, 而是许多实体构成的群体的某些属性的分布规律。一个具体的人的年龄没什么好研究的, 它在确定的时间是一个确定的值。但全世界的

人的年龄的分布规律则是一个值得研究的问题。我们把全世界的人的年龄称为**总体 (population)**，关心的是它的均值、方差、分布等统计特征，因此用一个概率分布或者随机变量 X 代替它，这个随机变量与总体具有相同的分布，总体的所有统计特征都可以从这个随机变量得到。但是总体实在太大，我们无法逐一统计全世界每一个人的年龄，只能采取抽样调查的方式，从全世界几十亿人中随机抽取一个人通过询问和调查得到其年龄 X_1，这叫作对总体的一次**抽样 (sampling)**，抽样的结果叫作**样本 (sample)**。样本 X_1 的值是随着抽样结果而改变的，具有不确定性，因此 X_1 也是一个随机变量。统计学的核心思想是通过少数的样本 $X_1, X_2, \cdots, X_n$ 估计和推断总体 X 的统计特征，这种估计或推断有效的前提是样本必须具有**代表性**，从数学的角度来讲，就是样本 X_i 必须与总体 X 同分布，如果能够保证在抽样时总体中每一个个体被抽到的概率相等，则样本与总体是同分布的。此外，在对总体进行连续抽样时，希望每一次抽样都不受之前抽样的影响，或者说样本 $X_1, X_2, \cdots, X_n$ 是独立的，这就是样本的**独立性 (independence)**。我们把具有代表性和独立性的样本称为**简单样本 (simple samples)**。以后如无特殊说明，本书提到的样本都是指简单样本。

对总体 X 抽样得到样本 $X_1, X_2, \cdots, X_n$ 后，就可以构造各种各样的统计量来估计总体的统计特征，如**样本均值**

$$\overline{X} = \frac{1}{n}\sum_{i=1}^{n} X_i \tag{1.223}$$

（修正）**样本方差**

$$S^2 = \frac{1}{n-1}\sum_{i=1}^{n}(X_i - \overline{X})^2 \tag{1.224}$$

在一定的条件下，当样本容量 n 趋于无穷大时，$\overline{X}$ 和 S^2 分别以概率 1 收敛于总体 X 的数学期望 μ 和方差 σ^2。

一般的统计量可以表示为样本的函数 $T(X_1, X_2, \cdots, X_n)$，要求当 $n \to \infty$ 时，它在某种意义下收敛于总体的某个数字特征。在实际应用时，我们观察到的抽样结果是随机变量 $X_1, X_2, \cdots, X_n$ 的一个**实现 (realization)**：$X_1 = x_1, X_2 = x_2, \cdots, X_n = x_n$，我们称 $x_1, x_2, \cdots, x_n$ 为样本 $X_1, X_2, \cdots, X_n$ 的**实现**，称 $T(x_1, x_2, \cdots, x_n)$ 为统计量 $T(X_1, X_2, \cdots, X_n)$ 的**实现**。把统计量的实现 $T(x_1, x_2, \cdots, x_n)$ 作为总体统计参数的估计会有随机误差，误差的大小与统计量 $T(X_1, X_2, \cdots, X_n)$ 的分布有关，通常称统计量的分布为**抽样分布 (sampling distribution)**。

例如，当总体 X 服从正态分布 $\mathcal{N}(\mu, \sigma^2)$ 时，容量为 n 的样本均值 $T(X_1, X_2, \cdots, X_n) := \frac{1}{n}\sum_{i=1}^{n} X_i$ 服从正态分布 $\mathcal{N}\left(\mu, \dfrac{\sigma^2}{n}\right)$，如果把 $T(X_1, X_2, \cdots, X_n)$ 的某个实现作为总体均值 μ 的估计，则随机误差可用下列公式估计：

$$P\left\{|T(X_1, X_2, \cdots, X_n) - \mu| > \varepsilon\right\} = 2\left[1 - \Phi\left(\sqrt{n}\frac{\varepsilon}{\sigma}\right)\right] \tag{1.225}$$

其中 $\Phi(x)$ 是标准正态分布函数，其定义如下

$$\Phi(x) = \int_{-\infty}^{x} \frac{1}{\sqrt{2\pi}} e^{-t^2/2} dt \tag{1.226}$$

从以上例子可以看出, 统计量的抽样分布对总体参数估计是非常重要的。

1.9.2 估计量的评价标准

当需要估计总体 X 的某个参数 θ 时, 需要构造一个统计量 $\widehat{\theta} = \widehat{\theta}(X_1, X_2, \cdots, X_n)$, 这个统计量称为参数 θ 的**估计量 (estimator)**。如何衡量一个估计量的好坏呢? 数理统计学中常用**无偏性 (unbiasedness)**、**相合性 (consistency)**、**有效性 (efficiency)** 衡量一个估计量的好坏。

如果参数 θ 的估计量 $\widehat{\theta} = \widehat{\theta}(X_1, X_2, \cdots, X_n)$ 满足 $E(\widehat{\theta}) = \theta$, 则称 $\widehat{\theta}$ 是 θ 的**无偏估计量 (unbiased estimator)**; 如果

$$\lim_{n \to \infty} E\left[\widehat{\theta}(X_1, X_2, \cdots, X_n) \right] = \theta \tag{1.227}$$

则称 $\widehat{\theta}$ 是 θ 的**渐近无偏估计量 (asymptotically unbiased estimator)**。

例如由式 (1.223) 定义的样本均值 $\overline{X}$ 是总体均值 μ 的无偏估计量, 由式 (1.224) 定义的 (修正) 样本方差 S^2 是总体方差 σ^2 的无偏估计量。

对于参数 θ 的估计量 $\widehat{\theta} = \widehat{\theta}(X_1, X_2, \cdots, X_n)$, 如果对任意 $\varepsilon > 0$ 皆有

$$\lim_{n \to \infty} P\left\{ \left| \theta - \widehat{\theta}(X_1, X_2, \cdots, X_n) \right| > \varepsilon \right\} = 0 \tag{1.228}$$

则称 $\widehat{\theta}$ 是 θ 的**相合估计量 (consistent estimator)**; 如果

$$P\left\{ \lim_{n \to \infty} \widehat{\theta}(X_1, X_2, \cdots, X_n) = \theta \right\} = 1 \tag{1.229}$$

则称 $\widehat{\theta}$ 是 θ 的**强相合估计量 (strongly consistent estimator)**。

例如, 样本均值 $\overline{X}$ 是总体均值 μ 的相合估计量, 这是弱大数定律的结论; 它也是 μ 强相合估计量, 这是强大数定律的结论。一般地, 如果 $\widehat{\theta}$ 是 θ 的强相合估计量, 则它一定是 θ 的弱相合估计量。

接下来考虑估计误差的问题。设 $\widehat{\theta} = \widehat{\theta}(X_1, X_2, \cdots, X_n)$ 是总体参数 θ 的无偏估计量, 称

$$D(\widehat{\theta}) = E(\widehat{\theta} - \theta)^2 \tag{1.230}$$

为估计量 $\widehat{\theta}$ 的**均方误差 (mean squared error)**。需要指出的是, 上面定义的均方误差 $D(\widehat{\theta})$ 依赖于总体参数 θ 的取值。显然均方误差越小的估计量越好。设 $\widehat{\theta}_1$ 和 $\widehat{\theta}_2$ 都是 θ 的无偏估计量, 并且

$$D(\widehat{\theta}_1) \leqslant D(\widehat{\theta}_2), \qquad \forall \theta \in \Theta \tag{1.231}$$

其中 Θ 是参数 θ 的取值范围, 则称估计量 $\widehat{\theta}_1$ **一致优于** $\widehat{\theta}_2$。

如果参数 θ 的估计量 $\widehat{\theta}_m$ 满足

$$D(\widehat{\theta}_m) = \min_{\widehat{\theta} \in \mathcal{T}} D(\widehat{\theta}), \qquad \forall \theta \in \Theta \tag{1.232}$$

其中 $\mathcal{T}$ 表示 θ 的所有无偏的、存在有限二阶矩的估计量构成的集合, 则称 $\widehat{\theta}_m$ 是 θ 的**一致最小方差无偏估计量** (uniform minimum variance unbiased estimator)。

能够找到一致最小方差无偏估计量固然是最好的, 但很多情况下寻找这样一个无偏估计量存在困难, 因此能够给出无偏估计量的方差的估计也是好的。

设总体的概率密度函数是 $f(x, \theta)$, 其中 θ 是待定参数, 我们假定 f 对 θ 连续可微, 并且

$$A := \{x \in \mathbb{R} : f(x, \theta) > 0\} \tag{1.233}$$

是一个不依赖于 θ 的集合, 并记 $A^n = A \times A \times \cdots \times A$ (n 重笛卡儿直积)。设 $X_1, X_2, \cdots, X_n$ 是取自该总体的简单样本, $\widehat{\theta}$ 是参数 θ 的无偏估计量, 且存在直至二阶矩。首先由于

$$\int_{A^n} \prod_{i=1}^n f(x_i, \theta) \mathrm{d}x_1 \mathrm{d}x_2 \cdots \mathrm{d}x_n = \int_{\mathbb{R}^n} \prod_{i=1}^n f(x_i, \theta) \mathrm{d}x_1 \mathrm{d}x_2 \cdots \mathrm{d}x_n = 1, \quad \forall \theta \in \Theta \tag{1.234}$$

方程两边对 θ 求导, 得

$$\int_{A^n} \frac{\partial}{\partial \theta} \prod_{i=1}^n f(x_i, \theta) \mathrm{d}x_1 \mathrm{d}x_2 \cdots \mathrm{d}x_n = 0 \tag{1.235}$$

这里需要用到求导和积分交换秩序的条件, 我们假定满足这样的条件。由 $\widehat{\theta}$ 的无偏性得

$$\theta = E(\widehat{\theta}) = \int_{\mathbb{R}^n} \widehat{\theta}(x_1, x_2, \cdots, x_n) \prod_{i=1}^n f(x_i, \theta) \mathrm{d}x_1 \mathrm{d}x_2 \cdots \mathrm{d}x_n$$

$$= \int_{A^n} \widehat{\theta}(x_1, x_2, \cdots, x_n) \prod_{i=1}^n f(x_i, \theta) \mathrm{d}x_1 \mathrm{d}x_2 \cdots \mathrm{d}x_n \tag{1.236}$$

方程两边对 θ 求导, 得

$$1 = \int_{A^n} \widehat{\theta}(x_1, x_2, \cdots, x_n) \frac{\partial}{\partial \theta} \prod_{i=1}^n f(x_i, \theta) \mathrm{d}x_1 \mathrm{d}x_2 \cdots \mathrm{d}x_n \tag{1.237}$$

联合式 (1.235) 与式 (1.237), 得

$$1 = \int_{A^n} \left[\widehat{\theta}(x_1, x_2, \cdots, x_n) - \theta \right] \frac{\partial}{\partial \theta} \prod_{i=1}^n f(x_i, \theta) \mathrm{d}x_1 \mathrm{d}x_2 \cdots \mathrm{d}x_n$$

$$= \int_{A^n} \left[\widehat{\theta}(x_1, x_2, \cdots, x_n) - \theta \right] \frac{\partial}{\partial \theta} \exp \left\{ \sum_{i=1}^n \ln f(x_i, \theta) \right\} \mathrm{d}x_1 \mathrm{d}x_2 \cdots \mathrm{d}x_n$$

$$= \int_{A^n} \left[\widehat{\theta}(x_1, x_2, \cdots, x_n) - \theta \right] \prod_{i=1}^{n} f(x_i, \theta) \sum_{i=1}^{n} \frac{\partial \ln f(x_i, \theta)}{\partial \theta} \mathrm{d}x_1 \mathrm{d}x_2 \cdots \mathrm{d}x_n$$

$$\leqslant \int_{A^n} \left[\widehat{\theta}(x_1, x_2, \cdots, x_n) - \theta \right]^2 \prod_{i=1}^{n} f(x_i, \theta) \mathrm{d}x_1 \mathrm{d}x_2 \cdots \mathrm{d}x_n$$

$$\times \int_{A^n} \left(\sum_{i=1}^{n} \frac{\partial \ln f(x_i, \theta)}{\partial \theta} \right)^2 \prod_{i=1}^{n} f(x_i, \theta) \mathrm{d}x_1 \mathrm{d}x_2 \cdots \mathrm{d}x_n \tag{1.238}$$

最后一步用到了积分的 Cauchy-Schwarz 不等式 [2]。上式中不等号右边第一个因子就是 $D(\widehat{\theta})$, 第二个因子还需要进一步分析。令 $h(x) = \partial \ln f(x, \theta)/\partial \theta$, 则有

$$\int_{A^n} \left(\sum_{i=1}^{n} \frac{\partial \ln f(x_i, \theta)}{\partial \theta} \right)^2 \prod_{i=1}^{n} f(x_i, \theta) \mathrm{d}x_1 \mathrm{d}x_2 \cdots \mathrm{d}x_n = D \left(\sum_{i=1}^{n} h(X_i) \right)$$

$$= \sum_{i=1}^{n} D(h(X_i)) = nI(\theta) \tag{1.239}$$

其中

$$I(\theta) := D(h(X)) = \int_{-\infty}^{\infty} \left(\frac{\partial \ln f(x, \theta)}{\partial \theta} \right)^2 f(x, \theta) \mathrm{d}x \tag{1.240}$$

称为 X 的 **Fisher 信息 (Fisher information)**。联合式 (1.238) 与式 (1.239), 得

$$1 \leqslant D(\widehat{\theta}) \cdot nI(\theta) \qquad \Rightarrow \qquad D(\widehat{\theta}) \geqslant \frac{1}{nI(\theta)} \tag{1.241}$$

这就是 **Cramér-Rao 不等式**, 常数 $1/(nI(\theta))$ 称为 **Cramér-Rao 下界**, 这是 θ 的无偏估计量 $\widehat{\theta}$ 的方差可能的最小值。

如果参数 θ 的无偏估计量 $\widehat{\theta}$ 的方差达到了 Cramér-Rao 下界, 则称 $\widehat{\theta}$ 是 θ 的**有效估计量 (efficient estimator)**。有效估计量显然是最小方差无偏估计量, 但反之则不然。无偏估计量 $\widehat{\theta}$ 的效率可以用 Cramér-Rao 下界与这个估计量的方差之比衡量, 比值越大效率越高。

例 1.13 设 $X_1, X_2, \cdots, X_n$ 是来自正态总体 $X \sim \mathcal{N}(\mu, \sigma^2)$ 的简单样本, 总体方差 σ^2 已知, 需要估计的参数是总体均值 $\theta = \mu$。证明样本均值 $\overline{X}$ 是 θ 的有效估计量。

证明 先计算 X 的 Fisher 信息

$$I(\theta) = \int_{-\infty}^{\infty} \left[\frac{\partial}{\partial \theta} \left(-\frac{1}{2} \ln(2\pi) - \ln \sigma - \frac{(x - \theta)^2}{2\sigma^2} \right) \right]^2 \frac{1}{\sqrt{2\pi}\sigma} \mathrm{e}^{-\frac{(x-\theta)^2}{2\sigma^2}} \mathrm{d}x$$

$$= \int_{\infty}^{\infty} \frac{(x - \theta)^2}{\sigma^4} \frac{1}{\sqrt{2\pi}\sigma} \mathrm{e}^{-\frac{(x-\theta)^2}{2\sigma^2}} \mathrm{d}x$$

$$= \frac{1}{\sigma^2} \tag{1.242}$$

因此 θ 的无偏估计量的方差的 Cramér-Rao 下界为

$$\frac{1}{nI(\theta)} = \frac{\sigma^2}{n} \tag{1.243}$$

无偏估计量 $\overline{X}$ 的方差也是 σ^2/n, 因此 $\overline{X}$ 是 θ 的有效估计量。 □

1.9.3 常用的多元抽样分布

除了正态分布外, 最常用的抽样分布无疑是 χ^2 分布、t 分布和 F 分布, 我们把这三种分布的相关知识, 包括 Cochran 定理以及样本方差 S^2 的抽样分布放在附录 A 中详细介绍, 本节只介绍多元统计量的抽样分布。

设 $X_1, X_2, \cdots, X_n$ 是来自 p 维正态总体 $\mathcal{N}(\mu, \Sigma)$ 的简单样本, 则总体均值 μ 可用样本均值式 (1.223) 估计, 不难验证

$$\overline{X} \ \sim \ \mathcal{N}_p\left(\mu, \frac{1}{n}\Sigma\right) \tag{1.244}$$

可以证明 $\overline{X}$ 是 μ 的无偏的、强相合的、有效的估计量。

样本 $X_1, X_2, \cdots, X_n$ 的**离差矩阵**定义为

$$L := \sum_{i=1}^{n} (X_i - \overline{X})(X_i - \overline{X})^{\mathrm{T}} \tag{1.245}$$

称

$$\widehat{\Sigma} := \frac{1}{n-1}L = \frac{1}{n-1}\sum_{i=1}^{n}(X_i - \overline{X})(X_i - \overline{X})^{\mathrm{T}} \tag{1.246}$$

为**样本协方差矩阵 (sample covariance matrix)**。可以证明 $\widehat{\Sigma}$ 是总体协方差矩阵 Σ 的无偏估计量。$\widehat{\Sigma}$ 的分布由 L 的分布确定, L 是一个随机矩阵, 服从 **Wishart 分布**, 这个分布稍后介绍。

如果随机向量 $X_1, X_2, \cdots, X_n$ 都服从 p 维正态分布 $\mathcal{N}_p(0, \Sigma)$ 且相互独立, 则称随机矩阵

$$W := \sum_{i=1}^{n} X_i X_i^{\mathrm{T}} \tag{1.247}$$

服从的分布为自由度为 n、协方差矩阵为 Σ 的 p 维 **Wishart 分布**, 记作 $\mathcal{W}_p(n, \Sigma)$。这个分布是 Wishart 于 1928 年推导出来的[8], 目的是在多元统计中建立一个作用类似于 χ^2 分布的抽样分布。

如果 $X_1, X_2, \cdots, X_n$ 是取自正态总体 $\mathcal{N}_p(\mu, \Sigma)$ 的简单样本, 则可以证明样本离差矩阵 $L \sim \mathcal{W}_p(n-1, \Sigma)$, 而且 L 与 $\overline{X}$ 独立。证明的过程与附录 A 定理 A.2 中证明 $(n-1)S^2/\sigma^2$ 服从自由度为 $(n-1)$ 的 χ^2 分布的过程类似, 感兴趣的读者可参考文献 [9] 或 [10]。

Wishart 分布还有如下性质:

i) 如果 $W_i \sim \mathcal{W}_p(n_i, \Sigma), i = 1, 2, \cdots, k$, 且相互独立, 则有

$$\sum_{i=1}^{k} W_i \quad \sim \quad \mathcal{W}_p\left(\sum_{i=1}^{k} n_i, \Sigma\right) \tag{1.248}$$

ii) 如果 $W \sim \mathcal{W}_p(n, \Sigma), C$ 是 $q \times p$ 的满秩矩阵, 则有

$$CWC^{\mathrm{T}} \quad \sim \quad \mathcal{W}_q(n, C\Sigma C^{\mathrm{T}}) \tag{1.249}$$

iii) 如果 $W \sim \mathcal{W}_p(n, \Sigma), a \in \mathbb{R}^p$, 且 $a^{\mathrm{T}}\Sigma a \neq 0$, 则有

$$\frac{a^{\mathrm{T}}Wa}{a^{\mathrm{T}}\Sigma a} \quad \sim \quad \chi^2(n) \tag{1.250}$$

iv) 如果 $W \sim \mathcal{W}_p(n, \Sigma), a \in \mathbb{R}^p$, 且 $a \neq 0$, 则有

$$\frac{a^{\mathrm{T}}\Sigma^{-1}a}{a^{\mathrm{T}}W^{-1}a} \quad \sim \quad \chi^2(n - p + 1) \tag{1.251}$$

特别地, 设 w^{ii} 和 σ^{ii} 分别为 W^{-1} 和 Σ^{-1} 的第 i 个对角元素, 则有

$$\frac{\sigma^{ii}}{w^{ii}} \quad \sim \quad \chi^2(n - p + 1) \tag{1.252}$$

设 $W \sim \mathcal{W}_p(n, \Sigma), X \sim \mathcal{N}_p(0, c\Sigma), c > 0, n \geqslant p, \Sigma$ 正定且 W 与 X 独立, 则称随机变量

$$T^2 := \frac{n}{c}X^{\mathrm{T}}W^{-1}X \tag{1.253}$$

服从的分布为第一自由度为 p、第二自由度为 n 的**中心 T^2 分布**（或 **Hotelling 分布**）, 记作 $\mathcal{T}^2(p, n)$。这个分布是由 Hotelling 于 1931 年提出来的[11], 目的是在多元统计中建立一个作用类似于 t 分布的抽样分布。

中心 $\mathcal{T}^2$ 分布与 F 分布有密切联系: 如果 $T^2 \sim \mathcal{T}^2(p, n)$, 则

$$\frac{n - p + 1}{pn}T^2 \quad \sim \quad F(p, n - p + 1) \tag{1.254}$$

中心化 $\mathcal{T}^2$ 分布有如下性质:

i) 如果 $X \sim \mathcal{N}_p(\mu, \Sigma), W \sim \mathcal{W}_p(n, \Sigma)$, 且 X 与 W 独立, 则有

$$n(X - \mu)^{\mathrm{T}}W^{-1}(X - \mu) \quad \sim \quad \mathcal{T}^2(p, n) \tag{1.255}$$

ii) 如果 $X_1, X_2, \cdots, X_n \sim \mathcal{N}(\mu, \Sigma), L$ 是样本离差矩阵, $\widehat{\Sigma} = L/(n-1)$ 是样本协方差矩阵, 则有

$$n(n-1)(\overline{X} - \mu)L^{-1}(\overline{X} - \mu) \quad \sim \quad \mathcal{T}^2(p, n - 1) \tag{1.256}$$

$$n(\overline{X} - \mu)\widehat{\Sigma}^{-1}(\overline{X} - \mu) \quad \sim \quad \mathcal{T}^2(p, n-1) \tag{1.257}$$

iii) 设总体 $X \sim \mathcal{N}(\mu_X, \Sigma), Y \sim \mathcal{N}(\mu_Y, \Sigma)$, 从这两个总体中分别抽取容量为 n_X 和 n_Y 的简单样本, 然后计算样本均值 $\overline{X}$、$\overline{Y}$ 以及样本协方差矩阵 $\widehat{\Sigma}_X$、$\widehat{\Sigma}_Y$, 并令

$$\widehat{\Sigma}_{\text{pool}} = \frac{(n_X - 1)\widehat{\Sigma}_X + (n_Y - 1)\widehat{\Sigma}_Y}{n_X + n_Y - 2} \tag{1.258}$$

如果 $\mu_X = \mu_Y$, 则有

$$\frac{n_X n_Y}{n_X + n_Y}(\overline{X} - \overline{Y})^{\mathrm{T}}\widehat{\Sigma}_{\text{pool}}^{-1}(\overline{X} - \overline{Y}) \quad \sim \quad \mathcal{T}^2(p, n_X + n_Y - 2) \tag{1.259}$$

在数理统计中已经学过, 如果 $X_1, X_2, \cdots, X_m \sim \mathcal{N}(\mu_1, \sigma^2), Y_1, Y_2, \cdots, Y_n \sim \mathcal{N}(\mu_2, \sigma^2)$, 且是独立的, 则它们的样本方差之比服从 F 分布:

$$\frac{S_X^2}{S_Y^2} \quad \sim \quad F(m-1, n-1) \tag{1.260}$$

这个统计量在假设检验问题中有广泛应用. 我们想在多元统计中构造类似的统计量, 但遇到一个问题, 就是多元正态分布的 "方差" 不再是一个数, 而是一个矩阵 Σ, 因此要做适当的改进. 设 $W_1 \sim \mathcal{W}_p(n_1, \Sigma), W_2 \sim \mathcal{W}_p(n_2, \Sigma), n_1 > p, \Sigma$ 是正定的实对称矩阵, 且 W_1 与 W_2 相互独立, 则称

$$\Lambda = \frac{\det(W_1)}{\det(W_1 + W_2)} \tag{1.261}$$

服从的分布为参数为 p, n_1, n_2 的 WilksΛ 分布, 记作 $\Lambda(p, n_1, n_2)$. 这个统计量是 Anderson 于 1958 年提出来的[12], 它的精确概率分布函数很复杂, 直到最近还有人在研究[12-15]. 当 p 或者 n_2 比较小时, 服从 WilksΛ 分布的统计量经过简单的变换就可以转化服从 F 分布的统计量, 表 1.1 给出了这种关系.

表 1.1　WilksΛ 分布与 F 分布的关系 $(\Lambda \sim \Lambda(p, n_1, n_2), n_1 > p)$

p	n_2	统计量 F	F 的自由度
任意	1	$\dfrac{1-\Lambda}{\Lambda}\dfrac{n_1 - p + 1}{p}$	$p, n_1 - p + 1$
任意	2	$\dfrac{1-\sqrt{\Lambda}}{\sqrt{\Lambda}}\dfrac{n_1 - p}{p}$	$2p, 2(n_1 - p)$
1	任意	$\dfrac{1-\Lambda}{\Lambda}\dfrac{n_1}{n_2}$	n_2, n_1
2	任意	$\dfrac{1-\sqrt{\Lambda}}{\sqrt{\Lambda}}\dfrac{n_1 - 1}{n_2}$	$2n_2, 2(n_1 - 1)$

当 p, n_2 不属于表 1.1 所列的情况时, Bartlett 提出了下列统计量[16]:

$$V = -\left(n_1 + n_2 - \frac{p + n_2 + 1}{2}\right)\ln\Lambda(p, n_1, n_2) \tag{1.262}$$

这个统计量近似服从 $\chi^2(pn_2)$ 分布。

拓展阅读建议

本章我们学习了多元数据分析的基本概念和基本思想, 补充了必备的线性代数知识、多元正态分布的知识以及多元统计量的抽样分布知识, 这些知识在后续章节中将陆续用到。关于多元统计的参考书, 笔者推荐文献 [10, 17-22]。线性代数的深入、系统知识可参考文献 [23-25]。关于概率论与数理统计的知识可参考文献 [1, 26-30]。关于测度论的知识可参考文献 [2, 31-34]。

第 1 章习题

1. 数据是如何依赖编码方式的? 请举例说明。

2. 什么是测量标度? 请举例说明。

3. 请叙述数据分析的基本框架。

4. 请证明方程 $x_1 - x_2 + x_3 = 0$ 的解构成 $\mathbb{R}^3$ 的二维子空间。

5. 请证明向量空间 V 的任意两个子空间的交集还是 V 的子空间。

6. 设 A 是向量空间 V 上的线性变换, V_1 是 V 的子空间, 如果 $Ax \in V_1, \forall x \in V_1$, 则称 V_1 是线性变换 A 的**不变子空间**。考虑 $\mathbb{R}^3$ 上由矩阵 $A = \begin{pmatrix} 1 & 0 & 0 \\ 0 & 1 & 2 \\ 0 & 3 & 4 \end{pmatrix}$ 决定的线性变换, 请找出 A 的不变子空间。

7. 设 U 和 W 都是 V 的子空间, 记 $U + W = \{u + w : u \in U, w \in W\}$, 试证 $U + W = U \oplus W$ 当且仅当 $U \cap W = \{0\}$。

8. 设 V 和 W 都是有限维向量空间, $A : V \to W$ 是线性变换且是满射, 如果 $\dim V = \dim W$, 试证明 A 是线性同构。

9. 设 V 是有限维向量空间, A 是 V 上的线性变换, 如果 $\mathcal{R}(A) = \mathcal{R}(A^2)$, 试证明 $A : \mathcal{R}(A) \to \mathcal{R}(A^2)$ 是线性同构。

10. 设 $V = U \oplus W$, $B_1 = \{u_1, u_2, \cdots, u_m\}$ 和 $B_2 = \{w_1, w_2, \cdots, w_n\}$ 分别是 U 和 W 的基, 试证 $B_1 \cup B_2$ 是 V 的基。

11. 求下列矩阵的特征值和特征向量。

$$\begin{pmatrix} 1 & 1 & 0 \\ 1 & 0 & 1 \\ 0 & 1 & 1 \end{pmatrix}, \quad \begin{pmatrix} 1 & -1 & 1 \\ 2 & 4 & -2 \\ -3 & -3 & 5 \end{pmatrix}, \quad \begin{pmatrix} 1 & 2 & 3 \\ 2 & 1 & 3 \\ 3 & 3 & 6 \end{pmatrix} \tag{1.263}$$

12. 判断下列矩阵是否可以相似对角化, 如能, 请将其相似对角化, 如不能, 请说明理由。

$$\begin{pmatrix} 1 & -1 & 0 \\ -2 & 2 & 0 \\ 2 & 1 & 3 \end{pmatrix}, \qquad \begin{pmatrix} 3 & -2 & -4 \\ -2 & 6 & -2 \\ -4 & -2 & 3 \end{pmatrix}, \qquad \begin{pmatrix} 1 & 2 & -3 \\ -1 & 4 & -3 \\ 1 & -2/3 & 5 \end{pmatrix} \tag{1.264}$$

13. 已知 $v = (1, 1, -1)^{\mathrm{T}}$ 是矩阵 $A = \begin{pmatrix} 2 & -1 & 2 \\ 5 & a & 3 \\ -1 & b & -2 \end{pmatrix}$ 的特征值, 试求参数 a, b, 并判断 A 是否可对角化。

14. 如果 n 阶方阵 A 满足 $A^2 - 2A - 3I = 0$, 试证 A 的特征值一定是方程 $\lambda^2 - 2\lambda - 3 = 0$ 的根。

15. 求下列实对称矩阵的特征分解。

$$\begin{pmatrix} 2 & -2 & 0 \\ -2 & 1 & -2 \\ 0 & -2 & 0 \end{pmatrix}, \qquad \begin{pmatrix} 2 & 2 & -2 \\ 2 & 5 & -4 \\ -2 & -4 & 5 \end{pmatrix} \tag{1.265}$$

16. 设 A 是 $m \times n$ 的矩阵, B 是 $n \times m$ 的矩阵, 试证明 $\operatorname{tr}(AB) = \operatorname{tr}(BA)$。

17. 设随机变量 $X \sim N(\mu, \sigma^2)$, 求 $P\{|X| > C\}$ 的表达式。

18. 证明例 1.10 中定义的 X_2 服从一维标准正态分布, 但随机向量 (X_1, X_2) 不服从二维正态分布。

19. 考查二维随机向量 $X = (X_1, X_2)^{\mathrm{T}} \sim N(\mu, \Sigma)$, 其中 $\mu = (\mu_1, \mu_2)^{\mathrm{T}}$, Σ 是下列矩阵:

$$\Sigma = \begin{pmatrix} \sigma_1^2 & \rho\sigma_1\sigma_2 \\ \rho\sigma_1\sigma_2 & \sigma_2^2 \end{pmatrix} \tag{1.266}$$

其中 $\sigma_1, \sigma_2 > 0$, $-1 \leqslant \rho \leqslant 1$。试求 EX、DX、$E[X_1|X_2]$。

20. 设 X 和 Y 是 n 维随机向量, 且存在协方差矩阵, 证明下列恒等式成立。

$$D(X + Y) = DX + DY + \operatorname{cov}(X, Y) + \operatorname{cov}(Y, X) \tag{1.267}$$

21. 证明由式 (1.224) 定义的样本方差 S^2 是总体方差 σ^2 的无偏估计量。

22. 设总体 X 的概率密度函数为 $f(x, \theta)$, 其中 θ 是未知参数。假设 f 连续可微, 集合

$$A := \{x \in \mathbb{R} : f(x, \theta) > 0\}$$

不依赖于 θ, 且假设 $\dfrac{\partial}{\partial \theta} f(x, \theta)$ 具有足够的衰减性使得求导和求积分可以交换秩序。令 $h(x) = \partial \ln f(x, \theta) / \partial \theta$, 设 $X_1, X_2, \cdots, X_n$ 是来自总体的简单样本。证明

$$E[h(X_i)] = 0 \tag{1.268}$$

$$D(h(X_i)) = \int_{-\infty}^{\infty} \left(\frac{\partial \ln f(x, \theta)}{\partial \theta} \right)^2 f(x, \theta) \mathrm{d}x \tag{1.269}$$

方 差 分 析

2.1　单变量的均值检验

在数理统计课程中, 我们已经学过单变量的均值检验问题。这类问题大致分为两种, 一种是检验总体均值是否不同于某个给定的值, 另一种是检验两个总体的均值是否有显著差异。

先来看第一种均值检验问题。设总体 $X \sim \mathcal{N}(\mu, \sigma^2)$, 我们需要检验总体均值 μ 是否不同于某个给定的值 μ_0, 即检验原假设 $H_0: \mu = \mu_0$ 是否成立。

如果总体方差 σ^2 已知, 则原假设成立时下列统计量

$$U := \frac{\overline{X} - \mu_0}{\sigma/\sqrt{n}} \tag{2.1}$$

应服从标准正态分布, 给定一个小的正实数 α(称为**显著性水平**), 可以找到一个相应的分位点 $u_{\alpha/2}$, 使得 $P\{|U| > u_{\alpha/2}\} = \alpha$, 如果通过样本数据计算出来的 U 的值满足 $|U| > u_{\alpha/2}$, 则拒绝原假设, 即认为 $\mu \neq \mu_0$; 否则, 接受原假设。这就是所谓的u **检验**。按照这样的规则拒绝原假设时犯错误的概率为 α, 这就是犯**第 I 类错误的概率**, 可以通过调节 α 的大小控制。

如果总体方差 σ^2 未知, 则可用样本方差 S^2 代替之, 构造下列统计量

$$T := \frac{\overline{X} - \mu_0}{S/\sqrt{n}} \tag{2.2}$$

当原假设 H_0 成立时, 这是一个服从 $t(n-1)$ 分布的统计量, 对于给定的显著性水平 α, 可以找到分位点 $t_{\alpha/2}(n-1)$, 使得 $P\{|T| > t_{\alpha/2}(n-1)\} = \alpha$, 如果通过样本数据计算出来的

T 值满足 $|T| > t_{\alpha/2}(n-1)$, 则拒绝原假设, 即认为 $\mu \neq \mu_0$; 否则, 接受原假设。这就是所谓的 t 检验。当 n 足够大时, $t(n-1)$ 很接近标准正态分布, 因此也可以用标准正态分布的分位点进行检验。

再来看第二种均值检验问题。设有两个总体 $X_1 \sim \mathcal{N}(\mu_1, \sigma_1^2)$ 和 $X_2 \sim \mathcal{N}(\mu_2, \sigma_2^2)$, 需要检验原假设 $H_0: \mu_1 = \mu_2$。设 $X_{1j}, j = 1, 2, \cdots, n_1$ 是来自第一个总体的简单样本, $X_{2j}, j = 1, 2, \cdots, n_2$ 是来自第二个总体的简单样本, 样本均值和样本方差分别为

$$\overline{X}_1 = \frac{1}{n_1} \sum_{j=1}^{n_1} X_{1j}, \qquad \overline{X}_2 = \frac{1}{n_2} \sum_{j=1}^{n_2} X_{2j} \tag{2.3}$$

$$S_1^2 = \frac{1}{n_1 - 1} \sum_{j=1}^{n_1} (X_{1j} - \overline{X}_1)^2, \qquad S_2^2 = \frac{1}{n_2 - 1} \sum_{j=1}^{n_2} (X_{2j} - \overline{X}_2)^2 \tag{2.4}$$

如果方差 σ_1^2 和 σ_2^2 已知, 则可以用如下统计量进行检验:

$$U := \frac{\overline{X}_1 - \overline{X}_2}{\sqrt{\dfrac{\sigma_1^2}{n_1} + \dfrac{\sigma_2^2}{n_2}}} \tag{2.5}$$

当原假设 H_0 成立时, 这个统计量是服从标准正态分布的。对于给定的显著性水平 α, 可以找到分位点 $u_{\alpha/2}$, 使得 $P\{|U| > u_{\alpha/2}\} = \alpha$, 如果通过样本数据计算出来的 U 的值满足 $|U| > u_{\alpha/2}$, 则拒绝原假设, 即认为 $\mu_1 \neq \mu_2$; 否则, 接受原假设。

当方差 σ_1^2、σ_2^2 未知, 但知道 $\sigma_1^2 = \sigma_2^2$ 时, 可以利用下列统计量进行检验:

$$T := \frac{\overline{X}_1 - \overline{X}_2}{S_w \sqrt{\dfrac{1}{n_1} + \dfrac{1}{n_2}}}, \qquad S_w = \sqrt{\frac{(n_1 - 1)S_1^2 + (n_2 - 1)S_2^2}{n_1 + n_2 - 2}} \tag{2.6}$$

当原假设 H_0 成立时, 统计量 T 是服从 $t(n_1 + n_2 - 2)$ 分布的。对于给定的显著性水平 α, 可以找到分位点 $t_{\alpha/2}(n_1 + n_2 - 2)$, 使得 $P\{|T| > t_{\alpha/2}(n_1 + n_2 - 2)\} = \alpha$, 如果通过样本数据计算出来的 T 值满足 $|T| > t_{\alpha/2}(n_1 + n_2 - 2)$, 则拒绝原假设, 即认为 $\mu \neq \mu_0$; 否则, 接受原假设。

当方差 σ_1^2、σ_2^2 未知且不相等时, Welch 提出了如下检验统计量[35]:

$$T := \frac{\overline{X}_1 - \overline{X}_2}{\sqrt{\dfrac{S_1^2}{n_1} + \dfrac{S_2^2}{n_2}}} \tag{2.7}$$

当原假设 H_0 成立时, 这个统计量近似服从自由度为 ν 的 t 分布, 自由度 ν 由如下公式给出:

$$\nu \approx \frac{\left(\dfrac{S_1^2}{n_1} + \dfrac{S_2^2}{n_2}\right)^2}{\dfrac{S_1^4}{n_1^2(n_1 - 1)} + \dfrac{S_2^4}{n_2^2(n_2 - 1)}} \tag{2.8}$$

对于给定的显著性水平 α, 可以找到分位点 $t_{\alpha/2}(\nu)$, 使得 $P\{|T| > t_{\alpha/2}(\nu)\} = \alpha$, 如果通过样本数据计算出来的 T 的值满足 $|T| > t_{\alpha/2}(\nu)$, 则拒绝原假设, 即认为 $\mu_1 \neq \mu_2$; 否则, 接受原假设。

例 2.1　两个小组的学生参加数学考试, 成绩如下:

第 1 小组: 90,80,87,92,77,86,74,93,84,82,88,72,95,83,85,68,94,88,78,81

第 2 小组: 77,95,90,86,60,94,89,85,91,70,99,87,83,90,86

试问这两个小组的数学成绩是否有显著差异?

解　两个小组的成绩的均值和方差分别为

$$\overline{X}_1 = 83.8500, \qquad \overline{X}_2 = 85.4667, \qquad S_1^2 = 55.9237, \qquad S_2 = 99.9810 \qquad (2.9)$$

利用式 (2.7) 计算得到统计量 $T = -0.5256$, 再利用式 (2.8) 计算得到自由度 $\nu \approx 25$(取最接近的整数), 当显著性水平 $\alpha = 0.05$ 时, 分位点 $t_{\alpha/2}(25) = 2.0595$, 由于 $|T| < t_{\alpha/2}(25)$, 因此接受原假设, 即两个小组的成绩无显著差异。

计算过程的 MATLAB 代码如下:

```
function  Li2_1()
%%这个函数实现教材例2.1中的均值检验的计算
%%%%%%%%%%%%%%%%%%%%%%%%%%%%%%%%%%%%%%%%%%
X1=[90,80,87,92,77,86,74,93,84,82,88,72,95,83,85,68,94,88,78,81]
%%将第一个总体的样本数据保存至数组变量X1
X2=[77,95,90,86,60,94,89,85,91,70,99,87,83,90,86]
%%将第二个总体的样本数据保存至数组变量X2
n1=size(X1,2)                          %%X1的样本容量
n2=size(X2,2)                          %%X2的样本容量
m1=mean(X1)                            %%计算X1的均值
m2=mean(X2)
v1=var(X1)                             %%计算X1的方差
v2=var(X2)
T=(m1-m2)/sqrt(v1/20+v2/15)           %%计算统计量T的值
nu=(v1/n1+v2/n2)^2/(v1*v1/(n1*n1*(n1-1))+v2*v2/(n2*n2*(n2-1)))
%%计算自由度nu
nu=round(nu)                          %%四舍五入取整
a=0.05                                %%显著性水平a=0.05
t=tinv(1-a/2,nu)
%%计算分位点, tinv是MATLAB函数, 用于计算t分布的分位点
end
```

更一般地, 在总体方差未知的情况下, 关于两个总体的均值之差的区间估计和假设检验问题称为 **Behrens-Fisher 问题**, 是统计学届长期关注的问题。除了上文介绍的检验方法之外, 研究者提出了多种关于 Behrens-Fisher 问题的解决方法[36-39], 关于这些方法的应用效果, 可参考文献 [40]。

2.2 单变量的方差分析

我们先来看一个例子。

例 2.2 某次跳水比赛中有 14 名运动员参赛, 有 5 位裁判对运动员的表现进行打分, 打分的结果如表 2.1 所示。

表 2.1 裁判打分汇总表

裁判	运动员													
	1	2	3	4	5	6	7	8	9	10	11	12	13	14
1	8.5	9	8	7.5	9.5	8.1	8.4	8.7	8.6	9.0	7.8	8.5	8.4	8.7
2	7	7.1	6.8	6.3	7.5	6.9	7.1	7.2	7	7.4	6.3	/	6.8	7.2
3	8	8.4	7.8	7.0	8.9	7.8	8	8.1	8.1	8.3	7.4	8.1	6.9	8
4	7.9	8.4	7.6	/	8.9	7.4	7.8	8	8.0	/	7.3	8	6.9	8.1
5	8.6	9.1	8.3	7.4	9.7	8.2	8.5	8.7	8.7	8.9	8.1	8.7	7.7	8.7

表 2.1 中出现 "/" 的地方表示裁判因为回避制度而没有给该运动员打分。试问这 5 位裁判的打分是否有显著的差异?

我们可以把不同裁判的打分看成来自不同总体的样本, 两位裁判的打分有没有显著差异, 可以通过检验总体均值有没有显著差异实现。用 $X_i, i = 1, 2, \cdots, 5$ 表示 5 位裁判对应的总体, 并假定它们都服从正态分布, 因此可以表示为

$$X_i = \mu_i + \varepsilon_i, \qquad i = 1, 2, \cdots, 5 \tag{2.10}$$

其中 μ_i 是 X_i 的均值, ε_i 是均值为 0 的正态随机变量。我们当然可以用上一节介绍的两个总体的均值检验法检验原假设 $H_0^{(ij)}$: $\mu_i = \mu_j$, 如果对所有 i, j 检验结果都是接受原假设 $H_0^{(i,j)}$, 则认为这 5 个总体的均值是无差异的; 如果存在 i, j 使得原假设 $H_0^{(i,j)}$ 被拒绝, 则认为 5 个总体的均值存在显著差异。但这样做有一个问题, 我们需要做多次两个总体均值检验, 运气最差的情况需要做 $C_5^2 = 10$ 次均值检验, 每一次均值检验的结果都有一定的概率是错的, 例如每次检验犯错的概率是 0.02, 那么 10 次检验都不犯错的概率为

$$(1 - 0.02)^{10} \approx 0.8171 \tag{2.11}$$

这已经是一个很低的概率了, 如果总体的个数更多, 不犯错的概率会更低。因此反复多次使用两个总体均值检验的办法并不适用于检验多个总体的均值有无显著差异。

为了解决多个总体均值差异性检验的问题, Fisher 提出了**方差分析 (Analysis of Variance, ANOVA)** [41]。Fisher 为了研究施肥对土豆产量的影响, 将土豆地划分成若干小块, 对每一块土豆地施以不同水平的肥料, 并插上标签以示区分, 待到土豆收成后, 统计每块地的每株土豆产量, 然后利用方差分析方法检验不同施肥水平是否对土豆产量有显著影响。后来这种方法被广泛用于研究控制变量对观察变量的影响, 如不同药物/剂量是否对疗效有影响, 不同的土壤是否对农作物产量有影响, 不同的授课方式对对教学效果有影响, 等等。

回到例 2.2, 我们把裁判看成一种影响运动员得分的**因素**, 5 位不同的裁判代表这种因素的 5 个不同的**水平**, 我们想知道这种因素的不同水平是否对观察变量 (运动员得分) 有

显著影响，这种问题通常称为**单因素方差分析问题**。5 个不同的水平对应 5 个总体 $X_i, i = 1, 2, \cdots, 5$，它们是正态总体，可以用式 (2.10) 表示。现在要检验原假设 H_0: $\mu_1 = \mu_2 = \cdots = \mu_5$，如果原假设被拒绝，则表示裁判因素对运动员得分有显著影响。

设来自总体 X_i 的样本为

$$X_{i1},\ X_{i2},\ X_{i3},\ \cdots,\ X_{in_i} \tag{2.12}$$

其样本均值为

$$\overline{X}_i = \frac{1}{n_i} \sum_{j=1}^{n_i} X_{ij} \tag{2.13}$$

所有样本的均值为

$$\overline{X} = \frac{1}{n_1 + n_2 + \cdots + n_k} \sum_{i=1}^{k} \sum_{j=1}^{n_i} X_{ij} \tag{2.14}$$

其中 k 为总体的个数，n_i 为来自第 i 个总体的样本数据个数。记 $n = n_1 + n_2 + \cdots + n_k$，即样本数据总数，则有

$$\overline{X} = \frac{1}{n} \sum_{i=1}^{k} \sum_{j=1}^{n_i} X_{ij} = \sum_{i=1}^{k} \frac{n_i}{n} \frac{1}{n_i} \sum_{j=1}^{n_i} = \sum_{i=1}^{k} \frac{n_i}{n} \overline{X}_i \tag{2.15}$$

即 $\overline{X}$ 是 $\overline{X}_i, i = 1, 2, \cdots, k$ 的加权平均。

称

$$D_w^2 := \sum_{i=1}^{k} \sum_{j=1}^{n_i} (X_{ij} - \overline{X}_i)^2 \tag{2.16}$$

为样本数据的**组内离差平方和 (within group sum of squares)**。经过简单变形后，可得到组内离差平方和的另一个表达式为

$$D_w^2 := \sum_{i=1}^{k} (n_i - 1) \frac{1}{n_i - 1} \sum_{j=1}^{n_i} (X_{ij} - \overline{X}_i)^2 = \sum_{i=1}^{k} (n_i - 1) S_i^2 \tag{2.17}$$

称

$$D_b^2 := \sum_{i=1}^{k} n_i (\overline{X}_i - \overline{X})^2 \tag{2.18}$$

为样本数据的**组间离差平方和 (between group sum of squares)**。

称

$$D_t^2 := \sum_{i=1}^{k} \sum_{j=1}^{n_i} (X_{ij} - \overline{X})^2 \tag{2.19}$$

为**总离差平方和 (total sum of squares)**。关于这三个统计量之间的关系，有如下引理。

引理 2.1　设组内离差平方和 D_w^2、组间离差平方和 D_b^2、总离差平方和 D_t^2 分别由式 (2.16)、式 (2.18)、式 (2.19) 定义, 则有

$$D_t^2 = D_w^2 + D_b^2 \tag{2.20}$$

证明

$$
\begin{aligned}
D_t^2 &= \sum_{i=1}^{k} \sum_{j=1}^{n_i} (X_{ij} - \overline{X}_i + \overline{X}_i - \overline{X})^2 \\
&= \sum_{i=1}^{k} \sum_{j=1}^{n_i} \left\{ (X_{ij} - \overline{X}_i)^2 + 2(X_{ij} - \overline{X}_i)(\overline{X}_i - \overline{X}) + (\overline{X}_i - \overline{X})^2 \right\} \\
&= \sum_{i=1}^{k} \sum_{j=1}^{n_i} (X_{ij} - \overline{X}_i)^2 + \sum_{i=1}^{k} n_i (\overline{X}_i - \overline{X})^2 \\
&= D_w^2 + D_b^2 \tag{2.21} \quad \square
\end{aligned}
$$

再来分析 D_w^2、D_b^2 和 D_t^2 服从什么样的概率分布。为了表示方便, 接下来我们暂时不用 X_i 表示总体, 而是用它表示由取自第 i 个总体的简单样本组成的列向量:

$$X_i = (X_{i,1}, X_{i,2}, \cdots, X_{i,n_i})^{\mathrm{T}}, \qquad i = 1, 2, \cdots, k \tag{2.22}$$

样本均值符号 $\overline{X}_i$、$\overline{X}$ 和样本方差符号 S_i^2、S^2 则照旧使用。所有样本组成的列向量用 X 表示为

$$
X = \begin{pmatrix} X_1 \\ X_2 \\ \vdots \\ X_k \end{pmatrix} \tag{2.23}
$$

它是一个 $n = n_1 + n_2 + \cdots + n_k$ 维列向量。

设第 i 个总体为 $\mathcal{N}(\mu_i, \sigma^2)$, 我们假定这 k 总体的方差相等, 皆为 σ^2, 只是均值可能有差异。我们想知道在原假设 $H_0: \mu_1 = \mu_2 = \cdots = \mu_k$ 成立时, D_w^2、D_b^2 和 D_t^2 服从什么样的概率分布。此时所有样本服从同一个分布 $\mathcal{N}(\mu, \sigma^2)$, 令

$$Y_{i,j} = \frac{X_{i,j} - \mu}{\sigma}, \qquad j = 1, 2, \cdots, n_i; \ i = 1, 2, \cdots, k \tag{2.24}$$

则它们是独立的标准正态随机变量, 我们将其按照与 X_i 和 X 对应的方式排列成列向量 Y_i 和 Y。

下面我们要将 D_w^2、D_b^2 和 D_t^2 表示成 Y 的二次型。用 I_n 表示 n 阶单位矩阵, 用 $\mathbf{1}_{m \times n}$ 表示所有元素皆为 1 的 $m \times n$ 矩阵, $\mathbf{1}_{n \times n}$ 则简单地表示为 $\mathbf{1}_n$。

首先注意到

$$\overline{Y} = \frac{1}{n}Y^{\mathrm{T}}\mathbf{1}_{n \times 1} = \frac{1}{n}\mathbf{1}_{1 \times n}Y, \qquad (\overline{Y})^2 = \frac{1}{n^2}(Y^{\mathrm{T}}\mathbf{1}_{n \times 1})(\mathbf{1}_{1 \times n}Y) = \frac{1}{n^2}Y^{\mathrm{T}}\mathbf{1}_n Y \qquad (2.25)$$

因此有

$$\begin{aligned}
\frac{D_t^2}{\sigma^2} &= (Y - \overline{Y}\mathbf{1}_{n \times 1})^{\mathrm{T}}(Y - \overline{Y}\mathbf{1}_{n \times 1}) \\
&= Y^{\mathrm{T}}Y - \overline{Y}(Y^{\mathrm{T}}\mathbf{1}_{n \times 1}) - \overline{Y}(\mathbf{1}_{1 \times n}Y) + (\overline{Y})^2(\mathbf{1}_{1 \times n}\mathbf{1}_{n \times 1}) \\
&= Y^{\mathrm{T}}Y - n(\overline{Y})^2 \\
&= Y^{\mathrm{T}}\left(I_n - \frac{1}{n}\mathbf{1}_n\right)Y \\
&:= Y^{\mathrm{T}}J_n Y, \qquad J_n = I_n - \frac{1}{n}\mathbf{1}_n
\end{aligned} \qquad (2.26)$$

组内离差平方和 D_w^2 满足下列公式:

$$\begin{aligned}
\frac{D_w^2}{\sigma^2} &= \sum_{i=1}^{k}(Y_i - \overline{Y}_i\mathbf{1}_{n_i \times 1})^{\mathrm{T}}(Y_i - \overline{Y}_i\mathbf{1}_{n_i \times 1}) \\
&= \sum_{i=1}^{k}Y_i^{\mathrm{T}}\left(I_{n_i} - \frac{1}{n_i}\mathbf{1}_{n_i}\right)Y_i \\
&:= Y^{\mathrm{T}}A_n Y
\end{aligned} \qquad (2.27)$$

其中

$$A_n = \begin{pmatrix} J_{n_1} & & & \\ & J_{n_2} & & \\ & & \ddots & \\ & & & J_{n_k} \end{pmatrix}, \qquad J_{n_i} = I_{n_i} - \frac{1}{n_i}\mathbf{1}_{n_i}, \ i = 1, 2, \cdots, k \qquad (2.28)$$

利用式 (2.26)、式 (2.27) 和引理 2.1,组间离差平方和 D_b^2 可表示为

$$\frac{D_b^2}{\sigma^2} = \frac{D_t^2}{\sigma^2} - \frac{D_w^2}{\sigma^2} = Y^{\mathrm{T}}(J_n - A_n)Y := Y^{\mathrm{T}}B_n Y \qquad (2.29)$$

其中 $B_n = J_n - A_n$。利用本章习题 3~6 不难得到

$$A_n + B_n + \frac{1}{n}\mathbf{1}_n = I_n \qquad (2.30)$$

$$\mathrm{rank}(A_n) = n - k, \qquad \mathrm{rank}(B_n) = k - 1, \qquad \mathrm{rank}(\mathbf{1}_n) = 1 \qquad (2.31)$$

于是由 Cochran 定理(附录 A 定理 A.1)得到

$$\frac{D_w^2}{\sigma^2} = Y^{\mathrm{T}}A_n Y \ \sim \ \chi^2(n-k), \qquad \frac{D_b^2}{\sigma^2} = Y^{\mathrm{T}}B_n Y \ \sim \ \chi^2(k-1)$$

$$n(\overline{Y})^2 = Y^{\mathrm{T}} \left(\frac{1}{n} \mathbf{1}_n \right) Y \quad \sim \quad \chi^2(1) \tag{2.32}$$

且这三个统计量是独立的。由 χ^2 分布的性质还可以推出

$$\frac{D_t^2}{\sigma^2} = \frac{D_w^2}{\sigma^2} + \frac{D_b^2}{\sigma^2} \quad \sim \quad \chi^2(n-1) \tag{2.33}$$

整理以上结果, 便得到了如下定理。

定理 2.1 设 $X_{i,1}, X_{i,2}, \cdots, X_{i,n_i}$ 是来自总体 $\mathcal{N}(\mu_i, \sigma^2)$ 的简单样本, $i = 1, 2, \cdots, k$, $n = n_1 + n_2 + \cdots + n_k$, D_w^2、D_b^2 和 D_t^2 分别是由式 (2.16)、式 (2.18) 和式 (2.19) 定义的组内离差平方和、组间离差平方和及总离差平方和, 则在原假设 $H_0 : \mu_1 = \mu_2 = \cdots = \mu_k$ 成立的条件下有

$$\frac{D_w^2}{\sigma^2} \sim \chi^2(n-k), \qquad \frac{D_b^2}{\sigma^2} \sim \chi^2(k-1), \qquad \frac{D_t^2}{\sigma^2} \sim \chi^2(n-1) \tag{2.34}$$

且 $D_w^2, D_b^2, \overline{X}$ 是独立的统计量, 其中 $\overline{X}$ 是总的样本均值。

推论 2.1 在定理 2.1的假设条件下有

$$F := \frac{D_b^2/(k-1)}{D_w^2/(n-k)} \sim F(k-1, n-k) \tag{2.35}$$

即统计量 F 服从第一自由度为 $k-1$、第二自由度为 $n-k$ 的 F 分布。

如果 k 个总体的均值没有显著差异, 则组间离差平方和相对于组内离差平方和应很小, 即统计量 F 应很小。如果 F 的值超过某一阈值, 则认为这 k 个总体的均值中至少有两个是有显著差异的, 即拒绝原假设 H_0。在实际应用中, 对于给定的显著性水平 α, 可以通过查表或计算得到一个分位点 $F_\alpha(k-1, n-k)$, 使得对于服从 $F(k-1, n-k)$ 分布的随机变量 F 有

$$P\{F > F_\alpha(k-1, n-k)\} = \alpha \tag{2.36}$$

如果实际计算得到的统计量 F 的值大于 $F_\alpha(k-1, n-k)$, 则拒绝原假设 H_0。

回到例 2.2, 有 $k = 5$ 个总体的样本数据, 总的样本容量为 $n = 67$, 因此在原假设成立的条件下由式 (2.35) 定义的统计量 F 服从 $F(4, 62)$ 分布, 当显著性水平取 $\alpha = 0.05$ 时, 这个分布的分位点为 $F_\alpha(4, 62) = 2.5201$, 实际计算得到的统计量的值为 $F = 20.4549$, 远大于分位点 $F_\alpha(4, 62)$, 因此拒绝原假设, 说明这 5 位裁判的打分有显著差异。

计算过程的 MATLAB 代码如下:

```
function Li2_2A()
%%这个函数实现了例2.2中的方差而分析的计算
%%%%%%%%%%%%%%%%%%%%%%%%%%%%%%%%%%%%%%%%
data=cell(5,1);          %%开辟一个5×1的元胞数组，用来存储5个总体的样本数据
ns=zeros(5,1);           %%用来存储每个样本的容量
data{1}=[8.5,9,8,7.5,9.5,8.1,8.4,8.7,8.6,9.0,7.8,8.5,8.4,8.7];
```

```
%%输入第1个总体的样本数据
ns(1)=size(data{1},2);                %%计算第1个样本的容量
data{2}=[7,7.1,6.8,6.3,7.5,6.9,7.1,7.2,7,7.4,6.3,6.8,7.2];
%%输入第2个总体的样本数据
ns(2)=size(data{2},2);                %%计算第2个样本的容量
data{3}=[8,8.4,7.8,7.0,8.9,7.8,8,8.1,8.1,8.3,7.4,8.1,6.9,8];
%%输入第3个总体的样本数据
ns(3)=size(data{3},2);                %%计算第3个样本的容量
data{4}=[7.9,8.4,7.6,8.9,7.4,7.8,8,8.0,7.3,8,6.9,8.1];
%%输入第4个总体的样本数据
ns(4)=size(data{4},2);                %%计算第4个样本的容量
data{5}=[8.6,9.1,8.3,7.4,9.7,8.2,8.5,8.7,8.7,8.9,8.1,8.7,7.7,8.7];
%%输入第5个总体的样本数据
ns(5)=size(data{5},2);                %%计算第5个样本的容量
n=sum(ns)                             %%计算5个样本的容量之和
k=5                                   %%总体的个数
%%接下来这段含for循环的代码用来计算5个总体的分组样本均值与分组离差平方和,
    %%5个样本均值存储在向量mv中,5个分组离差平方和存储在squs中
mv=zeros(5,1);
squs=zeros(5,1);
for i=1:5
    mv(i)=mean(data{i});
    squs(i)=(data{i}-mv(i))*(data{i}-mv(i))';
end
mT=mv'*ns/n                          %%计算5个样本合并成一个样本的总的样本均值
Dw2=sum(squs)                        %%计算组内离差平方和
Db2=ns'*((mv-mT).^2)                 %%计算组间离差平方和
F=(Db2/(k-1))/(Dw2/(n-k))            %%计算F统计量
a=0.05                               %%显著性水平
Fa=finv(1-a,k-1,n-k)                 %%计算显著性水平a=0.05时的F分布分位点
end
```

2.3 多元均值检验

本节讨论多元正态总体的均值检验问题。

设 $X_1, X_2, \cdots, X_{n_1}$ 和 $Y_1, Y_2, \cdots, Y_{n_2}$ 分别是来自 p 维正态总体 $\mathcal{N}_p(\mu_X, \Sigma_X)$ 和 $\mathcal{N}_p(\mu_Y, \Sigma_Y)$ 的简单样本, 样本均值和样本协方差矩阵分别为

$$\overline{X} = \frac{1}{n_X} \sum_{j=1}^{n_X} X_j, \qquad \overline{Y} = \frac{1}{n_Y} \sum_{j=1}^{n_Y} Y_j \tag{2.37}$$

$$\widehat{\Sigma}_X = \frac{1}{n_X - 1} \sum_{j=1}^{n_X} (X_j - \overline{X})(X_j - \overline{X})^{\mathrm{T}} \tag{2.38}$$

$$\widehat{\Sigma}_Y = \frac{1}{n_Y - 1} \sum_{j=1}^{n_Y} (Y_j - \overline{Y})(Y_j - \overline{Y})^{\mathrm{T}} \tag{2.39}$$

先假设总体的协方差阵 Σ_X 已知, 需要检验 $H_0: \mu_X = \mu_0$. 当原假设 H_0 成立时

$$\overline{X} - \mu_0 = \frac{1}{n_X} \sum_{j=1}^{n_X} (X_j - \mu_0) \sim \mathcal{N}_p \left(0, \frac{1}{n_X} \Sigma_X \right)$$

$$\Rightarrow Z := \sqrt{n_X} \Sigma_X^{-\frac{1}{2}} (\overline{X} - \mu_0) \quad \sim \quad \mathcal{N}_p(0, I) \tag{2.40}$$

于是有

$$K^2 := Z^{\mathrm{T}} Z = n_X (\overline{X} - \mu_0)^{\mathrm{T}} \Sigma_X^{-1} (\overline{X} - \mu_0) \quad \sim \quad \chi^2(p) \tag{2.41}$$

因此可以利用统计量 K^2 检验原假设 H_0: 对于给定的显著性水平 α, 通过查表或计算找到分位点 $\chi_\alpha(p)$, 使得

$$P\{K^2 > \chi_\alpha(p)\} = \alpha \tag{2.42}$$

当实际计算得到的 K^2 的值大于 $\chi_\alpha(p)$ 时拒绝原假设 H_0, 否则接受 H_0。

如果总体协方差矩阵 Σ_X 未知, 则用样本协方差矩阵 $\widehat{\Sigma}_X$ 代替之, 得到下列统计量

$$T^2 := n_X (\overline{X} - \mu_0)^{\mathrm{T}} \widehat{\Sigma}_X^{-1} (\overline{X} - \mu_0) \tag{2.43}$$

根据第 1 章介绍的中心化 T 分布的性质 ii, 统计量 T^2 服从 $\mathcal{T}^2(p, n_X - 1)$ 分布。中心化 $\mathcal{T}^2$ 分布与 F 分布是有联系的, 根据第 1 章介绍的性质得

$$F := \frac{n_X - p}{(n_X - 1)p} T^2 \quad \sim \quad F(p, n_X - p) \tag{2.44}$$

我们可以利用 F 检验原假设 H_0: 对于给定的显著性水平 α, 通过查表或计算得到分位点 $F_\alpha(p, n_X - p)$, 使得

$$P\{F > F_\alpha(p, n_X - p)\} = \alpha \tag{2.45}$$

当实际计算得到的统计量 F 的值大于分位点 $F_\alpha(p, n_X - p)\}$ 时拒绝原假设 H_0, 否则接受 H_0。

再来看两个总体的均值比较问题。此时需要检验的假设是 $H_0: \mu_X = \mu_Y$, 自然需要考虑 $\overline{X} - \overline{Y}$ 的分布。当原假设成立时, 有

$$E(\overline{X} - \overline{Y}) = 0 \tag{2.46}$$

$$\mathrm{cov}(\overline{X} - \overline{Y}, \overline{X} - \overline{Y}) = \mathrm{cov}(\overline{X}, \overline{X}) + \mathrm{cov}(\overline{Y}, \overline{Y}) = \frac{1}{n_X} \Sigma_X + \frac{1}{n_Y} \Sigma_Y \tag{2.47}$$

因此

$$\overline{X} - \overline{Y} \quad \sim \quad \mathcal{N}(0, \Sigma_d), \qquad \Sigma_d := \frac{1}{n_X} \Sigma_X + \frac{1}{n_Y} \Sigma_Y \tag{2.48}$$

如果两个总体的方差 Σ_X 和 Σ_Y 已知, 则

$$K^2 := Z^{\mathrm{T}}Z = (\overline{X} - \overline{Y})^{\mathrm{T}}\Sigma_d^{-1}(\overline{X} - \overline{Y}) \quad \sim \quad \chi^2(p), \qquad Z = \Sigma_d^{-\frac{1}{2}}(\overline{X} - \overline{Y}) \qquad (2.49)$$

可以用这个统计量检验 H_0。

但在多数应用场景中 Σ_X 和 Σ_Y 是未知的, 这时只能用

$$\widehat{\Sigma}_d := \frac{1}{n_X}\widehat{\Sigma}_X + \frac{1}{n_Y}\widehat{\Sigma}_Y \qquad (2.50)$$

代替 Σ_d, 得到统计量

$$T^2 := Z^{\mathrm{T}}Z = (\overline{X} - \overline{Y})^{\mathrm{T}}\widehat{\Sigma}_d^{-1}(\overline{X} - \overline{Y}) \qquad (2.51)$$

如果 $\Sigma_X = \Sigma_Y$, 则在 H_0 成立的条件下, 两个总体是同分布的, 因此可以将两个样本合并, 计算样本方差 $\widehat{\Sigma}$, 用 $(1/n_X + 1/n_Y)\widehat{\Sigma}$ 代替 $\widehat{\Sigma}_d$ 误差更小, 此时统计量为

$$T^2 = \frac{n_X n_Y}{n_X + n_Y}(\overline{X} - \overline{Y})^{\mathrm{T}}\widehat{\Sigma}^{-1}(\overline{X} - \overline{Y}) \qquad (2.52)$$

可以证明 $T^2 \sim \mathcal{T}(p, n_X + n_Y - 2)$, 再利用中心化 T 分布和 F 分布的关系得到

$$F := \frac{n_X + n_Y - p - 1}{(n_X + n_Y - 2)p}T^2 \sim F(p, n_X + n_Y - p - 1) \qquad (2.53)$$

我们可以利用这个统计量检验原假设 H_0。

如果方差未知, 且 $\Sigma_X \neq \Sigma_Y$, 则无法求出式 (2.51) 定义的统计量 T^2 的精确分布, 只能给出它在几种情况下的近似分布。

i) 当样本容量 n_1, n_2 很大时, $\Sigma_d \approx \widehat{\Sigma}_d$, 因此在原假设 H_0 成立的条件下, T^2 近似服从 $\chi^2(p)$ 分布。

ii) 当样本容量不是很大, 但满足 $\min\{n_1, n_2\} > p$ 时, 在原假设 H_0 成立的条件下, 统计量

$$F = \frac{\nu - p + 1}{\nu p}T^2 \qquad (2.54)$$

近似服从 $F(p, \nu - p + 1)$ 分布, 其中参数 ν 由下列公式给出:

$$\nu = \frac{p + p^2}{\sum\limits_{i \in \{X, Y\}}\left\{\mathrm{trace}\left[\left(\frac{1}{n_i}\widehat{\Sigma}_i\widehat{\Sigma}_d^{-1}\right)^2\right] + \left(\mathrm{trace}\left[\frac{1}{n_i}\widehat{\Sigma}_i\widehat{\Sigma}_d^{-1}\right]\right)^2\right\}} \qquad (2.55)$$

这些公式的推导可参考文献 [42-43]。

例 2.3 表 2.2和表 2.3给出了某中学初中一年级两个班的男生的体检数据, 包括体重、身高和腰围三项指标的测量值。请检验这两个班体检数据的均值有无显著差异。

表 2.2   初一 (1) 班男生体检数据

序　号	1	2	3	4	5	6	7	8	9	10	11	12
体重 (kg)	40.4	43.8	55.7	50.0	48.5	46.3	41.3	50.9	37.8	63.2	49.1	46.9
身高 (cm)	164	159	177	169	175	164	166	172	153	170	172	164
腰围 (cm)	68	73	74	65	73	69	70	72	65	67	69	68
序　号	13	14	15	16	17	18	19	20	21	22	23	24
体重 (kg)	46.7	51.9	51.0	52.5	56.4	72.1	40.7	40.7	54.6	59.7	58.2	50.9
身高 (cm)	166	157	178	185	171	178	171	163	160	170	173	164
腰围 (cm)	71	60	77	77	75	68	73	71	62	70	68	70
序　号	25	26	27	28	29	30						
体重 (kg)	51.9	56.4	54.9	53.6	55.8	45.5						
身高 (cm)	165	172	169	173	183	163						
腰围 (cm)	69	72	69	74	74	69						

表 2.3   初一 (4) 班男生体检数据

序　号	1	2	3	4	5	6	7	8	9	10	11	12
体重 (kg)	51.0	45.9	48.6	43.3	51.1	50.3	49.0	56.1	49.7	59.5	40.5	63.8
身高 (cm)	165	166	166	152	161	161	162	169	171	163	158	178
腰围 (cm)	71	77	74	65	67	70	68	69	78	72	67	79
序　号	13	14	15	16	17	18	19	20	21	22	23	24
体重 (kg)	49.0	54.7	44.3	46.9	53.9	50.3	44.4	50.0	52.8	69.5	43.8	58.8
身高 (cm)	165	165	172	172	170	165	160	166	167	176	161	174
腰围 (cm)	68	69	69	78	74	65	69	74	66	78	70	72
序　号	25	26	27	28	29							
体重 (kg)	49.6	47.9	56.8	43.1	44.4							
身高 (cm)	162	171	167	159	158							
腰围 (cm)	72	71	70	72	68							

解   初一 (1) 班男生体检数据用 X 表示, 初一 (4) 班男生体检数据用 Y 表示, 此时 $p = 3, n_X = 30, n_Y = 29$。我们取显著性水平为 $\alpha = 0.05$, 用刚才介绍的三种方法分别检验 X 与 Y 的均值是否有显著差异。

先来看第一种方法, 此时我们假定两个总体的协方差相等, 用 MATLAB 计算由式 (2.53) 定义的统计量 $F = 4.3338$, 再计算第一自由度为 3、第二自由度为 55 的 F 分布的分位点, 得 $F_\alpha(3, 55) = 2.7725$, $F > F_\alpha(3, 55)$, 因此拒绝 H_0, 即认为这两个班的体检数据是有显著差异的。

再来看第二种方法, 此时我们不再假设两个总体的协方差相等, 但假设两个样本的容量足够大, 因此由式 (2.52) 定义的统计量 T^2 近似服从 $\chi^2(3)$ 分布, 用 MATLAB 计算得到 $T^2 = 13.4740$, 自由度为 3 的 χ^2 分布的分位点为 $\chi_\alpha(3) = 7.8147$, $T^2 > \chi_\alpha(3)$, 因此拒绝 H_0, 即认为这两个班的体检数据是有显著差异的。

接下来看第三种方法, 此时我们不再假设两个总体的协方差相等, 也不假设样本容量足够大, 但 $\min\{n_X, n_Y\} = 29 > p$, 因此由式 (2.54) 定义的统计量 F 近似服从 $F(p, \nu - p + 1)$ 分布。用 MATLAB 计算得到 $\nu = 57.5709, F = 4.3353, F_\alpha(3, 55.5709) = 2.7707, F > F_\alpha(3, 55.5709)$, 因此拒绝 H_0, 即认为这两个班的体检数据是有显著差异的。

我们发现, 对于本例, 这三种方法的检验结果是一致的。

计算过程的 MATLAB 代码如下:

```
function Li2_3A()
%%这个函数实现了例2.3中的方差分析的计算
%%%%%%%%%%%%%%%%%%%%%%%%%%%%%%%%%%%%%%%%%%%%%

load('初一体检数据集.mat')
%%载入初一4个班的体检数据, 这里我们只用到1班的数据class1Data和4班的数据
    %%class4Data
[p,nX]=size(class1Data);          %%p为维数,nX是样本容量
nY=size(class4Data,2);
Xbar=mean(class1Data,2);
Ybar=mean(class4Data,2);          %%计算样本均值向量
SX=cov(class1Data');              %%计算样本协方差矩阵
SY=cov(class4Data');
SPool=cov([class1Data,class4Data]');   %%两个样本集合并之后的总方差
Sd=SX/nX+SY/nY;       %%计算组合协方差矩阵Sigma_d,定义为式(2.50)
%%下面是假定两个总体方差相等的检验方法
%%matlab中用A/B代替A*inv(B)更佳
F=((nX+nY-p-1)/((nX+nY-2)*p))*(nX*nY)/(nX+nY)*((Xbar-Ybar)'/SPool)...
*(Xbar-Ybar)                   %%计算统计量F,它由式(2.53)定义
a=0.05                         %%显著性水平
Fa=finv(1-a,p,nX+nY-p-1)       %%F分布分位点
%%下面是假定两个总体不相等且样本个数足够大的检验方法
T2=(nX*nY)/(nX+nY)*((Xbar-Ybar)'/SPool)*(Xbar-Ybar)
%%计算统计量T^2,它由式(2.52)定义, 近似服从卡方分布
Ka=chi2inv(1-a,p)          %%卡方分布的分位点
%%下面是假定两个总体不相等且样本个数不够大的检验方法
%%接下来3行代码是计算nu的
A1=(1/nX)*(SX/Sd);
A2=(1/nY)*(SY/Sd);
nu=(p+p*p)/((trace(A1*A1)+trace(A1)*trace(A1))/nX+(trace(A2*A2)+...
trace(A2)*trace(A2))/nY)
F1=((nu-p+1)/(nu*p))*T2          %%计算由式(2.54)定义的统计量
F1a=finv(1-a,p,nu-p+1)           %%计算F分布的分位点
end
```

2.4　多元方差分析

本节讨论多元正态总体的方差分析问题。

设 $X_{i,1}, X_{i,2}, \cdots, X_{i,n_i}$ 是来自 p 维正态总体 $\mathcal{N}_p(\mu_i, \Sigma_i)$ 的简单样本, $i = 1, 2, \cdots, k$, 样本均值和样本协方差矩阵分别为

$$\overline{X_i} = \frac{1}{n_i} \sum_{j=1}^{n_i} X_{i,j} \tag{2.56}$$

$$\widehat{\Sigma_i} = \frac{1}{n_i - 1} \sum_{j=1}^{n_i} (X_{i,j} - \overline{X_i})(X_{i,j} - \overline{X_i})^{\mathrm{T}}, \qquad i = 1, 2, \cdots, k \tag{2.57}$$

如果将 k 组样本合并得到一个不分组别的大样本, 其样本容量为 $n = n_1 + n_2, + \cdots + n_k$, 样本均值为

$$\overline{X} = \frac{1}{n} \sum_{i=1}^{k} \sum_{j=1}^{n_i} X_{i,j} = \sum_{i=1}^{k} \frac{n_i}{n} \frac{1}{n_i} \sum_{j=1}^{n_i} X_{i,j} = \sum_{i=1}^{k} \frac{n_i}{n} \overline{X_i} \tag{2.58}$$

仿照单变量的方差分析, 我们定义组内离差阵、组间离差阵及总离差阵如下:

$$S_w^2 := \sum_{i=1}^{k} \sum_{j=1}^{n_i} (X_{i,j} - \overline{X_i})(X_{i,j} - \overline{X_i})^{\mathrm{T}} = \sum_{i=1}^{k} (n_i - 1)\widehat{\Sigma_i} \tag{2.59}$$

$$S_b^2 := \sum_{i=1}^{k} n_i (\overline{X_i} - \overline{X})(\overline{X_i} - \overline{X})^{\mathrm{T}} \tag{2.60}$$

$$S_t^2 := \sum_{i=1}^{k} \sum_{j=1}^{n_i} (X_{i,j} - \overline{X})(X_{i,j} - \overline{X})^{\mathrm{T}} = (n-1)\widehat{\Sigma} \tag{2.61}$$

其中 $\widehat{\Sigma}$ 是将 k 组样本数据合并成一组样本数据后的总的样本协方差矩阵。类似于单变量的方差分析, 这三个离差阵也满足下列关系。

命题 2.1　设组内离差阵 S_w^2、组间离差阵 S_b^2、总离差阵 S_t^2 分别由式 (2.59)、式 (2.60) 和式 (2.61) 定义, 则有

$$S_t^2 = S_w^2 + S_b^2 \tag{2.62}$$

证明

$$S_t^2 = \sum_{i=1}^{k} \sum_{j=1}^{n_i} (X_{i,j} - \overline{X_i} + \overline{X_i} - \overline{X})(X_{i,j} - \overline{X_i} + \overline{X_i} - \overline{X})^{\mathrm{T}}$$

$$= \sum_{i=1}^{k} \sum_{j=1}^{n_i} \left\{ (X_{i,j} - \overline{X_i})(X_{i,j} - \overline{X_i})^{\mathrm{T}} + (X_{i,j} - \overline{X_i})(\overline{X_i} - \overline{X})^{\mathrm{T}} \right.$$

$$+ (\overline{X}_i - \overline{X})(X_{i,j} - \overline{X}_i)^{\mathrm{T}} + (\overline{X}_i - \overline{X})(\overline{X}_i - \overline{X})^{\mathrm{T}} \}$$

$$= \sum_{i=1}^{k} \sum_{j=1}^{n_i} (X_{i,j} - \overline{X}_i)(X_{i,j} - \overline{X}_i)^{\mathrm{T}} + \sum_{i=1}^{k} \left[\sum_{j=1}^{n_i} (X_{i,j} - \overline{X}_i) \right] \cdot (\overline{X}_i - \overline{X})^{\mathrm{T}}$$

$$+ \sum_{i=1}^{k} (\overline{X}_i - \overline{X}) \left[\sum_{j=1}^{n_i} (X_{i,j} - \overline{X}_i) \right]^{\mathrm{T}} + \sum_{i=1}^{k} \sum_{j=1}^{n_i} (\overline{X}_i - \overline{X})(\overline{X}_i - \overline{X})^{\mathrm{T}}$$

$$= \sum_{i=1}^{k} \sum_{j=1}^{n_i} (X_{i,j} - \overline{X}_i)(X_{i,j} - \overline{X}_i)^{\mathrm{T}} + \sum_{i=1}^{k} n_i (\overline{X}_i - \overline{X})(\overline{X}_i - \overline{X})^{\mathrm{T}}$$

$$= S_w^2 + S_b^2 \tag{2.63}$$

其中第 4 个等号是因为中括号内的求和式等于 0。 □

现在要检验的是这 k 个多元正态总体的均值是否相等, 即原假设 H_0: $\mu_1 = \mu_2 = \cdots = \mu_k$。我们首先要知道统计量 S_w^2、S_b^2 和 S_t^2 服从什么分布。当 H_0 成立时, 根据 1.9 节介绍的 Wishart 分布的性质得

$$S_t^2 \quad \sim \quad \mathcal{W}_p(n-1, \Sigma) \tag{2.64}$$

$$L_i^2 := \sum_{j=1}^{n_i} (X_{i,j} - \overline{X}_i)(X_{i,j} - \overline{X}_i)^{\mathrm{T}} \quad \sim \quad \mathcal{W}_p(n_i - 1, \Sigma), \quad i = 1, 2, \cdots, k \tag{2.65}$$

由于来自各总体的样本是独立的, 因此 $L_1^2, L_2^2, \cdots, L_k^2$ 是独立的, 根据 Wishart 分布的性质得

$$S_w^2 = \sum_{i=1}^{k} L_i^2 \quad \sim \quad \mathcal{W}_p \left(\sum_{i=1}^{k} (n_i - 1), \Sigma \right) = \mathcal{W}_p(n-k, \Sigma) \tag{2.66}$$

再根据命题 2.1, 得到

$$S_b^2 \quad \sim \quad \mathcal{W}_p(k-1, \Sigma) \tag{2.67}$$

为了检验原假设 H_0, 我们定义下列统计量

$$\Lambda := \frac{\det(S_w^2)}{\det(S_t^2)} \tag{2.68}$$

这个统计量是组内离差阵与总离差阵的行列式之比, 如果 H_0 成立, 则这个比值应该接近 1。根据 1.9 节介绍的 WilksΛ 分布的性质, 我们知道 $\Lambda \sim \Lambda(p, n-k, k-1)$。但我们知道, 在大多数情况下, Wilks$\Lambda$ 分布很复杂, 需要做适当的变换, 用 χ^2 分布或者 F 分布逼近。Bartlett[44] 提出了下列统计量, 用于检验 H_0:

$$V := - \left(n - 1 - \frac{p+k}{2} \right) \ln \Lambda \tag{2.69}$$

Bartlett 证明了在 H_0 成立的条件下, 统计量 V 近似服从 $\chi^2(p(k-1))$ 分布。

我们把这些结果归纳成如下定理。

定理 2.2 设 $X_{i,1}, X_{i,2}, \cdots, X_{i,n_i}$ 分别是来自 p 维正态总体 $\mathcal{N}_p(\mu_i, \Sigma)$ 的简单样本, $i = 1, 2, \cdots, k$, $n = n_1 + n_2 + \cdots + n_k$, 组内离差平方和 S_w^2、组间离差平方和 S_b^2、总离差平方和 S_t^2 分别由式 (2.59)、式 (2.60) 和式 (2.61) 定义, 统计量 Λ 和 V 分别由式 (2.68) 和式 (2.69) 定义, 则有

$$S_w^2 \sim \mathcal{W}_p(n-k, \Sigma) \tag{2.70}$$

$$S_b^2 \sim \mathcal{W}_p(k-1, \Sigma), \qquad S_t^2 \sim \mathcal{W}_p(n-1, \Sigma) \tag{2.71}$$

$$\Lambda \sim \Lambda(p, n-k, k-1), \qquad V \text{ 近似服从 } \chi^2(p(k-1)) \tag{2.72}$$

例 2.4 在 "学生体检数据.xlsx" 中有 4 个初中一年级班的男生体检数据, 包括体重、身高和腰围三项指标。请用方差分析法检验这四个班的体检数据的均值是否有显著差异。

解 把这 4 个班的体检数据看成来自 4 个不同总体 $\mathcal{N}_p(\mu_i, \Sigma)$ 的简单样本, 用 $X_{i,1}$, $X_{i,2}, \cdots, X_{i,n_i}$ 表示, $i = 1, 2, 3, 4$。样本数据的维数为 $p = 3$, 样本容量为 $n_1 = 30, n_2 = 27, n_3 = 30, n_4 = 29$, 我们需要检验原假设 $H_0: \mu_1 = \mu_2 = \mu_3 = \mu_4$。先利用式 (2.68) 计算统计量 Λ 的值, 得到 $\Lambda = 0.8289$, 再利用式 (2.69) 计算统计量 V 的值, 得到 $V = 20.9238$, 统计量 V 服从自由度为 $\nu = p(k-1) = 9$ 的 χ^2 分布, 取显著性水平为 $\alpha = 0.05$, 通过计算得到自由度为 9 的 χ^2 分布的分位点为 $\chi_\alpha^2(9) = 16.9190$, 由于 $V > \chi_\alpha^2(9)$, 因此拒绝原假设 H_0, 即认为这 4 个班的男生的体检数据的均值有显著差异。

计算过程的 MATLAB 代码如下:

```
function Li2_4A()
%%这个函数实现了例2.4中的方差分析的计算
%%%%%%%%%%%%%%%%%%%%%%%%%%%%%%%%%%%%%%%%%%

load('初一体检数据集.mat')    %%载入初一4个班的体检数据: class1Data,
                           %%class2Data, class3Data, class4Data

[p,n1]=size(class1Data);    %%p为维数,n1是样本容量
n2=size(class2Data,2);      %%第2个班的样本容量
n3=size(class3Data,2);      %%第3个班的样本容量
n4=size(class4Data,2);      %%第3个班的样本容量
mu1=mean(class1Data,2);     %%求样本均值向量
mu1=repmat(mu1,1,n1);       %%将均值向量重复n1次, 得到一个与class1Data
                           %%同型的矩阵, 为计算离差阵做准备
L1=(class1Data-mu1)*(class1Data-mu1)';    %%第1个班的离差阵
mu2=mean(class2Data,2);
mu2=repmat(mu2,1,n2);
L2=(class2Data-mu2)*(class2Data-mu2)';    %%第2个班的离差阵
mu3=mean(class3Data,2);
mu3=repmat(mu3,1,n3);
L3=(class3Data-mu3)*(class3Data-mu3)';    %%第3个班的离差阵
mu4=mean(class4Data,2);
```

```
mu4=repmat(mu4,1,n4);
L4=(class4Data-mu4)*(class4Data-mu4)';        %%第4个班的离差阵
Sw2=L1+L2+L3+L4;                              %%组内离差阵
overallData=[class1Data,class2Data,class3Data,class4Data];  %%合并数据
mu_all=mean(overallData,2);                  %%所有样本数据的均值
mu_all=repmat(mu_all,1,n1+n2+n3+n4);
St2=(overallData-mu_all)*(overallData-mu_all)';   %%总离差阵
Lambda=det(Sw2)/det(St2)      %%计算由式(2.69)定义的统计量Lambda的值
n=n1+n2+n3+n4;
k=4;
V=-(n-1-(p+k)/2)*log(Lambda)  %%计算由式(2.70)定义的统计量V的值
a=0.05                        %%显著性水平设为a=0.05
chi2a=chi2inv(1-a,9)    %%自由度为p(k-1)=3×(4-1)=9的卡方分布的分位点
end
```

2.5 协方差矩阵相等的检验

上一节介绍了多元方差分析，其中用到了一个假设，就是各个总体 $\mathcal{N}_p(\mu_i,\Sigma_i)$ 的协方差矩阵相等，但在实际应用中，我们并不知道各个总体的协方差矩阵是否相等，因此需要一种方法检验这一假设是否成立。Box 提出了一种检验协方差矩阵是否相等的方法，即 Box M 检验[45-46]，本节介绍这种方法。

设 $X_{i,1}, X_{i,2}, \cdots, X_{i,n_i}$ 是来自正态总体 $\mathcal{N}_p(\mu_i,\Sigma_i)$ 的简单样本，$i = 1, 2, \cdots, k$，$n_1 + n_2 + \cdots + n_k = n$，我们需要检验原假设 $H_0: \Sigma_1 = \Sigma_2 = \cdots = \Sigma_k$。设 $\widehat{\Sigma}_i$ 是由式 (2.57) 定义的样本协方差矩阵，记

$$\widehat{\Sigma}_c := \sum_{i=1}^{k} \frac{n_i - 1}{n - k} \widehat{\Sigma}_i \tag{2.73}$$

这实际上是将这 k 个样本协方差矩阵按其自由度进行加权平均。我们可以用下列统计量衡量各总体的协方差相等的程度：

$$A := \prod_{i=1}^{k} \left(\frac{\det\left(\widehat{\Sigma}_i\right)}{\det\left(\widehat{\Sigma}_c\right)} \right)^{(n_i-1)/2} \tag{2.74}$$

当 H_0 成立时，统计量 A 应该大概率接近 1，如果实际计算结果偏离 1 太远，则说明原假设不成立。但统计量 A 的分布很难求出，因此 Box 引入了下列统计量：

$$M := -2\ln A = (n-k)\ln\left(\det\left(\widehat{\Sigma}_c\right)\right) - \sum_{i=1}^{k}(n_i-1)\ln\left(\det\left(\widehat{\Sigma}_i\right)\right) \tag{2.75}$$

这个统计量与 χ^2 分布有关。当原假设 H_0 成立时, 如果总体的个数 k 不超过 5, 且从每个总体抽取的样本容量 n_i 大于 20, 则统计量

$$C := (1-u)M = (1-u)\left\{ (n-k)\ln\left(\det\left(\widehat{\Sigma}_c\right)\right) - \sum_{i=1}^{k}(n_i-1)\ln\left(\det\left(\widehat{\Sigma}_i\right)\right) \right\} \quad (2.76)$$

近似服从自由度为 ν 的 χ^2 分布, 其中

$$u := \left[\sum_{i=1}^{k}\frac{1}{n_i-1} - \frac{1}{n-k}\right]\frac{2p^2+3p-1}{6(p+1)(k-1)} \quad (2.77)$$

$$\nu := \frac{1}{2}p(p+1)(k-1) \quad (2.78)$$

我们可以利用统计量 C 检验 H_0。

例 2.5　设样本数据与例 2.4相同, 是 4 个初中一年级班的男生的体检数据, 包括体重、身高和腰围三项指标。请检验这 4 个班的体检数据的协方差矩阵是否有显著差异。

解　对于本例, 总体的个数为 $k=4$, 读入样本数据后, 得到数据的维数是 $p=3$, 样本容量为 $n_1=30, n_2=27, n_3=30, n_4=29$, 合并后的样本容量为 $n=n_1+n_2+n_3+n_4=116$。我们需要检验原假设 $H_0: \Sigma_1 = \Sigma_2 = \Sigma_3 = \Sigma_4$。

首先利用式 (2.75) 计算 Box 提出的 M 统计量, 得到 $M=28.3164$, 然后利用式 (2.77) 计算 u 的值, 得到 $u=0.0485$, 再利用式 (2.76) 计算统计量 C 的值, 得到 $C=26.9440$。取显著性水平为 $\alpha=0.05$, 利用式 (2.78) 得到自由度为 $\nu=18$, 计算自由度为 18 的 χ^2 分布的分位点, 得到 $\chi_\alpha^2(18)=28.8693$。由于 $C < \chi_\alpha^2(18)$, 因此接受原假设 H_0, 即认为这 4 个班的体检数据的协方差没有显著差异。

计算过程的 MATLAB 代码如下:

```
function Li2_5A()
%%这个函数实现了例2.5中检验4个总体协方差矩阵是否相等的计算
%%%%%%%%%%%%%%%%%%%%%%%%%%%%%%%%%%%%%%%%%%%%%
load('初一体检数据集.mat')
%%载入初一4个班的体检数据:class1Data, class2Data, class3Data, class4Data
[p,n1]=size(class1Data);        %%p为维数,n1是样本容量
n2=size(class2Data,2);          %%第2个班的样本容量
n3=size(class3Data,2);          %%第3个班的样本容量
n4=size(class4Data,2);          %%第3个班的样本容量
n=n1+n2+n3+n4;                  %%合并后的总样本容量
k=4;                            %%总体的个数
S1=cov(class1Data');            %%计算1班的样本协方差矩阵
S2=cov(class2Data');            %%计算2班的样本协方差矩阵
S3=cov(class3Data');            %%计算3班的样本协方差矩阵
S4=cov(class4Data');            %%计算4班的样本协方差矩阵

Sc=((n1-1)/(n-k))*S1+((n2-1)/(n-k))*S2+((n3-1)/(n-k))*S3+...
```

```
((n4-1)/(n-k))*S4;
%%利用式(2.73)计算样本协方差矩阵的加权平均
M=(n-k)*log(det(Sc))-((n1-1)*log(det(S1))+(n2-1)*log(det(S2))+...
(n3-1)*log(det(S3))+(n4-1)*log(det(S4)))
%%计算由式(2.75)定义的Box's M统计量
u=(1/(n1-1)+1/(n2-1)+1/(n3-1)+1/(n4-1)-1/(n-k))*(2*p*p+3*p-1)...
/(6*(p+1)*(k-1))
%%计算由式(2.77)定义的u的值
C=(1-u)*M
%%计算由式(2.76)定义的统计量C的值
nu=p*(p+1)*(k-1)/2
%%计算由式(2.78)定义的自由度nu
a=0.05                          %%显著性水平设为a=0.05
chi2a=chi2inv(1-a,nu)
%%自由度为nu=p*(p+1)*(k-1)/2=3*(3+1)*(4-1)/2=18的卡方分布的分位点
end
```

2.6 MATLAB 方差分析工具

本节介绍 MATLAB 提供的方差分析工具。MATLAB 系统提供了许多库函数可用于方差分析,这里只介绍两个,一个是 anova1,用于单变量、单因素方差分析;另一个是 manova1,用于多元单因素方差分析。

我们先来看单变量的方差分析。MATLAB 提供了一个名为 anova1 的库函数,用于单变量的方差分析。这个函数有两种基本的用法,第一种用法如下:

```
[p,table]=anova1(X)
```

其中 X 是输入的样本数据矩阵,每一列代表来自一个总体的样本数据,有几个总体就有几列;输出参数中, p 是一个概率值, p 的值越小,表示拒绝原假设犯错的概率越小,例如 $p = 0.01$,则拒绝原假设犯错的概率仅为 0.01,这时我们显然应该拒绝原假设;输出参数 table 是一个方差分析表,稍后展示给读者看。下面通过一个例子演示其使用方法。

例 2.6 三位射击选手 10 次射击的成绩如下 (单位: 环)。

选手 1: 7.7, 8.7, 8.5, 9, 8.6, 8.8, 8.7, 9.4, 8.9, 8.7

选手 2: 8.1, 8.9, 8.8, 9.3, 8.9, 9.1, 9, 9.4, 9.2, 9.9

选手 3: 8.1, 9.5, 9.1, 9.4, 9.2, 9.4, 9.4, 9.6, 9.5, 10.1

试问这 3 位射击选手的成绩有无显著差异?

下面是用 anova1 库函数进行方差分析的 MATLAB 代码:

```
function Li2_6A()
%%这个函数实现了例2.6中检验3位射击选手成绩有无显著差异的方差分析示例
%%%%%%%%%%%%%%%%%%%%%%%%%%%%%%%%%%%%%%%%%%%%%
X=zeros(10,3);       %%初始化样本数据矩阵X
```

```
X(:,1)=[7.7,8.7,8.5,9,8.6,8.8,8.7,9.4,8.9,8.7]';      %%输入选手1的成绩
X(:,2)=[8.1,8.9,8.8,9.3,8.9,9.1,9,9.4,9.2,9.9]';      %%输入选手2的成绩
X(:,3)=[8.1,9.5,9.1,9.4,9.2,9.4,9.4,9.6,9.5,10.1]';   %%输入选手3的成绩
[p,table]=anova1(X) %%用anova1函数进行方差分析
end
```

将上述代码文件命名为 Li2__6A.m 并保存在 MATLAB 的当前工作目录下, 然后在 MAT-LAB 命令窗口输入 Li2__6A() 并按 Enter 键, 会输出一个方差分析结果列表, 如图 2.1 所示。

Source	SS	df	MS	F	Prob>F
Columns	1.998	2	0.999	4.54	0.02
Error	5.945	27	0.22019		
Total	7.943	29			

图 2.1　单变量方差分析函数 anova1 输出的结果

这个表列出了离差平方和、自由度、均方差、F 统计量的值和概率值 p(最后一列), $p=0.02$ 表示拒绝原假设犯错的概率为 0.02, 或者说在显著性水平 $\alpha \geqslant 0.02$ 时都是拒绝原假设的。

上面介绍的方法适合于来自各个总体的样本容量相等的情形, 即所谓的**均衡方差分析 (balanced ANOVA)**。但在很多应用场景中来自不同总体的样本容量不相等, 这时无法像刚才那样把样本数据组织成一个矩阵, 只能把所有样本数据组织成一个向量, 再通过组别标签识别每一个样本数据来自哪一个总体。此时 anova1 函数的调用方法如下:

```
[p,table]=anova1(X,group)
```

其中 X 是由所有样本数据构成的向量, group 是组别标签, 是一个由字符或字符串组成的元胞数组, 与 X 对应, 标明 X 中每一个样本数据的组别。下面是用这种方法实现方差分析的 MATLAB 代码:

```
function Li2_6B()
%%这个函数实现了例2.6中检验3位射击选手成绩有无显著差异的方差分析的另一示
   %%例，通过组别标签指明每一个样本数据来自哪一个总体
%%%%%%%%%%%%%%%%%%%%%%%%%%%%%%%%%%%%%%%%
X=zeros(30,1);        %%初始化样本数据向量X
group=cell(30,1);   %%初始化组别标签向量
X(1:10)=[7.7,8.7,8.5,9,8.6,8.8,8.7,9.4,8.9,8.7]';   %%输入选手1的成绩
%%给相应的组别标签赋值,标明前10个样本数据来自xuanshou1
for i=1:10
    group{i}='xuanshou1';
end
X(11:20)=[8.1,8.9,8.8,9.3,8.9,9.1,9,9.4,9.2,9.9]'; %%输入选手2的成绩
%%给相应的组别标签赋值,标明第11~20个样本数据来自xuanshou2
for i=11:20
```

```
        group{i}='xuanshou2';
end
X(21:30)=[8.1,9.5,9.1,9.4,9.2,9.4,9.4,9.6,9.5,10.1]';  %%输入选手3的成绩
%%给相应的组别标签赋值,标明第21~30个样本数据来自xuanshou3
for i=21:30
        group{i}='xuanshou3';
end
[p,table]=anova1(X,group)        %%用anova1函数进行方差分析
end
```

保存上述代码并运行,输出的方差分析表与图 2.1 相同。

再来看多元方差分析。MATLAB 提供了一个多元方差分析的库函数 manova1,其用法如下:

```
[d,p,stats]=manova1(X,group)
```

其中 X 是一个 $n \times m$ 的样本数据矩阵,每一行代表一条 m 维的样本数据,共有 n 条样本数据,来自若干总体; 样本数据来自哪个总体由组别标签变量 group 给出,它是一个 $n \times 1$ 的字符串元胞数组。输出参数 d 是包含各个总体的均值点的线性子流形(超平面)的估计维数, p 是一个由概率值组成的向量,它的第一个分量就是拒绝原假设 $H_0 : \mu_1 = \mu_2 = \cdots = \mu_k$ 时犯错的概率, manova1 的其余输入/输出变量的含义请参考 MATLAB 自带的帮助文档。下面通过一个例子演示其用法。

例 2.7 在"学生体检数据.xlsx"中有 4 个初中一年级班的男生体检数据,包括体重、身高和腰围三项指标。请用多元方差分析函数 manova1 检验这四个班的体检数据的均值是否有显著差异。

下面是实现方差分析的 MATLAB 代码:

```
function Li2_7A()
%%这个函数实现了例2.7中的方差分析,利用了多元方差分析函数manova1
%%%%%%%%%%%%%%%%%%%%%%%%%%%%%%%%%%%%%%%%%%%%%

load('初一体检数据集.mat')
%%载入初一4个班的体检数据: class1Data, class2Data, class3Data, class4Data
[m,n1]=size(class1Data);    %%p为维数,n1是样本容量
n2=size(class2Data,2);      %%第2个班的样本容量
n3=size(class3Data,2);      %%第3个班的样本容量
n4=size(class4Data,2);      %%第3个班的样本容量
n=n1+n2+n3+n4;              %%总样本容量
X=[class1Data';class2Data';class3Data';class4Data'];
%%将4个班的数据合并
group=cell(n,1);            %%初始化类别标签变量
%%给类别标签赋值
for i=1:n1
```

```
        group{i}='class1';
end
%%第1班的数据的组别标签值为'class1'
for i=n1+1:n1+n2
        group{i}='class2';
end
%%第2班的数据的组别标签值为'class2'
for i=n1+n2+1:n1+n2+n3
        group{i}='class3';
end
%%第3班的数据的组别标签值为'class3'
for i=n1+n2+n3+1:n
        group{i}='class4';
end
%%第4班的数据的组别标签值为'class4'
[d,p,stats]=manova1(X,group)
%%利用manova1函数进行方差分析
end
```

保存上述代码并运行, 输出结果如图 2.2 所示。

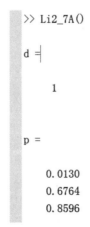

图 2.2　多元方差分析函数 manova1 输出的结果

输出结果中的 $d = 1$ 表示这 4 个班的体检数据的均值从统计意义上讲处在同一条直线上; p 的第一个分量为 0.0130, 表示拒绝原假设犯错的概率为 0.0130, 因此当显著性水平 $\alpha \geqslant 0.0130$ 时都是拒绝原假设。

拓展阅读建议

本章较为系统地介绍了均值检验和方差分析的理论知识和应用, 方差分析在自然科学、经济、管理、工程技术等领域都有广泛应用, 同时是大数据分析的基础和工具, 需要牢固掌握。关于方差分析的更多知识可参考文献 [17-18]。

第 2 章习题

1. 从两个品种的苹果中随机抽取了一些逐个称取重量, 所得数据如下 (单位: g)。

品种 A: 233, 255, 244, 240, 244, 239, 239, 247, 247, 247, 243, 234, 244, 248, 242

品种 B: 262, 260, 253, 257, 249, 261, 247, 248, 249, 234, 265, 257, 250

试问这两个品种的苹果的平均重量有无显著差异。

2. 两台车床各加工了一批金属球, 这种金属球的标准直径是 50mm, 实际测得这两批金属球的直径数据如下 (单位: mm)。

车床 I 加工的金属球直径: 51.4, 48.3, 49.9, 49.8, 50.3, 50.3, 49.1, 50.0, 49.8, 50.6, 51.1, 51.1, 49.1, 50.1, 48.8

车床 II 加工的金属球直径: 49.2, 50.1, 51.3, 49.5, 50.4, 49.9, 51.0, 49.2, 50.1, 50.5, 51.0, 51.3, 50.2, 48.9

试问这两台车床的加工精度有无显著差异。

3. 证明 $\mathrm{rank}\left(I_n - \dfrac{1}{n}\mathbf{1}_n\right) = n - 1$。

4. 设

$$A = \begin{pmatrix} A_1 & 0 \\ 0 & A_2 \end{pmatrix} \tag{2.79}$$

其中 A_1 和 A_2 都是方阵, 试证明 $\mathrm{rank}(A) = \mathrm{rank}(A_1) + \mathrm{rank}(A_2)$。

5. 证明由式 (2.28) 定义的矩阵 A_n 的秩为 $n - k$。

6. 证明由式 (2.29) 定义的矩阵 B_n 的秩为 $k - 1$。

7. 从 4 个不同的地区随机抽取了一些男性成年人测量其身高, 得到的数据如下（单位: cm）。

A 地区: 170, 167, 149, 164, 150, 176, 159, 169, 163, 171, 162, 173, 175, 185, 166, 147, 160, 182, 157, 178, 169, 182, 148, 166, 156, 197, 176, 182

B 地区: 158, 164, 166, 179, 166, 176, 148, 165, 160, 153, 174, 171, 169, 155, 180, 172, 166, 169, 166, 151, 166, 160, 159, 157, 163, 148, 178, 174, 168, 168

C 地区: 160, 178, 167, 161, 182, 166, 162, 165, 160, 157, 193, 185, 171, 155, 159, 166, 176, 155, 145, 154, 171, 172, 173, 167, 170, 163, 177, 154, 173

D 地区: 159, 164, 173, 178, 156, 180, 174, 167, 165, 165, 164, 168, 168, 176, 183, 172, 165, 174, 169, 157, 177, 170, 169, 172, 170, 158, 166, 166, 162, 184, 159

试问这四个地区成年男性的平均身高有无显著差异。

8. 设 $X_1, X_2, \cdots, X_n$ 是来自 p 维总体 X 的简单样本, X 的均值向量和协方差矩阵分别为 μ 和 Σ, $\overline{X}$ 是样本均值, 试求 $\overline{X}$ 的均值向量和协方差矩阵。

9. 在 "高二月考成绩.xlsx" 中有 4 个高二班某次月考的语文、数学、英语、物理、化学这 5 科的成绩, 请用方差分析的方法检验这四个班的月考成绩有无显著差异。

关于总体分布的检验和独立性检验

3.1 拟合优度检验

3.1.1 多项分布的中心极限定理

设总体 X 服从 k 项分布

$$P\{X = x_j\} = p_j, \qquad j = 1, 2, \cdots, k \tag{3.1}$$

对 X 做 n 次简单抽样，记 x_j 出现的次数为 n_j（称为**频数**），它是一个服从 Bernoulli 分布的随机变量，不难得到 $E(n_j) = np_j$，$D(n_j) = np_j(1 - p_j)$。x_j 出现的**频率**为 n_j/n，记

$$Y^{(n)} = (Y_1^{(n)}, Y_2^{(n)}, \cdots, Y_k^{(n)})^{\mathrm{T}}, \qquad Y_j^{(n)} = \sqrt{n}\left(\frac{n_j}{n} - p_j\right), \qquad j = 1, 2, \cdots, k \tag{3.2}$$

我们想知道当 $n \to \infty$ 时随机变量 $Y^{(n)}$ 的极限分布。

设 $X_1, X_2, \cdots, X_n$ 是来自总体的简单样本，对每个 X_i 定义随机向量 $\eta^{(i)} = (\eta_1^{(i)}, \eta_2^{(i)}, \cdots, \eta_k^{(i)})^{\mathrm{T}}$ 如下：

如果 $X_i = x_j$，则定义

$$\eta_j^{(i)} = \frac{1}{\sqrt{n}}, \qquad \eta_{j'}^{(i)} = 0, \quad \forall j' \neq j$$

则有

$$Y^{(n)} = \sum_{i=1}^{n} \eta^{(i)} - \sqrt{n}p \tag{3.3}$$

其中 $p = (p_1, p_2, \cdots, p_k)^{\mathrm{T}}$。注意到 $\eta^{(i)}$ 的矩母函数为

$$M_{\eta^{(i)}}(t) = E\left[\mathrm{e}^{t^{\mathrm{T}}\eta^{(i)}}\right] = \sum_{j=1}^{k} p_j \mathrm{e}^{\frac{t_j}{\sqrt{n}}} \tag{3.4}$$

因此

$$M_{Y^{(n)}}(t) = \mathrm{e}^{-\sqrt{n}t^{\mathrm{T}}p} \prod_{i=1}^{n} M_{\eta^{(i)}}(t) = \mathrm{e}^{-\sqrt{n}t^{\mathrm{T}}p}\left(\sum_{j=1}^{k} p_j \mathrm{e}^{\frac{t_j}{\sqrt{n}}}\right)^n \tag{3.5}$$

注意到

$$\mathrm{e}^{\frac{t_j}{\sqrt{n}}} = 1 + \frac{t_j}{\sqrt{n}} + \frac{t_j^2}{2n} + o\left(\frac{1}{n}\right) \tag{3.6}$$

因此有

$$\begin{aligned}
\sum_{j=1}^{k} p_j \mathrm{e}^{\frac{t_j}{\sqrt{n}}} &= \sum_{j=1}^{k} p_j + \frac{1}{\sqrt{n}}\sum_{j=1}^{k} p_j t_j + \frac{1}{2n}\sum_{j=1}^{k} p_j t_j^2 + o\left(\frac{1}{n}\right) \\
&= 1 + \frac{1}{\sqrt{n}}t^{\mathrm{T}}p + \frac{1}{2n}\sum_{j=1}^{k} p_j t_j^2 + o\left(\frac{1}{n}\right)
\end{aligned} \tag{3.7}$$

再注意到

$$\ln(1+u) = u - \frac{1}{2}u^2 + o(u^2), \qquad u \to 0$$

因此有

$$\begin{aligned}
\ln\left(\sum_{j=1}^{k} p_j \mathrm{e}^{\frac{t_j}{\sqrt{n}}}\right) &= \ln\left(1 + \frac{1}{\sqrt{n}}t^{\mathrm{T}}p + \frac{1}{2n}\sum_{j=1}^{k} p_j t_j^2 + o\left(\frac{1}{n}\right)\right) \\
&= \frac{1}{\sqrt{n}}t^{\mathrm{T}}p + \frac{1}{2n}\sum_{j=1}^{k} p_j t_j^2 + o\left(\frac{1}{n}\right) \\
&\quad - \frac{1}{2}\left(\frac{1}{\sqrt{n}}t^{\mathrm{T}}p + \frac{1}{2n}\sum_{j=1}^{k} p_j t_j^2 + o\left(\frac{1}{n}\right)\right)^2 + o\left(\frac{1}{n}\right) \\
&= \frac{1}{\sqrt{n}}t^{\mathrm{T}}p + \frac{1}{2n}\sum_{j=1}^{k} p_j t_j^2 - \frac{1}{2n}t^{\mathrm{T}}pp^{\mathrm{T}}t + o\left(\frac{1}{n}\right)
\end{aligned} \tag{3.8}$$

由此得到

$$\left(\sum_{j=1}^{k} p_j \mathrm{e}^{\frac{t_j}{\sqrt{n}}}\right)^n = \exp\left\{n\ln\left(\sum_{j=1}^{k} p_j \mathrm{e}^{\frac{t_j}{\sqrt{n}}}\right)\right\}$$

$$= \exp\left\{\sqrt{n}t^{\mathrm{T}}p + \frac{1}{2}\sum_{j=1}^{k}p_jt_j^2 - \frac{1}{2}t^{\mathrm{T}}pp^{\mathrm{T}}t + o(1)\right\} \tag{3.9}$$

$$M_{Y^{(n)}}(t) = \exp\left\{\frac{1}{2}\sum_{j=1}^{k}p_jt_j^2 - \frac{1}{2}t^{\mathrm{T}}pp^{\mathrm{T}}t + o(1)\right\} \tag{3.10}$$

因此有

$$\lim_{n\to\infty}M_{Y^{(n)}}(t) = \exp\left\{\frac{1}{2}\sum_{j=1}^{k}p_jt_j^2 - \frac{1}{2}t^{\mathrm{T}}pp^{\mathrm{T}}t\right\}$$

$$= \exp\left\{\frac{1}{2}t^{\mathrm{T}}\left(\mathrm{diag}(p) - pp^{\mathrm{T}}\right)t\right\} \tag{3.11}$$

其中 $\mathrm{diag}(p)$ 表示以向量 p 中的元素作主对角元素的对角矩阵。由此可以看出, 当 $n \to \infty$ 时, $Y^{(n)}$ 的极限分布是 k 维正态分布, 均值向量为 0, 协方差矩阵为

$$\Sigma = \mathrm{diag}(p) - pp^{\mathrm{T}} = \begin{pmatrix} p_1(1-p_1) & -p_1p_2 & \cdots & -p_1p_k \\ -p_2p_1 & p_2(1-p_2) & \cdots & -p_2p_k \\ \vdots & \vdots & \ddots & \vdots \\ -p_kp_1 & -p_kp_2 & \cdots & p_k(1-p_k) \end{pmatrix} \tag{3.12}$$

需要指出的是, Σ 不是满秩矩阵, 因为它的 k 个列向量之和为 0。

综上所述, 我们证明了如下中心极限定理。

定理 3.1 设总体 X 服从 k 项分布 (3.1), $Y^{(n)}$ 和 $Y_j^{(n)}$ 由式 (3.2) 给出, 则当 $n \to \infty$ 时, k 维随机向量 $Y^{(n)}$ 的极限分布是均值向量为 0 的正态分布, 其协方差矩阵 Σ 由式 (3.12) 给出。

3.1.2 拟合优度检验

设总体 X 服从 k 项分布式 (3.1), 其中参数 $p_j, j = 1, 2, \cdots, k$ 未知, 需要检验如下假设:

$$H_0: \qquad p_j = p_j^o, \qquad j = 1, 2, \cdots, k \tag{3.13}$$

对 X 做 n 次简单抽样, 设 x_j 出现的频数为 n_j, 频率为 n_j/n。根据大数定律, 当 $n \to \infty$ 时, 频率 n_j/n 将以概率 1 趋于概率 p_j。但由于实际样本容量是有限的, 频率 n_j/n 与概率 p_j 总是有偏差, 因此不能简单地通过看 n_j/n 与 p_j^o 是否相等判断原假设 H_0 是否成立。为了解决这种假设检验问题, Pearson 提出了下列统计量[47]:

$$K^2 := \sum_{j=1}^{k}\frac{\left(\dfrac{n_j}{n} - p_j\right)^2}{\dfrac{p_j}{n}} = \sum_{j=1}^{k}\frac{(n_j - np_j)^2}{np_j} \tag{3.14}$$

Pearson 认为这个统计量是实际抽样数据对理论分布的拟合优度的度量，因此这类假设检验称为**拟合优度检验 (goodness-of-fit test)**。利用式 (3.2) 中定义的变量 $Y^{(n)}$ 和 $Y_j^{(n)}$ 还可以将 K^2 表示为

$$K^2 := \sum_{j=1}^{k} \left(\frac{Y_j^{(n)}}{\sqrt{p_j}} \right)^2 \tag{3.15}$$

研究统计量 K^2 的极限分布时需要用到这种表示。

记

$$Z_j^{(n)} = \frac{Y_j^{(n)}}{\sqrt{p_j}}, \qquad Z^{(n)} = (Z_1^{(n)}, Z_2^{(n)}, \cdots, Z_k^{(n)})^{\mathrm{T}} \tag{3.16}$$

则 $Z^{(n)}$ 的极限分布是 $\mathcal{N}(0, Q)$，其中

$$Q = \begin{pmatrix} 1-p_1 & -\sqrt{p_1 p_2} & \cdots & -\sqrt{p_1 p_k} \\ -\sqrt{p_2 p_1} & 1-p_2 & \cdots & -\sqrt{p_2 p_k} \\ \vdots & \vdots & \ddots & \vdots \\ -\sqrt{p_k p_1} & -\sqrt{p_k p_2} & \cdots & 1-p_k \end{pmatrix} \tag{3.17}$$

记 $v_1 = (\sqrt{p_1}, \sqrt{p_2}, \cdots, \sqrt{p_k})^{\mathrm{T}}$，则有 $Q = I - v_1 v_1^{\mathrm{T}}$

引理 3.1 设 $v_1 = (\sqrt{p_1}, \sqrt{p_2}, \cdots, \sqrt{p_k})^{\mathrm{T}}$，矩阵 Q 由式 (3.17) 定义，则存在 $v_2, v_3, \cdots, v_k$，使得 $v_1, v_2, v_3, \cdots, v_k$ 构成正交规范向量组，且有

$$Q = \sum_{j=2}^{k} v_j v_j^{\mathrm{T}} \tag{3.18}$$

从而 Q 的秩为 $k-1$。

证明 将 v_1 扩充为 $\mathbb{R}^k$ 的规范正交基 $v_1, v_2, \cdots, v_k$，则有

$$Q = I - v_1 v_1^{\mathrm{T}} = \sum_{j=1}^{k} v_j v_j^{\mathrm{T}} - v_1 v_1^{\mathrm{T}} = \sum_{j=2}^{k} v_j v_j^{\mathrm{T}}$$

$$= V \begin{pmatrix} 0 & 0 \\ 0 & I_{n-1} \end{pmatrix} V^{\mathrm{T}} \tag{3.19}$$

其中 $V = (v_1, v_2, \cdots, v_n)$ 是正交矩阵，I_{n-1} 是 $n-1$ 阶单位矩阵。式 (3.19) 就是 Q 的特征分解。由此可以看出，Q 有 $k-1$ 个特征值为 1，一个特征值为 0，因此 $\mathrm{rank}(Q) = k-1$。 $\square$

定理 3.2 在由式 (3.13) 定义的原假设 H_0 成立的条件下，当样本容量 n 充分大时，由式 (3.14) 定义的统计量 K^2 近似服从 $\chi^2(k-1)$ 分布。

证明　设 $Z_j^{(n)}$ 及 $Z^{(n)}$ 由式 (3.16) 定义，则当 n 充分大时，$Z^{(n)}$ 近似服从 $\mathcal{N}(0, Q)$ 分布，且

$$K^2 = \sum_{j=1}^{k} \left(Z_j^{(n)} \right)^2 \tag{3.20}$$

设 $v_1 = (\sqrt{p_1}, \sqrt{p_2}, \cdots, \sqrt{p_k})^{\mathrm{T}}$，根据引理 3.1，存在 $v_2, v_3, \cdots, v_k$，使得 $v_1, v_2, \cdots, v_k$ 构成正交规范向量组，且式 (3.19) 成立。设 V 是式 (3.19) 中最后一个等号右边的正交矩阵，Λ 是其中的分块矩阵，令 $\eta = V^{\mathrm{T}} Z^{(n)}$，则 η 近似服从 $\mathcal{N}(0, \Lambda)$，可见随机向量 η 的第一个分量是 0，第 $2 \sim k$ 个分量是近似独立的、服从标准正态分布的随机变量，从而 $\|\eta\|_2^2$ 近似服从自由度为 $k-1$ 的卡方分布 $\chi^2(k-1)$。又因为 V 是正交矩阵，因此有

$$K^2 = \|Z^{(n)}\|_2^2 = \|V^{\mathrm{T}} Z^{(n)}\|_2^2 = \|\eta\|_2^2$$

由此推出 K^2 近似服从 $\chi^2(k-1)$ 分布。　□

定理 3.2 只说了当样本容量 n 充分大时，Pearson 统计量 K^2 近似服从 $\chi^2(k-1)$ 分布，但并没有说明 n 到底要多大才行。实践表明，在大多数应用场景中，当 $n \geqslant 50$ 时，用卡方分布近似代替 K^2 的分布检验效果良好。

例 3.1　将一颗骰子连续掷 400 次，各种点数出现的次数如表 3.1 所示，试问这颗骰子是否质地均匀。

表 3.1　掷 100 次骰子结果统计

点　　数	1	2	3	4	5	6
出现次数	61	72	91	59	64	53

解　用 X 表示随机掷骰子掷出的点数，如果这颗骰子质地均匀，则各种点数出现的概率是一样的，因此本题实际上是要检验下列原假设：

$$H_0: \quad p_j = P\{X = j\} = \frac{1}{6}, \qquad j = 1, 2, 3, 4, 5, 6 \tag{3.21}$$

根据定理 3.2，在原假设成立的条件下，Pearson 统计量

$$K^2 = \sum_{j=1}^{6} \frac{(n_j - np_j)^2}{np_j}$$

近似服从自由度为 $\nu = 6 - 1 = 5$ 的卡方分布 $\chi^2(5)$，利用表 3.1 中的数据计算得到 $K^2 = 13.58$，取显著性水平为 $\alpha = 0.05$，用 MATLAB 计算自由度为 5 的卡方分布的分位点，得到 $\chi_\alpha^2(5) = 11.0705$，由于 $K^2 > \chi_\alpha^2(5)$，因此拒绝原假设，即认为这个骰子质地不均匀，各种点数出现的概率不平等。

计算过程的 MATLAB 代码如下：

```
function Li3_1()
%%这个函数实现了例3.1中Pearson卡方分布检验的计算
%%%%%%%%%%%%%%%%%%%%%%%%%%%%%%%%%%%%%%%%%%%%%
N=400;                        %%掷骰子的总次数
n=[61,72,91,59,64,53];        %%各种点数出现的次数
k=size(n,2)
p=(1/6)*ones(1,6);            %%原假设成立时各种点数出现的概率
K2=sum((((n-N*p).^2)./(N*p))) %%计算Pearson统计量
a=0.05                        %%显著性水平
Ka=chi2inv(1-a,k-1)           %%计算显著性水平为α的分位点
end
```

例 3.2 某服务台最近 100 天每天接待的售后服务次数统计如表 3.2 所示, 请检验该服务台每天接待的售后服务次数 X 是否服从参数为 $\lambda = 1$ 的泊松分布（取显著性水平为 $\alpha = 0.05$）。

表 3.2　服务台每天接待的售后服务次数统计

接待的售后服务次数	0	1	2	3	4	5	$\geqslant 6$
天数	22	37	20	13	6	2	0

解　依题意, 需要检验下列假设

$$P\{X = j\} = \frac{\mathrm{e}^{-1}}{j!}, \qquad j = 0, 1, 2, \cdots \tag{3.22}$$

但这样做存在一个问题, 就是 X 的可能取值有无穷多个, 而样本容量又是有限的, 导致很多像 $\{X = 7\}$ 这样的基本事件因概率太小而没有被观察到。为了解决这个问题, 我们将一些基本事件合并, 将 X 的所有可能取值重新划分为表 3.3 所示的 4 个互斥的事件, 使得这些事件发生的概率相差不太大。

表 3.3　重新划分的 4 个互斥事件

事　件	X 的取值范围	概率 p_j	理论频数 np_j	实际频数 n_j
A_1	$X = 0$	0.3679	36.79	22
A_2	$X = 1$	0.3679	36.79	37
A_3	$X = 2$	0.1839	18.39	20
A_4	$X \geqslant 3$	0.0803	8.03	21

其中 p_j 为事件 A_j 的理论概率, n_j 为事件 A_j 的频数, $n = n_1 + n_2 + n_3 + n_4$, np_j 为事件 A_j 的理论频数。需要检验的原假设为

$$H_0: \quad P(A_j) = p_j, \qquad j = 1, 2, 3, 4 \tag{3.23}$$

Pearson 统计量为

$$K^2 = \sum_{j=1}^{4} \frac{(n_j - np_j)^2}{np_j}$$

根据定理 3.2, K^2 近似服从自由度为 $\nu = 4 - 1 = 3$ 的卡方分布 $\chi^2(3)$, 将表 3.3 中的数据代入 K^2 的表达式, 计算得到 $K^2 = 27.0370$, 用 MATLAB 计算自由度为 3 的卡方分布的分位点, 得到 $\chi^2_\alpha(3) = 7.8147$, 由于 $K^2 > \chi^2_\alpha(3)$, 因此拒绝原假设, 即认为该服务台每天接待的售后服务次数 X 不服从参数为 $\lambda = 1$ 的泊松分布。

计算过程的 MATLAB 代码如下:

```
function Li3_2()
%%这个函数实现了例3.2中泊松分布的Pearson卡方检验的计算
%%%%%%%%%%%%%%%%%%%%%%%%%%%%%%%%%%%%%%%%%%%%%
N=100;                          %%样本容量
n=[22,37,20,21];                %%4个事件的实际频数
k=size(n,2)
p=[0.3679,0.3679,0.1839,0.0803];          %%4个事件的理论概率
K2=sum(((n-N*p).^2)./(N*p))     %%计算Pearson统计量
a=0.05                          %%显著性水平
Ka=chi2inv(1-a,k-1)             %%计算显著性水平为α的分位点
end
```

3.1.3　理论分布中含有未知参数的拟合优度检验

现在考虑如下问题: 设总体 X 只有 k 个可能取值, 需要用抽样数据检验下列原假设

$$H_0: \qquad P\{X = x_j\} = p_j(\theta), \qquad j = 1, 2, \cdots, k \tag{3.24}$$

其中 $\theta = (\theta_1, \theta_2, \cdots, \theta_r)$ 是未知参数。

由于 p_j 依赖于参数 θ, 因此需要先估计参数 θ 的值才能确定 p_j 的值。参数 θ 的估计通常采用极大似然估计法。设 $\widehat{\theta}$ 是 θ 的极大似然估计量, 则 p_j 的估计量为

$$\widehat{p}_j = p_j(\widehat{\theta}) \tag{3.25}$$

因此 Pearson 统计量为

$$K^2 = \sum_{j=1}^{k} \frac{(n_j - n\widehat{p}_j)^2}{n\widehat{p}_j} \tag{3.26}$$

Fisher (1924) 证明了在一定的条件下, 若原假设 (3.24) 成立, 则当样本容量 $n \to \infty$ 时, 统计量 (3.26) 的极限分布是自由度为 $\nu = k - 1 - r$ 的卡方分布 $\chi^2(k-1-r)$。

例 3.3　从 2013 年 1 月 1 日至 2013 年 7 月 2 日在全世界范围内监测到里氏 4 级及 4 级以上的地震共计 203 次, 相继两次地震的间隔天数统计情况如下:

2.8234, 0.4556, 0.9500, 0.0187, 4.9367, 0.6577, 0.1879, 2.1782, 1.4361, 0.1734, 2.0078, 0.8055, 5.1404, 0.0653, 0.8923, 0.2695, 3.8726, 1.3405, 0.4399, 1.1258, 2.1235, 0.3277, 1.2999, 1.9503, 2.8688, 0.8859, 0.4791, 0.1755, 3.2988, 1.3525, 2.0089, 1.0948, 0.1129, 1.9937, 0.2992, 0.0903, 0.5078, 0.1184, 0.4289, 0.6545, 0.9721, 0.6151, 0.0882, 0.1695,

0.0027, 0.0006, 0.0167, 0.0039, 0.0179, 0.0062, 0.0058, 0.0041, 0.0080, 0.0015, 0.0274,
0.0136, 0.0387, 0.0534, 0.1023, 0.1019, 0.0608, 0.0834, 0.1262, 0.1529, 0.0410, 0.1026,
0.1672, 0.0259, 0.2123, 0.0174, 0.0542, 0.1448, 0.4581, 0.3300, 0.5298, 1.0555, 0.9554,
0.0016, 1.3616, 2.3574, 2.1154, 6.0860, 4.2432, 0.7769, 0.5642, 1.5924, 0.1715, 1.0159,
0.2445, 0.0657, 0.6286, 0.0038, 1.0987, 0.3581, 0.3088, 0.3233, 1.5390, 1.2992, 0.1046,
0.0235, 0.0304, 2.4831, 0.1588, 0.3591, 0.3831, 1.6332, 0.2873, 2.5222, 4.1730, 2.7920,
0.1693, 2.4935, 1.4002, 4.6063, 1.9748, 0.0580, 1.3601, 3.2862, 3.8311, 0.0644, 0.6454,
0.5678, 0.9427, 2.2946, 0.2697, 1.2136, 0.5476, 1.0824, 0.1819, 0.2975

试问相继两次地震的间隔天数 X 是否服从指数分布?

解 由于题目并未给出指数分布的参数 θ,因此需要先用极大似然估计法估计参数 θ。参数为 θ 的指数分布的密度函数为

$$f(x;\theta) = \begin{cases} \dfrac{1}{\theta}\mathrm{e}^{-x/\theta}, & x > 0 \\ 0, & x \leqslant 0 \end{cases} \tag{3.27}$$

因此对数似然函数为

$$L(\theta) := \ln \prod_{i=1}^{n} f(x_i;\theta) = -n\ln\theta - \frac{1}{\theta}\sum_{i=1}^{n} x_i \tag{3.28}$$

其导数为

$$L'(\theta) = -\frac{n}{\theta} + \frac{1}{\theta^2}\sum_{i=1}^{n} x_i \tag{3.29}$$

令 $L'(\theta) = 0$,解得 θ 的极大似然估计量为

$$\widehat{\theta} = \frac{1}{n}\sum_{i=1}^{n} x_i = \overline{x} \tag{3.30}$$

将样本数据代入上述表达式,计算得到 $\widehat{\theta} = 0.8951$。

接下来需要将 X 的取值范围划分成若干互不相交的区间,使得 X 落在各个区间的概率相差不要太大。区间划分情况如表 3.4 所示。

表 3.4　相继两次地震间隔天数统计

X 的取值范围	$0 \leqslant X < 0.2$	$0.2 \leqslant X < 0.4$	$0.4 \leqslant X < 0.6$	$0.6 \leqslant X < 0.8$
理论概率 $\widehat{p}_j$	0.2002	0.1601	0.1281	0.1024
理论频数 $n\widehat{p}_j$	40.45	32.35	25.87	20.69
实际频数 n_j	70	34	15	8
X 的取值范围	$0.8 \leqslant X < 1$	$1 \leqslant X < 1.4$	$1.4 \leqslant X < 1.8$	$X \geqslant 1.8$
理论概率 $\widehat{p}_j$	0.0819	0.1179	0.0754	0.1339
理论频数 $n\widehat{p}_j$	16.55	23.82	15.24	27.04
实际频数 n_j	10	22	10	33

记样本容量为 n, 第 j 个区间的实际频数为 n_j, X 落在第 j 个区间的理论概率为 $\widehat{p}_j$, 则 Pearson 统计量为

$$K^2 = \sum_{j=1}^{8} \frac{(n_j - n\widehat{p}_j)^2}{n\widehat{p}_j} \tag{3.31}$$

由于分布中有一个未知参数使用了极大似然估计, 因此统计量 K^2 近似服从自由度为 $\nu = 8 - 1 - 1 = 6$ 的卡方分布 $\chi^2(6)$。将表 3.4 中的数据代入 K^2 的表达式计算得到 $K^2 = 39.8720$, 取显著性水平为 $\alpha = 0.05$, 用 MATLAB 计算自由度为 6 的卡方分布的分位点, 得到 $\chi^2_\alpha(6) = 12.5916$, 由于 $K^2 > \chi^2_\alpha(6)$, 因此拒绝原假设, 即认为相继两次大于或等于里氏 4 级的地震的间隔天数 X 不服从指数分布。

　　本例题用到的地震时间间隔数据已输入至一个名为"Li3-3timeIntervalData"的 MAT-LAB 变量中, 并保存在文件"里氏 4 级以上地震时间间隔数据.mat"中, 使用时只要载入该文件即可。计算过程的 MATLAB 代码如下:

```
function Li3_3()
%%这个函数实现了例3.3中地震时间间隔数据是否服从指数分布的Pearson卡方检验的
%%计算
%%%%%%%%%%%%%%%%%%%%%%%%%%%%%%%%%%%%%%%%%
load('里氏4级以上地震时间间隔数据.mat');%%导入数据,其中有两个变量,本程序用
                                      %%到的变量为Li3_3timeIntervalData
N=size(Li3_3timeIntervalData,1);       %%样本容量
theta=mean(Li3_3timeIntervalData)      %%参数theta的极大似然估计
p=zeros(1,8);                          %%用于保存理论概率
p(1)=1-exp(-0.2/theta);
p(2)=1-exp(-0.4/theta)-(1-exp(-0.2/theta));
p(3)=1-exp(-0.6/theta)-(1-exp(-0.4/theta));
p(4)=1-exp(-0.8/theta)-(1-exp(-0.6/theta));
p(5)=1-exp(-1/theta)-(1-exp(-0.8/theta));
p(6)=1-exp(-1.4/theta)-(1-exp(-1/theta));
p(7)=1-exp(-1.8/theta)-(1-exp(-1.4/theta));
p(8)=exp(-1.8/theta)
Np=N*p                                 %%理论频数
n=zeros(1,8);                          %%用于保存实际频数
n(1)=sum(Li3_3timeIntervalData<0.2);
n(2)=sum((Li3_3timeIntervalData>=0.2)&(Li3_3timeIntervalData<0.4));
n(3)=sum((Li3_3timeIntervalData>=0.4)&(Li3_3timeIntervalData<0.6));
n(4)=sum((Li3_3timeIntervalData>=0.6)&(Li3_3timeIntervalData<0.8));
n(5)=sum((Li3_3timeIntervalData>=0.8)&(Li3_3timeIntervalData<1));
n(6)=sum((Li3_3timeIntervalData>=1)&(Li3_3timeIntervalData<1.4));
n(7)=sum((Li3_3timeIntervalData>=1.4)&(Li3_3timeIntervalData<1.8));
n(8)=sum(Li3_3timeIntervalData>=1.8)
k=size(n,2)
K2=sum((((n-Np).^2)./(Np)))           %%计算Pearson统计量
```

```
a=0.05                    %%显著性水平
r=1;                      %%参数的个数
Ka=chi2inv(1-a,k-1-r)     %%计算自由度为k-1-r的卡方分布显著性水平为α的
                          %%分位点
end
```

3.2 正态性检验

本节讨论总体正态性检验的问题, 即检验总体分布是否为正态分布。下面将以上证指数 (000001)2021 年 8 月 31 日至 2022 年 9 月 30 日期间 264 个交易日的收益率作为案例数据, 介绍各种检验正态性的方法。具体数据如下。

0.0045, 0.0065, 0.0084, −0.0043, 0.0111, 0.0150, −0.0004, 0.0049, 0.0027, 0.0033, −0.0143, −0.0017, −0.0135, 0.0019, 0.0040, 0.0038, −0.0080, −0.0084, 0.0054, −0.0185, 0.0090, 0.0067, −0.0001, −0.0125, 0.0042, −0.0010, 0.0040, −0.0012, 0.0070, −0.0017, 0.0022, −0.0034, 0.0076, −0.0034, −0.0099, −0.0124, 0.0082, −0.0008, −0.0110, −0.0020, 0.0081, −0.0101, 0.0020, 0.0024, −0.0042, 0.0115, 0.0018, −0.0016, −0.0033, 0.0044, −0.0047, 0.0112, 0.0061, 0.0020, 0.0010, −0.0024, −0.0056, −0.0004, 0.0003, 0.0036, −0.0009, 0.0094, −0.0050, 0.0016, 0.0117, 0.0097, −0.0018, 0.0040, −0.0053, −0.0038, 0.0075, −0.0117, −0.0107, 0.0087, −0.0007, 0.0057, −0.0070, −0.0006, 0.0039, −0.0092, 0.0061, 0.0057, −0.0020, −0.0103, −0.0025, −0.0018, 0.0039, −0.0073, 0.0084, −0.0118, −0.0096, 0.0058, 0.0079, −0.0033, −0.0009, −0.0092, 0.0004, −0.0262, 0.0066, −0.0179, −0.0097, 0.0201, 0.0067, 0.0079, 0.0017, −0.0066, −0.0099, 0.0050, 0.0057, 0.0006, 0.0065, 0, −0.0096, 0.0092, −0.0171, 0.0062, 0.0032, 0.0076, −0.0013, −0.0009, −0.0097, −0.0219, −0.0238, −0.0113, 0.0121, 0.0041, −0.0264, −0.0508, 0.0342, 0.0139, 0.0111, 0.0008, 0.0019, 0.0034, −0.0064, −0.0118, 0.0007, −0.0033, 0.0194, −0.0044, 0.0093, 0.0002, −0.0143, 0.0047, −0.0264, 0.0145, −0.0083, 0.0121, −0.0045, −0.0049, −0.0005, −0.0135, −0.0229, 0.0023, −0.0527, −0.0145, 0.0246, 0.0058, 0.0238, 0.0068, −0.0218, 0.0009, 0.0105, 0.0075, −0.0012, 0.0095, −0.0034, 0.0065, −0.0025, 0.0036, 0.0159, 0.0001, −0.0244, 0.0118, 0.0050, 0.0023, 0.0060, 0.0118, −0.0013, 0.0042, 0.0127, 0.0017, 0.0068, −0.0076, 0.0141, −0.0090, 0.0102, 0.0050, −0.0061, 0.0095, −0.0004, −0.0026, −0.0120, 0.0161, 0.0089, 0.0087, 0.0088, −0.0141, 0.0110, −0.0032, 0.0052, −0.0004, −0.0144, 0.0027, −0.0025, −0.0127, −0.0097, 0.0009, −0.0008, −0.0165, 0.0154, 0.0004, 0.0077, −0.0100, −0.0006, −0.0060, 0.0083, −0.0005, 0.0021, −0.0090, 0.0021, −0.0229, −0.0071, 0.0080, 0.0118, 0.0031, 0.0032, −0.0054, 0.0159, −0.0015, −0.0002, 0.0005, 0.0045, −0.0046, −0.0060, 0.0060, −0.0005, −0.0188, 0.0096, −0.0031, 0.0014, −0.0042, −0.0078, −0.0054, 0.0005, 0.0042, 0.0135, 0.0009, −0.0033, 0.0081, 0.0005, −0.0081, −0.0117, −0.0232, −0.0035, 0.0022, −0.0017, −0.0027, −0.0066, −0.0121, 0.0139, −0.0159, −0.0013, −0.0055

以上数据已输入至一个名为 "SHR" 的 MATLAB 变量中, 并保存在文件 "上证指数收益率.mat" 中, 使用时只需要将这个文件载入即可。

3.2.1　图示法

1. 直方图

将 X 的取值范围均匀地划分成若干区间, 然后统计每个区间的频数, 并画出条形图展示, 这就是直方图。

例 3.4　画出本节开头给出的上证指数收益率数据的直方图, 并根据图形判断该数据是否来自正态总体。

解　样本数据的最小值为 -0.0527, 最大值为 0.0342, 因此将区间 $[-0.055, 0.055]$ 等分为 22 个长度为 0.005 的小区间, 统计每个小区间的频数, 并绘制成直方图, 如图 3.1 所示。

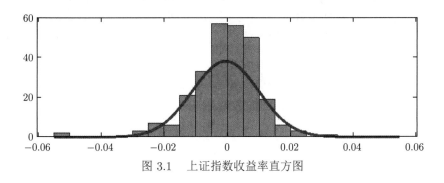

图 3.1　上证指数收益率直方图

为了与正态分布对比, 我们计算出样本数据的均值 $\hat{\mu} = -0.000583$, 标准差 $\hat{\sigma} = 0.0105$, 相应的正态分布密度函数为

$$f(x) = \frac{1}{\sqrt{2\pi}\hat{\sigma}} \mathrm{e}^{-\frac{(x-\hat{\mu})^2}{2\hat{\sigma}^2}}$$

图 3.1 中的曲线便是这个概率密度函数的图像。从图 3.1 可以看出, 样本数据在均值附近的频率明显高于相应正态分布的概率, 且远离均值的异常值出现的频率也高于正态分布的概率, 因此我们认为样本数据不是来自正态总体的。

例 3.4 的计算和绘图过程的 MATLAB 代码如下:

```
function Li3_4()
%%这个函数实现了例3.4中绘制上证指数收益率直方图的操作
%%%%%%%%%%%%%%%%%%%%%%%%%%%%%%%%%%%%%%%%%%%
load('上证指数收益率.mat'); %%导入数据,上证指数收益率数据保存在变量SHR中
mu=mean(SHR);                %%计算样本均值
s=std(SHR);                  %%计算样本标准差
edges=(-0.055:0.005:0.055);     %%划分区间的分割点
histogram(SHR,edges);        %%绘制直方图
hold on
x=(-0.055:0.0005:0.055)';
y=(1/(sqrt(2*pi)*s))*exp(-(x-mu).^2./(2*s^2));
plot(x,y,'blue');
hold off
```

```
end
```

2. 经验分布函数

设 $x_1, x_2, \cdots, x_n$ 是来自总体 X 的样本数据，为了估计总体 X 的分布函数 $F(x)$，定义

$$F_n(x) := \frac{\sharp\{x_i: \ x_i \leqslant x, i = 1, 2, \cdots\}}{n} \tag{3.32}$$

其中 $\sharp\{x_i: \ x_i \leqslant x, i = 1, 2, \cdots\}$ 表示集合 $\{x_i: \ x_i \leqslant x, i = 1, 2, \cdots\}$ 中的元素个数，称 $F_n(x)$ 为**经验分布函数 (empirical distribution function)**。按照上面的定义，对于给定的实数 x，$F_n(x)$ 的值就是样本数据 $x_1, x_2, \cdots, x_n$ 中小于或等于 x 的那部分所占的比例。

如果把这些样本数据按照从小到大的顺序排序，最小的记为 $x_{(1)}$，第二小的记为 $x_{(2)}$，以此类推，最大的记为 $x_{(n)}$，则称 $x_{(1)}, x_{(2)}, \cdots, x_{(n)}$ 为**顺序统计量 (order statistics)**。

利用顺序统计量可以将经验分布函数表示成下列形式：

$$F_n(x) = \begin{cases} 0, & x < x_{(1)} \\ \dfrac{k}{n}, & x_{(k)} \leqslant x < x_{(k+1)}, \quad k = 1, 2, \cdots, n-1 \\ 1, & x \geqslant x_{(n)} \end{cases} \tag{3.33}$$

不难发现 $F_n(x)$ 是一个分段阶梯函数。

根据 Glivenko-Cantelli 引理（附录 C 定理 C.4），当样本容量 $n \to \infty$ 时，经验分布函数 $F_n(x)$ 将以概率 1 一致收敛域总体 X 的分布函数 $F(x)$，即有

$$P\left\{ \lim_{n \to \infty} \sup_{x \in \mathbb{R}} |F_n(x) - F(x)| = 0 \right\} = 1 \tag{3.34}$$

关于顺序统计量和经验分布的更多知识可参阅附录 C。

3. *P-P* 图

如果需要检验总体 X 是否服从某个给定的理论分布，可以利用抽样数据 $x_1, x_2, \cdots, x_n$ 求出经验分布函数 $F_n(x)$，然后将 $F_n(x)$ 与给定的理论分布函数 $F(x)$ 进行对比，以判断总体 X 是否服从给定的理论分布。

如何检验经验分布函数 $F_n(x)$ 和理论分布函数 $F(x)$ 是否一致呢？**P-P 图 (probability-probability plot)** 是一种直观的图示检验方法。

P-P 图的绘制方法如下：对于每个样本数据 x_i，分别以 $F(x_i)$、$F_n(x_i)$ 为横坐标和纵坐标在二维坐标平面上绘制点 $(F(x_i), F_n(x_i))$，这 n 个点构成一个散点图，同时画出连节点 $O(0,0)$ 和 $A(1,1)$ 的直线段，便得到了 *P-P* 图。

如何从散点图判断总体 X 是否服从给定的理论分布呢？如果总体 X 服从给定的理论分布，则经验分布 $F_n(x)$ 应与理论分布 $F(x)$ 很接近，从而点 $(F(x_i), F_n(x_i)), i = 1, 2, \cdots, n$ 应落在线段 OA 附近。如果总体 X 不服从给定的理论分布，则经验分布 $F_n(x)$ 应与理论分布 $F(x)$ 有显著的偏差，从而点 $(F(x_i), F_n(x_i)), i = 1, 2, \cdots, n$ 会偏离线段 OA。

例 3.5　用 *P-P* 图判断本节开头给出的上证指数收益率数据是否服从正态分布。

解　首先求出收益率数据的样本均值 $\widehat{\mu}$ 和样本标准差 $\widehat{\sigma}$ 为

$$\widehat{\mu} = -0.000583, \qquad \widehat{\sigma} = 0.0105$$

然后对数据进行标准化变换

$$z_i = \frac{x_i - \widehat{\mu}}{\widehat{\sigma}}, \quad i = 1, 2, \cdots, n \tag{3.35}$$

如果总体 X 服从正态分布, 则标准化的数据 $z_i, i = 1, 2, \cdots, n$ 应服从标准正态分布, 因此只要画 *P-P* 图检验 $z_i, i = 1, 2, \cdots, n$ 是否服从标准正态分布即可。

标准化的上证指数收益率数据的 *P-P* 图如图 3.2 所示。可以看出, 经验分布 $F_n(x)$ 与理论分布 $F(x)$（标准正态分布）有显著偏差, 因此我们认为上证指数收益率不服从正态分布。

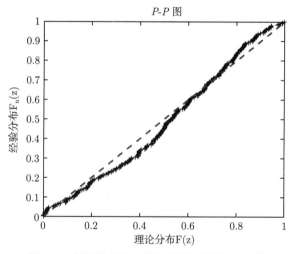

图 3.2　标准化的上证指数收益率数据 *P-P* 图

例 3.5 的计算和绘图过程的 MATLAB 代码如下:

```
function Li3_5()
%%这个函数实现了例3.5中画P-P图检验上证指数收益率是否服从正态分布的操作
%%%%%%%%%%%%%%%%%%%%%%%%%%%%%%%%%%%%%%%%%%%
load('上证指数收益率.mat'); %%导入数据, 上证指数收益率数据保存在变量SHR中
mu=mean(SHR);                %%计算样本均值
s=std(SHR);                  %%计算样本标准差
z=(SHR-mu)/s;                %%数据标准化
z=sort(z);                   %%从小到大排序
n=size(z,1);
Fn=(1:n)'/n;                 %%z对应的经验分布值
F=normcdf(z);                %%z对应的标准正态分布函数值
plot(F,Fn,'+','LineWidth',1,'MarkerSize',...
```

```
6,'MarkerFaceColor','k','MarkerEdgeColor','k');
hold on
plot([0;1],[0;1],'LineStyle','--','Color','b','LineWidth',2);
xlabel('理论分布F(z)');                %% 横轴名称
ylabel('经验分布F_n(z)');              %% 纵轴名称
title('P-P图');                       %% 添加图的标题
hold off
end
```

4. Q-Q 图

设某个随机变量 X 的分布函数为 $F(x)$, 我们知道 $F(x)$ 的值域为 $[0,1]$, 对于任意给定的 $p \in [0,1]$, 记

$$Q(p) := \inf\{x \in \mathbb{R}:\ F(x) \geqslant p\} \tag{3.36}$$

称为随机变量 X 的 (或分布函数 $F(x)$ 的) **p-分位数 (p-quantile)**。如果 $F(x)$ 是严格单调增加的连续函数, 则不难发现 Q 是 F 的反函数, 即有 $Q(p) = F^{-1}(p)$。

例如, 设 Φ 是标准正态分布函数, 通过计算知道 $\Phi(-0.674489750196082) = 0.25$, 因此标准正态分布的 0.25-分位数是

$$Q(0.25) = \Phi^{-1}(0.25) = -0.674489750196082$$

Q-Q 图 (quantile-quantile plot) 是另外一种检验总体分布是否为某个给定的理论分布的图示方法。设 $x_1, x_2, \cdots, x_n$ 是来自总体 X 的抽样数据, $F_n(x)$ 是经验分布函数, 记

$$p_i = F_n(x_i), \qquad i = 1, 2, \cdots, n$$

为了比较 $F_n(x)$ 与理论分布 $F(x)$, 我们计算 $F(x)$ 的 p_i-分位数

$$y_i = Q(p_i), \qquad i = 1, 2, \cdots, n$$

然后在二维平面直角坐标系中绘制出点集 $\{(y_i, x_i):\ i = 1, 2, \cdots, n\}$ 的散点图, 这就是所谓的 Q-Q 图。

例 3.6 用 Q-Q 图判断本节开头给出的上证指数收益率数据是否服从正态分布。

解 首先将数据标准化, 设标准化后的数据为 $z_i, i = 1, 2, \cdots, n$。为了方便计算经验分布函数, 将标准化的数据从小到大排序, 设排序后的数据为

$$z_{(1)} \leqslant z_{(2)} \leqslant z_{(3)} \leqslant \cdots \leqslant z_{(n)}$$

根据经验分布函数的定义得 $F_n(z_{(k)}) = k/n, n = 1, 2, \cdots, n$, 为了使 Q-Q 图更合理, 通常取

$$y_{(k)} = Q\left(\frac{k - 0.375}{n + 0.25}\right) = \Phi^{-1}\left(\frac{k - 0.375}{n + 0.25}\right), \qquad k = 1, 2, \cdots, n \tag{3.37}$$

然后绘制点集 $\{(y_{(k)}, z_{(k)}): k = 1, 2, \cdots, n\}$ 的散点图。为了对比，我们在同一坐标系中画出直线 $z = y$，如果上证指数的收益率服从正态分布，则标准化数据 $z_i, i = 1, 2, \cdots, n$ 应服从标准正态分布，从而点集 $\{(y_{(k)}, z_{(k)}): k = 1, 2, \cdots, n\}$ 应落在直线 $z = y$ 附近。

标准化的上证指数收益率数据的 Q-Q 图如图 3.3 所示，其中的虚线是直线 $z = y$。可以看出，样本分位数与标准正态分布的分位数有显著偏差，对于很小概率 p 对应的分位数，样本分位数明显小于标准正态分布的对应分位数，对很大的概率 p 对应的分位数，样本分位数明显大于标准正态分布的对应分位数，这说明上证指数收益率分布具有拖尾特性，远离均值的收益率出现的概率明显高于正态分布。因此我们认为上证指数收益率不服从正态分布。

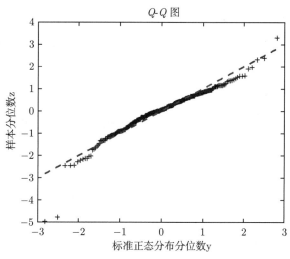

图 3.3　标准化的上证指数收益率数据 Q-Q 图

标准化的上证指数收益率 Q-Q 图的计算和绘图过程的 MATLAB 代码如下：

```
function Li3_6A()
%%这个函数实现了例3.6中绘制标准化收益率数据Q-Q图的操作
%%%%%%%%%%%%%%%%%%%%%%%%%%%%%%%%%%%%%%%%%
load('上证指数收益率.mat');  %%导入数据，上证指数收益率数据保存在变量SHR中
mu=mean(SHR);               %%计算样本均值
s=std(SHR);                 %%计算样本标准差
z=(SHR-mu)/s;               %%数据标准化
z=sort(z);                  %%从小到大排序
n=size(z,1);
Fn=((1:n)'-0.375)/(n+0.25); %%z对应的经验分布修正值
y=norminv(Fn);              %%Fn对应的标准正态分布分位数
plot(y,z,'+','LineWidth',1,'MarkerSize',6,'MarkerFaceColor',...
'k','MarkerEdgeColor','k');
hold on
plot([y(1);y(n)],[y(1);y(n)],'LineStyle','--','Color','b',...
'LineWidth',2);
xlabel('标准正态分布分位数y');              %% 横轴名称
```

```
ylabel('样本分位数z');                    %% 纵轴名称
title('Q-Q图');                          %% 添加图的标题
hold off
end
```

也可以不对上证指数收益率数据 $x_i, i = 1, 2, \cdots, n$ 进行标准化, 而是直接将其按照从小到大的顺序排列:
$$x_{(1)} \leqslant x_{(2)} \leqslant x_{(3)} \leqslant \cdots \leqslant x_{(n)}$$

并利用式 (3.37) 计算 $y_k, k = 1, 2, \cdots, n$, 然后绘制点集

$$\{(y_{(k)}, x_{(k)}): \ k = 1, 2, \cdots, n\} \tag{3.38}$$

的散点图。这样得到的 Q-Q 图具有下列性质:

如果总体 $X \sim N(\mu, \sigma^2)$, 则点集 $\{(y_{(k)}, x_{(k)}): \ k = 1, 2, \cdots, n\}$ 应落在直线 $x = \sigma y + \mu$ 附近。 至于原因, 请读者自行分析。

未经标准化的上证指数收益率数据的 Q-Q 图如图 3.4 所示, 其中的虚线是直线

$$x = \hat{\sigma} y + \hat{\mu}$$

其中 $\hat{\mu}$ 是样本均值, $\hat{\sigma}$ 是样本标准差。可以看出, 点集 $\{(y_{(k)}, x_{(k)}): \ k = 1, 2, \cdots, n\}$ 与直线有显著的偏离, 因此我们认为上证指数收益率不服从正态分布。

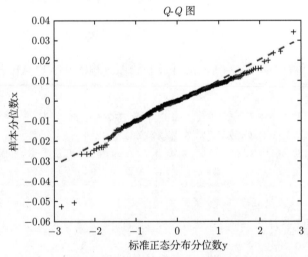

图 3.4　未经标准化的上证指数收益率数据 Q-Q 图

未经标准化的上证指数收益率 Q-Q 图的计算和绘图过程的 MATLAB 代码如下:

```
function Li3_6B()
%%这个函数实现了例3.6中绘制收益率数据Q-Q图的操作(不进行标准化)
%%%%%%%%%%%%%%%%%%%%%%%%%%%%%%%%%%%%%%%%%%%%%%
load('上证指数收益率.mat'); %%导入数据, 上证指数收益率数据保存在变量SHR中
```

```
mu=mean(SHR);               %%计算样本均值
s=std(SHR);                 %%计算样本标准差
x=sort(SHR);                %%从小到大排序
n=size(x,1);
Fn=((1:n)'-0.375)/(n+0.25); %%x对应的经验分布修正值
y=norminv(Fn);              %%Fn对应的标准正态分布分位数
plot(y,x,'+','LineWidth',1,'MarkerSize',6,'MarkerFaceColor',...
'k','MarkerEdgeColor','k');
hold on
plot([y(1);y(n)],[s*y(1)+mu;s*y(n)+mu],'LineStyle','--',...
'Color','b','LineWidth',2);
xlabel('标准正态分布分位数y');          %% 横轴名称
ylabel('样本分位数x');                 %% 纵轴名称
title('Q-Q图');                       %% 添加图的标题
hold off
end
```

3.2.2　拟合优度检验

上文介绍的直方图、P-P 图和 Q-Q 图虽然直观, 但缺乏定量标准, 主观性强, 且不便于程序自动化执行, 因此在许多领域使用受限。为了解决这个问题, 统计学家提出了许多定量化的正态性检验方法, 下面选择几种常用的方法进行介绍。

首先是拟合优度检验, 这种方法的用途不限于正态性检验, 已在 3.1.1 节、3.1.2 节进行了详细介绍。下面通过一个例子说明如何用拟合优度检验法检验总体是否服从正态分布。

例 3.7　用拟合优度检验法检验本节开头给出的上证指数收益率数据是否服从正态分布。

解　由于正态分布的均值 μ 和标准差 σ 未知, 因此需要计算这两个参数的极大似然估计。利用附录 B 中的例 B.1 的结论得

$$\widehat{\mu} = \overline{x} = -0.000583, \qquad \widehat{\sigma} = \sqrt{\frac{n-1}{n}s^2} = 0.010474 \tag{3.39}$$

接下来需要将收益率数据的取值范围划分成若干互不相交的区间, 并用正态分布 $N(\widehat{\mu}, \widehat{\sigma}^2)$ 估计收益率落在每个区间的理论概率和理论频数。区间划分情况如表 3.5 所示。

记样本容量为 n, 第 j 个区间的实际频数为 n_j, 收益率落在第 j 个区间的理论概率为 $\widehat{p}_j$, 则 Pearson 统计量为

$$K^2 = \sum_{j=1}^{11} \frac{(n_j - n\widehat{p}_j)^2}{n\widehat{p}_j} \tag{3.40}$$

由于正态分布中有 2 个未知参数使用了极大似然估计, 因此统计量 K^2 近似服从自由度为 $\nu = 11 - 1 - 2 = 8$ 的卡方分布 $\chi^2(8)$。将表 3.5 中的数据代入 K^2 的表达式, 计算得到

$K^2 = 21.5537$，取显著性水平为 $\alpha = 0.05$，用 MATLAB 计算自由度为 8 的卡方分布的分位数，得到 $\chi_\alpha^2(8) = 15.5037$，由于 $K^2 > \chi_\alpha^2(8)$，因此拒绝原假设，即认为所给上证指数收益率数据不服从正态分布。

表 3.5　上证指数收益率统计

取值范围	$(-\infty, -0.025)$	$[-0.025, -0.02)$	$[-0.02, -0.015)$	$[-0.015, -0.01)$
理论概率 $\hat{p}_j$	0.0099	0.0220	0.0525	0.1000
理论频数 $n\hat{p}_j$	2.6057	5.8103	13.8485	26.3902
实际频数 n_j	5	7	6	21
取值范围	$[-0.01, -0.005)$	$[-0.005, 0)$	$[0, 0.005)$	$[0.005, 0.01)$
理论概率 $\hat{p}_j$	0.1523	0.1856	0.1808	0.1409
理论频数 $n\hat{p}_j$	40.2112	48.9931	47.7323	37.1861
实际频数 n_j	32	58	56	50
取值范围	$[0.01, -0.015)$	$[0.015, 0.02)$	$[0.02, +\infty)$	
理论概率 $\hat{p}_j$	0.0877	0.0437	0.0247	
理论频数 $n\hat{p}_j$	23.1647	11.5381	6.5198	
实际频数 n_j	19	6	4	

实现本例计算过程的 MATLAB 代码如下：

```
function Li3_7()
%%这个函数实现了例3.7中上证指数收益率数据是否服从正态分布的拟合优度检验的
%%计算
%%%%%%%%%%%%%%%%%%%%%%%%%%%%%%%%%%%%%%%%%%%%%
load('上证指数收益率.mat'); %%导入数据，上证指数收益率数据保存在变量SHR中
N=size(SHR,1);              %%样本容量
mu=mean(SHR)                %%均值的极大似然估计
s=sqrt((N-1)/N)*std(SHR)    %%标准差的极大似然估计
p=zeros(1,11);              %%用于保存理论概率
p(1)=normcdf(-0.025,mu,s);
p(2)=normcdf(-0.02,mu,s)-normcdf(-0.025,mu,s);
p(3)=normcdf(-0.015,mu,s)-normcdf(-0.02,mu,s);
p(4)=normcdf(-0.01,mu,s)-normcdf(-0.015,mu,s);
p(5)=normcdf(-0.005,mu,s)-normcdf(-0.01,mu,s);
p(6)=normcdf(0,mu,s)-normcdf(-0.005,mu,s);
p(7)=normcdf(0.005,mu,s)-normcdf(0,mu,s);
p(8)=normcdf(0.01,mu,s)-normcdf(0.005,mu,s);
p(9)=normcdf(0.015,mu,s)-normcdf(0.01,mu,s);
p(10)=normcdf(0.02,mu,s)-normcdf(0.015,mu,s);
p(11)=1-normcdf(0.02,mu,s)
Np=N*p                      %%理论频数
n=zeros(1,11);              %%用于保存实际频数
n(1)=sum(SHR<-0.025);
n(2)=sum((SHR>=-0.025)&(SHR<-0.02));
n(3)=sum((SHR>=-0.02)&(SHR<-0.015));
```

```
n(4)=sum((SHR>=-0.015)&(SHR<-0.01));
n(5)=sum((SHR>=-0.01)&(SHR<-0.005));
n(6)=sum((SHR>=-0.005)&(SHR<0));
n(7)=sum((SHR>=0)&(SHR<0.005));
n(8)=sum((SHR>=0.005)&(SHR<0.01));
n(9)=sum((SHR>=0.01)&(SHR<0.015));
n(10)=sum((SHR>=0.015)&(SHR<0.02));
n(11)=sum(SHR>=0.02)
k=size(n,2)
K2=sum(((n-Np).^2)./(Np))        %%计算Pearson统计量
a=0.05                           %%显著性水平
r=2;                             %%参数的个数
Ka=chi2inv(1-a,k-1-r)            %%计算自由度为k-1-r的卡方分布显著性水平为α的
                                 %%分位点
end
```

3.2.3　Kolmogorov-Smirnov 检验

设 $x_1, x_2, \cdots, x_n$ 是来自总体 X 的抽样数据, $x_{(1)}, x_{(2)}, \cdots, x_{(n)}$ 是其顺序统计量, $F_n(x)$ 是经验分布函数。我们想要检验总体 X 是否服从某个指定的理论分布 $F(x)$, 即检验原假设

$$H_0: \quad 总体 X 的分布函数为 F(x) \tag{3.41}$$

为了度量 $F_n(x)$ 与 $F(x)$ 的偏差, Kolmogorov 定义了统计量

$$K := \sqrt{n} \sup_{x \in \mathbb{R}} |F_n(x) - F(x)| \tag{3.42}$$

在原假设 H_0 成立的条件下, 如果分布函数 $F(x)$ 是连续的, Kolmogorov[48] 证明了当 $n \to \infty$ 时统计量 K 的极限分布为

$$P\{K \leqslant x\} = 1 - 2 \sum_{k=1}^{\infty} (-1)^{k-1} e^{-2k^2 x^2} = \frac{\sqrt{2\pi}}{x} \sum_{k=1}^{\infty} e^{-(2k-1)^2 \pi^2/(8x^2)} \tag{3.43}$$

这个分布称为 **Kolmogorov 分布**。

计算 Kolmogorov 统计量涉及在实数集 $\mathbb{R}$ 上取上确界的运算, 貌似不可行, 但实际上经验分布函数 $F_n(x)$ 是形如式 (3.33) 的阶梯函数, 而分布函数又是在 $[0,1]$ 上取值的单调非减函数, 不难证明

$$\sup_{x \in \mathbb{R}} |F_n(x) - F(x)| = \max\left\{ |F_n(x_{(k)}) - F(x_{(k)})|, |F_n(x_{(k-1)}) - F(x_{(k)})|: \ k = 1, 2, \cdots, n \right\}$$

$$= \max\left\{ \frac{k}{n} - F(x_{(k)}), F(x_{(k)}) - \frac{k-1}{n}: \ k = 1, 2, \cdots, n \right\} \tag{3.44}$$

因此有

$$K := \sqrt{n} \max\left\{ \frac{k}{n} - F(x_{(k)}), F(x_{(k)}) - \frac{k-1}{n}: \ k = 1, 2, \cdots, n \right\} \tag{3.45}$$

为了实现检验, Smirnov[49] 制定了 Kolmogorov 分布的分位数表, 对于给定的显著性水平 α, 可查到相应的分位数 K_α, 当由样本数据计算得到的统计量 $K > K_\alpha$ 时, 拒绝原假设, 即认为总体 X 的分布函数不是 $F(x)$。

Kolmogorov-Smirnov 检验的实际计算过程比较烦琐, 可直接调用 MATLAB 提供的函数 kstest()。

例 3.8 用 MATLAB 函数 kstest() 检验本节开头给出的上证指数收益率数据是否服从均值 $\mu = -0.000583$、标准差 $\sigma = 0.010494$ 的正态分布。

解 先对数据进行变换:

$$y_i = \frac{x_i - \mu}{\sigma}, \qquad i = 1, 2, \cdots, n$$

如果原来的数据 $\{x_i : i = 1, 2, \cdots, n\}$ 服从正态分布 $N(\mu, \sigma^2)$, 则变换后的数据 $\{y_i : i = 1, 2, \cdots, n\}$ 服从标准正态分布, 因此只需要检验变换后的数据是否服从标准正态分布。我们取显著性水平为 $\alpha = 0.05$, 进行 Kolmogorov-Smirnov 检验。

下面是实现本例的 Kolmogorov-Smirnov 检验的 MATLAB 代码:

```
function Li3_8()
%%这个函数实现了例3.8中上证指数收益率数据的Kolmogorov-Smirnov检验的计算
%%%%%%%%%%%%%%%%%%%%%%%%%%%%%%%%%%%%%%%%%%%%%
load('上证指数收益率.mat'); %%导入数据,上证指数收益率数据保存在变量SHR中
mu=-0.000583;
s=0.010494;
y=(SHR-mu)/s;              %%数据变换
n=size(y,1)               %%样本容量
a=0.05                    %%显著性水平
[h,p]=kstest(y,'Alpha',a)  %%Kolmogorov-Smirnov检验
                          %%原假设H0: y来自标准正态总体
%%输出参数: h--逻辑变量, h=1代表拒绝原假设, h=0代表接受原假设
%%          p--概率值,可以理解为能拒绝原假设的最小显著性水平
end
```

运行程序后屏幕输出计算结果为 $h = 1, p = 0.0467$。其中 $h = 1$ 表示拒绝原假设, 即认为变换后的数据 $\{y_i : i = 1, 2, \cdots, n\}$ 不服从标准正态分布, 从而原始收益率数据 $\{x_i : i = 1, 2, \cdots, n\}$ 不服从均值 $\mu = -0.000583$、标准差 $\sigma = 0.010494$ 的正态分布; $p = 0.0467$ 表示能够拒绝原假设的最小显著性水平为 0.0467。

需要指出的是, 虽然 Kolmogorov-Smirnov 检验拒绝了原始收益率数据 $\{x_i : i = 1, 2, \cdots, n\}$ 服从均值 $\mu = -0.000583$、标准差 $\sigma = 0.010494$ 的正态分布的假设, 但并没有拒绝这个数据服从其他均值和标准差的正态分布, 换句话说, Kolmogorov-Smirnov 检验的结果依赖于指定分布的参数, 必须保证分布参数精确, 检验结论才有效。

3.2.4 偏度和峰度

设随机变量 X 存在 3 阶矩, $EX = \mu, DX = \sigma^2$, 称

$$\text{Skew}(X) := E\left[\left(\frac{X-\mu}{\sigma}\right)^3\right] \tag{3.46}$$

为 X 的**偏度 (Skewness)**。偏度是一个随机变量的概率密度函数的对称性的反映。若偏度为负, 则均值左侧的离散度比右侧强, 密度函数表现为左侧"长尾"; 若偏度为正, 则均值右侧的离散度比左侧强, 密度函数表现为右侧"长尾"。正态分布偏度等为 0, 任意一个密度函数关于均值严格对称的随机变量的偏度都是 0。

若 X 存在 4 阶矩, 则称

$$\text{Kurt}(X) := E\left[\left(\frac{X-\mu}{\sigma}\right)^4\right] \tag{3.47}$$

为 X 的**峰度 (Kurtosis)**。如果 $X \sim N(\mu, \sigma^2)$, 则

$$Z := \frac{X-\mu}{\sigma} \quad \sim \quad N(0,1)$$

因此其矩母函数为

$$M_Z(t) = \mathrm{e}^{\frac{1}{2}t^2}$$

由此得到

$$\begin{aligned}
\text{Kurt}(X) = E[Z^4] &= \left.\frac{\mathrm{d}^4}{\mathrm{d}t^4}M_Z(t)\right|_{t=0} \\
&= \left.(t^4 + 6t^2 + 3)\mathrm{e}^{\frac{1}{2}t^2}\right|_{t=0} \\
&= 3
\end{aligned} \tag{3.48}$$

如果随机变量 X 的峰度大于 3, 则其概率密度函数具有"厚尾"的特性, 即远离均值的尾部概率密度大于正态分布, 极端事件出现的概率比正态分布大。如果 X 的峰度小于 3, 则其概率密度函数具有"瘦尾"的特性, 即远离均值的尾部概率密度小于正态分布, 极端事件出现的概率比正态分布小。

记

$$m_k := E\left[(X - EX)^k\right], \qquad k = 1, 2, \cdots$$

称 m_k 为 X 的 k 阶**中心矩 (central moment)**。利用中心矩可以把偏度和峰度表示为

$$\text{Skew}(X) = \frac{m_3}{\sigma^3}, \qquad \text{Kurt}(X) = \frac{m_4}{\sigma^4} \tag{3.49}$$

其中 σ 是 X 的标准差。

给定总体 X 的样本数据 $x_1, x_2, \cdots, x_n$, 中心矩 m_k 和标准差 σ 的矩法估计量分别为

$$\widehat{m}_k = \frac{1}{n} \sum_{i=1}^{n} (x_i - \overline{x})^k \tag{3.50}$$

$$\widehat{\sigma} = \sqrt{\frac{1}{n} \sum_{i=1}^{n} (x_i - \overline{x})^2} \tag{3.51}$$

其中 $\overline{x} = \left(\sum\limits_{i=1}^{n} x_i \right) / n$ 是样本均值。因此偏度和峰度的矩法估计量分别为

$$S_1 = \frac{\widehat{m}_3}{\widehat{\sigma}^3} = \frac{\dfrac{1}{n} \sum\limits_{i=1}^{n} (x_i - \overline{x})^3}{\left(\dfrac{1}{n} \sum\limits_{i=1}^{n} (x_i - \overline{x})^2 \right)^{3/2}} \tag{3.52}$$

$$K_1 = \frac{\widehat{m}_4}{\widehat{\sigma}^4} = \frac{\dfrac{1}{n} \sum\limits_{i=1}^{n} (x_i - \overline{x})^4}{\left(\dfrac{1}{n} \sum\limits_{i=1}^{n} (x_i - \overline{x})^2 \right)^{2}} \tag{3.53}$$

以上估计量是相合的, 但是有偏。为了得到无偏估计量, 研究者对这两个统计量进行了修正, 提出了如下估计量[50-51]:

$$S_0 := \frac{\sqrt{n(n-1)}}{n-2} S_1 \tag{3.54}$$

$$K_0 := \frac{(n-1)}{(n-2)(n-3)} \left((n+1)K_1 - 3(n-1) \right) + 3 \tag{3.55}$$

在假定 X 是正态总体的条件下, 这两个统计量都是无偏的。当样本容量 $n \to \infty$ 时, Fisher (1930) 证明了 S_1, S_0 的极限分布是 $N(0, 6)$, K_1, K_0 的极限分布是 $N(3, 24)$[52]。

偏度和峰度的计算过程比较烦琐, 可直接调用 MATLAB 提供的计算偏度的函数 skewness() 和计算峰度的函数 kurtosis()。

函数 skewness() 的基本用法如下:

```
S=skewness(x,flag)
```

其中输入参数 x 为样本数据组成的向量, 第二个参数 flag 只能取两个值, 当 flag=0 时, 表示用修正式 (3.54) 计算偏度, 当 flag=1 时, 表示用式 (3.52) 计算偏度。

函数 kurtosis() 的基本用法如下:

```
K=kurtosis(x,flag)
```

其中输入参数 x 为样本数据组成的向量, 第二个参数 flag 只能取两个值, 当 flag=0 时, 表示用修正式 (3.55) 计算峰度, 当 flag=1 时, 表示用式 (3.53) 计算峰度。

例 3.9　计算本节开头给出的上证指数收益率数据的偏度和峰度。

解　我们用修正式 (3.54) 和式 (3.55) 计算样本数据的偏度和峰度, MATLAB 代码如下:

```
function Li3_9()
%%这个函数实现了例3.9中上证指数收益率数据偏度和峰度的计算
%%%%%%%%%%%%%%%%%%%%%%%%%%%%%%%%%%%%%%%%%%%%%
load('上证指数收益率.mat'); %%导入数据,上证指数收益率数据保存在变量SHR中
S=skewness(SHR,0)          %%计算偏度
K=kurtosis(SHR,0)          %%计算峰度
end
```

计算结果为: 偏度 $S = -0.9871$, 峰度 $K = 6.8860$, 因此上证指数收益率数据是左偏的（偏度小于 0）和超峰的（峰度大于 3）。

3.2.5　Jarque-Bera 检验

C. M. Jarque 和 A. K. Bera 提出一种利用偏度和峰度检验正态性的方法, 他们提出了如下统计量:

$$\mathrm{JB} = \frac{n}{6}\left(S^2 + \frac{(K-3)^2}{4}\right) \tag{3.56}$$

其中 S 是样本偏度, K 是样本峰度, 可用矩法估计量式 (3.52) 和式 (3.53) 计算, 也可以用修正式 (3.54) 和式 (3.55) 计算。

如果总体服从正态分布, 则当样本容量 $n \to \infty$ 时, 统计量 JB 的极限分布是自由度为 2 的卡方分布 $\chi^2(2)$。因此当样本容量足够大时, 可用卡方分布检验下列原假设:

$$H_0: \quad 总体X服从正态分布 \tag{3.57}$$

如果样本容量不够大, 则需要用蒙特卡洛法估计统计量 JB 的分位数。

Jarque-Bera 检验的好处是对正态分布的参数没有任何要求, 可以在参数未知的条件下进行, 不需要事先估计参数。

实现 Jarque-Bera 检验的计算比较烦琐, 我们通常使用 MATLAB 函数 jbtest() 进行检验, 这个函数的用法如下:

```
[h,p]=jbtest(x,alpha)
```

其中输入参数 x 为样本数据组成的向量, 第二个输入参数 alpha 是显著性水平; 输出参数 h 是检验结果, $h = 1$ 代表拒绝原假设, $h = 0$ 代表接受原假设; 第二个输出参数 p 是一个概率值, 表示能拒绝原假设的最小显著性水平。

例 3.10　用 MATLAB 函数 jbtest() 检验本节开头给出的上证指数收益率数据是否服从正态分布。

实现本例的 MATLAB 代码如下:

```
function Li3_10()
%%这个函数实现了例3.10中上证指数收益率数据的Jarque-Bera检验
%%%%%%%%%%%%%%%%%%%%%%%%%%%%%%%%%%%%%%%%%%%
load('上证指数收益率.mat'); %%导入数据,上证指数收益率数据保存在变量SHR中
a=0.05                     %%显著性水平
[h,p]=jbtest(SHR,a)        %%Jarque-Bera检验
                           %%原假设H0：样本数据来自标准正态总体
%%输出参数：h--逻辑变量，h=1代表拒绝原假设，h=0代表接受原假设
%%          p--概率值,可以理解为能拒绝原假设的最小显著性水平
end
```

计算结果为 $h = 1, p \leqslant 0.001$, 因此拒绝原假设, 即认为上证指数收益率数据不服从正态分布。

3.3 独立性检验

3.3.1 引例

例 3.11　为了调查吸烟是否对患肺癌有影响, 某肿瘤研究所随机调查了 9965 人, 得到如下结果（单位: 人）, 如表 3.6 所示。

表 3.6　吸烟与患肺癌人数统计

	没患肺癌	患肺癌	合计
不吸烟	7775	42	7817
吸烟	2099	49	2148
合计	9874	91	9965

试问吸烟是否对患肺癌有影响。

为了便于分析, 记

$$A_1 = \text{"不吸烟"}, \qquad A_2 = \text{"吸烟"}$$

$$B_1 = \text{"没患肺癌"}, \qquad B_2 = \text{"患肺癌"}$$

$$p_{i\cdot} = P(A_i), \qquad p_{\cdot j} = P(B_j), \qquad p_{ij} = P(A_i B_j), \qquad i, j = 1, 2$$

同时把表 3.6 中的数字换成字母变量, 得到列联表 3.7。

表 3.7　列联表

	B_1	B_2	合计
A_1	n_{11}	n_{12}	$n_{1\cdot}$
A_2	n_{21}	n_{22}	$n_{2\cdot}$
合计	$n_{\cdot 1}$	$n_{\cdot 2}$	n

检验吸烟是否对患肺癌有影响就是要检验事件 A_i 与 B_j 的独立性, 即检验原假设

$$H_0: \quad 事件 A_i 与 B_j 独立, \quad i,j = 1,2 \tag{3.58}$$

如果原假设 H_0 成立, 则应有

$$p_{ij} = p_{i\cdot}p_{\cdot j}, \qquad i,j = 1,2 \tag{3.59}$$

但题目没有告诉我们 $p_{ij}, p_{i\cdot}, p_{\cdot j}$ 的值, 因此无法直接验证这些等式是否成立. 好在题目给出了这些事件发生的频数, 可以计算出它们发生的频率为

$$\widehat{p}_{ij} = \frac{n_{ij}}{n}, \qquad \widehat{p}_{i\cdot} = \frac{n_{i\cdot}}{n}, \qquad \widehat{p}_{\cdot j} = \frac{n_{\cdot j}}{n}, \qquad i,j = 1,2 \tag{3.60}$$

当 n 足够大时有

$$\widehat{p}_{ij} \approx p_{ij}, \qquad \widehat{p}_{i\cdot} \approx p_{i\cdot}, \qquad \widehat{p}_{\cdot j} \approx p_{\cdot j} \tag{3.61}$$

从而当原假设 H_0 成立时有

$$\widehat{p}_{ij} \approx \widehat{p}_{i\cdot}\widehat{p}_{\cdot j} \tag{3.62}$$

于是仿照 Pearson 拟合优度检验, 构造下列统计量

$$K^2 := n \sum_{i=1}^{2} \sum_{j=1}^{2} \frac{(\widehat{p}_{ij} - \widehat{p}_{i\cdot}\widehat{p}_{\cdot j})^2}{\widehat{p}_{i\cdot}\widehat{p}_{\cdot j}} = \sum_{i=1}^{2} \sum_{j=1}^{2} \frac{(n_{ij} - e_{ij})^2}{e_{ij}} \tag{3.63}$$

其中

$$e_{ij} = n\widehat{p}_{i\cdot}\widehat{p}_{\cdot j} = \frac{n_{i\cdot}n_{\cdot j}}{n}, \qquad i,j = 1,2 \tag{3.64}$$

为**期望频数**. 可以证明, 当样本容量 $n \to \infty$ 时, 统计量 K^2 的极限分布是自由度为 $\nu = (2-1) \times (2-1) = 1$ 的卡方分布 $\chi^2(1)$, 因此当 n 足够大时, 可以用卡方分布检验原假设 H_0.

利用 MATLAB 计算得到 $K^2 = 56.6319$, 取显著性水平为 $\alpha = 0.05$, 计算得到自由度为 1 的卡方分布的分位点为 $K_\alpha = 3.8415$, 由于 $K^2 > K_\alpha$, 因此拒绝原假设 H_0, 即认为吸烟对患肺癌有影响.

下面是实现计算的 MATLAB 代码:

```
function contingencyTable2x2(CT)
%%这个函数处理2×2的列联表，检验两个离散变量的独立性，原理见3.3.1节
%%输入变量：CT--2×2的矩阵，即列联表
%%%%%%%%%%%%%%%%%%%%%%%%%%%%%%%%%%%%%%%%%%%
n=sum(sum(CT));                    %%样本容量
PT=CT/n;                           %%概率列联表
pr=sum(PT,2);                      %%行和
pc=sum(PT,1);                      %%列和
```

```
PE=pr*pc;
K2=n*sum(sum((PT-PE).^2./PE))          %%卡方统计量
a=0.05                                  %%显著性水平
Ka=chi2inv(1-a,(2-1)*(2-1))            %%计算卡方分布的分位点
end
```

3.3.2　列联表分析

设研究对象包含 n 个个体，现在按照两种属性对这些个体进行分类，按照属性 A 可将这些个体分成 r 类：$A_1, A_2, \cdots, A_r$，按照属性 B 可将这些个体分成 c 类：$B_1, B_2, \cdots, B_c$，设同属于 A_i 和 B_j 的个体数目为 n_{ij}，则可以得到表 3.8。

表 3.8　列联表

		特性 B						合计
		B_1	B_2	$\cdots$	B_j	$\cdots$	B_c	
	A_1	n_{11}	n_{12}	$\cdots$	n_{1j}	$\cdots$	n_{1c}	$n_1.$
	A_2	n_{21}	n_{22}	$\cdots$	n_{2j}	$\cdots$	n_{2p}	$n_2.$
特性 A	$\vdots$	$\vdots$	$\vdots$		$\vdots$		$\vdots$	$\vdots$
	A_i	n_{i1}	n_{i2}	$\cdots$	n_{ij}	$\cdots$	n_{ip}	$n_i.$
	$\vdots$	$\vdots$	$\vdots$		$\vdots$		$\vdots$	$\vdots$
	A_r	n_{r1}	n_{r2}	$\cdots$	n_{rj}	$\cdots$	n_{rp}	$n_r.$
合计		$n._1$	$n._2$	$\cdots$	$n._j$	$\cdots$	$n._c$	n

表 3.8 称为 $r \times c$ 的**列联表 (contingency table)**。这种列联表通常用于分析某事物的两种属性之间的关联性、两个事件或两个在有限集上取值的随机变量之间的独立性等。

为了判断属性 A 对属性 B 是否有影响，我们提出下列原假设：

$$H_0: \text{事件} A_i \text{与} B_j \text{独立}, \quad i = 1, 2, \cdots, r, \quad j = 1, 2, \cdots, c \tag{3.65}$$

与 3.3.1 节一样，令

$$p_{ij} = P(A_i B_j), \qquad p_i. = P(A_i), \qquad p._j = P(B_j)$$

$$\widehat{p}_{ij} = \frac{n_{ij}}{n}, \qquad \widehat{p}_i. = \frac{n_i.}{n}, \qquad \widehat{p}._j = \frac{n._j}{n}$$

则当 n 足够大时有

$$\widehat{p}_{ij} \approx p_{ij}, \qquad \widehat{p}_i. \approx p_i., \qquad \widehat{p}._j \approx p._j$$

如果原假设 H_0 成立，则必有 $p_{ij} = p_i. p._j$，从而有

$$\widehat{p}_{ij} \approx \widehat{p}_i. \widehat{p}._j \tag{3.66}$$

于是仿照 Pearson 拟合优度检验, 构造下列统计量

$$K^2 := n \sum_{i=1}^{r} \sum_{j=1}^{c} \frac{(\widehat{p}_{ij} - \widehat{p}_{i\cdot}\widehat{p}_{\cdot j})^2}{\widehat{p}_{i\cdot}\widehat{p}_{\cdot j}} = \sum_{i=1}^{r} \sum_{j=1}^{c} \frac{(n_{ij} - e_{ij})^2}{e_{ij}} \tag{3.67}$$

其中 $e_{ij} = n\widehat{p}_{i\cdot}\widehat{p}_{\cdot j}$ 是期望频数。

可以证明, 当样本容量 $n \to \infty$ 时, 统计量 K^2 的极限分布是自由度为 $\nu = (r-1) \times (c-1)$ 的卡方分布 $\chi^2((r-1)(c-1))$, 因此当 n 足够大时, 可以用卡方分布检验原假设 H_0。

例 3.12　表 3.9 是美国 2008—2011 年每 10 万人的犯罪人数统计情况, 其中 A, B, C, D 代表 4 种不同的犯罪类型。试问年份对不同类型的犯罪率是否有影响。

表 3.9　美国 2008—2011 年每 10 万人犯罪人数统计

年　　份	犯 罪 类 型				合　　计
	A	B	C	D	
2008 年	145.7	732.1	29.7	314.7	1222.2
2009 年	133.1	717.7	29.1	259.2	1139.1
2010 年	119.3	701	27.7	239.1	1087.1
2011 年	113.7	702.2	26.8	229.6	1072.3
合计	511.8	2853	113.3	1042.6	4520.7

解　需要检验的原假设为

$$H_0: \text{ 年份对不同类型的犯罪率没有影响} \tag{3.68}$$

利用式 (3.67) 计算得到 $K^2 = 10.1279$, 取显著性水平为 $\alpha = 0.05$, 计算得到自由度为 $\nu = (4-1) \times (4-1) = 9$ 的卡方分布的分位点为 $K_\alpha = 16.9190$, 由于 $K^2 < K_\alpha$, 因此接受原假设, 即认为年份对不同类型的犯罪率没有显著影响。

下面是实现例 3.12 的卡方检验计算的 MATLAB 代码:

```
function contingencyTablerxc(CT)
%%这个函数处理r×c的列联表, 检验两个离散变量的独立性, 原理见3.3.2节
%%输入变量: CT--r×c的矩阵, 即列联表
%%%%%%%%%%%%%%%%%%%%%%%%%%%%%%%%%%%%%%
[r,c]=size(CT)                    %%列联表的行数和列数
n=sum(sum(CT));                   %%样本容量
PT=CT/n;                          %%概率列联表
pr=sum(PT,2);                     %%行和
pc=sum(PT,1);                     %%列和
PE=pr*pc;
K2=n*sum(sum((PT-PE).^2./PE))     %%卡方统计量
a=0.05                            %%显著性水平
Ka=chi2inv(1-a,(r-1)*(c-1))       %%计算自由度为(r-1)×(c-1)的
                                  %%卡方分布的分位点

end
```

需要指出的是,上面介绍的卡方检验方法只能检验两种属性是否有影响,但不能确定影响的方向和程度,如需分析影响的方向和程度,可考虑使用 Pearson 相关系数、Spearman 等级相关指数[53-55]、Kendall 的 τ-相关系数等[55-57]。

拓展阅读建议

本章介绍了拟合优度检验、正态性检验、独立性检验的方法和应用实例。这些知识是读者学习回归分析、主成分分析、判别分析、典型相关分析等后续章节的基础,也是学习大数据分析、时间序列分析、金融数据分析、机器学习等课程的基础,需要熟练掌握。关于多项分布的极限分布,传统方法是利用大数定律和中心极限定理证明,本书利用矩母函数的渐近分析给出了一种较为简洁直观的推导方法。定理 3.2 是众多非参数检验方法的基础,有多种证明方法[58],本书给出了一种与已有文献不同的简单证明方法。关于正态性检验方法,我们只详细讲了几种常用的方法,更多的方法,如 Anderson-Darling 检验[59]、Shapiro-Wilk 检验[60]、d'Agostino-Pearson 检验[61] 等,读者可以自行阅读有关文献。关于独立性检验、列联表分析、相关分析的更多知识,可参考非参数统计的教材和专著,例如国外的专著 [55, 62],国内的教材 [63-66]。

第 3 章习题

1. 设 $X = (X_1, X_2)^{\mathrm{T}}$ 是随机向量,其分量 X_1, X_2 都只能取 0 或 1,且 $X_1 + X_2 = 1$,$P\{X_1 = 1\} = p$,求协方差矩阵 $\mathrm{cov}(X, X)$。

2. (**Sylvester 公式**) 设 I_n 是 n 阶单位阵,$u, v \in \mathbb{R}^n$,证明

$$\det(I_n - uv^{\mathrm{T}}) = 1 - u^{\mathrm{T}}v \tag{3.69}$$

3. 设 $p_i \geqslant 0, i = 1, 2, \cdots, n$,且 $\sum_{i=1}^n p_i = 1$,记 $v = (\sqrt{p_1}, \sqrt{p_2}, \cdots, \sqrt{p_n})^{\mathrm{T}}$,记 $\Omega = I_n - vv^{\mathrm{T}}$,利用习题 2 的结论求 Ω 的特征值。

4. (**Hunter 引理**[67]) 如果 n 阶方阵 P 满足 $P^2 = P$,则称 P 是幂等矩阵。设 P 是实对称幂等矩阵,随机向量 $Z \sim N_n(0, P)$。

(1) 求 P 的特征值;

(2) 证明 $Z^{\mathrm{T}}Z \sim \chi^2(r)$,其中 $r = \mathrm{rank}(P)$。

5. 用黑色的无角牛与红色的有角牛做杂交实验,一共产生 360 头子二代,子二代的性状统计如表 3.10 所示,试问毛色和有无角这两种性状是否符合孟德尔遗传规律中的 $9:3:3:1$ 的遗传比例。(取显著性水平为 $\alpha = 0.05$)

表 3.10　杂交牛子二代性状统计

子二代性状	黑色无角	黑色有角	红色无角	红色有角	合计
数量	192	78	72	18	360

6. 在某实验中, 每隔一定时间观察一次放射性元素放射的 α 粒子到达粒子计数器的数量 X, 一共观察了 100 次, 实验结果统计如表 3.11 所示, 试问 X 是否服从 Poisson 分布。（取显著性水平为 $\alpha = 0.05$）

表 3.11　粒子计数器观察实验记录

粒子数量	0	1	2	3	4	5	6	7	8	9	10	11	$\geqslant 12$
次数	1	5	16	17	26	11	9	9	2	1	2	1	0

7. 在一批灯泡中随机抽取 300 只做寿命测试, 结果如表 3.12 所示。试问这批灯泡的寿命是否服从参数为 $\theta = 0.005$ 的指数分布。（取显著性水平为 $\alpha = 0.05$）

表 3.12　灯泡寿命统计表

灯泡寿命（t/h）	$0 \leqslant t \leqslant 100$	$100 < t \leqslant 200$	$200 < t \leqslant 300$	$t > 300$
数量	121	78	43	58

8. 某种鸟在起飞前, 双脚齐跳的次数 X 理论上服从几何分布

$$P\{X = x\} = p^{x-1}(1-p), \qquad x = 1, 2, \cdots \tag{3.70}$$

经过长期观察, 记录的观察数据如表 3.13 所示, 试问该数据是否支持 X 服从几何分布的假设。（取显著性水平为 $\alpha = 0.05$）

表 3.13　某种鸟起飞前双脚齐跳次数统计

双脚齐跳次数	1	2	3	4	5	6	7	8	9	10	11	12	$\geqslant 13$
观察到次数	48	31	20	9	6	5	4	2	1	1	2	1	0

9. 某次高等数学考试学生成绩的均值 $\hat{\mu} = 60$, 标准差 $\hat{\sigma} = 15$, 分布如表 3.14 所示, 请检验学生成绩是否服从正态分布。（取显著性水平为 $\alpha = 0.05$）

表 3.14　高等数学考试成绩统计

分数 x	$20 \leqslant x \leqslant 30$	$30 < x \leqslant 40$	$40 < x \leqslant 50$	$50 < x \leqslant 60$
人数	5	15	30	51
分数 x	$60 < x \leqslant 70$	$70 < x \leqslant 80$	$80 < x \leqslant 90$	$90 < x \leqslant 100$
人数	60	23	10	6

10. 从网上下载工商银行（股票代码: 601398）2018 年 1 月 1 日至 2019 年 12 月 31 日的历史价格数据, 计算日收益率, 然后用所学的几种方法检验日收益率是否服从正态分布。（取显著性水平为 $\alpha = 0.05$）

11. 考虑 2×2 的列联表（所谓的"四格表"）, 如表 3.7 所示。请证明下列恒等式

$$n \sum_{i=1}^{2} \sum_{j=1}^{2} \frac{(\hat{p}_{ij} - \hat{p}_{i\cdot}\hat{p}_{\cdot j})^2}{\hat{p}_{i\cdot}\hat{p}_{\cdot j}} = \frac{n(n_{11}n_{22} - n_{12}n_{21})^2}{n_{1\cdot}n_{2\cdot}n_{\cdot 1}n_{\cdot 2}} \tag{3.71}$$

12. 某小学六年级有 220 位同学, 根据体检结果统计这些学生患近视的情况如表 3.15 所示, 请检验性别是否对患近视有影响。（取显著性水平为 $\alpha = 0.05$）

表 3.15　某小学六年级学生患近视统计

	无 近 视	近 视	合 计
男	80	32	112
女	70	38	108
合计	150	70	220

13. 表 3.16 是某市分学历企业从业人员年收入分段统计（单位：万元）。请检验学历是否对企业从业人员的收入有影响。（取显著性水平为 $\alpha = 0.05$）

表 3.16　某市分学历企业从业人员年收入分段统计

学 历 层 次	收 入 区 间					
	2 以下	2~5	5~8	8~12	12~20	20 以上
研究生	0	0.05	0.1	0.2	0.1	0.06
大学本科	0	0.6	0.8	0.3	0.1	0.1
大学专科	0	1.2	0.8	0.2	0.06	0.04
高中、中专、技校等	0.03	3.2	1.1	0.3	0.05	0.01
初中及以下	0.3	9.3	2.1	0.4	0.04	0.01

14. 表 3.17 是我国 4 个直辖市的人口受教育程度统计（单位：万人）。请检验不同直辖市对人口受教育程度是否有影响。（取显著性水平为 $\alpha = 0.05$）

表 3.17　4 个直辖市的人口受教育程度统计

直 辖 市	受教育程度			
	大专及以上	高中（含中专）	初 中	小 学
北京市	919	385	510	230
天津市	374	246	448	224
上海市	842	473	720	297
重庆市	494	511	980	958

奇异值分解

4.1 奇异值分解定理

在线性代数中，我们学习了矩阵的特征值和特征向量的概念：设 A 是 n 阶方阵，如果对于实数 λ 存在非零向量 $v \in \mathbb{R}^n$，使得

$$Av = \lambda v$$

则称 λ 是 A 的特征值，v 是 A 的关于特征值 λ 的特征向量。

特征值和特征向量是非常重要的工具，在几乎所有领域都有应用。

但特征值只对 n 阶方阵有定义，对于行数和列数不相等的矩阵是没有定义的。例如，对于 $m \times n$ 的矩阵 A，对任意向量 $v \in \mathbb{R}^n$ 皆有 $Av \in \mathbb{R}^m$，Av 和 v 的维数都不相同，因此不可能存在实数（或复数）λ 使得 $Av = \lambda v$。

如何对一般的 $m \times n$ 矩阵定义类似于特征值的概念呢？数学家和物理学家在研究实践中提出了**奇异值**的概念，下面给出定义。

定义 4.1 设 A 是一个 $m \times n$ 的实矩阵，对于非负实数 σ，如果存在非零向量 $u \in \mathbb{R}^m$ 及 $v \in \mathbb{R}^n$ 使得

$$Av = \sigma u, \qquad A^{\mathrm{T}} u = \sigma v \tag{4.1}$$

则称 σ 是 A 的**奇异值 (singular value)**，u 和 v 分别是 A 的关于奇异值 σ 的左、右**奇异向量 (singular vector)**。

需要指出的是，同一个奇异值的左、右奇异向量并不唯一，如果 u、v 是关于奇异值 σ 的左、右奇异向量，则 cu、cv 也是关于奇异值 σ 的左、右奇异向量，即左、右奇异向量拉伸相同的倍数还是左、右奇异向量。

命题 4.1 设 A 是一个 $m \times n$ 的实矩阵, σ 是 A 的奇异值, u 和 v 分别是 A 的关于 σ 的左、右奇异向量。

i) 如果 $\sigma \neq 0$, 则一定有 $\|u\| = \|v\|$;

ii) 如果 $\sigma = 0$, 则对任意非零实数 α, β, αu 和 βv 是 A 的关于 σ 的左、右奇异向量。

证明 i) 只需要注意到

$$\sigma\|u\|^2 = u^{\mathrm{T}}(\sigma u) = u^{\mathrm{T}}Av, \qquad \sigma\|v\|^2 = (\sigma v)^{\mathrm{T}}v = (A^{\mathrm{T}}u)^{\mathrm{T}}v = u^{\mathrm{T}}Av \tag{4.2}$$

由此得到 $\sigma\|u\|^2 = \sigma\|v\|^2$, 又因为 $\sigma \neq 0$, 因此必有 $\|u\| = \|v\|$。

ii) 如果 u 和 v 分别是 A 关于奇异值 $\sigma = 0$ 的左、右奇异向量, 则有 $Av = 0, A^{\mathrm{T}}u = 0$, 由此立刻得到

$$A(\beta v) = \beta Av = 0, \qquad A^{\mathrm{T}}(\alpha u) = \alpha A^{\mathrm{T}}u = 0 \tag{4.3}$$

因此 αu 和 βv 是 A 的关于 σ 左、右奇异向量。 □

正因为左、右奇异向量具有上述性质, 以后我们总可以对奇异向量进行规范化处理, 使其具有单位长度。

如果 A 是实对称矩阵, 则 A 的特征值 γ 的绝对值 $\sigma = |\gamma|$ 就是 A 的奇异值。事实上, 如果 $\gamma \geqslant 0$ 是 A 的特征值, u 是相应的特征向量, 则

$$Au = \gamma u, \qquad A^{\mathrm{T}}u = Au = \gamma u \tag{4.4}$$

因此 γ 是 A 的奇异值, u 既是左奇异向量, 又是右奇异向量。如果 $\gamma < 0$ 是 A 的特征值, u 是相应的特征向量, 则

$$A(-u) = -\gamma u = |\gamma|u, \qquad A^{\mathrm{T}}u = Au = \gamma u = |\gamma|(-u) \tag{4.5}$$

因此 $|\gamma|$ 是 A 的奇异值, u 和 $-u$ 是相应的左、右奇异向量。

接下来要解决的是奇异值的存在性问题, 解决思路是将奇异值和特征值联系起来。令 $H = A^{\mathrm{T}}A, K = AA^{\mathrm{T}}$, 则 H 和 K 都是半正定的实对称矩阵, 这是因为如果 λ 是 H 的特征值, 相应的单位特征向量为 v, 则有

$$\lambda = \lambda\langle v, v\rangle = \langle \lambda v, v\rangle = \langle Hv, v\rangle = \langle A^{\mathrm{T}}Av, v\rangle = \langle Av, Av\rangle = \|Av\|^2 \geqslant 0 \tag{4.6}$$

因此 H 的每一个特征值都是非负的。同理可证 K 的每一个特征值都是非负的。

设 σ 是 A 的奇异值, 相应的左、右奇异向量分别为 u 和 v, 则有

$$Hv = A^{\mathrm{T}}Av = A^{\mathrm{T}}(\sigma u) = \sigma A^{\mathrm{T}}u = \sigma^2 v \tag{4.7}$$

$$Ku = AA^{\mathrm{T}}u = A(\sigma v) = \sigma Av = \sigma^2 u \tag{4.8}$$

因此 σ^2 是 H 和 K 的特征值, 相应的特征向量分别为 v 和 u。这让我们不禁猜测 H 和 K 的共有特征值的平方根就是 A 的奇异值。下面的命题断言这个猜测是正确的。

命题 4.2　设 A 是一个 $m \times n$ 的实矩阵, $H = A^\mathrm{T}A, K = AA^\mathrm{T}$, 如果 λ 是 H 和 K 的共有特征值, 则 $\sqrt{\lambda}$ 是 A 的奇异值。

证明　设 λ 是 H 和 K 的共有特征值, 往证 $\sqrt{\lambda}$ 是 A 的奇异值。

如果 $\lambda \neq 0$, 设 v 是 H 的关于特征值 λ 的特征向量, 则 $Av \neq 0$。这是因为 $v \neq 0$, 所以

$$\|Av\|^2 = \langle Av, Av \rangle = v^\mathrm{T}A^\mathrm{T}Av = v^\mathrm{T}Hv = v^\mathrm{T}\lambda v = \lambda\|v\|^2 > 0 \tag{4.9}$$

令 $u = \dfrac{1}{\sqrt{\lambda}}Av$, 则

$$Av = \sqrt{\lambda}u,$$
$$A^\mathrm{T}u = A^\mathrm{T}\left(\frac{1}{\sqrt{\lambda}}Av\right) = \frac{1}{\sqrt{\lambda}}A^\mathrm{T}Av = \frac{1}{\sqrt{\lambda}}Hv = \frac{1}{\sqrt{\lambda}}\lambda v = \sqrt{\lambda}v$$

因此 $\sqrt{\lambda}$ 是 A 的奇异值。

如果 $\lambda = 0$, 设 v 是 H 的关于特征值 0 的特征向量, u 是 K 的关于特征值 0 的特征向量, 则 $Hv = 0, Ku = 0$, 于是

$$\|Av\|^2 = \langle Av, Av \rangle = v^\mathrm{T}A^\mathrm{T}Av = v^\mathrm{T}Hv = 0, \qquad \Rightarrow \qquad Av = 0$$
$$\|A^\mathrm{T}u\|^2 = \langle A^\mathrm{T}u, A^\mathrm{T}u \rangle = u^\mathrm{T}AA^\mathrm{T}u = u^\mathrm{T}Ku = 0, \qquad \Rightarrow \qquad A^\mathrm{T}u = 0$$

因此 0 是 A 的奇异值。　□

还有一个问题需要解决, 那就是 H 和 K 有没有公共的特征值, 以及哪些特征值是公共的。

命题 4.3　设 A 是一个 $m \times n$ 的实矩阵, $H = A^\mathrm{T}A, K = AA^\mathrm{T}$, 如果 $m \leqslant n$, 则 K 的特征值都是 H 的特征值; 如果 $m \geqslant n$, 则 H 的特征值都是 K 的特征值; 而且 H 和 K 的非零特征值是共享的。

证明　我们先证明 H 和 K 的非零特征值是共享的。设 $\lambda \neq 0$ 是 K 的特征值, u 是 K 的关于特征值 λ 的特征向量, 则 $A(A^\mathrm{T}u) = Ku = \lambda u \neq 0$, 因此 $v := A^\mathrm{T}u \neq 0$, 且有

$$Hv = A^\mathrm{T}Av = A^\mathrm{T}AA^\mathrm{T}u = A^\mathrm{T}(Ku) = \lambda A^\mathrm{T}u = \lambda v \tag{4.10}$$

因此 λ 也是 H 特征值。反之, 设 $\lambda \neq 0$ 是 H 的特征值, v 是 H 的关于特征值 λ 的特征向量, 则 $A^\mathrm{T}(Av) = Hv = \lambda v \neq 0$, 因此 $u := Av \neq 0$, 且有

$$Ku = AA^\mathrm{T}Av = A(Hv) = \lambda Av = \lambda u \tag{4.11}$$

因此 λ 也是 K 的特征值。

接下来我们证明如果 $m \leqslant n$, 则 K 的零特征值也必是 H 的零特征值。如果 $\lambda = 0$ 是 K 的特征值, u 是 K 的关于特征值 0 的特征向量, 则 $Ku = 0$, 因此 $\mathrm{rank}(K) < m$, 但注意到 $\mathrm{rank}(K) = \mathrm{rank}(A) = \mathrm{rank}(H)$, 因此 $\mathrm{rank}(H) < m \leqslant n$, 从而存在非零向量 $v \in \mathbb{R}^n$, 使得 $Hv = 0$, 即 0 也是 H 的特征值。$m \geqslant n$ 的情形证明完全类似, 从略。　□

思考： 为什么会有 $\mathrm{rank}(A) = \mathrm{rank}(A^{\mathrm{T}}A)$？

解答： 我们可以这样思考这个问题, 根据定理 1.7 得

$$\mathrm{rank}(A) + \dim \mathcal{N}(A) = n = \mathrm{rank}(A^{\mathrm{T}}A) + \dim \mathcal{N}(A^{\mathrm{T}}A) \tag{4.12}$$

如果能够证明 $\mathcal{N}(A) = \mathcal{N}(A^{\mathrm{T}}A)$, 则一定有 $\mathrm{rank}(A) = \mathrm{rank}(A^{\mathrm{T}}A)$。那么如何证明 $\mathcal{N}(A) = \mathcal{N}(A^{\mathrm{T}}A)$ 呢? 如果 $Ax = 0$, 则 $A^{\mathrm{T}}Ax = 0$, 因此 $\mathcal{N}(A) \subseteq \mathcal{N}(A^{\mathrm{T}}A)$; 如果 $A^{\mathrm{T}}Ax = 0$, 则 $\|Ax\|^2 = x^{\mathrm{T}}A^{\mathrm{T}}Ax = 0$, 必有 $Ax = 0$, 从而 $\mathcal{N}(A) \supseteq \mathcal{N}(A^{\mathrm{T}}A)$。联合以上两个包含关系得 $\mathcal{N}(A) = \mathcal{N}(A^{\mathrm{T}}A)$。

综合以上讨论, 我们实际上证明了如下定理。

定理 4.1 设 A 是一个 $m \times n$ 的实矩阵, $H = A^{\mathrm{T}}A$, $K = AA^{\mathrm{T}}$, 如果 $m \leqslant n$, 则 K 特征值也是 H 和 K 共有的特征值; 如果 $m \geqslant n$, 则 H 特征值也是 H 和 K 共有的特征值; 且这些公共特征值的平方根是 A 的全部奇异值。

下面我们给出本节最重要的一个定理。

定理 4.2 (奇异值分解定理) 设 A 是一个 $m \times n$ 的实矩阵, $\mathrm{rank}(A) = r$, 则存在一个 m 阶的正交方阵 U 和一个 n 阶的正交方阵 V, 使得

$$A = U \begin{pmatrix} \Sigma_r & 0 \\ 0 & 0 \end{pmatrix} V^{\mathrm{T}}, \qquad \text{其中,} \qquad \Sigma_r = \begin{pmatrix} \sigma_1 & 0 & \cdots & 0 \\ 0 & \sigma_2 & \cdots & 0 \\ \vdots & \vdots & \ddots & \vdots \\ 0 & 0 & \cdots & \sigma_r \end{pmatrix} \tag{4.13}$$

$\sigma_1, \sigma_2, \cdots, \sigma_r$ 是 A 的非零奇异值。

证明 设 $H = A^{\mathrm{T}}A$, $K = AA^{\mathrm{T}}$, A 的非零奇异值是 $\sigma_1, \sigma_2, \cdots, \sigma_r$, 根据定理 4.1, H 和 K 的非零特征值是 $\lambda_i = \sigma_i^2$, $i = 1, 2, \cdots, r$, 因此存在特征分解

$$K = \sum_{i=1}^{r} \lambda_i u_i u_i^{\mathrm{T}} \tag{4.14}$$

其中 $\{u_1, u_2, \cdots, u_m\}$ 是 K 的单位正交特征向量组。记 $v_i = \dfrac{1}{\sigma_i} A^{\mathrm{T}} u_i$, $i = 1, 2, \cdots, r$, 则

$$\langle v_i, v_j \rangle = \frac{1}{\sigma_i \sigma_j} \langle A^{\mathrm{T}} u_i, A^{\mathrm{T}} u_j \rangle = \frac{1}{\sigma_i \sigma_j} u_i^{\mathrm{T}} AA^{\mathrm{T}} u_j = \frac{1}{\sigma_i \sigma_j} u_i^{\mathrm{T}} K u_j$$

$$= \frac{\sigma_j}{\sigma_i} u_i^{\mathrm{T}} u_j = \delta_{ij} \tag{4.15}$$

$$Hv_i = \frac{1}{\sigma_i} A^{\mathrm{T}} AA^{\mathrm{T}} u_i = \frac{1}{\sigma_i} A^{\mathrm{T}} K u_i = \frac{\lambda_i}{\sigma_i} A^{\mathrm{T}} u_i = \lambda_i v_i \tag{4.16}$$

因此 v_i 是 H 的关于特征值 λ_i 的特征向量, $\{v_1, v_2, \cdots, v_r\}$ 是 H 的单位正交特征向量组, 将其扩充为 $\mathbb{R}^n$ 的规范正交基 $\{v_1, \cdots, v_r, \cdots, v_n\}$, 则向量 $v_{r+1}, \cdots, v_n$ 必然是 H 的属于特征值 0 的特征向量 (参考本章习题 1), 于是 $Hv_i = 0$, $i = r+1, \cdots, n$, 继而得到

$$\|Av_i\|^2 = v_i^{\mathrm{T}} A^{\mathrm{T}} A v_i = v_i^{\mathrm{T}} H v_i = 0, \qquad \Rightarrow \qquad Av_i = 0, \quad i = r+1, \cdots, n \tag{4.17}$$

现在令

$$U = (u_1, u_2, \cdots, u_m), \qquad V = (v_1, v_2, \cdots, v_n) \tag{4.18}$$

则 U 和 V 分别是 m 阶和 n 阶的正交矩阵, 且

$$U \begin{pmatrix} \Sigma_r & 0_{r \times (n-r)} \\ 0_{(m-r) \times r} & 0_{(m-r) \times (n-r)} \end{pmatrix} V^{\mathrm{T}} = \sum_{i=1}^{r} \sigma_i u_i v_i^{\mathrm{T}} \tag{4.19}$$

接下来只需要证明 $A = \sum\limits_{i=1}^{r} \sigma_i u_i v_i^{\mathrm{T}}$ 即可。注意到 V 是正交矩阵, 因此

$$\sum_{i=1}^{n} v_i v_i^{\mathrm{T}} = VV^{\mathrm{T}} = I \tag{4.20}$$

从而有

$$\sum_{i=1}^{r} \sigma_i u_i v_i^{\mathrm{T}} = \sum_{i=1}^{n} A v_i v_i^{\mathrm{T}} \qquad (\text{因为 } A v_i = 0, i = r+1, \cdots, n)$$

$$= A \sum_{i=1}^{n} v_i v_i^{\mathrm{T}} = AI = A \tag{4.21} \quad \square$$

从证明过程可以看出, 奇异值分解公式也可以表示为

$$A = \sum_{i=1}^{r} \sigma_i u_i v_i^{\mathrm{T}} \tag{4.22}$$

其中 $\sigma_1, \sigma_2, \cdots, \sigma_r$ 是 A 的非零奇异值, u_i 和 v_i 分别是关于 σ_i 的左、右奇异向量, 且 $\{u_1, u_2, \cdots, u_r\}$ 和 $\{v_1, v_2, \cdots, v_r\}$ 是规范正交向量组。公式 (4.22) 也可以为

$$A = U_0 \Sigma_r V_0^{\mathrm{T}} \tag{4.23}$$

其中 $U_0 = (u_1, u_2, \cdots, u_r)$ 是由 r 个非零奇异值对应的左奇异向量作为列而构成的 $m \times r$ 矩阵, $V_0 = (v_1, v_2, \cdots, v_r)$ 是由 r 个非零奇异值对应的右奇异向量作为列而构成的 $n \times r$ 矩阵。式 (4.23) 称为**精简型的奇异值分解公式**。

在奇异值分解式 (4.22) 中, 每一个 $B_i := u_i v_i^{\mathrm{T}}$ 都是与 A 同型的矩阵, 因此这个公式本质上是将 A 分解为 $B_1, B_2, \cdots, B_r$ 的线性叠加。我们把由所有 $m \times n$ 的实矩阵组成的向量空间记作 $\mathbb{R}^{m \times n}$, 在其上定义 **Frobenius** 内积为

$$\langle A, B \rangle_F = \mathrm{tr}(A^{\mathrm{T}} B) = \sum_{i=1}^{m} \sum_{j=1}^{n} a_{ij} b_{ij}$$

$$A = (a_{ij})_{m \times n}, B = (b_{ij})_{m \times n} \in \mathbb{R}^{m \times n} \tag{4.24}$$

由 Frobenius 内积诱导的范数为

$$\|A\|_F = \sqrt{\langle A, A \rangle} = \sqrt{\sum_{i=1}^{m} \sum_{j=1}^{n} a_{ij}^2} \tag{4.25}$$

称为 **Frobenius 范数**。在 Frobenius 内积的意义下, $B_1, B_2, \cdots, B_r$ 是一个规范正交组。事实上

$$\begin{aligned}
\langle B_i, B_j \rangle_F &= \mathrm{tr}(B_i^{\mathrm{T}} B_j) = \mathrm{tr}(v_i u_i^{\mathrm{T}} u_j v_j^{\mathrm{T}}) \\
&= \delta_{ij} \mathrm{tr}(v_i v_j^{\mathrm{T}}) \\
&= \delta_{ij} \mathrm{tr}(v_j^{\mathrm{T}} v_i) \\
&= \delta_{ij}
\end{aligned} \tag{4.26}$$

其中倒数第 2 个等号用到了矩阵的迹的一个性质: $\mathrm{tr}(AB) = \mathrm{tr}(BA)$, 前提是 AB 和 BA 皆有意义。

利用 $B_1, B_2, \cdots, B_r$ 的规范正交性得到

$$\|A\|_F^2 = \left\langle \sum_{i=1}^{r} \sigma_i B_i, \sum_{i=1}^{r} \sigma_i B_i \right\rangle = \sum_{i=1}^{r} \sigma_i^2 \tag{4.27}$$

4.2 几何解释

本节讨论奇异值和奇异向量的几何意义。

设 A 是一个 $m \times n$ 的矩阵, 我们也可以把它看作一个从 $\mathbb{R}^n$ 到 $\mathbb{R}^m$ 的线性变换。设 S_n 为 $\mathbb{R}^n$ 中的单位球面, 即

$$S_n := \{x \in \mathbb{R}^n : \|x\| = 1\} \tag{4.28}$$

则 S_n 在线性变换 A 下的像为

$$E := \{Ax : x \in S_n\} = \{Ax : x \in \mathbb{R}^n, \|x\| = 1\} \tag{4.29}$$

它是 $\mathbb{R}^m$ 中一个类似椭球面的超曲面, 称为超椭球面, 它有主轴, 如长轴、短轴等。如何确定这个超椭球面的长轴的方向呢? 可以考虑下列带约束条件的最大值问题:

$$\begin{cases} \max\limits_{x \in \mathbb{R}^n} \|Ax\|^2 \\ \text{subject to } \|x\|^2 = 1 \end{cases} \tag{4.30}$$

为了求解这个问题, 构造如下 Lagrange 函数:

$$L(x, \lambda) = \|Ax\|^2 - \lambda(\|x\|^2 - 1) = x^{\mathrm{T}} H x - \lambda(x^{\mathrm{T}} x - 1) \tag{4.31}$$

其中 $H = A^{\mathrm{T}} A$ 是一个实对称矩阵。求 L 对 x 的偏导数涉及形如 $Q(x) = x^{\mathrm{T}} B x$ 的二次型的求导, 我们给出一个一般性的引理:

引理 **4.1**　设 B 是一个 $n \times n$ 的实矩阵, $Q(x) = x^{\mathrm{T}} B x$, $x = (x_1, x_2, \cdots, x_n)^{\mathrm{T}}$, 记 $\partial Q / \partial x = (\partial Q / \partial x_1, \partial Q / \partial x_2, \cdots, \partial Q / \partial x_n)^{\mathrm{T}}$, 则有

$$\frac{\partial Q}{\partial x} = B^{\mathrm{T}} x + B x \tag{4.32}$$

如果 B 还是对称的, 则有

$$\frac{\partial Q}{\partial x} = 2 B x \tag{4.33}$$

证明　设 $B = (b_{ij})_{n \times n}$, 则有

$$Q(x) = \sum_{i=1}^{n} \sum_{j=1}^{n} b_{ij} x_i x_j \tag{4.34}$$

于是

$$\frac{\partial Q}{\partial x_k} = \sum_{i \neq k} b_{ik} x_i + 2 b_{kk} x_k + \sum_{j \neq k} b_{kj} x_j = \sum_{i=1}^{n} b_{ik} x_i + \sum_{j=1}^{n} b_{kj} x_j$$

$$= (B^{\mathrm{T}} x)_k + (B x)_k \tag{4.35}$$

其中 $(B^{\mathrm{T}} x)_k$ 表示向量 $B^{\mathrm{T}} x$ 的第 k 个分量, $(B x)_k$ 表示向量 $B x$ 的第 k 个分量。由式 (4.35) 立即推出引理 4.1 的结论。　□

利用引理 4.1 可得 $L(x, \lambda)$ 的偏导数为

$$\frac{\partial L}{\partial x} = 2 H x - 2 \lambda x, \qquad \frac{\partial L}{\partial \lambda} = 1 - \|x\|^2 \tag{4.36}$$

因此 x 是 $L(x, \lambda)$ 的极值点的必要条件是它同时满足下列两个方程:

$$H x = \lambda x, \qquad \|x\| = 1 \tag{4.37}$$

这说明 $L(x, \lambda)$ 的每一个极值点都必须是实对称矩阵 H 的单位特征向量。设 $\sigma_1^2 \geqslant \sigma_2^2 \geqslant \cdots \geqslant \sigma_n^2$ 是 H 的全部特征值, $v_1, v_2, \cdots, v_n$ 是相应的单位特征向量, 则有

$$\|A v_i\|^2 = v_i^{\mathrm{T}} A^{\mathrm{T}} A v_i = v_i^{\mathrm{T}} H v_i = \sigma_i^2, \qquad i = 1, 2, \cdots, n \tag{4.38}$$

因此在约束条件 $\|x\| = 1$ 下, $\|A x\|$ 的最大值是 σ_1, 即 H 的最大特征值的平方根, 根据定理 4.1, σ_1 就是 A 的最大奇异值。令 $u_1 = \dfrac{1}{\sigma_1} A v_1$, 则 u_1 和 v_1 分别是 A 关于奇异值 σ_1 的左、右奇异向量。同理, σ_2 是 A 的第二大奇异值, $u_2 = \dfrac{1}{\sigma_2} A v_2$ 及 v_2 分别是 A 的关于奇异值 σ_2 的左、右奇异向量, 其余以此类推。

从几何上来看, A 的最大奇异值 σ_1 是式 (4.29) 定义的超椭球面 E 的最长轴的半轴长度, A 的关于 σ_1 的左奇异向量 u_1 是 E 的最长轴的方向; A 的第二大奇异值 σ_2 是超椭球

面 E 的第二长轴的半轴长度, A 的关于 σ_2 的左奇异向量 u_2 是 E 的第二长轴的方向; 其余以此类推。设 σ_r 是 A 的最小的正奇异值, 则它就是超椭球面 E 的最短轴的半轴长度, 相应的左奇异向量 u_r 是 E 的最短轴的方向。

我们把以上结论归纳成如下定理。

定理 4.3 设 A 是一个 $m \times n$ 的实矩阵, E 是由式 (4.29) 定义的超椭球面, $\sigma_1 \geqslant \sigma_2 \geqslant \cdots \geqslant \sigma_r > 0$ 是 A 的所有非零奇异值, $u_i, v_i, i = 1, 2, \cdots, r$ 是相应的左、右奇异向量, 则 σ_1 是超椭球面 E 的最长轴的半轴长度, u_1 是最长轴的方向; σ_2 是超椭球面 E 的第二长轴的半轴长度, u_2 是第二长轴的方向; 以此类推; σ_r 是超椭球面 E 的最短轴的半轴长度, u_r 是最短轴的方向。

4.3 应 用

奇异值分解在大数据分析、图像处理、机器学习、计算机视觉等领域有广泛的应用, 本节介绍两个最基础的应用, 矩阵的低秩逼近和超定线性方程组的解, 它们是奇异值分解其他应用的基础, 在多元回归分析、主成分分析、线性判别分析、典型相关分析等多元数据分析方法中均有应用。

4.3.1 矩阵的低秩逼近和数据压缩

奇异值分解的第一个常见应用就是矩阵的低秩逼近。设 A 是一个 $m \times n$ 的矩阵, $\sigma_1 \geqslant \sigma_2 \geqslant \cdots \geqslant \sigma_r$ 是 A 的非零奇异值, 则式 (4.22) 成立, 由于排在后面的奇异值非常小, 因此可取这个展开式的前 k $(k < r)$ 项之和作为矩阵 A 的逼近:

$$A^{(k)} := \sum_{i=1}^{k} \sigma_i u_i v_i^{\mathrm{T}} \tag{4.39}$$

矩阵 $A^{(k)}$ 的秩为 k, 比 A 的秩 r 低, 因此称 $A^{(k)}$ 为 A 的**低秩逼近 (low rank approximation)**。用 $A^{(k)}$ 逼近 A 的误差可以用 $A - A^{(k)}$ 的 Frobenius 范数度量, 利用式 (4.22)、式 (4.26) 和式 (4.27) 可得

$$\|A - A^{(k)}\|_F^2 = \left\| \sum_{i=k+1}^{r} \sigma_i u_i v_i^{\mathrm{T}} \right\|_F^2 = \sum_{i=k+1}^{r} \sigma_i^2 \tag{4.40}$$

当 $\sigma_{k+1}, \sigma_{k+2}, \cdots, \sigma_r$ 很小时, 这个误差可以忽略。不仅如此, $A^{(k)}$ 还是所有秩不超过 k 的 $m \times n$ 矩阵中与 A 最接近的一个, 这就是下列定理。

定理 4.4 (Schmidt-Mirsky 定理) 设 A 是一个 $m \times n$ 的实矩阵, $\sigma_1 \geqslant \sigma_2 \geqslant \cdots \geqslant \sigma_n$ 是 A 的所有奇异值, $A^{(k)}$ 由式 (4.39) 定义, 则有

$$\|A - A^{(k)}\|_F \leqslant \|A - B\|_F, \qquad \forall B = (b_{ij})_{m \times n}, \ \mathrm{rank}(B) \leqslant k \tag{4.41}$$

证明定理 4.4 需要用到以下几个引理。

引理 4.2 (Bessel 不等式)　设 $v_1, v_2, \cdots, v_k$ 是 $\mathbb{R}^n$ 中的规范正交组, $x \in \mathbb{R}^n$, 则有

$$\sum_{i=1}^{k} |\langle x, v_i \rangle|^2 \leqslant \|x\|^2 \tag{4.42}$$

证明　注意到

$$0 \leqslant \left\| x - \sum_{i=1}^{k} \langle x, v_i \rangle v_i \right\|^2 = \left\langle x - \sum_{i=1}^{k} \langle x, v_i \rangle v_i, x - \sum_{i=1}^{k} \langle x, v_i \rangle v_i \right\rangle$$

$$= \|x\|^2 - \sum_{i=1}^{k} |\langle x, v_i \rangle|^2 \tag{4.43}$$

移项后立刻得到要证明的不等式。　□

引理 4.3 (Abel 变换)　设 $\{a_i\}, \{b_i\}$ 是数列, 则有

$$\sum_{i=1}^{n} a_i b_i = \sum_{i=1}^{n-1} (a_i - a_{i+1}) \sum_{l=1}^{i} b_l + a_n \sum_{l=1}^{n} b_l \tag{4.44}$$

证明　记 $B_i = \sum_{l=1}^{i} b_i, i = 1, 2, \cdots, n$, 则有

$$\sum_{i=1}^{n} a_i b_i = a_1 B_1 + \sum_{i=1}^{n-1} a_{i+1} (B_{i+1} - B_i) \tag{4.45}$$

再注意到

$$a_{i+1} B_{i+1} - a_i B_i = a_{i+1} (B_{i+1} - B_i) + (a_{i+1} - a_i) B_i \tag{4.46}$$

因此

$$a_n B_n - a_1 B_1 = \sum_{i=1}^{n-1} (a_{i+1} B_{i+1} - a_i B_i) = \sum_{i=1}^{n-1} a_{i+1} (B_{i+1} - B_i) + \sum_{i=1}^{n-1} (a_{i+1} - a_i) B_i \tag{4.47}$$

由式 (4.47) 得到

$$\sum_{i=1}^{n-1} a_{i+1} (B_{i+1} - B_i) = a_n B_n - a_1 B_1 - \sum_{i=1}^{n-1} (a_{i+1} - a_i) B_i \tag{4.48}$$

将式 (4.48) 代入式 (4.45) 得

$$\sum_{i=1}^{n} a_i b_i = a_n B_n - \sum_{i=1}^{n-1} (a_{i+1} - a_i) B_i \tag{4.49}$$

这就是式 (4.44)。　□

引理 4.4 (von Neumann 迹不等式)　设 A 和 B 都是 $m \times n$ 的实矩阵, $m \geqslant n$, A 和 B 的奇异值分解为

$$A = \sum_{i=1}^{n} \sigma_i(A) u_i v_i^{\mathrm{T}}, \qquad B = \sum_{i=1}^{n} \sigma_i(B) x_i y_i^{\mathrm{T}} \tag{4.50}$$

其中 $\sigma_1(A) \geqslant \sigma_2(A) \geqslant \cdots \geqslant \sigma_n(A)$ 是 A 的奇异值, $\sigma_1(B) \geqslant \sigma_2(B) \geqslant \cdots \geqslant \sigma_n(B)$ 是 B 的奇异值, u_i, v_i, x_i, y_i 是相应的奇异向量, 则有

$$|\langle A, B \rangle_F| \leqslant \sum_{i=1}^{n} \sigma_i(A) \sigma_i(B) \tag{4.51}$$

证明　首先由引理 4.3 得

$$A = \sum_{i=1}^{n} \sigma_i(A) u_i v_i^{\mathrm{T}} = \sum_{i=1}^{n-1} (\sigma_i(A) - \sigma_{i+1}(A)) \sum_{l=1}^{i} u_l v_l^{\mathrm{T}} + \sigma_n(A) \sum_{l=1}^{n} u_l v_l^{\mathrm{T}} \tag{4.52}$$

$$B = \sum_{i=1}^{n} \sigma_i(B) x_i y_i^{\mathrm{T}} = \sum_{i=1}^{n-1} (\sigma_i(B) - \sigma_{i+1}(B)) \sum_{l=1}^{i} x_l y_l^{\mathrm{T}} + \sigma_n(B) \sum_{l=1}^{n} x_l y_l^{\mathrm{T}} \tag{4.53}$$

记

$$\alpha_i = \sigma_i(A) - \sigma_{i+1}(A), \qquad i = 1, 2, \cdots, n-1, \qquad \alpha_n = \sigma_n(A) \tag{4.54}$$

$$\beta_i = \sigma_i(B) - \sigma_{i+1}(B), \qquad i = 1, 2, \cdots, n-1, \qquad \beta_n = \sigma_n(B) \tag{4.55}$$

$$A_i = \sum_{l=1}^{i} u_l v_l^{\mathrm{T}}, \qquad B_i = \sum_{l=1}^{i} x_l y_l^{\mathrm{T}}, \qquad i = 1, 2, \cdots, n \tag{4.56}$$

$$\Sigma_A = \begin{pmatrix} \sigma_1(A) & 0 & \cdots & 0 \\ 0 & \sigma_2(A) & \cdots & 0 \\ \vdots & \vdots & \ddots & \vdots \\ 0 & 0 & \cdots & \sigma_n(A) \end{pmatrix}, \quad \Sigma_B = \begin{pmatrix} \sigma_1(B) & 0 & \cdots & 0 \\ 0 & \sigma_2(B) & \cdots & 0 \\ \vdots & \vdots & \ddots & \vdots \\ 0 & 0 & \cdots & \sigma_n(B) \end{pmatrix} \tag{4.57}$$

$$P_k = \begin{pmatrix} I_k & 0_{k \times (n-k)} \\ 0_{(n-k) \times k} & 0_{(n-k) \times (n-k)} \end{pmatrix}, \qquad k = 1, 2, \cdots, n \tag{4.58}$$

则

$$A = \sum_{i=1}^{n} \alpha_i A_i, \qquad B = \sum_{i=1}^{n} \beta_i B_i \tag{4.59}$$

$$\langle A, B \rangle_F = \mathrm{tr}(A^{\mathrm{T}} B) = \mathrm{tr} \left(\sum_{i=1}^{n} \sum_{j=1}^{n} \alpha_i \beta_j A_i^{\mathrm{T}} B_j \right)$$

$$= \sum_{i=1}^{n} \sum_{j=1}^{n} \alpha_i \beta_j \mathrm{tr}(A_i^{\mathrm{T}} B_j) \tag{4.60}$$

$$\sum_{i=1}^{n} \sigma_i(A) \sigma_i(B) = \mathrm{tr}(\Sigma_A \Sigma_B) = \mathrm{tr}\left(\left(\sum_{i=1}^{n} \alpha_i P_i\right)\left(\sum_{j=1}^{n} \beta_j P_j\right)\right)$$

$$= \sum_{i=1}^{n} \sum_{j=1}^{n} \alpha_i \beta_j \mathrm{tr}(P_i P_j)$$

$$= \sum_{i=1}^{n} \sum_{j=1}^{n} \alpha_i \beta_j \min\{i,j\} \tag{4.61}$$

根据式 (4.60)、式 (4.61) 及绝对值不等式, 只需要证明下列不等式就够了:

$$|\mathrm{tr}(A_i^{\mathrm{T}} B_j)| \leqslant \min\{i,j\}, \qquad \forall i,j = 1,2,\cdots,n \tag{4.62}$$

下面证明不等式 (4.62)。不失一般性, 可设 $i \leqslant j$, 则有

$$|\mathrm{tr}(A_i^{\mathrm{T}} B_j)| = \left| \mathrm{tr}\left(\left(\sum_{k=1}^{i} v_k u_k^{\mathrm{T}}\right)\left(\sum_{l=1}^{j} x_l y_l^{\mathrm{T}}\right)\right) \right|$$

$$= \left| \mathrm{tr}\left(\sum_{k=1}^{i} \sum_{l=1}^{j} v_k u_k^{\mathrm{T}} x_l y_l^{\mathrm{T}}\right) \right|$$

$$= \left| \sum_{k=1}^{i} \sum_{l=1}^{j} \mathrm{tr}(v_k u_k^{\mathrm{T}} x_l y_l^{\mathrm{T}}) \right|$$

$$= \left| \sum_{k=1}^{i} \sum_{l=1}^{j} \langle u_k, x_l \rangle \langle v_k, y_l \rangle \right|$$

$$\leqslant \sum_{k=1}^{i} \sum_{l=1}^{j} |\langle u_k, x_l \rangle| |\langle v_k, y_l \rangle|$$

$$\leqslant \sum_{k=1}^{i} \left(\sum_{l=1}^{j} |\langle u_k, x_l \rangle|^2\right)^{1/2} \left(\sum_{l=1}^{j} |\langle v_k, y_l \rangle|^2\right)^{1/2}$$

$$\leqslant \sum_{k=1}^{i} \|u_k\| \cdot \|v_k\|$$

$$= i \tag{4.63}$$

其中第二个不等式用了 Cauchy 不等式, 第三个不等式用了 Bessel 不等式。 □

现在可以证明定理 4.4 了。

定理 4.4 的证明: 对于任意秩不超过 k 的 $m \times n$ 实矩阵 B, 设其奇异值为 $\sigma_1(B) \geqslant \sigma_2(B) \geqslant \cdots \geqslant \sigma_n(B)$, 则排在后面的 $n - k$ 个奇异值必为 0, 根据引理 4.4 得

$$\|A - B\|_F^2 = \langle A - B, A - B \rangle_F = \|A\|_F^2 - 2\langle A, B \rangle_F + \|B\|_F^2$$

$$\geqslant \|A\|_F^2 - 2\sum_{i=1}^{n} \sigma_i(A)\sigma_i(B) + \|B\|_F^2$$

$$= \sum_{i=1}^{n} \sigma_i^2(A) - 2\sum_{i=1}^{n} \sigma_i(A)\sigma_i(B) + \sum_{i=1}^{n} \sigma_i^2(B)$$

$$= \sum_{i=1}^{n} (\sigma_i(A) - \sigma_i(B))^2$$

$$= \sum_{i=1}^{k} (\sigma_i(A) - \sigma_i(B))^2 + \sum_{i=k+1}^{n} \sigma_i^2(A)$$

$$\geqslant \sum_{i=k+1}^{n} \sigma_i^2(A) = \|A - A^{(k)}\|_F^2 \tag{4.64} \quad \square$$

可以利用矩阵的低秩逼近做数据压缩, 如图 4.1 那样的灰度图像, 实际上就是一个 $512\times$ 512 的矩阵 I, 每个元素 $I_{i,j}$ 记录了相应位置的亮度值, 称为像素值, 取 $0 \sim 1$ 之间的实数, 像素值越大, 代表这一点越亮; 像素值越小, 代表这一点越暗。当然, 实际存储时需要对像素值进行量化, 将其转化为 $0 \sim 255$ 之间的 8 位二进制整数。现阶段我们把图像 I 看成一个 512×512 的实矩阵没有问题。图像各像素点的取值并不是独立的, 而是存在相关性, 特别是相邻的像素或行、列之间存在高度的相关性, 这就导致它的秩小于其行数和列数, 这一点可以通过对图像 I 作奇异值分解 $I = USV^{\mathrm{T}}$, 并观察它的奇异值的分布情况看出来。矩阵 I 的奇异值分布如图 4.2 所示, 最大的奇异值是 244.3917, 然后迅速衰减, 第二大的奇异值为 48.7059, 到第 128 个奇异值已经小于 1。前 120 个奇异值的平方和与所有奇异值的平方和之比为 0.9993, 换句话说, 如果用低秩矩阵

$$I^{(120)} := \sum_{i=1}^{120} \sigma_i u_i v_i^{\mathrm{T}} \tag{4.65}$$

图 4.1　Lena 原图

逼近原图, 则平方误差相对值只有 0.07%, 已经非常小了。图 4.3 是秩为 120 的低秩逼近图像 $I^{(120)}$, 从视觉效果上看, 低秩逼近图像和原图已经无法区分了。

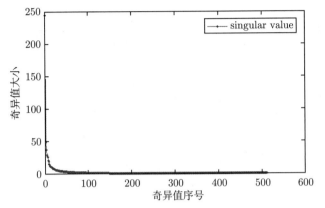

图 4.2　Lena 图像矩阵的奇异值分布

图 4.3　秩为 120 的低秩逼近 Lena 图像

　　再来计算用低秩逼近 $I^{(120)}$ 代替原图 I 可以节省多少存储空间。存储原图一共需要 $512 \times 512 = 262144$ 个存储单元, 逼近图 $I^{(120)}$ 当然不需要直接存储, 只需要存储前 120 个奇异值和相应的左、右奇异向量即可将其重构出来, 一共需要的存储单元数量为

$$512 \times 120 + 512 \times 120 + 120 = 123000 \tag{4.66}$$

仅为原图存储空间的 46.92%。当然, 实际应用时还需要考虑奇异值、奇异向量的量化与编码问题, 情况更复杂, 我们不做进一步讨论。

　　下面是用奇异值分解法压缩图像实验的 MATLAB 代码:

```
function SVDimageCompression()
%%这个函数实现了3.3.1节中利用奇异值分解做图像压缩的实验
%%%%%%%%%%%%%%%%%%%%%%%%%%%%%%%%%%%%%%%%%%%%%%%
```

```
I=imread('lenaOrigin.jpg');        %%读入原图
I=im2double(I);                     %%将其转化为实矩阵，取0～1之间的数值
imshow(I);                          %%显示读入的图像
[m,n]=size(I);                      %%m是矩阵的行数,n是矩阵的列数
[U,S,V]=svd(I);
%%奇异值分解，U、V是正交矩阵，S是奇异值对角矩阵，I=U×S×V'，奇异值按照从大
   %%到小的顺序排列
S1=diag(S);                         %%将奇异值排成一个向量
plot(S1);                           %%画出，观察奇异值的分布

S2=S1.*S1;                          %%奇异值的平方
ratio=sum(S2(1:120))/sum(S2)        %%计算前120个奇异值的平方和所占百分比
Sth=diag(S1(1:120));                %%取前120个奇异值构造一个对角矩阵
Ir=U(:,1:120)*Sth*V(:,1:120)';      %%计算秩为120的低秩逼近
imshow(Ir)
imwrite(Ir,'lenarank120.jpg');      %%将计算得到的低秩矩阵保存为JPG图片
```

4.3.2 超定线性方程组和矩阵的伪逆

线性方程组是在各个领域应用广泛的工具，其重要性不言而喻。设 A 是一个 $m \times n$ 的实矩阵，在线性代数中详细地研究了线性方程组 $Ax = b$ 的解法，但当 rank$(A) < n$ 或者独立方程的个数大于未知数的个数时，这个问题是没有严格意义上的解的，称为**超定线性方程组 (over determined linear system)**。对于超定线性方程组，可以考虑最小二乘问题：

$$\min_{x \in \mathbb{R}^n} \|Ax - b\|^2 \tag{4.67}$$

下面探索这个最小二乘问题的解。设 A 的奇异值分解为

$$A = USV^{\mathrm{T}} = (U_1, U_2)\begin{pmatrix} \Sigma_r & 0 \\ 0 & 0 \end{pmatrix}\begin{pmatrix} V_1^{\mathrm{T}} \\ V_2^{\mathrm{T}} \end{pmatrix} \tag{4.68}$$

其中 U 和 V 分别是 m 阶和 n 阶正交方阵，Σ_r 是以 A 的非零奇异值为对角元素的 r 阶对角方阵，U_1 和 U_2 是 U 的分块，分别由 U 的前 r 个和后 $m-r$ 个列向量组成，V_1 和 V_2 是 V 的分块，分别由 V 的前 r 列和后 $n-r$ 列组成。于是有

$$\|Ax - b\|^2 = \|USV^{\mathrm{T}}x - b\|^2 = \|SV^{\mathrm{T}}x - U^{\mathrm{T}}b\|^2 = \left\|\begin{pmatrix} \Sigma_r V_1^{\mathrm{T}}x \\ 0 \end{pmatrix} - \begin{pmatrix} U_1^{\mathrm{T}}b \\ U_2^{\mathrm{T}}b \end{pmatrix}\right\|^2$$
$$= \|\Sigma_r V_1^{\mathrm{T}}x - U_1^{\mathrm{T}}b\|^2 + \|U_2^{\mathrm{T}}b\|^2 \tag{4.69}$$

上式中第二项是与 x 无关的定值，因此第一项取 0 时 $\|Ax - b\|^2$ 最小，即当 x 满足

$$\Sigma_r V_1^{\mathrm{T}}x = U_1^{\mathrm{T}}b \tag{4.70}$$

时 $\|Ax - b\|^2$ 最小。以 Σ_r^{-1} 左乘方程 (4.70) 得

$$V_1^{\mathrm{T}} x = \Sigma_r^{-1} U_1^{\mathrm{T}} b \tag{4.71}$$

这个方程的解不唯一, 利用 V 的正交性不难得到其通解为

$$x = V_1 \Sigma_r^{-1} U_1^{\mathrm{T}} b + V_2 c \tag{4.72}$$

其中 c 可以取任意 $n - r$ 维列向量。我们希望找到一个范数最小的解, 注意到

$$\|x\|^2 = (V_1 \Sigma_r^{-1} U_1^{\mathrm{T}} b + V_2 c)^{\mathrm{T}} (V_1 \Sigma_r^{-1} U_1^{\mathrm{T}} b + V_2 c) = \left\| V_1 \Sigma_r^{-1} U_1^{\mathrm{T}} b \right\|^2 + \|c\|^2 \tag{4.73}$$

因此当 c 取 0 时 x 的范数最小, 即超定线性方程组 $Ax = b$ 在最小二乘意义下的**最小范数解**为

$$x = V_1 \Sigma_r^{-1} U_1^{\mathrm{T}} b \tag{4.74}$$

设 Σ_r 是一个可逆的对角矩阵, 对于矩阵

$$S = \begin{pmatrix} \Sigma_r & 0_{r \times (n-r)} \\ 0_{(m-r) \times r} & 0_{r \times r} \end{pmatrix} \tag{4.75}$$

定义

$$S^+ = \begin{pmatrix} \Sigma_r^{-1} & 0_{r \times (m-r)} \\ 0_{(n-r) \times r} & 0_{r \times r} \end{pmatrix} \tag{4.76}$$

对于一般的 $m \times n$ 的矩阵 A, 设 A 的奇异值分解为 $A = USV^{\mathrm{T}}$, 定义

$$A^+ = V S^+ U^{\mathrm{T}} \tag{4.77}$$

称为 A 的**伪逆 (Moore-Penrose pseudo-inverse)**。利用伪逆可以将最小二乘问题 (4.67) 的最小范数解 (4.74) 简单表示为

$$x = A^+ b \tag{4.78}$$

如果 A 是一个可逆的方阵, 则显然有 $A^+ = A^{-1}$。如果 $m > n$ 且 A 是列满秩的, 则有

$$A^+ A = I_n, \qquad A^+ = (A^{\mathrm{T}} A)^{-1} A^{\mathrm{T}} \tag{4.79}$$

如果 $m < n$ 且 A 是行满秩的, 则有

$$AA^+ = I_m, \qquad A^+ = A^{\mathrm{T}} (AA^{\mathrm{T}})^{-1} \tag{4.80}$$

此外还有

$$A^+ = \operatorname*{argmin}_{X \in \mathbb{R}^{m \times n}} \|AX - I_m\|_F = \operatorname*{argmin}_{X \in \mathbb{R}^{n \times m}} \|XA - I_n\|_F \tag{4.81}$$

其中 $\mathbb{R}^{m \times n}$ 表示所有 $m \times n$ 的实矩阵所成之集合。下面证明第一个等式。注意到一个矩阵左乘或右乘以一个正交矩阵是不会改变其 Frobenius 范数的, 因此有

$$
\begin{aligned}
\|AX - I_m\|_F &= \|U^{\mathrm{T}}(AX - I_m)U\|_F = \|U^{\mathrm{T}}USV^{\mathrm{T}}XU - I_m\|_F \\
&= \|SV^{\mathrm{T}}XU - I_m\|_F
\end{aligned}
\tag{4.82}
$$

设 $\mathrm{rank}(A) = r$, 根据定理 4.4 得

$$
\left\| \begin{pmatrix} I_r & 0 \\ 0 & 0 \end{pmatrix} - I_m \right\|_F = \min_{B \in \mathbb{R}^{m \times m}, \mathrm{rank}(B) \leqslant r} \|B - I_m\|_F
\tag{4.83}
$$

因此当

$$
SV^{\mathrm{T}}XU = \begin{pmatrix} I_r & 0 \\ 0 & 0 \end{pmatrix}
\tag{4.84}
$$

时 $\|AX - I_m\|_F$ 最小, 也即当 $V^{\mathrm{T}}XU = S^+$ 时 $\|AX - I_m\|_F$ 最小, 由此立刻推出当 $X = VS^+U^{\mathrm{T}} = A^+$ 时 $\|AX - I_m\|_F$ 最小。 $\square$

拓展阅读建议

　　本章介绍了奇异值分解定理、奇异值分解的几何意义以及奇异值分解的两个典型应用。这些知识在大数据分析、图像处理、机器学习、计算机视觉等领域有广泛的应用, 已成为这些领域的基本工具, 同时为回归分析、主成分分析、判别分析、典型相关分析等后续章节提供了思想和方法, 需要读者牢固掌握。关于奇异值分解的理论、计算和应用的更多知识可参考文献 [68-73]。关于 Schmidt-Mirsky 定理的证明, 本章用到了 Von Neumann 迹不等式, 最近 Li 和 Strang 发表了一个更初等的证明 [74]。

第 4 章习题

　　1. 设 H 是 $n \times n$ 的实对称矩阵, v 是一个 n 维列向量, 试证明: 如果 v 与 H 的每一个非零特征值对应的特征向量正交, 则或者 $v = 0$, 或者 v 是 H 的关于特征值 $\lambda = 0$ 的特征向量。

　　2. (**Parseval 等式**) 设 $v_1, v_2, \cdots, v_n$ 是 $\mathbb{R}^n$ 的规范正交基。试证明对任意 $x \in \mathbb{R}^n$ 皆有

$$
\sum_{i=1}^{n} |\langle x, v_i \rangle|^2 = \|x\|^2
\tag{4.85}
$$

　　3. (**矩阵的迹的另一种表示**) 设 C 是一个 n 阶方阵, $w_1, w_2, \cdots, w_n$ 是 $\mathbb{R}^n$ 的规范正交基, 试证明

$$
\mathrm{tr}(C) = \sum_{i=1}^{n} \langle Cw_i, w_i \rangle
\tag{4.86}
$$

4. 请证明矩阵伪逆的性质式 (4.79) 和式 (4.3.2)。

5. 设 A 是一个 $m \times n$ 的实矩阵, 试证明一个 $n \times n$ 的实矩阵 B 是 A 的伪逆当且仅当它满足下面 4 个条件:

(a) $ABA = A$;   (b) $BAB = B$;   (c) $(AB)^{\mathrm{T}} = AB$;   (d) $(BA)^{\mathrm{T}} = BA$

6. 请自备一张图片, 用奇异值分解做图像压缩实验, 并写一份实验报告。

多元线性回归分析

学习要点

1. 理解经典线性回归模型。
2. 掌握最小二乘估计及其性质。
3. 理解最小二乘估计的几何解释。
4. 理解偏相关系数的概念、性质及计算公式。
5. 掌握线性回归模型的推断及评价。
6. 掌握线性回归分析的 MATLAB 实现。
7. 会用线性回归模型解决实际数据分析问题。

5.1 线性回归模型

我们先来看一个例子。

例 5.1 表 5.1 是来自 4 个不同城市的二手住宅房销售数据 (完整的数据在 "二手住宅房销售调查数据.xlsx" 文件中)。请分析住宅房成交价格 (y) 与建筑面积 (x_1)、城市人均年收入 (x_2)、是否学区房 (x_3) 之间的关系。

我们想要找到 y 与 $x_i, i = 1, 2, 3$ 之间的依赖关系, 首先想到的是下列线性函数

$$y = \beta_0 + \beta_1 x_1 + \beta_2 x_2 + \beta_3 x_3 + \varepsilon \tag{5.1}$$

这就是**多元线性回归模型 (multivariate linear regression model)**, 其中 y 称为**应变量 (dependent variable)** 或**响应变量 (response variable)**, x_i 称为**解释变量 (explanatory variable)** 或**预测变量 (predictor variable)**, ε 称为**残差项**, 代表数据中不能被这个模型解释的部分, 一般假定它是一个随机变量。$\beta_i, i = 0, 1, 2, 3$ 称为回归系数, 是未知的, 需要通过样本数据估计。我们这里所说的 "线性" 是指式 (5.1) 对回归系数是线性的, 而解释变量 x_i 可以替换成它们的非线性变换, 如 x_i^2、$x_i^2 x_j$ 等, 都不会改变线性模型的本质, 虽然叫法可能不一样。更一般地, 含有 p 个自变量的线性回归模型为

$$y = \beta_0 + \beta_1 x_1 + \beta_2 x_2 + \cdots + \beta_p x_p + \varepsilon \tag{5.2}$$

为了估计回归系数, 需要收集样本数据 $\{(x_i, y_i): i = 1, 2, \cdots, n\}$, 其中 $x_i = (x_{i1}, x_{i2}, \cdots,$

$x_{ip})^\mathrm{T} \in \mathbb{R}^p$, $y_i \in \mathbb{R}$。这时, 完整的线性回归模型为

$$y_i = \beta_0 + \beta_1 x_{i1} + \beta_2 x_{i2} + \cdots + \beta_p x_{ip} + \varepsilon_i, \qquad i = 1, 2, \cdots, n \qquad (5.3)$$

表 5.1 二手住宅房销售调查数据

序　号	成交价 (万元)	建筑面积 (平方米)	城市人均年收入 (万元)	是否学区房
1	81	90	6.9	0
2	115	101	8.2	0
3	102	90	5.2	0
4	89	100	6.9	0
5	71	85	3.85	0
6	117	85	8.2	0
7	130	127	8.2	0
8	100	125	3.85	0
9	101	127	5.2	0
10	139	143	6.9	1
11	80	40	8.2	0
12	61	65	6.9	0
13	70	40	6.9	1
⋮	⋮	⋮	⋮	⋮

这里有 n 个方程, 表示成矩阵的形式就是

$$Y = X\beta + \varepsilon, \qquad Y = (y_1, y_2, \cdots, y_n)^\mathrm{T}, \qquad \beta = (\beta_0, \beta_1, \cdots, \beta_p)^\mathrm{T} \qquad (5.4)$$

$$X = \begin{pmatrix} 1 & x_{11} & x_{12} & \cdots & x_{1p} \\ 1 & x_{21} & x_{22} & \cdots & x_{2p} \\ \vdots & \vdots & \vdots & \ddots & \vdots \\ 1 & x_{n1} & x_{n2} & \cdots & x_{np} \end{pmatrix}, \qquad \varepsilon = (\varepsilon_1, \varepsilon_2, \cdots, \varepsilon_n)^\mathrm{T} \qquad (5.5)$$

我们假定残差向量 ε 满足条件

$$E(\varepsilon) = 0, \qquad \mathrm{cov}(\varepsilon, \varepsilon) = \sigma^2 I \qquad (5.6)$$

其中 σ^2 是一个待估计的参数。我们把式 (5.4)、式 (5.5) 和式 (5.6) 称为**经典线性回归模型** (**classical linear regression model**)。

5.2 最小二乘估计

回归分析的一个目的是得到线性方程 (5.2), 并用它来做预测, 即给定一个新的数据 $(x_{i1}, x_{i2}, \cdots, x_{ip})^\mathrm{T}$, 利用方程 (5.2) 得到相应的 y_i。要确定方程 (5.2) 就必须用样本数据估计回归系数 $\beta = (\beta_0, \beta_1, \cdots, \beta_p)^\mathrm{T}$, 本节介绍一种估计回归系数的方法——**最小二乘估计** (**least squares estimation**)。

我们先来考虑这样一个问题: 设 Y 是一个 n 维随机向量, 令

$$\phi(a) = E\left[(Y-a)^{\mathrm{T}}(Y-a)\right], \qquad a \in \mathbb{R}^n \tag{5.7}$$

当 a 为多少时 $\phi(a)$ 最小呢? 设 $EY = \mu$, 则有

$$\begin{aligned}\phi(a) &= E\left[(Y-\mu+\mu-a)^{\mathrm{T}}(Y-\mu+\mu-a)\right] \\ &= E\left[(Y-\mu)^{\mathrm{T}}(Y-\mu)\right] + \|\mu-a\|^2\end{aligned} \tag{5.8}$$

由此可以看出, 当且仅当 $a = \mu$ 时 $\phi(a)$ 取得最小值。

回到经典线性回归模型 (5.4~5.6), 如果 β 是回归系数的准确值, 则有 $E(Y) = E(X\beta + \varepsilon) = X\beta$, 此时 $E[(Y-X\beta)^{\mathrm{T}}(Y-X\beta)]$ 是最小的, 而这个量可以近似地用

$$J = (Y-X\beta)^{\mathrm{T}}(Y-X\beta) = \sum_{i=1}^n (y_i - \beta_0 - \beta_1 x_{i1} - \cdots - \beta_p x_{ip})^2 = \|Y-X\beta\|^2 \tag{5.9}$$

代替, 因此可以通过求解下列优化问题估计回归系数 β:

$$\min_{\beta \in \mathbb{R}^{p+1}} J = \|Y-X\beta\|^2 \tag{5.10}$$

这就是**最小二乘估计法**, 用此方法得到的估计量 $\widehat{\beta}$ 称为 β 的**最小二乘估计（量）** (least squares estimation)。

下面求最小二乘估计 $\widehat{\beta}$。注意到

$$J = Y^{\mathrm{T}}Y - 2Y^{\mathrm{T}}X\beta + \beta^{\mathrm{T}}X^{\mathrm{T}}X\beta \tag{5.11}$$

利用引理 4.1 得

$$\frac{\partial J}{\partial \beta} = 2(X^{\mathrm{T}}X)\beta - 2X^{\mathrm{T}}Y \tag{5.12}$$

因此最小二乘估计 $\widehat{\beta}$ 必须满足

$$(X^{\mathrm{T}}X)\widehat{\beta} = X^{\mathrm{T}}Y \tag{5.13}$$

如果 X 是列满秩的, 则 $X^{\mathrm{T}}X$ 可逆, 于是得到

$$\widehat{\beta} = (X^{\mathrm{T}}X)^{-1}X^{\mathrm{T}}Y \tag{5.14}$$

这就是**正规方程 (normal equation)**。如果 X 不是列满秩的, 则根据 3.3.2 节的知识, 使得 $\|Y-X\beta\|$ 取最小值的 β 不唯一, 其中范数最小的是 $\widehat{\beta} = X^+Y$, 其中 X^+ 表示 X 的 Moore-Penrose 伪逆。

综合以上讨论, 我们证明了以下定理。

定理 5.1　在经典线性回归模型 (5.4~5.6) 中, 如果 X 是列满秩的, 则回归系数 β 的最小二乘估计由正规方程 (5.14) 给出; 如果 X 不是列满秩的, 则使得 $\|Y - X\beta\|$ 取最小值的 β 不唯一, 其中范数最小的为 $\widehat{\beta} = X^+Y$。

从定理 5.1 可立刻得出下列推论:

推论 5.1　在经典线性回归模型 (5.4~5.6) 中, 回归系数 β 的最小二乘估计 $\widehat{\beta}$ 满足

$$E(\widehat{\beta}) = \beta, \qquad \text{cov}(\widehat{\beta}, \widehat{\beta}) = \sigma^2 (X^{\mathrm{T}}X)^{-1} \tag{5.15}$$

证明　如果 X 是列满秩的, 则有

$$E(\widehat{\beta}) = E\left((X^{\mathrm{T}}X)^{-1}X^{\mathrm{T}}Y\right) = E\left[(X^{\mathrm{T}}X)^{-1}X^{\mathrm{T}}(X\beta + \varepsilon)\right] = (X^{\mathrm{T}}X)^{-1}X^{\mathrm{T}}X\beta = \beta \tag{5.16}$$

如果 X 不是列满秩的, 则有

$$E(\widehat{\beta}) = E(X^+Y) = E[X^+(X\beta + \varepsilon)] = X^+X\beta = \beta \tag{5.17}$$

再注意到

$$\widehat{\beta} - \beta = (X^{\mathrm{T}}X)^{-1}X^{\mathrm{T}}\varepsilon, \qquad E(\varepsilon\varepsilon^{\mathrm{T}}) = \sigma^2 I \tag{5.18}$$

因此

$$\text{cov}(\widehat{\beta}, \widehat{\beta}) = (X^{\mathrm{T}}X)^{-1}X^{\mathrm{T}}E(\varepsilon\varepsilon^{\mathrm{T}})X(X^{\mathrm{T}}X)^{-1} = \sigma^2(X^{\mathrm{T}}X)^{-1} \tag{5.19} \qquad \square$$

接下来考虑回归残差的估计

$$\widehat{\varepsilon} = Y - \widehat{Y} = Y - X\widehat{\beta} = Y - X(X^{\mathrm{T}}X)^{-1}X^{\mathrm{T}}Y := (I - H)Y \tag{5.20}$$

其中 $H := X(X^{\mathrm{T}}X)^{-1}X^{\mathrm{T}}$ 称为**帽子矩阵 (hat matrix)**。

引理 5.1　设 X 是列满秩矩阵, $H = X(X^{\mathrm{T}}X)^{-1}X^{\mathrm{T}}$, 则下列等式成立:

$$(I - H)^2 = I - H \tag{5.21}$$

$$X^{\mathrm{T}}(I - H) = 0 \tag{5.22}$$

证明　注意到帽子矩阵 H 是幂等矩阵, 即满足 $H^2 = H$ (本章习题 1), 因此有

$$(I - H)^2 = I - H - H + H^2 = I - H \tag{5.23}$$

等式 (5.22) 的证明留作练习 (本章习题 2)。　$\square$

定理 5.2　残差估计量 $\widehat{\varepsilon}$ 的均值和协方差阵分别为

$$E(\widehat{\varepsilon}) = 0, \qquad \text{cov}(\widehat{\varepsilon}, \widehat{\varepsilon}) = \sigma^2(I - H), \qquad E(\widehat{\varepsilon}^{\mathrm{T}}\widehat{\varepsilon}) = (n - p - 1)\sigma^2 \tag{5.24}$$

证明　注意到

$$\widehat{\varepsilon} = (I - H)Y = (I - H)(X\beta + \varepsilon) \tag{5.25}$$

再由式 (5.22) 得 $(I - H)X = 0$, 因此有

$$E(\widehat{\varepsilon}) = (I - H)X\beta = 0 \tag{5.26}$$

$$\mathrm{cov}(\widehat{\varepsilon}, \widehat{\varepsilon}) = (I - H)E(\varepsilon\varepsilon^{\mathrm{T}})(I - H)^{\mathrm{T}} = \sigma^2(I - H)^2 = \sigma^2(I - H) \tag{5.27}$$

再注意到

$$\mathrm{tr}(H) = \mathrm{tr}(X(X^{\mathrm{T}}X)^{-1}X^{\mathrm{T}}) = \mathrm{tr}((X^{\mathrm{T}}X)^{-1}X^{\mathrm{T}}X) = \mathrm{tr}(I_{p+1}) = p + 1 \tag{5.28}$$

因此有

$$E(\widehat{\varepsilon}^{\mathrm{T}}\widehat{\varepsilon}) = \sum_{i=1}^{n} \mathrm{var}(\widehat{\varepsilon}_i) = \mathrm{tr}\left(\mathrm{cov}(\widehat{\varepsilon}, \widehat{\varepsilon})\right) = \sigma^2\mathrm{tr}(I_n - H)$$

$$= \sigma^2\left[\mathrm{tr}(I_n) - \mathrm{tr}(H)\right] = (n - p - 1)\sigma^2 \tag{5.29} \quad \square$$

注: 之所以关心 $\widehat{\varepsilon}^{\mathrm{T}}\widehat{\varepsilon}$ 的性质, 是因为它是回归残差估计的平方和:

$$\widehat{\varepsilon}^{\mathrm{T}}\widehat{\varepsilon} = (Y - \widehat{Y})^{\mathrm{T}}(Y - \widehat{Y}) = \sum_{i=1}^{n}(y_i - \widehat{y}_i)^2$$

$$= \sum_{i=1}^{n}(y_i - \widehat{\beta}_0 - \widehat{\beta}_1x_{i1} - \widehat{\beta}_2x_{i2} - \cdots - \widehat{\beta}_px_{ip})^2 \tag{5.30}$$

定理 5.3 残差估计量 $\widehat{\varepsilon}$ 满足下列性质:

$$X^{\mathrm{T}}\widehat{\varepsilon} = 0 \tag{5.31}$$

$$\widehat{Y}^{\mathrm{T}}\widehat{\varepsilon} = 0 \tag{5.32}$$

$$\widehat{\varepsilon}^{\mathrm{T}}\widehat{\varepsilon} = Y^{\mathrm{T}}(I - H)Y \tag{5.33}$$

证明 式 (5.31) 可由式 (5.22) 直接得到. 至于式 (5.32), 只需要注意到

$$\widehat{Y} = HY, \qquad \widehat{\varepsilon} = (I - H)Y, \qquad H^2 = H \tag{5.34}$$

便可得到

$$\widehat{Y}^{\mathrm{T}}\widehat{\varepsilon} = Y^{\mathrm{T}}H^{\mathrm{T}}(I - H)Y = Y^{\mathrm{T}}H(I - H)Y = Y^{\mathrm{T}}(H - H^2)Y = 0 \tag{5.35}$$

式 (5.33) 可由式 (5.21) 直接得到. $\quad \square$

定理 5.4 最小二乘估计量 $\widehat{\beta}$ 和 $\widehat{\varepsilon}$ 是不相关的.

证明 根据推论 5.1 及定理 5.2, 得 $E(\widehat{\beta}) = \beta, E(\widehat{\varepsilon}) = 0$, 因此

$$\mathrm{cov}(\widehat{\beta}, \widehat{\varepsilon}) = E\left[(\widehat{\beta} - \beta)\widehat{\varepsilon}^{\mathrm{T}}\right] = E\left[\widehat{\beta}\widehat{\varepsilon}^{\mathrm{T}}\right] = E\left[(X^{\mathrm{T}}X)^{-1}X^{\mathrm{T}}Y\widehat{\varepsilon}^{\mathrm{T}}\right]$$

$$= E\left[(X^{\mathrm{T}}X)^{-1}X^{\mathrm{T}}YY^{\mathrm{T}}(I-H)\right]$$
$$= (X^{\mathrm{T}}X)^{-1}X^{\mathrm{T}}E(YY^{\mathrm{T}})(I-H) \tag{5.36}$$

再注意到

$$E(YY^{\mathrm{T}}) = E\left[(X\beta+\varepsilon)(X\beta+\varepsilon)^{\mathrm{T}}\right] = X\beta\beta^{\mathrm{T}}X^{\mathrm{T}} + \sigma^2 I \tag{5.37}$$

将式 (5.37) 代入式 (5.36) 的最后一个表达式, 并利用式 (5.22) 得到 $\mathrm{cov}(\widehat{\beta},\widehat{\varepsilon})=0$, 定理得证。 □

对于任意向量 $c \in \mathbb{R}^{p+1}$, 考虑参数 $\theta = c^{\mathrm{T}}\beta$ 的**线性无偏估计量 (linear unbiased estimator)**, 即形如 $a^{\mathrm{T}}Y$ 的无偏统计量, 根据定理 5.1 和推论 5.1, $\widehat{\beta}$ 是 β 的线性无偏估计量, 因此 $c^{\mathrm{T}}\widehat{\beta}$ 是 $c^{\mathrm{T}}\beta$ 的线性无偏估计量, 不仅如此, $c^{\mathrm{T}}\widehat{\beta}$ 还是 $c^{\mathrm{T}}\beta$ 的所有线性无偏估计量中方差最小的, 这就是下面的定理:

定理 5.5 在经典线性回归模型中, 设 X 是列满秩的, $\widehat{\beta}$ 是回归系数 β 的最小二乘估计, $c \in \mathbb{R}^{p+1}$, 则对于 $c^{\mathrm{T}}\beta$ 的任意一个线性无偏估计量 $a^{\mathrm{T}}Y$ 皆有

$$\mathrm{var}(a^{\mathrm{T}}Y) \geqslant \mathrm{var}(c^{\mathrm{T}}\widehat{\beta}) \tag{5.38}$$

即 $c^{\mathrm{T}}\widehat{\beta}$ 是 $c^{\mathrm{T}}\beta$ 的**最小方差线性无偏估计量 (minimum-variance linear unbiased estimator)** 或者**最佳线性无偏估计量 (best linear unbiased estimator, BLUE)**。

证明 首先, $a^{\mathrm{T}}Y$ 是 $c^{\mathrm{T}}\beta$ 的线性无偏估计量意味着

$$c^{\mathrm{T}}\beta = E[a^{\mathrm{T}}Y] = E[a^{\mathrm{T}}(X\beta+\varepsilon)] = a^{\mathrm{T}}X\beta \tag{5.39}$$

这个等式必须对所有 $\beta \in \mathbb{R}^{p+1}$ 皆成立, 因此必有 $X^{\mathrm{T}}a = c$。于是

$$\mathrm{var}(a^{\mathrm{T}}Y) = \mathrm{var}(a^{\mathrm{T}}X\beta + a^{\mathrm{T}}\varepsilon) = \mathrm{var}(a^{\mathrm{T}}\varepsilon) = a^{\mathrm{T}}(\sigma^2 I)a = \sigma^2 a^{\mathrm{T}}a \tag{5.40}$$
$$\mathrm{var}(c^{\mathrm{T}}\widehat{\beta}) = \mathrm{var}(c^{\mathrm{T}}(X^{\mathrm{T}}X)^{-1}X^{\mathrm{T}}Y) = \mathrm{var}(c^{\mathrm{T}}(X^{\mathrm{T}}X)^{-1}X^{\mathrm{T}}\varepsilon)$$
$$= \mathrm{var}(a^{\mathrm{T}}X(X^{\mathrm{T}}X)^{-1}X^{\mathrm{T}}\varepsilon)$$
$$= \mathrm{var}(a^{\mathrm{T}}H\varepsilon)$$
$$= \sigma^2 a^{\mathrm{T}}HH^{\mathrm{T}}a$$
$$= \sigma^2 a^{\mathrm{T}}Ha \tag{5.41}$$
$$\mathrm{var}(a^{\mathrm{T}}Y) - \mathrm{var}(c^{\mathrm{T}}\widehat{\beta}) = \sigma^2 a^{\mathrm{T}}(I-H)a \tag{5.42}$$

其中 H 是帽子矩阵, 式 (5.41) 推导的最后两个等号用到了 H 的对称性和幂等性（本章习题 1）。既然 H 是幂等的, 其特征值只能是 1 或 0（本章习题 3）, 因此 $I-H$ 是半正定的, 从而有

$$\mathrm{var}(a^{\mathrm{T}}Y) - \mathrm{var}(c^{\mathrm{T}}\widehat{\beta}) \geqslant 0 \tag{5.43} \quad □$$

接下来考虑响应变量 y 的平方和分解问题。记

$$S_T^2 = \sum_{i=1}^{n}(y_i - \overline{y})^2, \qquad \overline{y} = \frac{1}{n}\sum_{i=1}^{n}y_i \tag{5.44}$$

称 S_T^2 为**总离差平方和 (total sum of squares)**，反映了响应变量 y 的变异程度。$\widehat{Y} = X\widehat{\beta}$ 是响应变量 y 的回归估计，它与 Y 不一致，其偏差 $\widehat{\varepsilon} = Y - \widehat{Y}$ 就是回归残差的估计。根据定理 5.2 得

$$X^{\mathrm{T}}(Y - \widehat{Y}) = X^{\mathrm{T}}\widehat{\varepsilon} = 0 \tag{5.45}$$

由于 X 的第一列元素全是 1，因此有

$$\sum_{i=1}^{n}(y_i - \widehat{y}_i) = 0 \tag{5.46}$$

由此推出 $\overline{y} = \overline{\widehat{y}}$。称

$$S_{\mathrm{Reg}}^2 := \sum_{i=1}^{n}(\widehat{y}_i - \overline{\widehat{y}})^2 = \sum_{i=1}^{n}(\widehat{y}_i - \overline{y})^2 \tag{5.47}$$

为**回归平方和 (regression sum of squares)**。称

$$S_{\mathrm{Res}}^2 := \sum_{i=1}^{n}\widehat{\varepsilon}_i^2 = \sum_{i=1}^{n}(y_i - \widehat{y}_i)^2 \tag{5.48}$$

为**残差平方和 (residual sum of squares)**。关于这 3 个量之间的关系，有下列定理：

定理 5.6 在经典线性回归模型中，总离差平方和 S_T^2、回归平方和 S_{Reg}^2、残差平方和 R_{Res}^2 三者满足下列关系：

$$S_T^2 = S_{\mathrm{Reg}}^2 + S_{\mathrm{Res}}^2 \tag{5.49}$$

证明 根据定理 5.2 得 $\widehat{Y}^{\mathrm{T}}\widehat{\varepsilon} = 0$，于是有

$$S_T^2 = Y^{\mathrm{T}}Y - n(\overline{y})^2 = (\widehat{Y} + \widehat{\varepsilon})^{\mathrm{T}}(\widehat{Y} + \widehat{\varepsilon}) - n(\overline{y})^2 = \widehat{Y}^{\mathrm{T}}\widehat{Y} - n(\overline{\widehat{y}})^2 + \widehat{\varepsilon}^{\mathrm{T}}\widehat{\varepsilon}$$

$$= S_{\mathrm{Reg}}^2 + S_{\mathrm{Res}}^2 \tag{5.50} \qquad \square$$

回归平方和 S_{Reg}^2 是线性回归模型能够解释的那部分变异性，它所占的比例为

$$R^2 := \frac{S_{\mathrm{Reg}}^2}{S_T^2} \tag{5.51}$$

通常称之为**决定系数 (coefficient of determination)**，其大小反映了线性回归模型拟合样本数据的能力。

5.3　几何解释

本节讨论回归分析的几何解释。回归分析本质上是用解释变量的线性组合逼近被解释变量, 在内积空间的框架下讨论这个问题更方便。考虑定义在概率空间 $(\Omega, \mathcal{F}, P)$ 上的随机变量 X, 如果 $E(|X|) < \infty$ 且 $E(|X|^2) < \infty$, 则称 X 是**具有有限二阶矩的**。如果 X 具有有限二阶矩, 则

$$DX = E[(X - EX)^2] = E[X^2 - 2XEX + (EX)^2]$$

$$= E(X^2) - (EX)^2 \leqslant E(|X|^2) < \infty \tag{5.52}$$

因此 X 具有有限方差。定义在 $(\Omega, \mathcal{F}, P)$ 上的所有二阶矩有限的随机变量构成一个线性空间, 记作 $L^2(\Omega)$。在 $L^2(\Omega)$ 上可以按照如下方式定义一个内积:

$$\langle X, Y \rangle_{L^2} = E(XY) \tag{5.53}$$

则 $L^2(\Omega)$ 关于这个内积构成一个内积空间。由这个内积诱导的范数为

$$\|X\|_{L^2} = \sqrt{\langle X, X \rangle_{L^2}} = \sqrt{E(|X|^2)} \tag{5.54}$$

设 $Y, X_1, X_2, \cdots, X_p \in L^2(\Omega)$, 记由 $1, X_1, X_2, \cdots, X_p$ 生成的线性子空间为 $\mathcal{V}_p$, 我们希望找到一个随机变量 $\widehat{Y} \in \mathcal{V}_p$, 使得

$$\|Y - \widehat{Y}\|_{L^2} \leqslant \|Y - Z\|_{L^2}, \qquad \forall Z \in \mathcal{V}_p \tag{5.55}$$

称满足此条件的 $\widehat{Y}$ 为 Y 在子空间 $\mathcal{V}_p$ 上的**最佳（线性）逼近元**。寻找最佳逼近元可以通过求解下列优化问题实现:

$$\min_{\beta = (\beta_0, \beta_1, \cdots, \beta_p) \in \mathbb{R}^{p+1}} \|Y - \beta_0 - \beta_1 X_1 - \cdots - \beta_p X_p\|_{L^2} \tag{5.56}$$

这正是最小二乘问题。

最佳逼近元的存在性是有限维赋范线性空间局部紧性的结果, 其证明在泛函分析教材中可以找到, 如文献 [75]。最佳逼近元的唯一性有下列定理作为保障:

定理 5.7　设 $(\Omega, \mathcal{F}, P)$ 是概率空间, $Y, X_1, X_2, \cdots, X_p \in L^2(\Omega)$, $\mathcal{V}_p = \mathrm{Span}\{1, X_1, X_2, \cdots, X_p\}$, 则 Y 在 $\mathcal{V}_p$ 上的最佳逼近元是唯一的。如果 $1, X_1, X_2, \cdots, X_p$ 是线性无关的, 则优化问题 (5.56) 的解是唯一的。

证明　事实上, 设

$$d = \min_{Z \in \mathcal{V}_p} \|Y - Z\|_{L^2} \tag{5.57}$$

如果 $d = 0$, 则 Y 的最佳逼近元 $\widehat{Y}$ 必与 Y 相等, 因此是唯一的; 如果 $d > 0$, 设 Y', Y'' 都是 Y 在 $\mathcal{V}_p$ 上的最佳逼近元, 则有

$$\|Y - Y'\|_{L^2} = \|Y - Y''\|_{L^2} = d \tag{5.58}$$

于是

$$\left\| Y - \frac{Y'+Y''}{2} \right\|_{L^2}^2 = \left\| \frac{Y-Y'}{2} + \frac{Y-Y''}{2} \right\|_{L^2}^2$$

$$= \left\| \frac{Y-Y'}{2} \right\|_{L^2}^2 + \left\| \frac{Y-Y''}{2} \right\|_{L^2}^2 + 2 \left\langle \frac{Y-Y'}{2}, \frac{Y-Y''}{2} \right\rangle_{L^2}$$

$$= \frac{d^2}{2} + \frac{1}{2}\langle Y-Y', Y-Y''\rangle_{L^2} \tag{5.59}$$

如果 $Y' \neq Y''$, 则 $Y-Y' \neq Y-Y''$, 且由于它们长度相等, 因此夹角大于 0, 从而有

$$\langle Y-Y', Y-Y''\rangle_{L^2} < \|Y-Y'\| \cdot \|Y-Y''\| = d^2 \tag{5.60}$$

联合式 (5.59) 与式 (5.60) 得到

$$\left\| Y - \frac{Y'+Y''}{2} \right\|_{L^2} < d \tag{5.61}$$

但这与式 (5.57) 矛盾, 因此必然有 $Y' = Y''$。当 $1, X_1, X_2, \cdots, X_p$ 线性无关时, Y 在子空间 $\mathcal{V}_p$ 上的最佳逼近元 $\widehat{Y}$ 有唯一的线性表示, 因此优化问题 (5.56) 的解是唯一的。 □

记 $\varepsilon_Y = Y - \widehat{Y}$, 即 Y 与它在 $\mathcal{V}_p$ 上的最佳逼近元 $\widehat{Y}$ 之差, 称为**最佳逼近误差或回归残差**。

命题 5.1 设 $\widehat{Y}$ 是 Y 在 $\mathcal{V}_p$ 上的最佳逼近元, $\varepsilon_Y = Y - \widehat{Y}$ 是回归残差, 则有

$$\langle \varepsilon_Y, Z\rangle_{L^2} = 0, \qquad \forall Z \in \mathcal{V}_p \tag{5.62}$$

即 $\widehat{Y}$ 是 Y 在 $\mathcal{V}_p$ 上的正交投影。

证明 考虑下列关于实变量 t 的函数

$$\varphi(t) = \|\varepsilon_Y - tZ\|_{L^2}^2 - \|\varepsilon_Y\|_{L^2}^2 \tag{5.63}$$

由于

$$\|\varepsilon_Y\|_{L^2} = \|Y - \widehat{Y}\|_{L^2} = \min_{Z' \in \mathcal{V}_p} \|Y - Z'\| \leqslant \|Y - \widehat{Y} - tZ\|_{L^2} = \|\varepsilon_Y - tZ\|_{L^2} \tag{5.64}$$

因此 $\varphi(t)$ 是非负的。再注意到 $\varphi(t)$ 是一个二次函数:

$$\varphi(t) = \langle \varepsilon_Y - tZ, \varepsilon_Y - tZ\rangle_{L^2} - \|\varepsilon_Y\|_{L^2}^2 = t^2\|Z\|_{L^2}^2 - 2t\langle \varepsilon_Y, Z\rangle_{L^2} \tag{5.65}$$

要使 $\varphi(t)$ 恒为非负, 必须 $\langle \varepsilon_Y, Z\rangle_{L^2} = 0$, 这就证明了式 (5.62)。 □

由式 (5.62) 还可以得到

$$E\varepsilon_Y = \langle \varepsilon_Y, 1\rangle_{L^2} = 0 \tag{5.66}$$

$$\langle \varepsilon_Y, Y\rangle_{L^2} = \langle \varepsilon_Y, Y - \widehat{Y} + \widehat{Y}\rangle_{L^2} = \langle \varepsilon_Y, \varepsilon_Y + \widehat{Y}\rangle_{L^2} = \langle \varepsilon_Y, \varepsilon_Y\rangle_{L^2} = D\varepsilon_Y \tag{5.67}$$

如果另有一个随机变量 $Z \in L^2(\Omega)$, 设 $\widehat{Z}$ 是 Z 在 $\mathcal{V}_p$ 上的最佳逼近, $\varepsilon_Z = Z - \widehat{Z}$ 是回归残差, 则有

$$\langle \varepsilon_Y, Z \rangle_{L^2} = \langle \varepsilon_Y, Z - \widehat{Z} + \widehat{Z} \rangle_{L^2} = \langle \varepsilon_Y, \varepsilon_Z + \widehat{Z} \rangle_{L^2} = \langle \varepsilon_Y, \varepsilon_Z \rangle_{L^2} = \operatorname{cov}(\varepsilon_Y, \varepsilon_Z) \tag{5.68}$$

接下来考虑优化问题 (5.56) 的解。先考虑 $p = 1$ 的情形。令

$$\begin{aligned}
J &= \|Y - \beta_0 - \beta_1 X_1\|_{L^2}^2 \\
&= \|Y\|_{L^2}^2 + \beta_0^2 + \beta_1^2 \|X_1\|_{L^2}^2 - 2\beta_0 \langle Y, 1 \rangle_{L^2} - 2\beta_1 \langle Y, X_1 \rangle_{L^2} + 2\beta_0\beta_1 \langle 1, X_1 \rangle_{L^2} \\
&= E(Y^2) + \beta_0^2 + \beta_1^2 E(X_1^2) - 2\beta_0 EY - 2\beta_1 E(X_1 Y) + 2\beta_0\beta_1 EX_1
\end{aligned} \tag{5.69}$$

极小值点应满足下列一阶条件

$$\begin{cases}
\dfrac{\partial J}{\partial \beta_0} = 2\beta_0 - 2EY + 2\beta_1 EX_1 = 0 \\[2mm]
\dfrac{\partial J}{\partial \beta_1} = 2\beta_1 E(X_1^2) - 2E(X_1 Y) + 2\beta_0 EX_1 = 0
\end{cases} \tag{5.70}$$

由此求得极小值点为

$$\widehat{\beta}_0 = EY - \frac{\operatorname{cov}(Y, X_1)}{DX_1} EX_1, \qquad \widehat{\beta}_1 = \frac{\operatorname{cov}(Y, X_1)}{DX_1} \tag{5.71}$$

对于一般的情形, 设 Y 在 $\mathcal{V}_p$ 上的最佳逼近元 $\widehat{Y} := \widehat{\beta}_0 + \sum\limits_{j=1}^{p} \widehat{\beta}_j X_j$, 记 $\mu_Y = EY, \mu_j = EX_j, j = 1, 2, \cdots, p$, 由式 (5.66) 得

$$\mu_Y = EY = E\widehat{Y} = \widehat{\beta}_0 + \sum_{j=1}^{p} \widehat{\beta}_j \mu_j \tag{5.72}$$

因此有

$$\varepsilon_Y = Y - \widehat{Y} = Y - \mu_Y - (\widehat{Y} - \mu_Y) = Y - \mu_Y - \sum_{j=1}^{p} \widehat{\beta}_j (X_j - \mu_j) \tag{5.73}$$

根据命题 (5.1), 回归残差 ε_Y 与 $\mathcal{V}_p$ 正交, 因此有

$$0 = \langle \varepsilon_Y, X_k - \mu_k \rangle_{L^2} = \langle Y - \mu_Y, X_k - \mu_k \rangle_{L^2} - \sum_{j=1}^{p} \widehat{\beta}_j \langle X_j - \mu_j, X_k - \mu_k \rangle_{L^2}$$

$$= \sigma_{Y, X_k} - \sum_{j=1}^{p} \widehat{\beta}_j \sigma_{jk}, \qquad k = 1, 2, \cdots, p \tag{5.74}$$

其中 $\sigma_{Y, X_k} = \operatorname{cov}(Y, X_k), \sigma_{kj} = \operatorname{cov}(X_k, X_j), j, k = 1, 2, \cdots, p$。记

$$\Sigma_{XX} = \begin{pmatrix} \sigma_{11} & \sigma_{12} & \cdots & \sigma_{1p} \\ \sigma_{21} & \sigma_{22} & \cdots & \sigma_{2p} \\ \vdots & \vdots & \ddots & \vdots \\ \sigma_{p1} & \sigma_{p2} & \cdots & \sigma_{pp} \end{pmatrix}, \quad \Sigma_{XY} = \begin{pmatrix} \sigma_{Y, X_1} \\ \sigma_{Y, X_2} \\ \vdots \\ \sigma_{Y, X_p} \end{pmatrix}, \quad \widehat{\beta} = \begin{pmatrix} \widehat{\beta}_1 \\ \widehat{\beta}_2 \\ \vdots \\ \widehat{\beta}_p \end{pmatrix} \tag{5.75}$$

则方程组 (5.74) 可表示为

$$\Sigma_{XX}\widehat{\beta} = \Sigma_{XY} \tag{5.76}$$

如果 $X_1, X_2, \cdots, X_p$ 是线性无关的, 则 Σ_{XX} 是可逆的, 从而有

$$\widehat{\beta} = \Sigma_{XX}^{-1}\Sigma_{XY} \tag{5.77}$$

再利用方程 (5.72) 求出 $\widehat{\beta}_0$ 即可。由式 (5.73) 得

$$\varepsilon_Y = Y - \mu_Y - \sum_{j=1}^{p}\widehat{\beta}_j(X_j - \mu_j) = Y - \mu_Y - \widehat{\beta}^{\mathrm{T}}(X - \mu_X)$$

$$= Y - \mu_Y - \Sigma_{XY}^{\mathrm{T}}\Sigma_{XX}^{-1}(X - \mu_X) \tag{5.78}$$

$$X = (X_1, X_2, \cdots, X_p)^{\mathrm{T}}, \qquad \mu_X = (\mu_1, \mu_2, \cdots, \mu_p)^{\mathrm{T}} \tag{5.79}$$

由此还可得到 ε_Y 的方差

$$D(\varepsilon_Y) = \langle \varepsilon_Y, \varepsilon_Y \rangle_{L^2} = DY - 2\Sigma_{XY}^{\mathrm{T}}\Sigma_{XX}^{-1}\Sigma_{XY} + \Sigma_{XY}^{\mathrm{T}}\Sigma_{XX}^{-1}\Sigma_{XX}\Sigma_{XX}^{-1}\Sigma_{XY}$$

$$= DY - \Sigma_{XY}^{\mathrm{T}}\Sigma_{XX}^{-1}\Sigma_{XY} \tag{5.80}$$

综上所述, 我们证明了如下定理:

定理 5.8 设 $(\Omega, \mathcal{F}, P)$ 是一个概率空间, $Y, X_1, X_2, \cdots, X_p \in L^2(\Omega)$, $\mu_Y = EY, \mu_i = EX_i, i = 1, 2, \cdots, p$, $\widehat{Y} := \widehat{\beta}_0 + \widehat{\beta}_1 X_1 + \cdots + \widehat{\beta}_p X_p$ 是 Y 在 $\mathcal{V}_p := \mathrm{Span}\{1, X_1, X_2, \cdots, X_p\}$ 上的最佳逼近元, $\varepsilon_Y := Y - \widehat{Y}$ 是回归残差, 则有

$$\widehat{\beta} = \Sigma_{XX}^{-1}\Sigma_{XY}, \qquad \widehat{\beta}_0 = \mu_Y - \sum_{j=1}^{p}\widehat{\beta}_j\mu_j \tag{5.81}$$

$$\varepsilon_Y = Y - \mu_Y - \Sigma_{XY}^{\mathrm{T}}\Sigma_{XX}^{-1}(X - \mu_X), \qquad D\varepsilon_Y = DY - \Sigma_{XY}^{\mathrm{T}}\Sigma_{XX}^{-1}\Sigma_{XY} \tag{5.82}$$

其中 $\Sigma_{XX}, \Sigma_{XY}, \widehat{\beta}$ 由式 (5.75) 定义, X, μ_X 由式 (5.79) 定义。

5.4 偏相关系数

本节介绍一个当代统计学中应用非常广泛的概念——**偏相关系数 (partial correlation coefficient)**。考虑两个随机变量 Y 与 Z, 传统方法是用（简单）相关系数

$$\rho_{Y,Z} := \frac{\mathrm{cov}(Y, Z)}{\sqrt{DY}\sqrt{DZ}} \tag{5.83}$$

度量它们的相关性大小, 但是如果 Y 和 Z 都依赖于外部变量 X, 则这种相关性可能只是由于 X 的变动引起的, 只是 Y 与 Z 都依赖于同一个变量的反映。例如某市的商品房平均销售价格 Y、销售面积 Z、人均年收入 X_1 和常住人口 X_2 的数据如表 5.2 所示, 如果只是考

虑 Y 与 Z 的简单相关系数, 会得到 $\rho_{Y,Z} = 0.9569$, 由此得出价格上涨能够增加销售量的反常识结论, 但这显然是不对的, 之所以会出现这种现象, 是因为销售价格与销售面积都与人均收入和常住人口密切相关, 正是人均收入和常住人口逐年增长引起了销售价格和销售面积同向变动, 表现出较高的正相关性。如果把人均收入和常住人口的变化带来的影响剔除, 销售价格和销售面积的真实相关关系为 -0.8932, 可见在人均收入和常住人口不变的前提下, 销售价格与销售量是负相关的, 与经济学常识相符。

表 5.2　某市商品房销售历史统计数据

年　份	平均销售价格 (万元/平方米)	销售面积 (万平方米)	人均年收入 (万元)	常住人口 (万人)
2000	0.44	15	0.8	200
2001	0.36	18	0.9	220
2002	0.45	17	1.1	235
2003	0.51	18	1.4	247
2004	0.61	21	1.9	265
2005	0.71	23	2.5	280
2006	0.70	28	3.0	298
2007	0.71	35	3.7	310
2008	0.79	35	4.1	322
2009	0.87	39	4.8	340
2010	1.12	39	5.5	350
2011	1.04	44	6.1	365
2012	1.27	50	7.4	390
2013	1.30	55	8.0	409

现在假设有三个随机变量 X, Y, Z, 变量 Y 和 Z 都与 X 相关, 我们想要剔除 X 的影响, 分析 Y 与 Z 的净相关性。如何剔除变量 X 的影响呢? 可以考虑将 Y 与 Z 分别对 X 进行回归分析, 找到它们在 $\mathcal{V}_1 = \mathrm{Span}\{1, X\}$ 上的最佳逼近元

$$\widehat{Y} = \widehat{\beta}_0 + \widehat{\beta}_1 X, \qquad \widehat{Z} = \widehat{\alpha}_0 + \widehat{\alpha}_1 X, \tag{5.84}$$

$$\widehat{\beta}_0 = EY - \frac{\mathrm{cov}(Y, X)}{DX} EX, \qquad \widehat{\beta}_1 = \frac{\mathrm{cov}(Y, X)}{DX} \tag{5.85}$$

$$\widehat{\alpha}_0 = EZ - \frac{\mathrm{cov}(Z, X)}{DX} EX, \qquad \widehat{\alpha}_1 = \frac{\mathrm{cov}(Z, X)}{DX} \tag{5.86}$$

然后计算回归残差 $\varepsilon_Y := Y - \widehat{Y}$ 与 $\varepsilon_Z = Z - \widehat{Z}$ 之间的简单相关系数 $\rho_{\varepsilon_X, \varepsilon_Y}$, 它能够反映 Y 与 Z 在剔除 X 的影响后的相关性, 称为 Y 与 Z 给定 X 的**偏相关系数**, 记作 $\rho_{Y, Z, \cdot X}$。

下面推导偏相关系数与简单相关系数之间的关系。由式 (5.84)、式 (5.85) 和式 (5.86) 得

$$\varepsilon_Y = Y - EY + \frac{\mathrm{cov}(Y, X)}{DX} EX - \frac{\mathrm{cov}(Y, X)}{DX} X \tag{5.87}$$

$$\varepsilon_Z = Z - EZ + \frac{\mathrm{cov}(Z, X)}{DX} EX - \frac{\mathrm{cov}(Z, X)}{DX} X \tag{5.88}$$

由此不难得到

$$E(\varepsilon_Y) = 0, \qquad E(\varepsilon_Z) = 0 \tag{5.89}$$

$$D\varepsilon_Y = DY - \frac{[\text{cov}(Y,X)]^2}{DX} \tag{5.90}$$

$$D\varepsilon_Z = DZ - \frac{[\text{cov}(Z,X)]^2}{DX} \tag{5.91}$$

$$\text{cov}(\varepsilon_Y, \varepsilon_Z) = \text{cov}(Y,Z) - \frac{\text{cov}(Y,X)\text{cov}(Z,X)}{DX} \tag{5.92}$$

从而有

$$\begin{aligned}
\rho_{Y,Z,\cdot X} = \rho_{\varepsilon_Y, \varepsilon_Z} &= \frac{\text{cov}(\varepsilon_Y, \varepsilon_Z)}{\sqrt{D\varepsilon_Y}\sqrt{D\varepsilon_Z}} \\
&= \frac{\rho_{Y,Z} - \rho_{Y,X}\rho_{Z,X}}{\sqrt{1 - \rho_{Y,X}^2}\sqrt{1 - \rho_{Z,X}^2}}
\end{aligned} \tag{5.93}$$

这就是偏相关系数与简单相关系数之间的关系。

偏相关系数的定义可以推广至 X 是多个变量的情形。设 $X = \{X_1, X_2, \cdots, X_p\}$，其中每一个 X_i 都属于 $L^2(\Omega)$，并记 $\mathcal{V}_p = \text{Span}\{1, X_1, X_2, \cdots, X_p\}$。设 Y 和 Z 是 $L^2(\Omega)$ 中的另外两个随机变量，根据命题 5.1，Y 在 $\mathcal{V}_p$ 上的最佳逼近元就是 Y 在 $\mathcal{V}_p$ 上的正交投影，记作 $P_{\mathcal{V}_p}Y$，回归残差为

$$\varepsilon_{Y,\mathcal{V}_p} = Y - P_{\mathcal{V}_p}Y \tag{5.94}$$

同理，Z 的回归残差为

$$\varepsilon_{Z,\mathcal{V}_p} = Z - P_{\mathcal{V}_p}Z \tag{5.95}$$

Y 与 Z 给定 X 的**偏相关系数**定义为回归残差 $\varepsilon_{Y,\mathcal{V}_p}$ 与 $\varepsilon_{Z,\mathcal{V}_p}$ 的简单相关系数，即

$$\rho_{Y,Z,\cdot X} := \rho_{\varepsilon_{Y,\mathcal{V}_p}, \varepsilon_{Z,\mathcal{V}_p}} \tag{5.96}$$

这就是 p 阶偏相关系数，阶数 p 指的是考虑的外部变量的个数。高阶偏相关系数也可以用简单相关系数表示，但公式比较复杂，这里给出一个迭代公式：

命题 5.2 设 $(\Omega, \mathcal{F}, P)$ 是一个概率空间，$Y, Z, X_1, X_2, \cdots, X_p \in L^2(\Omega)$，$X = \{X_1, X_2, \cdots, X_p\}$，$\rho_{Y,Z,\cdot X}$ 是 Y 与 Z 给定 X 的偏相关系数，则有下列迭代公式：

$$\rho_{Y,Z,\cdot X} = \frac{\rho_{Y,Z,\cdot X\setminus\{X_p\}} - \rho_{Y,X_p,\cdot X\setminus\{X_p\}}\rho_{Z,X_p,\cdot X\setminus\{X_p\}}}{\sqrt{1 - \rho_{Y,X_p,\cdot X\setminus\{X_p\}}^2}\sqrt{1 - \rho_{Z,X_p,\cdot X\setminus\{X_p\}}^2}} \tag{5.97}$$

其中 $X \setminus \{X_p\}$ 表示集合 X 与 $\{X_p\}$ 的差，也就是从集合 X 中删除元素 X_p 后剩下的元素构成的集合。

证明 记 Y 的均值为 μ_Y, X_i 的均值为 μ_i, Y 在 $\mathcal{V}_p$ 上的最佳逼近为

$$\widehat{Y} = \widehat{b}_0 + \sum_{i=1}^{p} \widehat{b}_i X_i \tag{5.98}$$

由式 (5.66) 得

$$E\widehat{Y} = EY = \mu_Y = \widehat{b}_0 + \sum_{i=1}^{p} \widehat{b}_i \mu_i \tag{5.99}$$

从而有

$$\widehat{Y} - E\widehat{Y} = \sum_{i=1}^{p} \widehat{b}_i (X_i - \mu_i) := \sum_{i=1}^{p} \widehat{b}_i x_i \tag{5.100}$$

其中 $x_i = X_i - \mu_i, i = 1, 2, \cdots, p$。由此推出

$$\left\| Y - \mu_Y - \sum_{i=1}^{p} \widehat{b}_i x_i \right\|_{L^2} = \left\| Y - \mu_Y - \widehat{Y} + E\widehat{Y} \right\|_{L^2}$$

$$= \left\| Y - \widehat{Y} \right\|_{L^2} = \min_{Z \in \mathcal{V}_p} \| Y - Z \|_{L^2} \tag{5.101}$$

因此 $\sum_{i=1}^{p} \widehat{b}_i x_i$ 是 $y := Y - \mu_Y$ 在 $\mathcal{W}_p = \mathrm{Span}\{x_1, x_2, \cdots, x_p\}$ 上的最佳逼近元, 且有

$$\varepsilon_{Y, \mathcal{V}_p} = Y - \widehat{Y} = Y - \mu_Y - (\widehat{Y} - E\widehat{Y}) = y - \sum_{i=1}^{p} \widehat{b}_i x_i = y - \widehat{y} = \varepsilon_{y, \mathcal{W}_p} \tag{5.102}$$

即 $\varepsilon_{Y, \mathcal{V}_p}$ 也是 y 对 $x_1, x_2, \cdots, x_p$ 的回归残差。如果令 $z = Z - \mu_Z$, 则同样有

$$\varepsilon_{Z, \mathcal{V}_p} = z - \widehat{z} = \varepsilon_{z, \mathcal{W}_p} \tag{5.103}$$

从而有

$$\rho_{Y, Z, \cdot X} = \rho_{\varepsilon_{Y, \mathcal{V}_p}, \varepsilon_{Z, \mathcal{V}_p}} = \rho_{\varepsilon_{y, \mathcal{W}_p}, \varepsilon_{z, \mathcal{W}_p}} = \rho_{y, z, \cdot x} \tag{5.104}$$

其中 $x = \{x_1, x_2, \cdots, x_p\}$。

接下来需要引进一些特殊的记号, 记 $S_p = \{1, 2, \cdots, p\}$, 对于 S_p 的任何一个非空子集 M, 记 $\mathcal{W}_M := \mathrm{Span}\{x_i : i \in M\}$, y 在 $\mathcal{W}_M$ 上的最佳逼近元为 $\widehat{y}_{\cdot M}$, 记相应的逼近残差为 $\varepsilon_{y, \cdot M}$, 即 $\varepsilon_{y, \cdot M} = y - \widehat{y}_{\cdot M}$。采用这些记号后, 迭代式 (5.97) 与下列迭代公式等价:

$$\rho_{y, z, \cdot S_p} = \frac{\rho_{y, z, \cdot S_{p-1}} - \rho_{y, x_p, \cdot S_{p-1}} \rho_{z, x_p, \cdot S_{p-1}}}{\sqrt{1 - \rho_{y, x_p, \cdot S_{p-1}}^2} \sqrt{1 - \rho_{z, x_p, \cdot S_{p-1}}^2}} \tag{5.105}$$

接下来我们将证明迭代式 (5.105)。

对于 S_p 的任一子集 M, 记 $\mathcal{W}_M$ 上的正交投影算子为 P_M, 则有 $\widehat{y}_{.M} = P_M y$。首先注意到

$$
\begin{aligned}
\varepsilon_{y,\cdot S_p} &= y - P_{S_p} y = y - P_{S_p}\left(P_{S_{p-1}} y + \varepsilon_{y,\cdot S_{p-1}}\right) \\
&= y - P_{S_{p-1}} y - P_{S_p}\left(\varepsilon_{y,\cdot S_{p-1}}\right) \\
&= \varepsilon_{y,\cdot S_{p-1}} - P_{S_p}\left(\varepsilon_{y,\cdot S_{p-1}}\right)
\end{aligned}
\tag{5.106}
$$

其中第三个等号用到了正交投影算子的性质 $P_{S_{p-1}} = P_{S_{p-1}} P_{S_p} = P_{S_p} P_{S_{p-1}}$。由式 (5.106) 得

$$
0 = \left\langle \varepsilon_{y,\cdot S_p}, x_k \right\rangle_{L^2} = -\left\langle P_{S_p}\left(\varepsilon_{y,\cdot S_{p-1}}\right), x_k \right\rangle_{L^2}, \qquad k = 1, 2, \cdots, p-1
\tag{5.107}
$$

因此 $P_{S_p}\left(\varepsilon_{y,\cdot S_{p-1}}\right)$ 与 $\mathcal{W}_{S_{p-1}} = \mathrm{Span}\{x_1, x_2, \cdots, x_{p-1}\}$ 正交。又由于这个随机变量落在 $\mathcal{W}_{S_p} = \mathrm{Span}\{x_1, x_2, \cdots, x_{p-1}, x_p\}$ 中, 因此它必与 x_p 在 $\mathcal{W}_{S_{p-1}}$ 上的回归残差 $\varepsilon_{x_p,\cdot S_{p-1}}$ 成比例, 故可设

$$
P_{S_p}\left(\varepsilon_{y,\cdot S_{p-1}}\right) = \lambda_{y,p} \varepsilon_{x_p,\cdot S_{p-1}}
\tag{5.108}
$$

又由于 $\varepsilon_{y,\cdot S_p}$ 与 $\mathcal{W}_{S_p}$ 正交, 因此有

$$
0 = \left\langle \varepsilon_{y,\cdot S_p}, x_p \right\rangle_{L^2} = \left\langle \varepsilon_{y,\cdot S_{p-1}}, x_p \right\rangle_{L^2} - \lambda_{y,p} \left\langle \varepsilon_{x_p,\cdot S_{p-1}}, x_p \right\rangle_{L^2}
\tag{5.109}
$$

由此推出

$$
\lambda_{y,p} = \frac{\left\langle \varepsilon_{y,\cdot S_{p-1}}, x_p \right\rangle_{L^2}}{\left\langle \varepsilon_{x_p,\cdot S_{p-1}}, x_p \right\rangle_{L^2}} = \frac{\mathrm{cov}(\varepsilon_{y,\cdot S_{p-1}}, \varepsilon_{x_p,\cdot S_{p-1}})}{D(\varepsilon_{x_p,\cdot S_{p-1}})}
\tag{5.110}
$$

其中最后一个等号用到了式 (5.67) 和式 (5.68)。利用这两个恒等式还可以得到

$$
\begin{aligned}
D(\varepsilon_{y,\cdot S_p}) &= \left\langle \varepsilon_{y,\cdot S_p}, y \right\rangle_{L^2} = \left\langle \varepsilon_{y,\cdot S_{p-1}} - \lambda_{y,p} \varepsilon_{x_p,\cdot S_{p-1}}, y \right\rangle_{L^2} \\
&= D(\varepsilon_{y,\cdot S_{p-1}}) - \lambda_{y,p} \mathrm{cov}(\varepsilon_{x_p,\cdot S_{p-1}}, \varepsilon_{y,\cdot S_{p-1}}) \\
&= D(\varepsilon_{y,\cdot S_{p-1}})\left(1 - \rho_{y,x_p,\cdot S_{p-1}}^2\right)
\end{aligned}
\tag{5.111}
$$

$$
\begin{aligned}
\mathrm{cov}(\varepsilon_{y,\cdot S_p}, \varepsilon_{z,\cdot S_p}) &= \left\langle \varepsilon_{y,\cdot S_p}, z \right\rangle_{L^2} = \left\langle \varepsilon_{y,\cdot S_{p-1}} - \lambda_{y,p} \varepsilon_{x_p,\cdot S_{p-1}}, z \right\rangle_{L^2} \\
&= \mathrm{cov}(\varepsilon_{y,\cdot S_{p-1}}, \varepsilon_{z,\cdot S_{p-1}}) - \lambda_{y,p} \mathrm{cov}(\varepsilon_{x_p,\cdot S_{p-1}}, \varepsilon_{z,\cdot S_{p-1}}) \\
&= \sqrt{D\varepsilon_{y,\cdot S_{p-1}}} \sqrt{D\varepsilon_{z,\cdot S_{p-1}}} \left[\rho_{y,z,\cdot S_{p-1}} - \rho_{y,x_p,\cdot S_{p-1}} \rho_{z,x_p,\cdot S_{p-1}}\right]
\end{aligned}
\tag{5.112}
$$

由式 (5.111) 和式 (5.112) 得到

$$
\begin{aligned}
\rho_{y,z,\cdot S_p} &= \frac{\mathrm{cov}(\varepsilon_{y,\cdot S_p}, \varepsilon_{z,\cdot S_p})}{\sqrt{D\varepsilon_{y,\cdot S_p}} \sqrt{D\varepsilon_{z,\cdot S_p}}} \\
&= \frac{\rho_{y,z,\cdot S_{p-1}} - \rho_{y,x_p,\cdot S_{p-1}} \rho_{z,x_p,\cdot S_{p-1}}}{\sqrt{1 - \rho_{y,x_p,\cdot S_{p-1}}^2} \sqrt{1 - \rho_{z,x_p,\cdot S_{p-1}}^2}}
\end{aligned}
\tag{5.113}
$$

这就证明了式 (5.105)。 $\square$

接下来介绍偏相关系数矩阵的概念。设 $X_1, X_2, \cdots, X_p, Y_1, Y_2, \cdots, Y_q \in L^2(\Omega)$, 记 $X = \{X_1, X_2, \cdots, X_p\}, Y = \{Y_1, Y_2, \cdots, Y_q\}, \mathcal{V}_p = \text{Span}\{1, X_1, \cdots, X_p\}$, $P_{\mathcal{V}_p}$ 为 $\mathcal{V}_p$ 上的正交投影算子, 则 Y_i 在 $\mathcal{V}_p$ 上的最佳逼近元为 $P_{\mathcal{V}_p}Y_i$, 相应的回归残差为 $\varepsilon_{Y_i, \cdot \mathcal{V}_p} = Y_i - P_{\mathcal{V}_p}Y_i$。由定理 5.8 得

$$\varepsilon_{Y_i, \cdot \mathcal{V}_p} = Y_i - \mu_{Y_i} - \Sigma_{XY_i}^{\text{T}} \Sigma_{XX}^{-1}(X - \mu_X) \tag{5.114}$$

其中 $\mu_{X_i} = EX_i, \mu_{Y_i} = EY_i$,

$$\Sigma_{XX} = (\text{cov}(X_i, X_j))_{i,j=1,2,\cdots,p}, \quad \Sigma_{XY_i} = (\text{cov}(X_1, Y_i), \text{cov}(X_2, Y_i), \cdots, \text{cov}(X_p, Y_i))^{\text{T}} \tag{5.115}$$

于是得到

$$\begin{aligned}
\text{cov}(\varepsilon_{Y_i, \cdot \mathcal{V}_p}, \varepsilon_{Y_j, \cdot \mathcal{V}_p}) &= \text{cov}(Y_i, Y_j) - \Sigma_{XY_i}^{\text{T}} \Sigma_{XX}^{-1} \Sigma_{XY_j} - \Sigma_{XY_j}^{\text{T}} \Sigma_{XX}^{-1} \Sigma_{XY_i} + \\
&\quad \Sigma_{XY_i}^{\text{T}} \Sigma_{XX}^{-1} \Sigma_{XX} \Sigma_{XX}^{-1} \Sigma_{XY_j} \\
&= \text{cov}(Y_i, Y_j) - \Sigma_{XY_i}^{\text{T}} \Sigma_{XX}^{-1} \Sigma_{XY_j}
\end{aligned} \tag{5.116}$$

$$D(\varepsilon_{Y_i, \cdot \mathcal{V}_p}) = DY_i - \Sigma_{XY_i}^{\text{T}} \Sigma_{XX}^{-1} \Sigma_{XY_i} \tag{5.117}$$

记

$$\Sigma_{YY} = (\text{cov}(Y_i, Y_j))_{i,j=1,2,\cdots,q}, \quad \Sigma_{XY} = (\text{cov}(X_i, Y_j))_{i=1,2,\cdots,p, j=1,2,\cdots,q} \tag{5.118}$$

$$\Sigma_{\varepsilon\varepsilon} = (\text{cov}(\varepsilon_{Y_i, \cdot \mathcal{V}_p}, \varepsilon_{Y_j, \cdot \mathcal{V}_p}))_{i,j=1,2,\cdots,q} \tag{5.119}$$

则有

$$\Sigma_{\varepsilon\varepsilon} = \Sigma_{YY} - \Sigma_{XY}^{\text{T}} \Sigma_{XX}^{-1} \Sigma_{XY} \tag{5.120}$$

综上所述, 我们证明了下列命题:

命题 5.3 设 $(\Omega, \mathcal{F}, P)$ 是一个概率空间, $X_1, X_2, \cdots, X_p, Y_1, Y_2, \cdots, Y_q \in L^2(\Omega)$, 记 $X = \{X_1, X_2, \cdots, X_p\}, Y = \{Y_1, Y_2, \cdots, Y_q\}, \Sigma_{XX}$ 和 Σ_{XY_i} 由式 (5.115) 定义, Σ_{YY} 和 Σ_{XY} 由式 (5.118) 定义, $\Sigma_{\varepsilon,\varepsilon}$ 由式 (5.119) 定义, 则等式 (5.116)、式 (5.117) 和式 (5.120) 成立。

设 $X = \{X_1, X_2, \cdots, X_p\}$, 其中 $X_i \in L^2(\Omega), i = 1, 2, \cdots, p$, 记 $S_{i,j} = X \setminus \{X_i, X_j\}$, 则 X_i 与 X_j 给定 $S_{i,j}$ 的偏相关系数为

$$g_{ij} := \rho_{X_i, X_j, \cdot S_{ij}} \tag{5.121}$$

称矩阵 $G = (g_{i,j})_{p \times p}$ 为 X 的 **偏相关系数矩阵 (partial correlation matrix)**。关于偏相关系数矩阵 G 有下列定理:

定理 5.9 设 $(\Omega, \mathcal{F}, P)$ 是一个概率空间, $X = \{X_1, X_2, \cdots, X_p\}$, 其中 $X_i \in L^2(\Omega), i = 1, 2, \cdots, p$, $G = (g_{ij})_{p \times p}$ 是 X 的偏相关系数矩阵, 且假设 X 的协方差矩阵 Σ 是正定的, 并设其逆矩阵为 $\Sigma^{-1} = (\gamma_{ij})_{p \times p}$, 则有

$$g_{ij} = \frac{-\gamma_{ij}}{\sqrt{\gamma_{ii}\gamma_{jj}}}, \qquad i, j = 1, 2, \cdots, p, \ i \neq j \tag{5.122}$$

证明定理 5.9 需要用到如下有关分块矩阵求逆的引理:

引理 5.2 设 C 是 $p+q$ 阶对称矩阵, 将其表示成如下分块矩阵的形式

$$C = \begin{pmatrix} C_{11} & C_{12} \\ C_{21} & C_{22} \end{pmatrix} \tag{5.123}$$

其中 C_{11} 是 q 阶对称方阵, C_{22} 是 p 阶对称方阵, C_{12} 是 $q \times p$ 的矩阵, $C_{21} = C_{12}^{\mathrm{T}}$。记 $C_{1|2} = C_{11} - C_{12}C_{22}^{-1}C_{21}$, 则当 C_{22} 和 $C_{1|2}$ 皆可逆时 C 必可逆, 且有

$$C^{-1} = \begin{pmatrix} C_{1|2}^{-1} & -C_{1|2}^{-1}C_{12}C_{22}^{-1} \\ -C_{22}^{-1}C_{21}C_{1|2}^{-1} & C_{22}^{-1}C_{21}C_{1|2}^{-1}C_{12}C_{22}^{-1} + C_{22}^{-1} \end{pmatrix} \tag{5.124}$$

证明 令

$$A = \begin{pmatrix} I_q & -C_{12}C_{22}^{-1} \\ 0 & I_p \end{pmatrix} \tag{5.125}$$

则有

$$A^{-1} = \begin{pmatrix} I_p & C_{12}C_{22}^{-1} \\ 0 & I_q \end{pmatrix}, \qquad ACA^{\mathrm{T}} = \begin{pmatrix} C_{1|2} & 0 \\ 0 & C_{22} \end{pmatrix} \tag{5.126}$$

由此得到

$$C^{-1} = A^{\mathrm{T}} \begin{pmatrix} C_{1|2}^{-1} & 0 \\ 0 & C_{22}^{-1} \end{pmatrix} A \tag{5.127}$$

作分块矩阵乘法运算后得到要证明的等式。 □

定理 5.9 的证明: 不失一般性, 只需要证明当 $1 \leqslant i,j \leqslant 2$ 时等式 (5.122) 成立即可。因为当 i 或者 j 大于 2 时, 可通过交换 X_i 或者 X_j 与 X_1 或者 X_2 的位置将它们排在前面, 例如将 X_4 与 X_1 交换位置, 则换位后的协方差矩阵 $\Sigma' = E_{1,4}\Sigma E_{1,4}$, 其中 $E_{i,j}$ 是换位矩阵, 左乘 $E_{i,j}$ 交换第 i 行和第 j 行, 右乘 $E_{i,j}$ 交换第 i 列和第 j 列。由于 $E_{i,j}^{-1} = E_{i,j}$, 因此有

$$\Sigma'^{-1} = (E_{1,4}\Sigma E_{1,4})^{-1} = E_{1,4}\Sigma^{-1}E_{1,4} \tag{5.128}$$

即逆矩阵也可以通过交换 Σ^{-1} 第 1、4 行和第 1、4 列得到。

现在将 X 的协方差矩阵 Σ 写成分块矩阵的形式:

$$\Sigma = \begin{pmatrix} \Sigma_{11} & \Sigma_{12} \\ \Sigma_{21} & \Sigma_{22} \end{pmatrix} \tag{5.129}$$

其中 Σ_{11} 是 2 阶方阵, Σ_{22} 是 $p-2$ 阶方阵, Σ_{12} 是 $2 \times (p-2)$ 的矩阵, $\Sigma_{21} = \Sigma_{12}^{\mathrm{T}}$。记 $\varepsilon_{X_i, \cdot S_{ij}}$ 为 X_i 对 S_{ij} 的回归残差, 并设

$$\sigma_{ij} = \mathrm{cov}(\varepsilon_{X_i, \cdot S_{ij}}, \varepsilon_{X_j, \cdot S_{ij}}), \qquad i, j = 1, 2 \tag{5.130}$$

$$\Sigma_{\varepsilon\varepsilon} = \begin{pmatrix} \sigma_{11} & \sigma_{12} \\ \sigma_{21} & \sigma_{22} \end{pmatrix} \tag{5.131}$$

则由命题 5.3 得

$$\Sigma_{\varepsilon\varepsilon} = \Sigma_{11} - \Sigma_{12}\Sigma_{22}^{-1}\Sigma_{21} = \Sigma_{1|2} \tag{5.132}$$

于是根据引理 5.2 得

$$\Sigma_{\varepsilon\varepsilon}^{-1} = \Sigma_{1|2}^{-1} = \begin{pmatrix} \gamma_{11} & \gamma_{12} \\ \gamma_{21} & \gamma_{22} \end{pmatrix} \tag{5.133}$$

由此推出

$$\begin{pmatrix} \sigma_{11} & \sigma_{12} \\ \sigma_{21} & \sigma_{22} \end{pmatrix} = \Sigma_{\varepsilon\varepsilon} = \begin{pmatrix} \gamma_{11} & \gamma_{12} \\ \gamma_{21} & \gamma_{22} \end{pmatrix}^{-1} = \frac{1}{\gamma_{11}\gamma_{22} - \gamma_{12}\gamma_{21}} \begin{pmatrix} \gamma_{22} & -\gamma_{21} \\ -\gamma_{12} & \gamma_{11} \end{pmatrix} \tag{5.134}$$

由于 $\gamma_{12} = \gamma_{21}$, 因此有

$$g_{12} = \frac{\sigma_{12}}{\sqrt{\sigma_{11}}\sqrt{\sigma_{22}}} = -\frac{\gamma_{12}}{\sqrt{\gamma_{11}}\sqrt{\gamma_{22}}} \tag{5.135}$$

接下来介绍偏相关系数矩阵的计算实现。MATLAB 提供了一个名为 partialcorr 的库函数, 它可以实现一些常用场景下的偏相关系数计算, 下面对其使用方法进行扼要介绍。可以用这个函数计算 $X = \{X_1, X_2, \cdots, X_p\}$ 的偏相关系数矩阵 $G = (g_{ij})_{p \times p}$, 其中 g_{ij} 表示 X_i 与 X_j 给定 $X \setminus \{X_i, X_j\}$ 的相关系数, 其定义由式 (5.121) 给出。用法如下:

```
G=partialcorr(X)
```

其中 X 代表样本数据矩阵, 每一列对应一个变量, 每一行对应一个样本观察值。

如果有两组变量 $X = \{X_1, X_2, \cdots, X_p\}$ 和 $Y = \{Y_1, Y_2, \cdots, Y_q\}$ 的样本数据, 也可以用这个函数计算 Y 在给定 X 的条件下的偏相关系数矩阵 $R_{Y|X} = (r_{Y_i, Y_j, \cdot X})_{q \times q}$, 其中 $r_{Y_i, Y_j, \cdot X}$ 表示 Y_i 和 Y_j 给定 X 的偏相关系数。用法如下:

```
RYX=partialcorr(Y,X)
```

其中 Y 和 X 是样本数据矩阵, RYX 为输出的偏相关系数矩阵。如果需要计算变量组 Y 和 Z 在给定 X 的条件下的偏相关系数矩阵, 则可以使用下列代码:

```
RYZX=partialcorr(Y,Z,X)
```

其中 Y、Z 和 X 是样本数据矩阵, RYZX 是输出的偏相关系数矩阵。如果还要检验偏相关性是否显著, 则可以使用下列代码:

```
[RYZX,p]=partialcorr(Y,Z,X)
```

其中 p 是一个由概率值组成的矩阵, 每一个元素是一个概率值, 代表对应偏相关系数的显著性水平, 值越小, 显著水平越高。

下面是计算表 5.2 中平均销售价格和销售面积的简单相关系数和偏相关系数的 MAT-LAB 代码:

```
function Li_5_2partialcorre()
%%这个函数实现了5.4节中商品房销售历史数据的偏相关系数的计算
%%%%%%%%%%%%%%%%%%%%%%%%%%%%%%%%%%%%%%%%%%
load('HouseSellAnnualData.mat');
%%载入商品房销售历史数据,之前已经把数据保存在该文件中的变量HAD中,HAD是一
%%个矩阵,第1列是年份,第2列是平均销售价格,第3列是销售面积,第4列是人均年
%%收入,第5列是常住人口
Y=HAD(:,2:3);           %%将平均销售价格和销售面积保存至Y中
X=HAD(:,4:5);           %%将人均收入和常住人口保存至X中,作为外部控制变量
R=corrcoef(X)           %%计算简单相关系数矩阵
[RYX,p]=partialcorr(Y,X)
%%计算Y在给定X的条件下的偏相关系数矩阵,同时进行相关系数显著性检验,p是一
%%个矩阵,每一个元素是一个概率值,代表对应偏相关系数显著性水平,值越小,显
%%著水平越高
```

5.5 线性回归模型的推断及评价

回到线性回归模型式 (5.2), 我们的最终目的是用它进行推断或者预测, 即给定一个新的数据 $x^{(0)} = (1, x_{01}, x_{02}, \cdots, x_{0p})^{\mathrm{T}}$, 需要对响应变量 y 的值进行推断或预测, 这就需要搞清楚 y 的分布。首先, 在给定解释变量数据 $x^{(0)}$ 的条件下, 响应变量 y 的均值为

$$E(y|x^{(0)}) = \beta_0 + \beta_1 x_{01} + \beta_2 x_{02} + \cdots + \beta_p x_{0p} \tag{5.136}$$

但参数 $\beta = (\beta_0, \beta_1, \cdots, \beta_p)^{\mathrm{T}}$ 是未知的, 知道的只是它的最小二乘估计 $\widehat{\beta}$, 因此只能用 $\widehat{\beta}_i$ 代替方程式 (5.136) 中的 β_i, 这时搞清楚 $\widehat{\beta}$ 分布就显得异常重要了。

推论 5.1 已经给出了 $\widehat{\beta}$ 的均值向量和协方差矩阵, 但这还不够, 我们希望得到它的具体分布, 这时需要在经典线性回归模型的基础上进行进一步假设, 我们假设 ε 服从正态分布 $\mathcal{N}_n(0, \sigma^2 I)$, 下面导出 $\widehat{\beta}$ 及残差平方和 $\widehat{\varepsilon}^{\mathrm{T}}\widehat{\varepsilon}$ 的分布。

由于 $\widehat{\beta}$ 是 ε 的线性变换, 因此 $\widehat{\beta}$ 也是服从正态分布的, 且推论 5.1 已经给出 $E(\widehat{\beta}) = \beta$, $\mathrm{cov}(\widehat{\beta}, \widehat{\beta}) = \sigma^2 (X^{\mathrm{T}} X)^{-1}$, 因此有

$$\widehat{\beta} \sim \mathcal{N}_n \left(\beta, \sigma^2 (X^{\mathrm{T}} X)^{-1} \right) \tag{5.137}$$

另外一个重要的统计量是残差平方和 $\widehat{\varepsilon}^{\mathrm{T}}\widehat{\varepsilon}$。由于 $\widehat{\varepsilon} = (I-H)Y = (I-H)(X\beta+\varepsilon)$，因此 $\widehat{\varepsilon}$ 是 ε 的线性变换，因此 $\widehat{\varepsilon}$ 也服从正态分布，且根据定理 5.2 得 $E(\widehat{\varepsilon}) = 0, \operatorname{cov}(\widehat{\varepsilon},\widehat{\varepsilon}) = \sigma^2(I-H)$，因此有

$$\widehat{\varepsilon} \sim \mathcal{N}_n\left(0, \sigma^2(I-H)\right) \tag{5.138}$$

由定理 5.3 及引理 5.1 得

$$\widehat{\varepsilon}^{\mathrm{T}}\widehat{\varepsilon} = Y^{\mathrm{T}}(I-H)Y = (X\beta+\varepsilon)^{\mathrm{T}}(I-H)(X\beta+\varepsilon) = \varepsilon^{\mathrm{T}}(I-H)\varepsilon \tag{5.139}$$

由于 ε/σ 服从 n 维标准正态分布，根据 Cochran 定理（附录 A 定理 A.1）得

$$\frac{\widehat{\varepsilon}^{\mathrm{T}}\widehat{\varepsilon}}{\sigma^2} = \left(\frac{\varepsilon}{\sigma}\right)^{\mathrm{T}}(I-H)\left(\frac{\varepsilon}{\sigma}\right) \sim \chi^2(r) \tag{5.140}$$

其中 $r = \operatorname{rank}(I-H)$。由于 $\operatorname{rank}(H) = p+1$，且 H 是对称的幂等矩阵，因此 $\operatorname{rank}(I-H) = n-p-1$ (本章习题 4)，从而有

$$\frac{\widehat{\varepsilon}^{\mathrm{T}}\widehat{\varepsilon}}{\sigma^2} \sim \chi^2(n-p-1) \tag{5.141}$$

把以上讨论结果归纳起来，便得到了如下定理：

定理 5.10　如果在经典线性回归模型的基础上进一步假设 $\varepsilon \sim \mathcal{N}_n(0, \sigma^2 I)$，且假定 X 是列满秩的，则式 (5.137)、式 (5.138) 和式 (5.141) 成立。

现在回到用线性回归模型进行预测的问题。给定一个新的输入数据 $x^{(0)} = (1, x_{01}, x_{02}, \cdots, x_{0p})^{\mathrm{T}}$，我们希望得到响应变量 y 的对应值。首先想到的是用

$$(x^{(0)})^{\mathrm{T}}\widehat{\beta} = \widehat{\beta}_0 + \widehat{\beta}_1 x_{01} + \cdots + \widehat{\beta}_p x_{0p} \tag{5.142}$$

作为 $E(y|x^{(0)})$ 的估计，由于 $E(\widehat{\beta}) = \beta$，因此有

$$E\left[(x^{(0)})^{\mathrm{T}}\widehat{\beta}\right] = (x^{(0)})^{\mathrm{T}}\beta = \beta_0 + \beta_1 x_{01} + \cdots + \beta_p x_{0p} = E(y|x^{(0)}) \tag{5.143}$$

因此 $(x^{(0)})^{\mathrm{T}}\widehat{\beta}$ 是 $E(y|x^{(0)})$ 的无偏估计。这个估计量的方差为

$$\operatorname{var}\left((x^{(0)})^{\mathrm{T}}\widehat{\beta}\right) = (x^{(0)})^{\mathrm{T}}\operatorname{cov}(\widehat{\beta},\widehat{\beta})x^{(0)} = (x^{(0)})^{\mathrm{T}}(X^{\mathrm{T}}X)^{-1}x^{(0)}\sigma^2 \tag{5.144}$$

如果 $\varepsilon \sim \mathcal{N}_n(0, \sigma^2 I)$，则有

$$(x^{(0)})^{\mathrm{T}}\widehat{\beta} \sim \mathcal{N}\left(E(y|x^{(0)}), (x^{(0)})^{\mathrm{T}}(X^{\mathrm{T}}X)^{-1}x^{(0)}\sigma^2\right) \tag{5.145}$$

从而有

$$\frac{(x^{(0)})^{\mathrm{T}}\widehat{\beta} - E(y|x^{(0)})}{\sqrt{(x^{(0)})^{\mathrm{T}}(X^{\mathrm{T}}X)^{-1}x^{(0)}\sigma^2}} \sim \mathcal{N}(0,1) \tag{5.146}$$

对于给定的显著性水平 α, 可以找到分位点 $u_{\alpha/2}$, 使得对于服从标准正态分布的随机变量 U 满足

$$P\{|U| \leqslant u_{\alpha/2}\} = 1 - \alpha \tag{5.147}$$

于是

$$P\left\{\left|\frac{(x^{(0)})^{\mathrm{T}}\widehat{\beta} - E(y|x^{(0)})}{\sqrt{(x^{(0)})^{\mathrm{T}}(X^{\mathrm{T}}X)^{-1}x^{(0)}\sigma^2}}\right| \leqslant u_{\alpha/2}\right\} = 1 - \alpha \tag{5.148}$$

也即 $E(y|x^{(0)})$ 落在下列区间中的概率是 $1 - \alpha$:

$$\left[(x^{(0)})^{\mathrm{T}}\widehat{\beta} - u_{\alpha/2}\sqrt{(x^{(0)})^{\mathrm{T}}(X^{\mathrm{T}}X)^{-1}x^{(0)}\sigma^2}, (x^{(0)})^{\mathrm{T}}\widehat{\beta} + u_{\alpha/2}\sqrt{(x^{(0)})^{\mathrm{T}}(X^{\mathrm{T}}X)^{-1}x^{(0)}\sigma^2}\right] \tag{5.149}$$

这就是 $E(y|x^{(0)})$ 的置信水平为 $1 - \alpha$ 的估计区间。

在实际应用中, σ^2 是未知的, 要得到 $E(y|x^{(0)})$ 的估计区间, 还需要对式 (5.146) 定义的统计量作点修改。根据式 (5.141) 及 t 分布的定义得

$$\frac{(x^{(0)})^{\mathrm{T}}\widehat{\beta} - E(y|x^{(0)})}{\sqrt{(x^{(0)})^{\mathrm{T}}(X^{\mathrm{T}}X)^{-1}x^{(0)}\sigma^2}\sqrt{\dfrac{\widehat{\varepsilon}^{\mathrm{T}}\widehat{\varepsilon}}{\sigma^2(n-p-1)}}} \sim t(n-p-1) \tag{5.150}$$

令 $s^2 = (\widehat{\varepsilon}^{\mathrm{T}}\widehat{\varepsilon})/(n-p-1)$, 则有

$$T := \frac{(x^{(0)})^{\mathrm{T}}\widehat{\beta} - E(y|x^{(0)})}{\sqrt{(x^{(0)})^{\mathrm{T}}(X^{\mathrm{T}}X)^{-1}x^{(0)}s^2}} \sim t(n-p-1) \tag{5.151}$$

对于给定的显著性水平 α, 可以找到分位点 $t_{\alpha/2}(n-p-1)$, 使得

$$P\{|T| \leqslant t_{\alpha/2}(n-p-1)\} = 1 - \alpha \tag{5.152}$$

由此得到 $E(y|x^{(0)})$ 的置信水平为 $1 - \alpha$ 的估计区间左右端点为

$$(x^{(0)})^{\mathrm{T}}\widehat{\beta} \pm t_{\alpha/2}(n-p-1)\sqrt{(x^{(0)})^{\mathrm{T}}(X^{\mathrm{T}}X)^{-1}x^{(0)}s^2} \tag{5.153}$$

如何评价线性回归模型的优劣呢? 这是一个很困难的问题, 没有固定的答案, 但有一些评价标准可供参考。第一个常用的指标是 5.2 节已经提到过的决定系数

$$R^2 = \frac{S_{\mathrm{Reg}}^2}{S_T^2} = \frac{\displaystyle\sum_{i=1}^{n}(\widehat{y}_i - \overline{y})^2}{\displaystyle\sum_{i=1}^{n}(y_i - \overline{y})^2} \tag{5.154}$$

它反映的是线性回归模型解释的方差占响应变量总方差的比例, R^2 越大, 说明该模型的解释能力越强, 或者说对数据的拟合程度越高。但决定系数有一个缺点, 就是随着引入的解释变量的个数的增加, 它总是增加的, 但解释变量太多的模型并不是好模型, 一方面模型不精

简, 另一方面会出现过度拟合的问题, 导致模型预测能力不强。因此一个好的评价指标也应该把解释变量的个数纳入考量范围。于是, 研究者引入了下列评价指标:

$$\overline{R}^2 := 1 - \frac{(1 - R^2)(n - 1)}{n - p - 1} \tag{5.155}$$

称为**调整决定系数 (adjusted determination coefficient)**, 这个评价指标把解释变量的个数纳入了考量范围, 解释变量过多会拉低 $\overline{R}^2$ 的值。

5.6　实　例

本节介绍如何用 MATLAB 实现线性回归分析。回到例 5.1, 我们建立一个二手房成交价的线性回归模型, 分析住宅房成交价格 (y) 与建筑面积 (x_1)、城市人均年收入 (x_2)、是否学区房 (x_3) 之间的关系。首先建立下列简单线性回归模型

$$y = \beta_0 + \beta_1 x_1 + \beta_2 x_2 + \beta_3 x_3 + \varepsilon \tag{5.156}$$

我们事先已经把 "二手住宅房销售调查数据.xlsx" 中的数据导入应变量 Y 和自变量 X 中, 并已将这两个变量保存在 "houseSellD.mat" 中, 现在只需要载入这个文件, 就可以进行线性回归分析。MATLAB 代码如下:

```
load('houseSellD.mat');
%%导入数据，该数据文件包含X和Y两个数组，X存储的是解释变量的数据，Y存储的是
%%响应变量的数据

%%接下来是建立线性回归模型y=b0+b1*x1+b2*x2+b3*x3
LMD1=fitlm(X,Y)
```

输出结果如图 5.1 所示。

```
Linear regression model:
    y ~ 1 + x1 + x2 + x3

Estimated Coefficients:
                  Estimate        SE          tStat         pValue
                 _____    _____    _____    _____

    (Intercept)   -3.9505       12.036        -0.32822     0.74417
    x1             0.71447       0.084333       8.472       4.3017e-11
    x2             4.7901        1.5678         3.0553      0.0036651
    x3            12.016         5.6479         2.1276      0.038538

Number of observations: 52, Error degrees of freedom: 48
Root Mean Squared Error: 18.6
R-squared: 0.634,   Adjusted R-Squared 0.612
F-statistic vs. constant model: 27.8, p-value = 1.47e-10
```

图 5.1　第一次回归分析的结果

图中第一列数值是回归系数的估计值，即

$$\widehat{\beta}_0 = -3.9505, \qquad \widehat{\beta}_1 = 0.71447, \qquad \widehat{\beta}_2 = 4.7901, \qquad \widehat{\beta}_3 = 12.016 \qquad (5.157)$$

图中第二列数值是回归系数的平方误差; 第三列是相应的 t 统计量的值; 第四列是回归系数显著性检验的结果, p 值越小, 表示该回归系数越显著, 如果 p 值大于 0.5, 则表示该回归系数不显著, 可以认为它等于 0, 或者删除相应的解释变量, 建立一个更精简的回归模型。表的下方还有一些输出结果, 例如表下方第二行是回归残差的均方根; 第三行是决定系数 R^2 和调整决定系数 $\bar{R}^2$; 第四行是该线性模型与常数模型有无显著差异的检验结果, p 值很接近 0 表明该线性模型与常数模型有显著差异, 具有比常数模型更强的解释能力。

为了对模型进行诊断, 可以用如下命令画出回归残差的直方图:

```
%%画回归残差的直方图
plotResiduals(LMD1)
```

输出结果如图 5.2 所示。

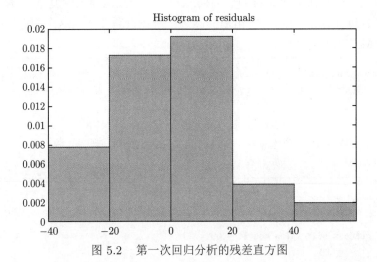

图 5.2　第一次回归分析的残差直方图

从直方图来看, 回归残差不太像服从正态分布, 可能需要引入新的解释变量或非线性项。下面试一试引进一个二次项 x_1x_3, 看能不能有所改进。考虑下列回归模型:

$$y = \beta_0 + \beta_1 x_1 + \beta_2 x_2 + \beta_3 x_3 + \beta_4 x_1 x_3 + \varepsilon \qquad (5.158)$$

在实际计算时, 把 x_1x_3 视为新的变量 x_4, 计算过程与普通线性回归分析无异。下面是 MATLAB 代码:

```
%%接下来建立改进模型y=b0+b1*x1+b2*x2+b3*x3+b4*x4, 其中x4=x1*x3,
x4=X(:,1).*X(:,3);
XI=[X,x4];  %%第二个模型的解释变量数据矩阵
LMD2=fitlm(XI,Y)
```

计算结果如图 5.3 所示。

```
Linear regression model:
    y ~ 1 + x1 + x2 + x3 + x4

Estimated Coefficients:
                 Estimate        SE          tStat        pValue
                 _____      _____      _____     _____

    (Intercept)   -6.7384      13.851       -0.48649      0.62888
    x1             0.74191      0.10744       6.9054       1.1374e-08
    x2             4.8827       1.5969        3.0576        0.0036751
    x3            17.677       14.686         1.2036        0.23476
    x4            -0.074335     0.17776      -0.41817       0.67773

Number of observations: 52, Error degrees of freedom: 47
Root Mean Squared Error: 18.8
R-squared: 0.636,   Adjusted R-Squared 0.605
F-statistic vs. constant model: 20.5, p-value = 7.86e-10
```

图 5.3　第二次回归分析的结果

与模型 (5.156) 相比, 这个模型的决定系数 R^2 几乎没有提高, 而且回归系数 $\widehat{\beta}_4$ 不显著, 这说明增加二次项 $x_1 x_3$ 并没有提升模型的解释能力, 反而使模型变得更复杂, 因此模型式 (5.156) 是更佳选择。

建好线性回归模型后, 便可用它进行预测了。假如另一套住宅房的建筑面积是 112 平方米, 所在城市的人均年收入是 4.8 万元, 且这套房是非学区房, 则可用下列代码预测这套房未来的成交价:

```
xnew=[112,4.8,0]                %%训练样本之外的自变量数据
[yp,interval]=predict(LMD1,xnew)  %%用模型LMD1预测xnew对应的响应值
```

预测结果如图 5.4 所示。其中 yp 是预测价格的均值, interval 是置信水平为 95% 的预测区间, 换言之, 该房的成交价有 95% 的概率落在 89.8395 万至 108.2851 万之间。

```
yp =

    99.0623


interval =

    89.8395   108.2851
```

图 5.4　用模型式 (5.156) 进行预测的结果

下面是本节所讲实例的全部 MATLAB 代码:

```
function Li5_1A()
%%这个函数实现了5.6节例5.1中的回归分析,分析二手住宅房成交价(y)与建筑面积
%%(x1)、城市人均年收入(x2)、是否学区房(x3)之间的关系
%%%%%%%%%%%%%%%%%%%%%%%%%%%%%%%%%%%%%%%%%
load('houseSellD.mat');
%%导入数据,该数据文件包含X和Y两个数组,X存储的是解释变量的数据,Y存储的是响
%%应变量的数据

%%接下来是建立线性回归模型y=b0+b1*x1+b2*x2+b3*x3
LMD1=fitlm(X,Y)

%%画回归残差的直方图
plotResiduals(LMD1)

%%接下来建立改进模型y=b0+b1*x1+b2*x2+b3*x3+b4*x4, 其中x4=x1*x3,
x4=X(:,1).*X(:,3);
XI=[X,x4];                  %%第二个模型的解释变量数据矩阵
LMD2=fitlm(XI,Y)


xnew=[112,4.8,0]                %%训练样本之外的自变量数据
[yp,interval]=predict(LMD1,xnew)   %%用模型LMD1预测xnew对应的响应值
```

拓展阅读建议

　　本章介绍了多元线性回归模型、最小二乘估计、线性回归模型的推断及评价、线性回归分析的实现等内容,这些知识与方法在各个领域都有广泛应用,同时是学习其他多元数据分析方法的基础,希望读者牢固掌握。线性回归模型的原理、最小二乘估计以及偏相关系数本章已经讲得比较系统,关于用线性回归模型进行推断和预测的更多内容可参考文献 [17],关于线性回归模型的应用及模型诊断的更多内容可参考文献 [76-80],关于偏相关系数的更多内容可参考文献 [81-82]。

第 5 章习题

　　1. 设 X 是列满秩矩阵,试证明帽子矩阵 $H = X(X^{\mathrm{T}}X)^{-1}X^{\mathrm{T}}$ 是对称的幂等矩阵,即满足 $H^2 = H$。

　　2. 请证明等式 (5.22)。

　　3. 设 A 是一个幂等矩阵,试证明 A 的特征值只能是 0 或者 1。

　　4. 设 A 是 n 阶对称幂等矩阵,$\mathrm{rank}(A) = r$,试证明 $\mathrm{rank}(I_n - A) = n - r$。

　　5. 设 V 是一个内积空间,W 是 V 的子空间,$v \in V$,如果存在 $v' \in W$,使得 $\langle v -$

$v', w \rangle = 0, \forall w \in W$, 则称 v' 是 v 在 W 上的**正交投影 (orthogonal projection)**, 记作 $v' = P_W v$。试证明:

(1) v 在子空间 W 上的正交投影是唯一的。

(2) 如果 $v \in W$, 则 $P_W v = v$; 如果 $v \in W^\perp$, 则 $P_W v = 0$。

(3) $v' \in W$ 是 v 在 W 上正交投影当且仅当

$$\|v - v'\| = \min_{w \in W} \|v - w\| \tag{5.159}$$

(4) 正交投影 P_W 是线性变换, 即满足

$$P_W(\alpha u + \beta v) = \alpha P_W u + \beta P_W v, \qquad \forall u, v \in V, \ \alpha, \beta \in \mathbb{R} \tag{5.160}$$

(5) 如果 W_1 和 W_2 都是 V 的子空间, 且 $W_1 \subseteq W_2$, 则有

$$P_{W_1} = P_{W_1} P_{W_2} = P_{W_2} P_{W_1} \tag{5.161}$$

6. 为研究某种化学反应过程中温度 x（单位：摄氏度）对产品获得率 y（%）的影响, 实验测得了如下数据, 如表 5.3 所示。

表 5.3　温度和产品获得率实验测得数据

温度（x）	100	110	102	130	140	150	160	170	180	190
产品获得率（y）	45	51	54	61	66	70	74	78	85	89

请建立回归方程表示 y 与 x 之间的关系, 并估计回归参数。

7. 表 5.4 是 1957 年美国二手小汽车的调查资料, 其中 x 表示小汽车的使用年限, y 表示相应的平均价格。请建立回归方程分析二者之间的关系。

表 5.4　二手小汽车调查数据

使用年限（x）	1	2	3	4	5	6	7	8	9	10
平均价格（y）	2651	1943	1494	1087	765	538	484	290	226	204

8. 收集一些城市的房地产价格（y）、土地价格（x_1）、中长期贷款利率（x_2）、国家货币供应量（x_3）、居民消费价格指数（x_4）、消费者信心指数（x_5）的数据, 请建立回归方程分析 y 与其余变量之间的关系。

9. 房价到底受哪些因素的影响呢？请你设计一个线性回归模型, 并从网上收集数据对模型进行估计, 对结果进行分析, 得出你的结论, 写成一份完整的报告。

主成分分析

学习要点

1. 理解主成分分析的基本思想及有关概念。
2. 理解主成分的数学模型及求解方法。
3. 了解主成分的性质。
4. 使用 MATLAB 实现主成分分析。
5. 使用主成分分析方法建模解决一些实际数据分析问题。

6.1 概　述

主成分分析 (principal component analysis, PCA) 是一种应用广泛的降维方法, 是多元数据分析的核心方法。主成分分析由 Pearson 于 1901 年提出[83], 但其思想可以追溯到更早的 Galton、Beltrami、Jordan 甚至 Cauchy[84-86]。1933 年, Hotelling 提出利用主成分分析降维的方法[87], 这种方法开始在各个领域得到广泛应用。

下面通过一个简单的例子说明主成分分析的基本思想。图 6.1 是 2 维样本数据 $\{(x_{i1}, x_{i2}) : i = 1, 2, \cdots, n\}$ 的散点图, 我们看到, 这虽然是一个 2 维数据, 但所有数据点几乎分布在一条直线上, 这条直线代表数据**变异性 (variability)** 最大的方向, 如果作一个坐标旋转, 使新的坐标轴 f_1 位于这条直线的位置, 另一条坐标轴 f_2 与之垂直, 则在这个新的坐标系下, 数据点的变异性主要集中在 f_1 坐标上, 在另一个坐标 f_2 上的变异性很小。如何找出数据变异性最大的方向就是主成分分析要解决的问题。从线性代数的角度来看, 平面坐标系的线性坐标变换可表示为

$$\begin{cases} f_1 = a_{11}x_1 + a_{12}x_2 \\ f_2 = a_{21}x_1 + a_{22}x_2 \end{cases} \tag{6.1}$$

因此找变异性最大的方向相当于找一个综合变量 $f_1 = a_{11}x_1 + a_{12}x_2$, 使得样本数据在其上的投影(取值)具有最大的变异性。把这个问题一般化, 设原始数据有 p 个变量 $x_1, x_2, \cdots, x_p$, 但这些变量存在相关性, 或者说存在冗余, 我们想构造少数几个不相关的综合变量

$$f_i = a_{i1}x_1 + a_{i2}x_2 + \cdots + a_{ip}x_p, \qquad i = 1, 2, \cdots, q, \ q < p \tag{6.2}$$

使得这 q 个综合变量能够反映原始数据的绝大部分变异性, 则可以用更精简的方式表示原始数据, 这就是主成分分析的基本思想。通常称构造的综合变量 $f_1, f_2, \cdots, f_q$ 为**主成分 (principal component)**。

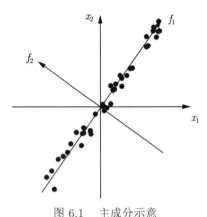

图 6.1　主成分示意

6.2　数　学　模　型

我们先来看第一个主成分的数学模型。此时相当于寻找综合变量

$$f_1 = a_{11}x_1 + a_{12}x_2 + \cdots + a_{1p}x_p \tag{6.3}$$

使得其变异性最大化。f_1 的变异性可用其方差衡量:

$$\mathrm{var}(f_1) = \mathrm{cov}(f_1, f_1) = \sum_{k=1}^{p}\sum_{l=1}^{p} a_{1k}a_{1l}\mathrm{cov}(x_k, x_l) = a_1^{\mathrm{T}}\Sigma a_1 \tag{6.4}$$

其中 $a_1 = (a_{11}, a_{12}, \cdots, a_{1p})^{\mathrm{T}}$, Σ 是原始变量 $x_1, x_2, \cdots, x_p$ 的协方差矩阵。我们希望选择系数向量 a_1, 使得 $s(a_1) = \mathrm{var}(f_1)$ 最大化。但我们发现

$$s(ta_1) = (ta_1)^{\mathrm{T}}\Sigma(ta_1) = t^2(a_1^{\mathrm{T}}\Sigma a_1) = t^2 s(a_1), \qquad \forall\, t > 0 \tag{6.5}$$

即如果把系数向量 a_1 的长度拉长至原来的 t 倍, 则 $\mathrm{var}(f_1)$ 将增长至原来的 t^2 倍, 因此如果不对系数向量 a_1 的长度作限制, 则 $\mathrm{var}(f_1)$ 没有最大, 只有更大。因此我们限制 a_1 只在长度为 1 的向量中取值, 即考虑下列带约束条件的最大化问题:

$$\begin{cases} \max \mathrm{var}(f_1) = a_1^{\mathrm{T}}\Sigma a_1 \\ \mathrm{s.t.}\ \|a_1\|^2 = 1 \end{cases} \tag{6.6}$$

这就是第一个主成分的数学模型。

但是很多时候, 一个主成分还不足以反映原始数据的大部分变异性, 因此需要寻找第二个主成分

$$f_2 = a_{21}x_1 + a_{22}x_2 + \cdots + a_{2p}x_p \tag{6.7}$$

我们要求 f_2 与 f_1 不相关, 且变异性尽可能大, 因此 f_2 应是下列优化问题的解:

$$\begin{cases} \max \mathrm{var}(f_2) = a_2^{\mathrm{T}} \Sigma a_2 \\ \text{s.t. } \|a_2\|^2 = 1, \quad \mathrm{cov}(f_1, f_2) = 0 \end{cases} \tag{6.8}$$

其中 $a_2 = (a_{21}, a_{22}, \cdots, a_{2p})^{\mathrm{T}}$ 是 f_2 的系数向量。注意到

$$\mathrm{cov}(f_1, f_2) = \sum_{k=1}^{p} \sum_{l=1}^{p} a_{1k} a_{2l} \mathrm{cov}(x_k, x_l) = a_1^{\mathrm{T}} \Sigma a_2 \tag{6.9}$$

因此优化问题式 (6.8) 也可表示为

$$\begin{cases} \max \mathrm{var}(f_2) = a_2^{\mathrm{T}} \Sigma a_2 \\ \text{s.t. } \|a_2\|^2 = 1, \quad a_1^{\mathrm{T}} \Sigma a_2 = 0 \end{cases} \tag{6.10}$$

一般地, 第 i 个主成分

$$f_i = a_{i1} x_1 + a_{i2} x_2 + \cdots + a_{ip} x_p \tag{6.11}$$

应与前 $i-1$ 个主成分都不相关, 且变异性尽可能大, 因此它是下列优化问题的解:

$$\begin{cases} \max \mathrm{var}(f_i) = a_i^{\mathrm{T}} \Sigma a_i \\ \text{s.t. } \|a_i\|^2 = 1, \quad \mathrm{cov}(f_j, f_i) = a_j^{\mathrm{T}} \Sigma a_i = 0, \quad j = 1, 2, \cdots, i-1 \end{cases} \tag{6.12}$$

这就是一般的第 i 个主成分的数学模型。

6.3 主成分模型的解

本节介绍主成分模型式 (6.6)、式 (6.10) 及式 (6.12) 的解。这几个模型都是带约束条件的优化问题, 理论上都可以用 Lagrange 乘数法求解, 但当约束条件比较多时, 用 Lagrange 乘数法会比较麻烦, 下面介绍一种更直接简便的方法。

由于原始变量的协方差矩阵 Σ 是非负定的实对称矩阵, 根据定理 1.12, Σ 存在如下特征分解:

$$\Sigma = U \Lambda U^{\mathrm{T}} = \sum_{k=1}^{p} \lambda_k u_k u_k^{\mathrm{T}} \tag{6.13}$$

其中 U 是正交矩阵, $u_k, k = 1, 2, \cdots, p$ 是其列向量, Λ 是对角矩阵, 其对角元素是 Σ 的特征值 $\lambda_1 \geqslant \lambda_2 \geqslant \cdots \geqslant \lambda_p$。利用这个特征分解式可将 f_i 的方差表示为

$$\mathrm{var}(f_i) = a_i^{\mathrm{T}} \Sigma a_i = a_i^{\mathrm{T}} \left(\sum_{k=1}^{p} \lambda_k u_k u_k^{\mathrm{T}} \right) a_i = \sum_{k=1}^{p} \lambda_k a_i^{\mathrm{T}} u_k u_k^{\mathrm{T}} a_i$$

$$= \sum_{k=1}^{p} \lambda_k \langle a_i, u_k \rangle^2 \tag{6.14}$$

后面将反复用到这个表达式。

先来考虑主成分模型式 (6.6) 的解。由于特征值 $\lambda_k, k = 1, 2, \cdots, p$ 是按照从大到小的顺序排列的, 因此由表达式 (6.14) 得

$$\mathrm{var}(f_1) = \sum_{k=1}^{p} \lambda_k \langle a_1, u_k \rangle^2 \leqslant \lambda_1 \sum_{k=1}^{p} \langle a_1, u_k \rangle^2 = \lambda_1 \sum_{k=1}^{p} a_1^{\mathrm{T}} u_k u_k^{\mathrm{T}} a_1$$

$$= \lambda_1 a_1^{\mathrm{T}} \left(\sum_{k=1}^{p} u_k u_k^{\mathrm{T}} \right) a_1 \tag{6.15}$$

再注意到

$$\sum_{k=1}^{p} u_k u_k^{\mathrm{T}} = (u_1, u_2, \cdots, u_p) \begin{pmatrix} u_1^{\mathrm{T}} \\ u_2^{\mathrm{T}} \\ \vdots \\ u_p^{\mathrm{T}} \end{pmatrix} = UU^{\mathrm{T}} = I \tag{6.16}$$

便得到

$$\mathrm{var}(f_1) \leqslant \lambda_1 a_1^{\mathrm{T}} a_1 = \lambda_1 \|a_1\|^2 = \lambda_1 \tag{6.17}$$

这就证明了 λ_1 是 $\mathrm{var}(f_1)$ 的上界。下面证明这个上界还是可以取到的。事实上, 当 $a_1 = u_1$ 时便有

$$\mathrm{var}(f_1) = \sum_{k=1}^{p} \lambda_k \langle a_1, u_k \rangle^2 = \sum_{k=1}^{p} \lambda_k \langle u_1, u_k \rangle^2 = \lambda_1 \langle u_1, u_1 \rangle = \lambda_1 \tag{6.18}$$

其中第三个等号用到了 $u_k, k = 1, 2, \cdots, p$ 的规范正交性。综上所述, 我们证明了如下命题:

命题 6.1　设原始变量 $x_1, x_2, \cdots, x_p$ 的协方差矩阵为 Σ, 则第一个主成分 f_1 的系数向量为 Σ 的最大的特征值 λ_1 对应的单位特征向量 u_1, 而且第一个主成分的方差就是 λ_1。

接下来考虑第二个主成分 f_2 的数学模型式 (6.10)。首先需要对约束条件 $a_1^{\mathrm{T}} \Sigma a_2 = 0$ 进行适当的转化。命题 6.1 已经给出第一个主成分的系数向量为 $a_1 = u_1$, 因此这个约束条件等价于 $u_1^{\mathrm{T}} \Sigma a_2 = 0$, 再利用特征分解式 (6.13) 得

$$u_1^{\mathrm{T}} \Sigma a_2 = u_1^{\mathrm{T}} \left(\sum_{k=1}^{p} \lambda_k u_k u_k^{\mathrm{T}} \right) a_2 = \sum_{k=1}^{p} \lambda_k u_1^{\mathrm{T}} u_k u_k^{\mathrm{T}} a_2$$

$$= \lambda_1 \|u_1\|^2 \langle u_1, a_2 \rangle$$

$$= \lambda_1 \langle u_1, a_2 \rangle \tag{6.19}$$

因此约束条件 $a_1^{\mathrm{T}}\Sigma a_2 = 0$ 等价于下列约束条件:

$$\lambda_1 \langle u_1, a_2 \rangle = 0 \tag{6.20}$$

现在利用上述约束条件及表达式 (6.14) 得到

$$\begin{aligned}
\operatorname{var}(f_2) &= \sum_{k=1}^{p} \lambda_k \langle a_2, u_k \rangle^2 = \sum_{k=2}^{p} \lambda_k \langle a_2, u_k \rangle^2 \leqslant \lambda_2 \sum_{k=2}^{p} \langle a_2, u_k \rangle^2 \\
&\leqslant \lambda_2 \sum_{k=1}^{p} \langle a_2, u_k \rangle^2 \\
&= \lambda_2 \sum_{k=1}^{p} a_2^{\mathrm{T}} u_k u_k^{\mathrm{T}} a_2 \\
&= \lambda_2 a_2^{\mathrm{T}} \left(\sum_{k=1}^{p} u_k u_k^{\mathrm{T}} \right) a_2 \\
&= \lambda_2 a_2^{\mathrm{T}} I a_2 \\
&= \lambda_2 \|a_2\|^2 = \lambda_2
\end{aligned} \tag{6.21}$$

这就证明了 λ_2 是 $\operatorname{var}(f_2)$ 的上界。如果令 $a_2 = u_2$, 则有

$$\operatorname{var}(f_2) = \sum_{k=1}^{p} \lambda_k \langle a_2, u_k \rangle^2 = \sum_{k=1}^{p} \lambda_k \langle u_2, u_k \rangle^2 = \lambda_2 \langle u_2, u_2 \rangle = \lambda_2 \tag{6.22}$$

这就证明了当系数向量 a_2 取 λ_2 对应的特征向量 u_2 时, $\operatorname{var}(f_2)$ 取得最大值 λ_2。综上所述, 我们证明了下列命题:

命题 6.2 设原始变量 $x_1, x_2, \cdots, x_p$ 的协方差矩阵为 Σ, 则第二个主成分 f_2 的系数向量为 Σ 的第二大特征值 λ_2 对应的单位特征向量 u_2, 而且第二个主成分的方差就是 λ_2。

现在考虑一般的第 i 主成分的数学模型式 (6.12)。首先注意到约束条件 $a_j^{\mathrm{T}} \Sigma a_i = 0, j = 1, 2, \cdots, i-1$ 与下列条件等价:

$$\lambda_j \langle u_j, a_i \rangle = 0, \qquad j = 1, 2, \cdots, i-1 \tag{6.23}$$

利用以上约束条件及表达式 (6.14) 得

$$\begin{aligned}
\operatorname{var}(f_i) &= \sum_{k=1}^{p} \lambda_k \langle a_i, u_k \rangle^2 = \sum_{k=i}^{p} \lambda_k \langle a_i, u_k \rangle^2 \leqslant \lambda_i \sum_{k=i}^{p} \langle a_i, u_k \rangle^2 \\
&\leqslant \lambda_i \sum_{k=1}^{p} \langle a_i, u_k \rangle^2 \\
&= \lambda_i \sum_{k=1}^{p} a_i^{\mathrm{T}} u_k u_k^{\mathrm{T}} a_i
\end{aligned}$$

$$= \lambda_i a_i^{\mathrm{T}} \left(\sum_{k=1}^{p} u_k u_k^{\mathrm{T}} \right) a_i$$

$$= \lambda_i a_i^{\mathrm{T}} I a_i$$

$$= \lambda_i \|a_i\|^2 = \lambda_i \tag{6.24}$$

这就证明了 λ_i 是 $\mathrm{var}(f_i)$ 的上界。此外, 这个上界还是可以取到的。事实上, 令 $a_i = u_i$ 便得到

$$\mathrm{var}(f_i) = \sum_{k=1}^{p} \lambda_k \langle a_i, u_k \rangle^2 = \sum_{k=1}^{p} \lambda_k \langle u_i, u_k \rangle^2 = \lambda_i \langle u_i, u_i \rangle = \lambda_i \tag{6.25}$$

综上所述, 我们证明了如下定理:

定理 6.1 设原始变量 $x_1, x_2, \cdots, x_p$ 的协方差矩阵为 Σ, $\lambda_1 \geqslant \lambda_2 \geqslant \cdots \geqslant \lambda_p$ 是 Σ 的特征值, $u_1, u_2, \cdots, u_p$ 是相应的单位特征向量, 则第 i 个主成分 f_i 的系数向量是 u_i, 方差为 $\mathrm{var}(f_i) = \lambda_i$。

6.4 主成分的性质

本节探究主成分的性质。首先, 根据主成分模型式 (6.12) 及定理 6.1 得到下列结果:

命题 6.3 设原始变量 $x_1, x_2, \cdots, x_p$ 的协方差矩阵为 Σ, 则各个主成分是不相关的, 而且它们的系数向量是 Σ 的彼此正交的单位特征向量。

这个命题说明通过用主成分表示原始数据可以达到去除相关性冗余的目的, 这在许多数据分析问题中皆有应用。

另一个问题就是用主成分表示原始数据是否会带来方差损失的问题。设 $x_1, x_2, \cdots, x_p$ 是原始数据变量, $f_1, f_2, \cdots, f_p$ 是从原始数据提取的主成分, 原始数据的总方差为

$$\sum_{i=1}^{p} \mathrm{var}(x_i) \tag{6.26}$$

p 个主成分的总方差为

$$\sum_{i=1}^{p} \mathrm{var}(f_i) \tag{6.27}$$

那么这两个量是否相等呢? 答案是肯定的, 这就是下列定理:

定理 6.2 (方差守恒律) 设原始变量 $x_1, x_2, \cdots, x_p$ 的协方差矩阵为 Σ, $\lambda_1 \geqslant \lambda_2 \geqslant \cdots \geqslant \lambda_p$ 是 Σ 的特征值, $u_1, u_2, \cdots, u_p$ 是相应的单位特征向量, $f_1, f_2, \cdots, f_p$ 是从原始数据提取的全部主成分, 则有

$$\sum_{i=1}^{p} \mathrm{var}(f_i) = \sum_{i=1}^{p} \lambda_i = \mathrm{tr}(\Sigma) = \sum_{i=1}^{p} \mathrm{var}(x_i) \tag{6.28}$$

证明 式 (6.28) 中第一个等号是定理 6.1 的直接结论, 第三个等号可由协方差矩阵的定义得到, 第二个等号可由 Σ 的特征分解式 (6.13) 得到:

$$\text{tr}(\Sigma) = \text{tr}(U\Lambda U^{\text{T}}) = \text{tr}(\Lambda U^{\text{T}} U) = \text{tr}(\Lambda) = \sum_{i=1}^{p} \lambda_i \tag{6.29}$$

其中第二个等号用到了矩阵的迹的性质: $\text{tr}(AB) = \text{tr}(BA)$。 $\square$

第 i 个主成分 f_i 的方差占原始数据总方差的比例为

$$\frac{\lambda_i}{\lambda_1 + \lambda_2 + \cdots + \lambda_p} \tag{6.30}$$

通常称之为第 i 个主成分的**方差贡献率 (variance contribution rate)**, 其大小反映了这个主成分对原始数据变异性的解释能力。前 k 个主成分的**累积贡献率 (cumulate contribution rate)** 为

$$\frac{\lambda_1 + \lambda_2 + \cdots + \lambda_k}{\lambda_1 + \lambda_2 + \cdots + \lambda_p}, \qquad k \leqslant p \tag{6.31}$$

其大小反映了前 k 个主成分所能够解释的方差所占的比例。在一些应用中, 排在前面的少数几个主成分的累积贡献率就可达到 85% 甚至更高, 这说明这个几个主成分足以解释原始数据绝大部分的变异性, 完全可以用这几个主成分代表原始数据, 以达到降维的目的。

下面计算原始变量与主成分的相关系数。根据定理 6.1, 第 i 个主成分可表示为

$$f_i = u_{1i}x_1 + u_{2i}x_2 + \cdots + u_{pi}x_p \tag{6.32}$$

其中 $u_i = (u_{1i}, u_{2i}, \cdots, u_{pi})^{\text{T}}$ 是原始变量的协方差矩阵 Σ 关于特征值 λ_i 的单位特征向量, 即正交矩阵 U 的第 i 列。于是

$$\text{cov}(x_k, f_i) = \sum_{j=1}^{p} u_{ji}\text{cov}(x_k, x_j), \qquad \forall i, k = 1, 2, \cdots, p \tag{6.33}$$

记 $\eta_i = (\text{cov}(x_1, f_i), \text{cov}(x_2, f_i), \cdots, \text{cov}(x_p, f_i))^{\text{T}}$, 则由式 (6.33) 得到

$$\eta_i = \Sigma u_i = \lambda_i u_i \tag{6.34}$$

从而有

$$\text{cov}(x_k, f_i) = \lambda_i u_{ki} \tag{6.35}$$

主成分 f_i 与原始变量 x_k 的相关系数为

$$\rho_{x_k, f_i} = \frac{\text{cov}(x_k, f_i)}{\sqrt{\text{var}(x_k)}\sqrt{\text{var}(f_i)}} = \frac{\lambda_i u_{ki}}{\sqrt{\sigma_{kk}}\sqrt{\lambda_i}} = \frac{\sqrt{\lambda_i} u_{ki}}{\sqrt{\sigma_{kk}}} \tag{6.36}$$

其中 σ_{kk} 是协方差阵 Σ 的第 k 个对角元素。综上所述, 我们证明了下列定理:

定理 6.3　设原始变量 $x_1, x_2, \cdots, x_p$ 的协方差矩阵为 Σ, Σ 的特征值为 $\lambda_1 \geqslant \lambda_2 \geqslant \cdots \geqslant \lambda_p$, 相应的单位特征向量为 $u_i = (u_{1i}, u_{2i}, \cdots, u_{pi})^{\mathrm{T}}$, $i = 1, 2, \cdots, p$, 则第 k 个原始变量 x_k 和第 i 个主成分 f_i 的协方差和相关系数分别为

$$\operatorname{cov}(x_k, f_i) = \lambda_i u_{ki}, \qquad \rho_{x_k, f_i} = \frac{\sqrt{\lambda_i} u_{ki}}{\sqrt{\sigma_{kk}}} \tag{6.37}$$

其中 σ_{kk} 表示 Σ 的第 k 个对角元素, 即 x_k 的方差。

记 $\ell_{ki} = \sqrt{\lambda_i} u_{ki}$, 在因子分析中称为**因子载荷 (factor loading)**; 称矩阵 $L = (\ell_{ki})$ 为**因子载荷矩阵 (factor loading matrix)**。我们将在第 7 章专讲因子分析。根据定理 6.3, 因子载荷矩阵 L 满足

$$L = U \begin{pmatrix} \sqrt{\lambda_1} & 0 & \cdots & 0 \\ 0 & \sqrt{\lambda_2} & \cdots & 0 \\ \vdots & \vdots & \ddots & \vdots \\ 0 & 0 & \cdots & \sqrt{\lambda_p} \end{pmatrix} := U \Lambda^{1/2} \tag{6.38}$$

至于因子载荷的统计意义, 不难发现当原始变量的方差都为 1 时有

$$\ell_{ki} = \rho_{x_k, f_i} \tag{6.39}$$

关于因子载荷矩阵 L, 还有下列性质:

命题 6.4　设 $L = (\ell_{ij})_{p \times p}$ 是因子载荷矩阵, 则有

$$\sum_{j=1}^{p} \ell_{ij}^2 = \operatorname{var}(x_i), \qquad i = 1, 2, \cdots, p \tag{6.40}$$

$$\sum_{i=1}^{p} \ell_{ij}^2 = \lambda_j, \qquad j = 1, 2, \cdots, p \tag{6.41}$$

证明　记 $F = (f_1, f_2, \cdots, f_p)^{\mathrm{T}}$, $X = (x_1, x_2, \cdots, x_p)^{\mathrm{T}}$, 则由定理 6.1得 $F = U^{\mathrm{T}} X$, 其中 U 是正交矩阵。由此得到 $X = UF$, 写成分量的形式就是

$$x_i = \sum_{j=1}^{p} u_{ij} f_j \tag{6.42}$$

由于主成分 $f_1, f_2, \cdots, f_p$ 不相关, 因此有

$$\operatorname{var}(x_i) = \sum_{j=1}^{p} u_{ij}^2 \operatorname{var}(f_j) = \sum_{j=1}^{p} \lambda_j u_{ij}^2 = \sum_{j=1}^{p} \ell_{ij}^2 \tag{6.43}$$

这就证明了等式 (6.40)。等式 (6.41) 则是因为

$$\sum_{i=1}^{p} \ell_{ij}^2 = \sum_{i=1}^{p} \lambda_j u_{ij}^2 = \lambda_j \sum_{i=1}^{p} u_{ij}^2 = \lambda_j \|u_j\|^2 = \lambda_j \tag{6.44}$$

其中 $u_j = (u_{1j}, u_{2j}, \cdots, u_{pj})^{\mathrm{T}}$, 最后一个等号是因为 u_j 是 Σ 的单位特征向量, 长度为 1。
□

6.5　主成分分析的计算实现

本节介绍主成分分析的计算实现问题。用 $X = (x_{ij})_{n \times p}$ 表示原始样本数据, 它的每一行代表一个样本, 每一列代表一个变量, 记

$$x_j = (x_{1j}, x_{2j}, \cdots, x_{nj})^{\mathrm{T}}, \quad \overline{x}_j = \frac{1}{n} \sum_{i=1}^{n} x_{ij},$$

$$x_j^{(0)} = x_j - \overline{x}_j \mathbf{1}_{n \times 1}, \quad j = 1, 2, \cdots, p \tag{6.45}$$

$$X^{(0)} = (x_1^{(0)}, x_2^{(0)}, \cdots, x_p^{(0)}) \tag{6.46}$$

则原始变量的样本协方差矩阵可表示为

$$\widehat{\Sigma} = \frac{1}{n-1} (X^{(0)})^{\mathrm{T}} X^{(0)} \tag{6.47}$$

原始变量的真实协方差矩阵 Σ 是未知的, 只能用样本协方差矩阵 $\widehat{\Sigma}$ 代替, 接下来举例说明基于样本协方差矩阵的主成分分析是如何实现的。

例 6.1　在 "高二月考成绩.xlsx" 中有 4 个高二班某次月考的语文、数学、英语、物理、化学 5 科的成绩, 请对高二 (1) 班的月考成绩进行主成分分析。

我们事先已将 4 个班的月考成绩数据保存在文件 highSchoolExamData.mat 中, 只需要把它复制至 MATLAB 的当前工作目录下重新载入即可, 代码如下:

```
load('highSchoolExamData.mat'); %%载入4个班的月考成绩数据
X=C1examData;                    %%将高二(1)班的成绩数据保存在变量X中
[n,p]=size(X)                    %%n,p分别是矩阵X的行数和列数
```

接下来计算 $\widehat{\Sigma}$ 及其特征值和特征向量, 将特征值按照从大到小的顺序排列, 特征向量也进行相应的排列, 代码如下:

```
Sigma=cov(X)                     %%计算样本协方差矩阵Sigma
[U,Lambda]=eig(Sigma);
%%计算Sigma的特征分解,U是特征向量构成的正交矩阵,Lambda是特征值为对角元素
%%的对角矩阵
[Lambda,Idx]=sort(diag(Lambda),'descend');
%%将特征值按照从大到小的顺序排列
U=U(:,Idx)                       %%特征向量进行对应排列
Lambda=diag(Lambda)
%%特征值作为对角元素构造对角矩阵
```

计算结果如下:

$$\widehat{\Sigma} = \begin{pmatrix} 13.2077 & 3.8795 & -0.9218 & 4.8410 & 4.8359 \\ 3.8795 & 24.4077 & 12.4013 & 16.1641 & 9.5333 \\ -0.9218 & 12.4013 & 43.8404 & 11.6385 & 5.4051 \\ 4.8410 & 16.1641 & 11.6385 & 30.1128 & 18.0205 \\ 4.8359 & 9.5333 & 5.4051 & 18.0205 & 20.5026 \end{pmatrix} \tag{6.48}$$

$$U = \begin{pmatrix} 0.1043 & 0.2464 & -0.1874 & 0.9335 & -0.1479 \\ 0.4569 & 0.1334 & -0.8220 & -0.2154 & 0.2267 \\ 0.5734 & -0.7851 & 0.1513 & 0.1773 & 0.0236 \\ 0.5571 & 0.3857 & 0.2484 & -0.2183 & -0.6569 \\ 0.3757 & 0.3954 & 0.4524 & 0.0559 & 0.7033 \end{pmatrix} \tag{6.49}$$

$$\Lambda = \begin{pmatrix} 68.4060 & 0 & 0 & 0 & 0 \\ 0 & 33.5815 & 0 & 0 & 0 \\ 0 & 0 & 12.8785 & 0 & 0 \\ 0 & 0 & 0 & 11.2949 & 0 \\ 0 & 0 & 0 & 0 & 5.9102 \end{pmatrix} \tag{6.50}$$

其中矩阵 U 的每一列对应一个主成分的系数。例如第一个和第二个主成分分别为

$$f_1 = 0.1043x_1 + 0.4569x_2 + 0.5734x_3 + 0.5571x_4 + 0.3757x_5 \tag{6.51}$$

$$f_2 = 0.2464x_1 + 0.1334x_2 - 0.7851x_3 + 0.3857x_4 + 0.3954x_5 \tag{6.52}$$

矩阵 Λ 的对角线上的元素就是各个主成分的(样本)方差,例如第一个主成分的方差是 68.4060,第二个主成分的方差是 33.5815,等等。前 3 个方差的累积贡献率为

$$\frac{\lambda_1 + \lambda_2 + \lambda_3}{\lambda_1 + \lambda_2 + \lambda_3 + \lambda_4 + \lambda_5} = 0.8697 \tag{6.53}$$

换句话说,前 3 个主成分能够解释原始数据 86.97% 的方差,取前 3 个主成分就足够了。

接下来计算主成分与原始变量的相关系数。用 R_{xf} 表示原始变量与主成分的相关系数矩阵,利用因子载荷矩阵的定义及式 (6.38) 得

$$R_{xf} = D^{-1/2}U\Lambda^{1/2} = \begin{pmatrix} 0.2374 & 0.3929 & -0.1851 & 0.8633 & -0.0989 \\ 0.7649 & 0.1565 & -0.5971 & -0.1465 & 0.1116 \\ 0.7162 & -0.6871 & 0.0820 & 0.0900 & 0.0087 \\ 0.8397 & 0.4073 & 0.1624 & -0.1337 & -0.2910 \\ 0.6863 & 0.5060 & 0.3585 & 0.0415 & 0.3776 \end{pmatrix} \tag{6.54}$$

其中相关系数矩阵 R_{xf} 的第一列对应第一个成分与 5 个原始变量的相关系数,第二列对应第二个主成分与 5 个原始变量的相关系数,等等。我们发现,第一个主成分与除了语文之外

的各科成绩的相关系数都大于 0.5, 这应该是一个反映综合水平的变量; 第二个主成分与化学成绩的相关系数大于 0.5, 与语文和物理成绩的相关系数是 0.4 左右, 但与英语是负相关的, 这应该是一个反映理解能力的变量; 第三个主成分只与数学成绩的相关系数比较大, 应该是一个反映数学水平的变量。以上解释比较主观和牵强, 实际上主成分的含义并不明确, 解释起来比较困难。为了增加各个主成分（公共因子）的可解释性, 需要进行因子旋转, 我们将在第 7 章讨论因子旋转的问题。

在实际应用中, 主成分分析往往只是一个处理步骤, 还需要对其结果进行后续处理, 如回归分析、判别分析等, 这时需要计算各个主成分在每一个样本点上的取值, 即**主成分得分**。当然, 可以将每一个样本对应的原始变量取值代入主成分的表达式计算主成分得分, 但更方便的是通过下列矩阵运算一步求出主成分得分:

$$F = XU \tag{6.55}$$

有些应用（如因子分析）要求主成分的均值为 0, 这时可用下列公式计算主成分得分:

$$F^{(0)} = X^{(0)}U \tag{6.56}$$

以下假定原始数据矩阵 X 的列均值为 0。设原始数据矩阵 X 的秩为 r, 则 $\widehat{\Sigma}$ 的秩也是 r, 因此它只有前 r 个特征值大于 0。记

$$\Lambda^{(r)} = \begin{pmatrix} \lambda_1 & 0 & \cdots & 0 \\ 0 & \lambda_2 & \cdots & 0 \\ \vdots & \vdots & \ddots & \vdots \\ 0 & 0 & \cdots & \lambda_r \end{pmatrix}, \qquad U^{(r)} = (u_1, u_2, \cdots, u_r) \tag{6.57}$$

其中 u_i 是 $\widehat{\Sigma}$ 的关于特征值 λ_i 的单位特征向量。则有

$$\widehat{\Sigma} = U^{(r)}\Lambda^{(r)}(U^{(r)})^{\mathrm{T}} \tag{6.58}$$

前 r 个主成分的得分可由下列公式得到:

$$F^{(r)} = XU^{(r)} \tag{6.59}$$

于是

$$\frac{1}{n-1}(F^{(r)})^{\mathrm{T}}F^{(r)} = \frac{1}{n-1}(U^{(r)})^{\mathrm{T}}X^{\mathrm{T}}XU^{(r)} = (U^{(r)})^{\mathrm{T}}\widehat{\Sigma}U^{(r)} = \Lambda^{(r)} \tag{6.60}$$

由此得到

$$\frac{1}{n-1}(\Lambda^{(r)})^{-1/2}(F^{(r)})^{\mathrm{T}}F^{(r)}(\Lambda^{(r)})^{-1/2} = I_r \tag{6.61}$$

令

$$F_s = \frac{1}{\sqrt{n-1}}F^{(r)}(\Lambda^{(r)})^{-1/2} \tag{6.62}$$

则有 $F_s^{\mathrm{T}} F_s = I_r$, 因此 F_s 的列向量是彼此正交的。联合式 (6.59) 与式 (6.62) 得

$$\frac{1}{\sqrt{n-1}} X = F_s (\Lambda^{(r)})^{1/2} (U^{(r)})^{\mathrm{T}} \tag{6.63}$$

这正是矩阵 $X/\sqrt{n-1}$ 的（精简型）奇异值分解。由此看出, 求主成分系数和主成分得分可以通过奇异值分解实现。

下面给出实现本节示例的全部代码:

```
function highSchoolExamPCA()
%%这个函数实现了例6.1中对高二(1)班月考成绩的主成分分析
%%%%%%%%%%%%%%%%%%%%%%%%%%%%%%%%%%%%%%
load('highSchoolExamData.mat'); %%载入4个班的月考成绩数据
X=C1examData;                    %%将高二(1)班的成绩数据保存在变量X中
[n,p]=size(X)                    %%n,p分别是矩阵的函数和列数
Sigma=cov(X)                     %%计算样本协方差矩阵Sigma
[U,Lambda]=eig(Sigma);
%%计算Sigma的特征分解，U是特征向量构成的正交矩阵，Lambda是特征值为对角元素
%%的对角矩阵
[Lambda,Idx]=sort(diag(Lambda),'descend');
%%将特征值按照从大到小的顺序排列
U=U(:,Idx)                       %%特征向量进行对应排列
Lambda=diag(Lambda)
%%特征值作为对角元素构造对角矩阵

La=diag(Lambda);
a3=sum(La(1:3))/sum(La)          %%计算前3个主成分的累积贡献率

%%下面4行代码计算原始变量与主成分的相关系数矩阵
sqrtLa=sqrt(La);
sqrtLambda=diag(sqrtLa);
invsqrtD=diag(1./sqrt(diag(Sigma)));
Rxf=invsqrtD*U*sqrtLambda

F=X*U;            %%计算主成分得分

%%下面4行代码将X的每一列减去其均值，得到X0
X0=zeros(size(X))
for i=1:p
    X0(:,i)=X(:,i)-mean(X(:,i));
end

F0=X0*U;          %%计算均值为0的主成分得分

%%接下来的代码实现用奇异值分解计算主成分系数和主成分得分
```

```
[Fs,sqrtLambda,U]=svd(X0/sqrt(n-1),'econ');    %%精简型奇异值分解
F0=sqrt(n-1)*Fs*sqrtLambda;                     %%主成分得分
```

6.6   实践中需要考虑的问题

6.6.1   适合用主成分法降维的数据

并不是所有的高维数据都适合用主成分法降维, 如果原始变量是不相关的, 或者相关性很小, 则主成分法达不到降维的目的, 只有当原始数据是高度冗余的, 即变量与变量之间具有较大的相关性时, 主成分法才可以达到降维的目的。

那么如何检验数据是否具有足够高的相关性呢? 一种简单的方法就是计算其相关系数矩阵, 然后观察不同变量之间的相关系数是否足够大。例 6.1 中高二 (1) 班的月考成绩数据可以用如下代码计算相关系数矩阵 $\widehat{R}$:

```
load('highSchoolExamData.mat');    %%载入4个班的月考成绩数据
X=C1examData;                      %%将高二(1)班的成绩数据保存在变量X中
[n,p]=size(X)                      %%n,p分别是矩阵的函数和列数
R=corrcoef(X)                      %%计算X的相关系数矩阵
```

计算结果为

$$\widehat{R} = \begin{pmatrix} 1.0000 & 0.2161 & -0.0383 & 0.2427 & 0.2939 \\ 0.2161 & 1.0000 & 0.3791 & 0.5962 & 0.4262 \\ -0.0383 & 0.3791 & 1.0000 & 0.3203 & 0.1803 \\ 0.2427 & 0.5962 & 0.3203 & 1.0000 & 0.7252 \\ 0.2939 & 0.4262 & 0.1803 & 0.7252 & 1.0000 \end{pmatrix} \tag{6.64}$$

一般来说, 如果两个变量的相关系数大于 0.3, 就认为它们的相关性是不可忽略的。我们发现, 相关系数矩阵 $\widehat{R}$ 中有很大一部分非对角元素大于 0.3, 而且有些还大于 0.5, 因此原始数据 X 是高度相关的, 适合用主成分法降维。

上述方法只适合定性地分析原始变量的相关性是否足够高, 还有一些定量的检验方法, 下面选择几种常用的方法进行介绍。第一种是 Bartlett 球性检验 (Bartlett's sphericity test)[89]。用 $\widehat{R}$ 表示原始变量的（样本）相关系数矩阵, $\lambda_1, \lambda_2, \cdots, \lambda_p$ 表示 $\widehat{R}$ 的特征值, 由于 $\widehat{R}$ 的主对角线上的元素皆为 1, 因此有

$$\lambda_1 + \lambda_2 + \cdots + \lambda_p = \mathrm{tr}(\widehat{R}) = p \tag{6.65}$$

由平均值不等式得

$$\det\left(\widehat{R}\right) = \prod_{i=1}^{p} \lambda_i \leqslant \left(\frac{\lambda_1 + \lambda_2 + \cdots + \lambda_p}{p}\right)^p = 1 \tag{6.66}$$

且只有当 $\lambda_1 = \lambda_2 = \cdots = \lambda_p = 1$ 时等号成立, 此时 $\widehat{R}$ 为单位矩阵. 现在构造下列统计量:

$$K := -\left[(n-1) - \frac{2p+5}{6}\right]\ln\left(\det\left(\widehat{R}\right)\right) \tag{6.67}$$

其中 n 为样本容量, p 是原始变量的个数, 我们假定 n 足够大, 使得中括号内的表达式取正值. 根据不等式 (6.66), K 是非负的, 且只有当 $\widehat{R}$ 为单位矩阵时 $K = 0$. K 的值越大, 说明相关系数矩阵 $\widehat{R}$ 偏离单位矩阵越严重, 原始变量的相关性越大. 因此可以用 K 检验原始数据的相关性是否足够高. 当样本容量 n 足够大时, 统计量 K 近似服从自由度为 $\nu = p(p-1)/2$ 的 χ^2 分布, 给定显著性水平 α, 可以通过查表或数值计算得到相应的分位点 $\chi_\alpha^2(\nu)$, 使得

$$P\{K \leqslant \chi_\alpha^2(\nu)\} = 1 - \alpha \tag{6.68}$$

如果实际计算得到的 K 值大于分位点 $\chi_\alpha^2(\nu)$, 则拒绝原假设, 即认为原始变量具有足够高的相关性.

回到例 6.1, 高二 (1) 班月考成绩的样本容量为 $n = 40$, 变量个数为 $p = 5$, 相关系数矩阵 $\widehat{R}$ 已由式 (6.64) 给出, 利用式 (6.67) 计算得 $K = 54.2289$, 自由度为 $\nu = 5 \times (5-1)/2 = 10$, 取显著性水平为 $\alpha = 0.05$, 自由度为 $\nu = 10$ 的 χ^2 分布的分位点为 $K_\alpha = \chi_\alpha^2(\nu) = 18.3070$, 由于 K 远大于 K_α, 因此拒绝原假设, 即认为原始数据是高度相关的. 计算过程的 MATLAB 代码如下:

```
K=-(n-1-(2*p+5)/6)*log(det(R))    %%计算统计量K的值
nu=p*(p-1)/2;                     %%计算自由度nu的值
a=0.05;                           %%显著性水平α=0.05
Ka=chi2inv(1-a,nu)                %%计算分位点
```

第二种定量检验方法是 KMO(Kaiser-Meyer-Olkin) 检验[90-91], 设原始数据变量为 $X = \{X_1, X_2, \cdots, X_p\}$, 偏相关系数矩阵为

$$\widehat{G} = (g_{ij})_{i,j=1,2,\cdots,p}, \qquad g_{i,j} = \rho_{X_i,X_j \cdot X \setminus \{X_i, X_j\}} \tag{6.69}$$

设原始变量的相关系数矩阵为 $\widehat{R} = (r_{ij})_{p \times p}$, 令

$$\text{KMO} = \frac{\sum\limits_{i \neq j} r_{ij}^2}{\sum\limits_{i \neq j} r_{ij}^2 + \sum\limits_{i \neq j} g_{ij}^2} \tag{6.70}$$

这就是 KMO 检验的统计量, KMO 的值越接近 1, 表示变量之间的相关冗余度越高; 越接近 0, 表示变量之间的相关冗余度越低. 当 KMO $\geqslant 0.9$ 时, 表示原始数据相关冗余度很高, 非常适合用主成分分析降维; 当 $0.8 \leqslant$ KMO < 0.9 时, 表示原始数据的相关冗余度较高, 很适合用主成分分析降维; 当 $0.7 \leqslant$ KMO < 0.8 时, 表示原始数据的相关冗余度偏高, 适合用主成分分析降维; 当 $0.6 \leqslant$ KMO < 0.7 时, 表示原始数据的相关冗余度一般, 在某些特定的

场景可以尝试用主成分分析降维; 当 $0.5 \leqslant \text{KMO} < 0.6$ 时, 变量之间的相关性很低, 不适合用主成分分析降维; 当 $\text{KMO} < 0.5$ 时, 很不适合用主成分分析降维。

回到例 6.1 的高二 (1) 班月考成绩数据, 用 MATLAB 计算得到 $\text{KMO} = 0.6787$, 数据的相关冗余度一般, 可以尝试用主成分分析降维, 看效果如何。下面是计算 KMO 统计量的 MATLAB 代码:

```
R=corrcoef(X);                      %%计算简单相关系数矩阵
PR=partialcorr(X);                  %%计算偏相关系数矩阵
R2=R.*R;                            %%将相关系数矩阵R的每个元素平方
PR2=PR.*PR;                         %%将偏相关系数矩阵PR的每个元素平方
KMO=(sum(sum(R2))-p)/(sum(sum(R2))-p+sum(sum(PR2))-p)   %%计算KMO统计量
```

需要指出的是, 上面介绍的检验方法都对样本容量的大小很敏感, 当样本容量不够大时, 检验结果并不可靠, 只能作为参考。在实际应用中, 是否对数据进行主成分分析降维往往视研究问题的背景和实际需要而定, 如果对研究的问题来说降维是必需的, 则尽管大胆尝试, 不必顾忌上述检验结果。

6.6.2 是否先对数据进行标准化处理

在进行主成分分析之前, 是否需要先对数据进行标准化处理呢? 主成分分析的结果是受量纲影响的。如果某个变量因采用不同的测量单位而导致数值放大或缩小, 将会影响主成分分析的计算结果。为了消除计量单位的影响, 一种常用的方法是先对原始数据进行标准化处理, 再进行主成分分析。设原始数据矩阵为 $X = (x_{ij})_{n \times p}$, 记 $\overline{x}_j$ 为第 j 个变量的样本均值, Dx_j 为第 j 个变量的样本方差, 则标准化后的数据为

$$x_{ij}^* = \frac{x_{ij} - \overline{x}_j}{\sqrt{Dx_j}}, \qquad i = 1, 2, \cdots, n, \quad j = 1, 2, \cdots, p \tag{6.71}$$

对数据作标准化处理后, 其 (样本) 协方差矩阵就是原始数据的 (样本) 相关系数矩阵, 因此对标准化后的数据作主成分分析就相当于对原始数据的相关系数矩阵作分析。如果数据中不同变量的测量单位不具可比性, 各个变量的数值范围差异很大, 而这种数值范围的差异并不能反映变量包含的信息量的大小, 则应该先对数据作标准化处理, 再作主成分分析。

但是并不是在所有场合都适合先对数据作标准化处理, 再作主成分分析。如果原始数据中不同变量的数值范围的大小的确能反映变量包含信息量的多少, 或者能够反映变量的重要程度的差异, 则不适合对数据作标准化处理, 因为这将导致信息损失。

6.6.3 应该保留多少个主成分

求出原始数据的各个主成分后, 需要决定应保留多少个主成分。一般来说, 保留的主成分的个数越大, 保留的主成分能够解释的方差比例 (累积贡献率) 越大, 信息损失越少。但很显然, 这是与降维的目的冲突的, 因此需要在保留的主成分的个数与累积贡献率之间取得平衡。为了解决这个问题, 研究者提出了几种常用的准则。

第一种是 Cattel 于 1966 年提出的**陡坡图 (scree plot)**[92]。其做法是将各个主成分的方差按照从大到小的顺序排列，然后将其画在一个坐标系中，并连成一条曲线，如图 6.2 所示。我们发现这个图的形状像一个手肘，第 3 个主成分对应手肘关节的位置，它左边部分曲线衰减得很快，但从这个位置开始趋于平缓，这表明后 3 个主成分的方差与前 2 个主成分的方差有显著的差距，而且后 3 个主成分的方差相差不大，都比较小，因此只保留前 2 个主成分是比较合适的选择，这样既能达到降维的目的，又能保证累积贡献率不至于过低，保留的主成分具有足够的解释能力。

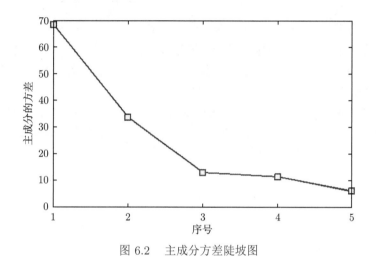

图 6.2　主成分方差陡坡图

下面是计算和绘制陡坡图的 MATLAB 代码:

```
Sigma=cov(X);                      %%计算X的样本协方差矩阵
[V,Lambda]=eig(Sigma);             %%求协方差矩阵Sigma的特征值和特征向量
Lambda=diag(Lambda);               %%取值特征值放在一个列向量中
[Lambda,IX]=sort(Lambda,'descend') %%将特征值按照从大到小的顺序排列
V=V(:,IX);                         %%将特征向量进行对应的排列
plot(Lambda);                      %%绘制陡坡图(scree plot)
```

第二种是 **Kaiser 准则 (Kaiser's rule)**[93]，适用于对标准化的数据的主成分分析。由于数据已经是标准化的，因此其协方差矩阵就是相关系数矩阵，我们只需要保留那些大于 1 的特征值对应的主成分即可。原因很简单，保留的主成分应该具有足够的代表性，它解释的方差应该大于任何一个原始变量的方差，而每一个原始变量的方差都是 1，因此保留的主成分的方差应该大于 1。

回到例 6.1 中的高二 (1) 班月考成绩数据，现在我们基于相关系数矩阵 $\widehat{R}$ 进行主成分分析，这就相当于先对数据进行标准化变换后再作主成分分析。经计算得到 $\widehat{R}$ 的 5 个特征值如下:

$$\lambda_1 = 2.4685, \quad \lambda_2 = 1.0753, \quad \lambda_3 = 0.7114, \quad \lambda_4 = 0.5097, \quad \lambda_5 = 0.2352 \quad (6.72)$$

只有前两个特征值大于 1, 根据 Kaiser 准则, 保留前两个主成分即可。下面是实现上述计算的 MATLAB 代码:

```
R=corrcoef(X)                  %%计算X的相关系数矩阵
[VR,LR]=eig(R);                %%求相关系数矩阵的特征值和特征向量
LR=diag(LR);                   %%取值特征值放在一个列向量中
[LR,IX]=sort(LR,'descend')     %%将特征值按照从大到小的顺序排列
VR=VR(:,IX);                   %%将特征向量进行对应的排列
```

第三种是平行分析 (parallel analysis), 也称为 Horn 准则 (Horn's procedure)[94]。假定主成分分析是基于标准化数据做的, Horn 准则的做法是生成一个与真实数据矩阵同型的、服从标准正态分布的随机矩阵 N, 然后计算 N 的相关系数矩阵 $\hat{R}_N$ 并求其特征值, 将特征值按照从大到小的顺序排列, 并将它与真实数据的相关系数矩阵的特征值在同一个坐标系中画图对比, 如图 6.3 所示, 可以看出, 从第 2 个特征值开始, 真实数据的特征值小于随机数据的特征值, 这说明第 2、3、4、5 个主成分的方差还没有随机生成的数据的主成分的方差大, 因此是不显著的, 按照 Horn 的观点, 不应该保留这几个主成分, 只保留第一个主成分即可。

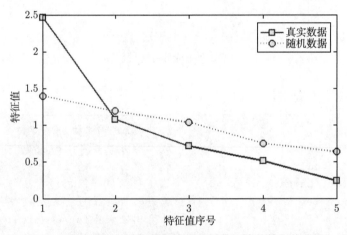

图 6.3 真实数据和随机数据的相关系数矩阵的特征值对比

下面是实现 Horn 准则的 MATLAB 代码:

```
[n,p]=size(X);                 %%n,p分别是矩阵的函数和列数
N=randn(n,p);                  %%生成与X同型的标准正态随机矩阵
RN=corrcoef(N);                %%计算随机矩阵N的相关系数矩阵
[VRN,LRN]=eig(RN);             %%计算RN的特征值和特征向量
LRN=diag(LRN);                 %%取值特征值放在一个列向量中
[LRN,IX]=sort(LRN,'descend')   %%将特征值按照从大到小的顺序排列
VRN=VRN(:,IX);                 %%将特征向量进行对应的排列
xlabel=(1:p)';                 %%特征值序号放在向量xlabel中
plot(xlabel,LR,'b',xlabel,LRN,'b:');
```

```
%%以特征值序号为横坐标，特征值为纵坐标画图
```

后来, Glorfeld 提出了一种将平行分析与自助重抽样 (Bootstrap) 相结合的决定保留主成分个数的准则[95]，他认为与其通过随机数发生器生成伪随机数据，不如从真实数据中通过有放回的抽样方法获取随机数据，这样得到的随机数据从统计的角度来讲更接近真实数据。于是他提出从原始数据中的每一列有放回地抽样得到一个与原始数据矩阵同型的随机数据矩阵，再计算其协方差矩阵的特征值，通过对比这些特征值与真实数据协方差矩阵的特征值决定应该保留多少个主成分。图 6.4 是真实数据与 Bootstrap 随机数据的协方差矩阵的特征值对比，可以看出，只有前两个特征值是真实数据显著大于随机数据，根据 Glorfeld 准则，应该保留前两个主成分。

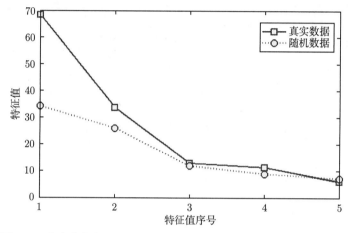

图 6.4 真实数据和 Bootstrap 随机数据的协方差矩阵的特征值对比

下面是实现 Glorfeld 准则的 MATLAB 代码:

```
Sigma=cov(X);                %%计算X的样本协方差矩阵
[V,Lambda]=eig(Sigma);       %%求协方差矩阵Sigma的特征值和特征向量
Lambda=diag(Lambda);         %%取值特征值放在一个列向量中
[Lambda,IX]=sort(Lambda,'descend')    %%将特征值按照从大到小的顺序排列
V=V(:,IX);                   %%将特征向量进行对应的排列

S=zeros(n,p);  %%为随机数据开辟存储空间
%%下面的for循环通过自助重采样(Bootstrap)生成随机数据
for j=1:p
    Xh=ceil(10*rand(n,1));   %%生成抽样数据所在行的行号
    S(:,j)=X(Xh,j);          %%从X的第j列抽样，并将抽样数据保存至S的第j列
end
SigmaS=cov(S);               %%计算随机数据的样本协方差矩阵
[VS,LS]=eig(SigmaS);         %%求协方差矩阵Sigma的特征值和特征向量
LS=diag(LS);                 %%取值特征值放在一个列向量中
[LS,IX]=sort(LS,'descend')   %%将特征值按照从大到小的顺序排列
```

```
VS=VS(:,IX);                    %%将特征向量进行对应的排列
plot(xlabel,Lambda,'b',xlabel,LS,'b:');
%%以特征值序号为横坐标，特征值为纵坐标画图
```

需要指出的是, 关于保留多少个主成分的问题并没有确定的答案, 不同的决定准则得到的结果可能不一致, 需要视具体应用场景来作决定。很多情况下只需要简单地根据累积贡献作决定, 例如当前 k 个主成分的累积贡献率达到 80% 或 85% 时, 我们认为前 k 个主成分已经足够代表原始数据, 因此保留前 k 个主成分即可。

实现本节例子的完整代码如下:

```
function Li_6_1correTest()
%%这个函数包括实现6.6节例子的全部MATLAB代码
%%%%%%%%%%%%%%%%%%%%%%%%%%%%%%%%%%%%%%%%%
load('highSchoolExamData.mat'); %%载入4个班的月考成绩数据
X=C1examData;                   %%将高二(1)班的成绩数据保存在变量X中
[n,p]=size(X)                   %%n,p分别是矩阵的函数和列数

%%以下代码实现Bartlett球性检验
R=corrcoef(X)                   %%计算X的相关系数矩阵
K=-(n-1-(2*p+5)/6)*log(det(R))  %%计算统计量K的值
nu=p*(p-1)/2;                   %%计算自由度nu的值
a=0.05;                         %%显著性水平α=0.05
Ka=chi2inv(1-a,nu)              %%计算分位点

%%以下代码实现KMO检验
R=corrcoef(X);                  %%计算简单相关系数矩阵
PR=partialcorr(X);              %%计算偏相关系数矩阵
R2=R.*R;                        %%将相关系数矩阵R的每个元素平方
PR2=PR.*PR;                     %%将偏相关系数矩阵PR的每个元素平方
KMO=(sum(sum(R2))-p)/(sum(sum(R2))-p+sum(sum(PR2))-p)   %%计算KMO统计量

%%以下代码实现Cattel的Scree plot
Sigma=cov(X);                   %%计算X的样本协方差矩阵
[V,Lambda]=eig(Sigma);          %%求协方差矩阵Sigma的特征值和特征向量
Lambda=diag(Lambda);            %%取值特征值放在一个列向量中
[Lambda,IX]=sort(Lambda,'descend')  %%将特征值按照从大到小的顺序排列
V=V(:,IX);                      %%将特征向量进行对应的排列
plot(Lambda);                   %%绘制陡坡图(scree plot)

[VR,LR]=eig(R);                 %%求相关系数矩阵的特征值和特征向量
LR=diag(LR);                    %%取值特征值放在一个列向量中
[LR,IX]=sort(LR,'descend')      %%将特征值按照从大到小的顺序排列
VR=VR(:,IX);                    %%将特征向量进行对应的排列
```

```
%%以下代码实现Horn准则
N=randn(n,p);                    %%生成与X同型的标准正态随机矩阵
RN=corrcoef(N);                  %%计算随机矩阵N的相关系数矩阵
[VRN,LRN]=eig(RN);               %%计算RN的特征值和特征向量
LRN=diag(LRN);                   %%取值特征值放在一个列向量中
[LRN,IX]=sort(LRN,'descend')     %%将特征值按照从大到小的顺序排列
VRN=VRN(:,IX);                   %%将特征向量进行对应的排列
xlabel=(1:p)';                   %%特征值序号放在向量xlabel中
plot(xlabel,LR,'b',xlabel,LRN,'b:');
%%以特征值序号为横坐标，特征值为纵坐标画图


%%以下代码实现Glorfeld准则
S=zeros(n,p);                    %%为随机数据开辟存储空间
%%下面的for循环通过自助重采样(Bootstrap)生成随机数据
for j=1:p
    Xh=ceil(10*rand(n,1));       %%生成抽样数据所在行的行号
    S(:,j)=X(Xh,j);              %%从X的第j列抽样，并将抽样数据保存至S的第j列
end
SigmaS=cov(S);                   %%计算随机数据的样本协方差矩阵
[VS,LS]=eig(SigmaS);             %%求协方差矩阵Sigma的特征值和特征向量
LS=diag(LS);                     %%取值特征值放在一个列向量中
[LS,IX]=sort(LS,'descend')       %%将特征值按照从大到小的顺序排列
VS=VS(:,IX);                     %%将特征向量进行对应的排列
plot(xlabel,Lambda,'b',xlabel,LS,'b:');
%%以特征值序号为横坐标，特征值为纵坐标画图
```

6.7 实　　例

本节讲述一个主成分分析的实例。

例 6.2　文件"银行股收盘价历史数据.xlsx"中有 12 支银行股票从 2018 年 1 月 2 日至 2021 年 4 月 28 日的收盘价历史数据[①]，这 12 只股票是工商银行（601398）、中国银行（601988）、建设银行（601939）、农业银行（601288）、交通银行（601328）、光大银行（601818）、招商银行（600036）、中信银行（601998）、华夏银行（600015）、民生银行（600016）、兴业银行（601166）、浦发银行（600000）。请对这些股票的日收益率进行主成分分析。

首先是载入数据,事先已将这 12 只股票的收盘价数据按照时间先后顺序输入矩阵变量 BSPD 中，并已将其保存在 BankStockPriceData.mat 文件中, 现在只需要将其载入即可。MATLAB 代码如下:

```
load('BankStockPriceData.mat');
%%载入12只股票的日收盘价数据，这些数据已按时间先后顺序保存在
```

---

① 数据来源于网易财经行情中心: http://quotes.money.163.com/stock

```
%%BankStockPriceData.mat文件的矩阵变量BSPD中，每一列对应一家银行的收盘价，
%%日期是对齐的
[n1,p]=size(BSPD);    %%n1是矩阵BSPD的行数，p是列数
```

接下来计算日收益率, 设第 i 只股票第 t 个交易日的收盘价为 $P_{t,i}$, 则这只股票第 t 个交易日的收益率为

$$R_{t,i} = \frac{P_{t,i} - P_{t-1,i}}{P_{t-1,i}} = \frac{P_{t,i}}{P_{t-1,i}} - 1 \Rightarrow fracP_{t,i}P_{t-1,i} = 1 + R_{t,i} \tag{6.73}$$

当 $|R_{t,i}|$ 远小于 1 时有

$$R_{t,i} \approx \ln(1 + R_{t,i}) = \ln\left(\frac{P_{t,i}}{P_{t-1,i}}\right) = \ln P_{t,i} - \ln P_{t-1,i} := r_{t,i} \tag{6.74}$$

称 $r_{t,i}$ 为第 i 只股票第 t 个交易日的**对数收益率**。通常说某只股票的收益率都是指对数收益率。下面是计算这 12 只股票对数收益率的 MATLAB 代码:

```
Ret=log(BSPD(2:n1,:))-log(BSPD(1:n1-1,:));    %%计算对数收益率
n=n1-1;                    %%收益率矩阵的行数比收盘价矩阵的行数少1
```

接下来进行主成分分析, 这次我们用 MATLAB 提供的库函数 princomp, 用法如下:

```
[COEFF,SCORE,Lambdas]=princomp(X)
```

其中 X 是输入的数据矩阵, 输出参数 COEFF 是由主成分系数向量构成的矩阵, 第 1 列对应第 1 个主成分的系数向量, 第 2 列对应第 2 个主成分的系数向量, 等等。SCORE 是主成分得分矩阵, Lambdas 是样本协方差矩阵的特征值, 即各个主成分的方差。下面是对收益率矩阵进行主成分分析的代码:

```
[COEFF,SCORE,Lambdas]=princomp(Ret);
%%计算收益率矩阵的主成分系数、主成分得分和协方差矩阵的特征值。输出参数
%%COEFF保存的是主成分系数，是一个矩阵，每一列对应一个主成分的系数向量，
%%主成分按照方差从大到小的顺序排列；SCORE存储的是主成分得分；Lambdas
%%存储的是协方差矩阵的特征值，即主成分的方差
plot(Lambdas);        %%绘制陡坡图
T=sum(Lambdas);       %%计算总方差
CR=Lambdas/T          %%计算方差贡献率
ACR=zeros(size(CR));  %%为累计贡献率开辟存储空间
%%下面的for循环计算累积贡献率
for i=1:p
    ACR(i)=sum(CR(1:i));
end
ACR          %%打印累积贡献率
```

表 6.1 所示为方差贡献率和累计贡献率的计算结果。

表 6.1　收益率主成分的方差贡献率和累积贡献率

主成分序号	1	2	3	4	5	6	7	⋯
方差贡献率	0.7157	0.0603	0.0495	0.0366	0.0301	0.0256	0.0235	⋯
累积贡献率	0.7157	0.7759	0.8255	0.8620	0.8921	0.9177	0.9412	⋯

图 6.5 所示为主成分方差的陡坡图。

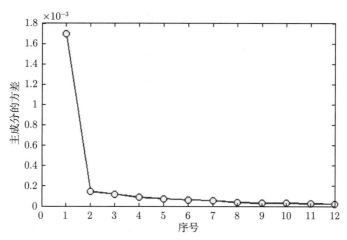

图 6.5　银行股收益率主成分方差陡坡图

通过对累积贡献率和陡坡图的观察分析。我们认为保留前 4 个主成分较为合适, 这 4 个主成分能够反映原始变量 86.20% 的方差, 足以代表这 12 只股票的日收益率状况。

实现本节例子的完整代码如下:

```
function Li_6_2BankStock()
%%这个函数实现了例6.2银行股票收益率的主成分分析
%%%%%%%%%%%%%%%%%%%%%%%%%%%%%%%%%%%%%%%
load('BankStockPriceData.mat');
%%载入12只股票的日收盘价数据, 这些数据已按时间先后顺序保存在
%%BankStockPriceData.mat文件的矩阵变量BSPD中, 每一列对应一家银行的收盘价,
%%日期是对齐的
[n1,p]=size(BSPD);    %%n1是矩阵BSPD的行数, p是列数
Ret=log(BSPD(2:n1,:))-log(BSPD(1:n1-1,:));    %%计算对数收益率
n=n1-1;                    %%收益率矩阵的行数比收盘价矩阵的行数少1
[COEFF,SCORE,Lambdas]=princomp(Ret);
%%计算收益率矩阵的主成分系数、主成分得分和协方差矩阵的特征值。输出参数
%%COEFF保存的是主成分系数, 是一个矩阵, 每一列对应一个主成分的系数向量,
%%主成分按照方差从大到小的顺序排列; SCORE存储的是主成分得分; Lambdas
%%存储的是协方差矩阵的特征值, 即主成分的方差
plot(Lambdas);        %%绘制陡坡图
T=sum(Lambdas);        %%计算总方差
```

```
CR=Lambdas/T        %%计算方差贡献率
ACR=zeros(size(CR)); %%为累计贡献率开辟存储空间
%%下面的for循环计算累积贡献率
for i=1:p
    ACR(i)=sum(CR(1:i));
end
ACR         %%打印累积贡献率
```

拓展阅读建议

本章介绍了主成分分析的基本思想、数学模型、求解方法及 MATLAB 实现. 主成分分析是多元数据分析的核心方法, 应用广泛, 而且是许多其他数据分析方法和机器学习算法的基础, 需要读者牢固掌握. 主成分分析的原理及实现本章已经讲得比较透彻, 如果读者想学习更多的应用实例, 可参考文献 [17-19], 关于主成分的大样本统计推断, 可参考文献 [17]。

第 6 章习题

1. 设 X 是一个 $n \times p$ 的实矩阵, B 是一个 $p \times m$ 的实矩阵, $F = XB$, 试证明: 如果 X 的每一列均值为 0, 则 F 的每一列均值也为 0。

2. 设 Σ 是 n 阶的正定对称矩阵, 请求解下列优化问题:

$$\begin{cases} \max u^{\mathrm{T}} \Sigma u \\ \text{s.t.} \quad \|u\| = 1 \end{cases} \tag{6.75}$$

3. 请自行推导第 1 个主成分和第 2 个主成分的解。

4. 主成分有哪些性质?

5. 主成分分析与奇异值分解有什么关系? 如何通过奇异值分解求主成分系数和主成分得分矩阵?

6. 什么样的数据适合用主成分法降维?

7. 有哪些方法可用于判断数据的相关性冗余是否足够高?

8. 如何确定应该保留多少个主成分?

9. 可用主成分分析解决那些问题? 请举几个例子。

10. (大作业) 影响一家公司的竞争力的因素有很多, 如盈利能力、研发投入、市场占有率、现金流、技术先进性等, 如何综合地评价一家公司的竞争力是一个有挑战性的问题。请你收集一些上市公司的数据, 通过建模计算给出一种评价公司竞争力的方法。

因 子 分 析

学习要点

1. 理解因子分析的基本思想及特点。
2. 掌握因子分析的数学模型及其性质。
3. 掌握因子模型参数估计的方法原理及实现。
4. 理解因子旋转的原理并能应用。
5. 掌握因子得分的估计方法。
6. 能够建立因子模型解决一些实际应用问题。

7.1 概　述

因子分析方法起源于心理测量的研究, 1904 年英国心理学家 Charles Spearman 通过分析学生的各科考试成绩, 提出有一个潜在的一般智力因子在很大程度上决定了学生的认知表现。为了确认这个假设, 他提出了公共因子模型[53]。Spearman 提出的是只有一个公共因子的模型, 后来 Louis Thurstone 发展了 Spearman 的思想, 提出多因子的公共因子模型[96-98], 并提出通过因子旋转提高公共因子的简单性和可解释性。早期由于计算能力的限制因子分析方法并没有推广, 随着计算机技术的发展, 计算能力的障碍已被克服, 因子分析方法广泛应用于心理学、教育学、医学、经济学、管理学、社会科学、基因工程、大数据分析等各个领域, 成为这些学科的重要方法之一。

为了解释因子分析的基本思想, 我们来看一个例子。1939 年, Holzinger 和 Swineford 做了一项儿童智力测验的研究[99], 测试项目如下:

- 段落理解 (paragraph comprehension, x_1)
- 句子填空 (sentence completion, x_2)
- 词意 (word meaning, x_3)
- 加法 (addition, x_4)
- 数点 (counting dots, x_5)

通过对数据进行计算处理后, 得到了下列相关系数矩阵

$$\widehat{R} = \begin{pmatrix} 1 & 0.722 & 0.714 & 0.203 & 0.095 \\ 0.722 & 1 & 0.685 & 0.246 & 0.181 \\ 0.714 & 0.685 & 1 & 0.170 & 0.113 \\ 0.203 & 0.246 & 0.170 & 1 & 0.585 \\ 0.095 & 0.181 & 0.113 & 0.585 & 1 \end{pmatrix} \tag{7.1}$$

经观察发现, 这 5 个变量可以划分为两组: 第一组为 x_1、x_2 和 x_3, 第二组为 x_4 和 x_5, 同组的变量相关性很强, 不同组的变量相关性很弱。大家自然会想, 这 5 个可观测变量是不是依赖于两个潜在的、不可观测的变量 f_1 和 f_2, 它们的变异性是这两个潜在变量的外在表现? 我们把像 f_1 和 f_2 这样影响原始可观测变量的潜在的、不可观测的变量称为**公共因子 (common factor)**, 原始变量 x_i 对公共因子 f_1、f_2 的依赖关系可用下列方程刻画:

$$x_i = \mu_i + \ell_{i1} f_1 + \ell_{i2} f_2 + \varepsilon_i, \qquad i = 1, 2, \cdots, 5 \tag{7.2}$$

其中 μ_i 是 x_i 的均值, ε_i 是 x_i 中不能被公共因子 f_1 和 f_2 解释的部分, 称为 x_i 的**特殊因子 (specific factor)**。

经过计算, 确实找到了两个这样的公共因子 f_1 和 f_2, 它们能够解释原始数据 66.28% 的变异性, 而且它们与原始可观测变量的相关系数如表 7.1所示。

表 7.1   公共因子与原始可观测变量的相关系数

公共因子 / 原始变量	x_1	x_2	x_3	x_4	x_5
f_1	0.8349	0.8253	0.7898	0.4146	0.3297
f_2	-0.2418	-0.1398	-0.2274	0.6503	0.6890

经观察发现, 公共因子 f_1 与第一组变量 x_1、x_2 和 x_3 的相关性很大, 而这三个变量是测试儿童语言能力的, 因此这个公共因子衡量的是儿童的语言能力, 不妨称之为语言能力因子; f_2 与第二组变量 x_4 和 x_5 的相关性很大, 而这两个变量是测试儿童算术能力的, 因此这个公共因子衡量的是儿童的算术能力, 不妨称之为算术能力因子。儿童在这 5 项智力测试指标上的差异有 66.28% 能够被这两个公共因子解释, 因此这两个公共因子是儿童智力水平最重要的潜在决定因素。

以上是因子分析的应用实例, 可以看出, 因子分析的目的是找出隐含在众多可观测变量中的潜在的、不可观测的公共因子, 这些公共因子能够解释原始可观测变量的大部分变异性, 同时能够反映原始变量之间的相关依赖性, 具有可解释性。公共因子的个数不会太多, 因此因子分析也可以实现降维和简化数据的目的, 作为更复杂的数据处理任务的预处理步骤。

因子分析在很多方面与主成分相似, 但二者还是有区别的。首先, 作为降维和简化数据的方法, 主成分分析只强调主成分尽可能多地反映原始变量的变异性, 而因子分析提取的公共因子除了能够反映原始变量的大部分变异性之外, 还要有明确的含义, 具有可解释性。其次, 因子分析更多地用于确认已提出的关于原始变量结构的假设, 检验数据是否与提出的结构假设相符。例如上面的例子, 通过观察原始变量的相关系数矩阵, 提出有两个潜在公共因子的假设, 再用因子分析方法检验这一假设是否成立。

7.2 数 学 模 型

设原始数据有 p 个变量 $x_1, x_2, \cdots, x_p$, 这 p 个变量线性依赖于 $m(m < p)$ 个潜在的公共因子, 用方程表示如下:

$$x_i = \mu_i + \ell_{i1}f_1 + \ell_{i2}f_2 + \cdots + \ell_{im}f_m + \varepsilon_i, \qquad i = 1, 2, \cdots, p \tag{7.3}$$

其中 $\mu_i = Ex_i$, ε_i 是 x_i 的特殊因子, 代表变量 x_i 中不能够被公共因子解释的那一部分。系数 ℓ_{ij} 称为**因子载荷 (factor loading)**。为了表示方便, 引进下列向量和矩阵:

$$x = (x_1, x_2, \cdots, x_p)^{\mathrm{T}}, \quad \mu = (\mu_1, \mu_2, \cdots, \mu_p)^{\mathrm{T}}, \quad \varepsilon = (\varepsilon_1, \varepsilon_2, \cdots, \varepsilon_p)^{\mathrm{T}} \tag{7.4}$$

$$L = (\ell_{ij})_{p \times m}, \qquad f = (f_1, f_2, \cdots, f_m)^{\mathrm{T}} \tag{7.5}$$

使用这些符号, 方程式 (7.3) 可表示为

$$x - \mu = Lf + \varepsilon \tag{7.6}$$

在上述模型中, 因子载荷矩阵 L、公共因子向量 f 和特殊因子向量 ε 都是未知的, 只有可观测变量 x 的样本数据是已知的, 要对如此多的未知参数作估计, 需要更多的假设。我们作如下假设:

$$E(f) = 0, \qquad \mathrm{cov}(f, f) = E(ff^{\mathrm{T}}) = I_m, \qquad E(\varepsilon) = 0 \tag{7.7}$$

$$\mathrm{cov}(\varepsilon, \varepsilon) = E(\varepsilon\varepsilon^{\mathrm{T}}) = \Psi = \begin{pmatrix} \psi_1 & 0 & \cdots & 0 \\ 0 & \psi_2 & \cdots & 0 \\ \vdots & \vdots & \ddots & \vdots \\ 0 & 0 & \cdots & \psi_p \end{pmatrix} \tag{7.8}$$

$$\text{公共因子} f \text{与特殊因子} \varepsilon \text{独立} \tag{7.9}$$

方程 (7.6)（或方程（7.3））及假设条件 (7.7~7.9) 构成了**正交因子模型 (orthogonal factor model)**。从公共因子与特殊因子的独立性可导出下列条件:

$$\mathrm{cov}(f, \varepsilon) = E(f\varepsilon^{\mathrm{T}}) = 0 \tag{7.10}$$

设原始变量的协方差矩阵为 Σ, 由正交因子模型的假设得

$$\begin{aligned} \Sigma &= E\left[(x - \mu)(x - \mu)^{\mathrm{T}}\right] = E\left[(Lf + \varepsilon)(Lf + \varepsilon)^{\mathrm{T}}\right] \\ &= E[Lff^{\mathrm{T}}L^{\mathrm{T}} + Lf\varepsilon^{\mathrm{T}} + \varepsilon f^{\mathrm{T}}L^{\mathrm{T}} + \varepsilon\varepsilon^{\mathrm{T}}] \\ &= LE\left[ff^{\mathrm{T}}\right]L^{\mathrm{T}} + LE\left[f\varepsilon^{\mathrm{T}}\right] + E\left[\varepsilon f^{\mathrm{T}}\right]L^{\mathrm{T}} + E\left[\varepsilon\varepsilon^{\mathrm{T}}\right] \\ &= LL^{\mathrm{T}} + \Psi \end{aligned} \tag{7.11}$$

这就是正交因子模型中原始变量协方差矩阵的结构, 我们将看到, 因子载荷矩阵及特殊因子的方差的估计都依赖于这一点。注意到

$$\mathrm{cov}(x_i, f_j) = E\left[(x_i - \mu_i)f_j\right] = E\left[\sum_{k=1}^{m} \ell_{ik} f_k f_j + \varepsilon_i f_j\right]$$

$$= \sum_{k=1}^{m} \ell_{ik} E\left[f_k f_j\right] + E\left[\varepsilon_i f_j\right]$$

$$= \sum_{k=1}^{m} \ell_{ik} \delta_{kj} + 0$$

$$= \ell_{ij} \tag{7.12}$$

其中倒数第二个等号用到了条件式 (7.7) 和式 (7.9)。由此可见, 因子载荷 ℓ_{ij} 的统计意义是原始变量 x_i 和公共因子 f_j 的协方差。如果原始变量是标准化的, 则 $Dx_i = 1, i = 1, 2, \cdots, p$, 此时有 $\rho_{x_i, f_j} = \ell_{ij}$, 即 ℓ_{ij} 是 x_i 与 f_j 的相关系数。

综上所述, 我们证明了如下定理:

定理 7.1 在正交因子模型中, 原始变量的协方差矩阵 Σ 具有下列结构:

$$\Sigma = LL^{\mathrm{T}} + \Psi \tag{7.13}$$

其中 L 是因子载荷矩阵, Ψ 是特殊因子的协方差矩阵。因子载荷 ℓ_{ij} 满足

$$\ell_{ij} = \mathrm{cov}(x_i, f_j) \tag{7.14}$$

即因子载荷 ℓ_{ij} 的统计意义是原始变量 x_i 和公共因子 f_j 的协方差; 如果原始变量是标准化的, 则 ℓ_{ij} 是 x_i 与 f_j 的相关系数。

由原始变量协方差 Σ 的结构式 (7.13) 可以得到下列恒等式:

$$\mathrm{var}(x_i) = \sigma_{ii} = \sum_{k=1}^{m} \ell_{ik}^2 + \psi_i, \qquad i = 1, 2, \cdots, p \tag{7.15}$$

其中 σ_{ii} 是 Σ 的第 i 个对角元素, 即原始变量 x_i 的方差。令

$$h_i^2 = \sum_{k=1}^{m} \ell_{ik}^2 \tag{7.16}$$

称为第 i 个原始变量的**共同度 (communality)**, 它衡量了 x_i 中能被公共因子解释的那部分变异性（方差）的大小。

7.3 因子模型的参数估计

有了正交因子模型的假设, 就可以作参数估计了。首先解决因子载荷矩阵 L 和特殊因子的协方差矩阵 Ψ 的估计问题, 这可以从原始变量的协方差矩阵 Σ 的结构分解式 (7.13)

入手。需要指出的是, 满足式 (7.13) 的因子载荷矩阵不是唯一的, 这是因为如果 L 满足式 (7.13), 则对任意正交矩阵 Q 皆有

$$(LQ)(LQ)^{\mathrm{T}} + \Psi = LQQ^{\mathrm{T}}L^{\mathrm{T}} + \Psi = LL^{\mathrm{T}} + \Psi = \Sigma \tag{7.17}$$

即矩阵 $L^* := LQ$ 也满足式 (7.13), 也就是说, 对一个因子载荷矩阵 L 的每一行作相同的正交变换（旋转）, 得到的矩阵还是因子载荷矩阵。用 L^* 代替 L 后, 公共因子也会作一个旋转, 这是因为

$$L^*(Q^{\mathrm{T}}f) + \varepsilon = LQQ^{\mathrm{T}}f + \varepsilon = Lf + \varepsilon = X - \mu \tag{7.18}$$

因此与 L^* 对应的公共因子向量为 $f^* := Q^{\mathrm{T}}f$, 即将原来的公共因子 f 作了旋转。

因子模型解的这种旋转不定性并不是坏事, 后面我们还将利用这一性质, 通过因子旋转找出最具可解释性的公共因子。

7.3.1　主成分法

接下来介绍第一种估计因子载荷矩阵的方法——主成分法。设原始变量的协方差矩阵为 Σ, 并假定事先已确定有 m 个潜在的公共因子, 求因子载荷矩阵就相当于求一个 $p \times m$ 的矩阵 L, 使得式 (7.13) 成立, 我们假定特殊因子是不重要的, 希望它的方差越小越好, 因此可以通过求解下列最小化问题估计因子载荷矩阵 L:

$$\min_{L \in \mathbb{R}^{p \times m}} \left\| LL^{\mathrm{T}} - \Sigma \right\|_F \tag{7.19}$$

其中 $\mathbb{R}^{p \times m}$ 表示所有 $p \times m$ 的实矩阵构成的集合, $\|\cdot\|_F$ 表示矩阵的 Frobenius 范数。如何求解这个最小化问题呢? 根据定理 4.4, 可以通过求 Σ 的奇异值分解, 找 Σ 的秩为 m 的低秩逼近求解上述最小化问题。由于 Σ 是半正定的实对称矩阵, 因此其特征分解就是奇异值分解, 即

$$\Sigma = \sum_{k=1}^{p} \lambda_k u_k u_k^{\mathrm{T}} \tag{7.20}$$

其中 $\lambda_1 \geqslant \lambda_2 \geqslant \cdots \geqslant \lambda_p$ 是协方差矩阵 Σ 的全部特征值, $u_1, u_2, \cdots, u_p$ 是相应的正交单位特征向量。令

$$\Sigma^{(m)} = \sum_{k=1}^{m} \lambda_k u_k u_k^{\mathrm{T}} \tag{7.21}$$

则根据定理 4.4, $\Sigma^{(m)}$ 是下列优化问题的解:

$$\min_{S \in \mathbb{R}^{p \times p}, \mathrm{rank}(S) \leqslant m} \| S - \Sigma \|_F \tag{7.22}$$

再注意到

$$\Sigma^{(m)} = (u_1, u_2, \cdots, u_m) \begin{pmatrix} \lambda_1 & 0 & \cdots & 0 \\ 0 & \lambda_2 & \cdots & 0 \\ \vdots & \vdots & \ddots & \vdots \\ 0 & 0 & \cdots & \lambda_m \end{pmatrix} \begin{pmatrix} u_1^{\mathrm{T}} \\ u_2^{\mathrm{T}} \\ \vdots \\ u_m^{\mathrm{T}} \end{pmatrix} := \widehat{L}\widehat{L}^{\mathrm{T}} \tag{7.23}$$

$$\text{其中 } \widehat{L} = (\sqrt{\lambda_1}u_1, \sqrt{\lambda_2}u_2, \cdots, \sqrt{\lambda_m}u_m) \tag{7.24}$$

因此 $\widehat{L}$ 是最小化问题式 (7.19) 的解。这种估计因子载荷矩阵的方法称为**主成分法**, 之所以叫这个名称, 是因为 $\widehat{L}$ 的列向量就是主成分的系数向量乘以相应主成分的标准差。得到因子载荷矩阵的估计后, 便可以用等式 (7.13) 得到特殊因子方差的估计:

$$\widehat{\psi}_i = \sigma_{ii} - \widehat{h}_i^2 = \sigma_{ii} - \sum_{k=1}^{m} \widehat{\ell}_{ik}^2 \tag{7.25}$$

其中 σ_{ii} 表示 Σ 的第 i 个对角元素。

由于 $x_i = \sum_{k=1}^{m} \ell_{ik}f_k + \varepsilon_i$, 因此 x_i 中能被公共因子 f_k 解释的那部分方差为

$$\mathrm{var}(\ell_{ik}f_k) = \ell_{ik}^2 \tag{7.26}$$

从而 p 个原始变量中能被 f_k 解释的方差之和为

$$\sum_{i=1}^{p} \mathrm{var}(\ell_{ik}f_k) = \sum_{i=1}^{p} \ell_{ik}^2 = \lambda_k \tag{7.27}$$

其中最后一个等号用到了命题 3.4 中的恒等式 (6.41)。由此可见, λ_k 度量了公共因子 f_k 的方差贡献, 类似于主成分分析, 可以用方差贡献率 $\lambda_k \Big/ \sum_{j=1}^{p} \lambda_j$ 计量公共因子 f_k 解释的方差比例。

下面用主成分法求 7.1 节中儿童智力测验数据的因子载荷矩阵和特殊因子的方差。用 MATLAB 计算得到（样本）相关系数矩阵 $\widehat{R}$ 的特征值和特征向量构成的正交矩阵分别为

$$\lambda_1 = 2.5875, \quad \lambda_2 = 1.4217, \quad \lambda_3 = 0.4152, \quad \lambda_4 = 0.3111, \quad \lambda_5 = 0.2645 \tag{7.28}$$

$$U = (u_1, u_2, u_3, u_4, u_5) = \begin{pmatrix} 0.5345 & -0.2449 & -0.1144 & 0.0988 & 0.7947 \\ 0.5424 & -0.1641 & 0.0597 & 0.6605 & -0.4889 \\ 0.5234 & -0.2470 & 0.1440 & -0.7380 & -0.3157 \\ 0.2971 & 0.6268 & -0.7074 & -0.0958 & -0.0966 \\ 0.2406 & 0.6776 & 0.6799 & 0.0152 & 0.1430 \end{pmatrix} \tag{7.29}$$

前两个公共因子的累积贡献率达到了 80.18%, 取前两个公共因子就够了。表 7.2 列出了原始变量在这两个公共因子的载荷、共同度以及特殊因子的方差, 可以看出, 每个原始变量的共同度都达到了 0.8, 说明这两个公共因子能够解释每个原始变量的 80% 左右的变异性, 已经算是很高了。

表 7.2　主成分法计算结果

变量	因子载荷 $\ell_{ik} = \sqrt{\lambda_k}u_{ik}$		共同度 h_i^2	特殊因子的方差 $\psi_i = 1 - h_i^2$
	f_1	f_2		
x_1	0.8598	−0.2920	0.8245	0.1755
x_2	0.8725	−0.1957	0.7996	0.2004
x_3	0.8419	−0.2946	0.7956	0.2044
x_4	0.4779	0.7473	0.7869	0.2131
x_5	0.3870	0.8080	0.8026	0.1974
特征值 λ_i	2.5875	1.4217		
方差贡献率	0.5175	0.2843		
累积贡献率	0.5175	0.8018		

7.3.2　主因子法

假定原始变量是标准化的, 在进行因子分析时, 如果事先已借助其他方法得到特殊因子的方差 ψ_i 的初步估计 $\psi_i^{(0)}, i = 1, 2, \cdots, p$, 则可以将其从相关系数矩阵中减掉, 得到下列**约相关矩阵**:

$$R^{(1)} = R - \Psi^{(0)} = \begin{pmatrix} 1 - \psi_1^{(0)} & r_{12} & \cdots & r_{1p} \\ r_{21} & 1 - \psi_2^{(0)} & \cdots & r_{2p} \\ \vdots & \vdots & \ddots & \vdots \\ r_{p1} & r_{p2} & \cdots & 1 - \psi_p^{(0)} \end{pmatrix} \tag{7.30}$$

其中 r_{ij} 是原始变量 x_i 与 x_j 的相关系数。由于约相关矩阵已经在一定程度上去除了特殊因子的影响, 主要反映公共因子的贡献, 因此用它估计因子载荷矩阵应该更精确一些。利用约相关矩阵估计因子载荷矩阵就是所谓的**主因子法 (principal factor method)**。除了用约相关矩阵 $R^{(1)}$ 代替相关系数矩阵 R 之外, 主因子法计算因子载荷矩阵的过程与主成分法完全一样, 通过计算 $R^{(1)}$ 的特征值 $\lambda_i^{(1)}$ 和特征向量 $u_i^{(1)}$, 然后得到因子载荷矩阵的估计为

$$L^{(1)} = \left(\sqrt{\lambda_1^{(1)}} u_1^{(1)}, \sqrt{\lambda_2^{(1)}} u_2^{(1)}, \cdots, \sqrt{\lambda_m^{(1)}} u_m^{(1)} \right) \tag{7.31}$$

但这样得到的估计量受特殊因子方差的初始估计 $\psi_i^{(0)}$ 的影响比较大, 而 $\psi_i^{(0)}$ 往往不够准确, 因此用

$$\psi_i^{(1)} = 1 - \left(h_i^{(1)} \right)^2 = 1 - \sum_{k=1}^{m} \ell_{ik}^{(1)} \tag{7.32}$$

代替 $\psi_i^{(0)}$, 其中 $\ell_{ik}^{(1)}$ 是 $L^{(1)}$ 的矩阵元素, 这就相当于将 R 的对角元素用 $1 - \psi_i^{(1)}$ 替换得到新的约相关矩阵 $R^{(2)}$, 再对 $R^{(2)}$ 作特征分解, 得到新的因子载荷矩阵估计 $L^{(2)}$。这种迭代过程往往需要重复多次, 才能得到比较稳定的估计。

主因子法需要对特殊因子的方差 ψ_i 或共同度 $h_i^2 = 1 - \psi_i$ 作初始估计, 常用估计方法有下列几种:

(1) 取 $1 - \psi_i^{(0)} = R_i^2$, 其中 R_i^2 表示 x_i 与所有其余原始变量 $x_j, j \neq i$ 的复相关系数, 即 x_i 对其余的 $p-1$ 个 x_j 的回归方程的决定系数（定义见 5.3 节式 (5.51)）, 这是因为 x_i 与公共因子的关系是通过其余的 $p-1$ 个 x_j 的线性组合联系起来的。

(2) 取

$$1 - \psi_i^{(0)} = \max_{j, j \neq i} |r_{ij}| \tag{7.33}$$

其中 r_{ij} 是 R 的矩阵元素, 即 x_i 与 x_j 的相关系数。

(3) 取

$$1 - \psi_i^{(0)} = \frac{1}{p-1} \sum_{j, j \neq i} r_{ij} \tag{7.34}$$

只有上述估计的值为正时才有意义。

(4) 取 $1 - \psi_i^{(0)} = 1/\gamma_{ii}$, 其中 γ_{ii} 表示 R^{-1} 的第 i 个对角元素。

下面用主因子法求 7.1 节中儿童智力测验数据的因子载荷矩阵和特殊因子的方差。按照上面介绍的第 2 种方法估计初始共同度 $1 - \psi_i^{(0)}$, 并按照前面介绍的步骤迭代 10 次后, 求得约相关矩阵 $R^{(10)}$ 的特征值为

$$\lambda_1^{(10)} = 2.2824, \quad \lambda_2^{(10)} = 1.0287, \quad \lambda_3^{(10)} = 0.0250$$
$$\lambda_4^{(10)} = -0.0009, \quad \lambda_5^{(10)} = -0.0242 \tag{7.35}$$

我们发现最后两个特征值为负, 这是因为对共同度的估计不准确所致。由于约相关矩阵不再是正定的, 特征值已不再等于公共因子的方差, 因此不能再用原来的方法计算公共因子的方差贡献率和累积贡献率, 应该用下列公式计算第 j 个公共因子的方差贡献率:

$$\frac{\sum_{i=1}^{p} \ell_{ij}^2}{\sum_{i=1}^{p} \text{var}(x_i)} \tag{7.36}$$

前 m 个公共因子的累积贡献率为

$$\frac{\sum_{j=1}^{m} \sum_{i=1}^{p} \ell_{ij}^2}{\sum_{i=1}^{p} \text{var}(x_i)} \tag{7.37}$$

表 7.3 给出了主因子法的计算结果。我们发现, 无论是从共同度还是从累积贡献率来看, 主因子法的结果都比主成分法差。

接下来通过一个例子观察一个现象。

例 7.1 已知可观测变量的协方差矩阵为

$$R = \begin{pmatrix} 1 & .849 & .462 & .416 & .409 & .455 \\ .849 & 1 & .442 & .439 & .360 & .334 \\ .462 & .442 & 1 & .909 & .499 & .478 \\ .416 & .439 & .909 & 1 & .501 & .459 \\ .409 & .360 & .499 & .501 & 1 & .862 \\ .455 & .334 & .478 & .459 & .862 & 1 \end{pmatrix} \tag{7.38}$$

利用主因子法对其作因子分析, 迭代 1000 次, 看看会出现什么结果。

表 7.3　主因子法计算结果

变　　量	因子载荷 $\ell_{ik}^{(10)} = \sqrt{\lambda_k^{(10)} u_{ik}^{(10)}}$		共同度 $(h_i^{(10)})^2$	特殊因子的方差 $\psi_i^{(10)}$
	f_1	f_2		
x_1	0.8348	-0.2417	0.7553	0.2447
x_2	0.8254	-0.1396	0.7008	0.2992
x_3	0.7900	-0.2271	0.6756	0.3244
x_4	0.4127	0.6430	0.5838	0.4162
x_5	0.3315	0.6969	0.5956	0.4044
特征值 λ_i	2.2824	1.0287		
方差贡献率	0.4565	0.2057		
累积贡献率	0.4565	0.6622		

还是按照上面介绍的第 2 种方法估计初始共同度 $1 - \psi_i^{(0)}$, 然后求约相关矩阵的特征分解, 得到 6 个特征值如下:

$$\lambda_1^{(0)} = 3.5050, \qquad \lambda_2^{(0)} = 0.9463, \qquad \lambda_3^{(0)} = 0.7970,$$
$$\lambda_4^{(0)} = 0.0425, \qquad \lambda_5^{(0)} = -0.0095, \qquad \lambda_6^{(0)} = -0.0412$$

只有前 3 个特征值显著大于 0, 因此取 3 个公共因子。然后按照前面介绍的步骤迭代, 迭代 1000 次后, 特征值为

$$\lambda_1^{(1000)} = 3.6016, \qquad \lambda_2^{(1000)} = 1.1635, \qquad \lambda_3^{(1000)} = 0.8908,$$
$$\lambda_4^{(1000)} = 0.0159, \qquad \lambda_5^{(1000)} = 0.0042, \qquad \lambda_6^{(1000)} = -0.0202$$

此时 6 个可观测变量的特殊因子方差为

$$\psi_1^{(1000)} = 0.0465, \qquad \psi_2^{(1000)} = 0.2343, \qquad \psi_3^{(1000)} = 0.1623,$$
$$\psi_4^{(1000)} = 0.0053, \qquad \psi_5^{(1000)} = 0.4381, \qquad \psi_6^{(1000)} = -0.5424$$

发现第 6 个特殊因子方差居然为负数, 这显然是不合理的, 在统计上无法解释。

像这种特殊因子方差估计值为负数或者共同度的估计值大于 1 的现象称为**海伍德 (Heywood) 现象**。主因子法出现海伍德现象的原因可能是特殊因子方差的初始估计不准确, 也可能是算法本身的原因。

7.3.3　极大似然估计

如果进一步假设公共因子 f 和特殊因子 ε 服从正态分布, 即

$$f \sim \mathcal{N}_m(0, I_m), \qquad \varepsilon \sim \mathcal{N}_p(0, \Psi) \tag{7.39}$$

则可观测变量 x 也服从正态分布, 即有

$$x \sim \mathcal{N}_p(\mu, \Sigma), \qquad \Sigma = LL^{\mathrm{T}} + \Psi \tag{7.40}$$

现在可以用极大似然估计法估计因子载荷矩阵 L 和特殊因子的方差 Ψ 了。

可观测变量 x 的概率密度函数为

$$\varphi(x; \mu, \Sigma) = \frac{1}{(2\pi)^{p/2}(\det \Sigma)^{1/2}} \exp\left\{ -\frac{1}{2}(x - \mu)^{\mathrm{T}} \Sigma^{-1}(x - \mu) \right\} \tag{7.41}$$

设 $x^{(j)}, j = 1, 2, \cdots, n$ 是可观测变量的样本数据, 则对数似然函数为

$$J := \ln\left[\prod_{j=1}^{n} \varphi(x^{(j)}; \mu, \Sigma) \right] = \sum_{j=1}^{n} \ln \varphi(x^{(j)}; \mu, \Sigma)$$

$$= -\frac{np}{2}\ln(2\pi) - \frac{n}{2}\ln(\det \Sigma) - \frac{1}{2}\sum_{j=1}^{n}(x^{(j)} - \mu)^{\mathrm{T}}\Sigma^{-1}(x^{(j)} - \mu) \tag{7.42}$$

注意到

$$\sum_{j=1}^{n}(x^{(j)} - \mu)^{\mathrm{T}}\Sigma^{-1}(x^{(j)} - \mu) = \sum_{j=1}^{n}(x^{(j)} - \overline{x} + \overline{x} - \mu)^{\mathrm{T}}\Sigma^{-1}(x^{(j)} - \overline{x} + \overline{x} - \mu)$$

$$= \sum_{j=1}^{n}(x^{(j)} - \overline{x})^{\mathrm{T}}\Sigma^{-1}(x^{(j)} - \overline{x})$$

$$+ n(\overline{x} - \mu)^{\mathrm{T}}\Sigma^{-1}(\overline{x} - \mu) \tag{7.43}$$

$$\sum_{j=1}^{n}(x^{(j)} - \overline{x})^{\mathrm{T}}\Sigma^{-1}(x^{(j)} - \overline{x}) = \sum_{j=1}^{n} \mathrm{tr}\left[(x^{(j)} - \overline{x})^{\mathrm{T}}\Sigma^{-1}(x^{(j)} - \overline{x}) \right]$$

$$= \sum_{j=1}^{n} \mathrm{tr}\left[\Sigma^{-1}(x^{(j)} - \overline{x})(x^{(j)} - \overline{x})^{\mathrm{T}} \right]$$

$$= \mathrm{tr}\left[\sum_{j=1}^{n} \Sigma^{-1}(x^{(j)} - \overline{x})(x^{(j)} - \overline{x})^{\mathrm{T}} \right]$$

$$= (n - 1)\mathrm{tr}\left[\Sigma^{-1}\widehat{\Sigma} \right] \tag{7.44}$$

其中 $\widehat{\Sigma}$ 是可观测变量的样本协方差矩阵, 因此有

$$J = -\frac{np}{2}\ln(2\pi) - \frac{n}{2}\ln(\det \Sigma) - \frac{n-1}{2}\mathrm{tr}\left[\Sigma^{-1}\widehat{\Sigma} \right] - \frac{n}{2}(\overline{x} - \mu)^{\mathrm{T}}\Sigma^{-1}(\overline{x} - \mu) \tag{7.45}$$

由于 Σ^{-1} 是正定的, 因此 $(\overline{x} - \mu)^{\mathrm{T}}\Sigma^{-1}(\overline{x} - \mu) \geqslant 0$, 且只有当 $\mu = \overline{x}$ 时取值为 0, 因此在 J 的最大值点处必须 $\mu = \overline{x}$, 这就是参数 μ 的极大似然估计. 为了计算 L 和 Ψ 的极大似然估计, 在 J 的表达式中令 $\mu = \overline{x}$ 并去掉与待估计参数无关的项, 得到下列函数

$$J_0 = -\frac{n}{2}\ln(\det \Sigma) - \frac{n-1}{2}\mathrm{tr}\left[\Sigma^{-1}\widehat{\Sigma} \right]$$

$$= -\frac{n}{2}\ln\left(\det(LL^{\mathrm{T}} + \Psi) \right) - \frac{n-1}{2}\mathrm{tr}\left[(LL^{\mathrm{T}} + \Psi)^{-1}\widehat{\Sigma} \right] \tag{7.46}$$

但不难发现 J_0 的最大值点不是唯一的, 因为如果 L 使得 J_0 最大化, 则对任意正交矩阵 Q, $L^* = LQ$ 都使得 J_0 最大化。为了消除这种不定性, 研究者引入了下列约束条件:

$$L^{\mathrm{T}} \Psi^{-1} L = \Delta \tag{7.47}$$

其中 Δ 是一个给定的对角矩阵, 例如, 可以取 $\Delta = I$。这样, 极大似然估计法估计参数 L 和 Ψ 的问题便归结为下列优化问题:

$$\max_{L,\Psi} J_0(L, \Psi) = -\frac{n}{2} \ln\left(\det\left(LL^{\mathrm{T}} + \Psi\right)\right) - \frac{n-1}{2} \mathrm{tr}\left[\left(LL^{\mathrm{T}} + \Psi\right)^{-1} \widehat{\Sigma}\right] \tag{7.48}$$

$$\text{s. t.} \quad L^{\mathrm{T}} \Psi^{-1} L = \Delta \tag{7.49}$$

优化问题式 (7.48~7.49) 无法求出解析解, 只能用数值方法求解, 我们不作深入讨论, 感兴趣的同学可参考文献 [17, 100-105] 及所附的参考文献。

实际应用时, 可以直接调用 MATLAB 提供的函数 factoran() 实现因子分析模型参数的极大似然估计。我们已把 Holzinger 和 Swineford 的儿童智力测验数据的相关系数矩阵 (7.1) 输入 MATLAB 变量 R 中, 并保存在数据文件 HolzingerSwinefordDataCorr.mat 中, 下面用极大似然估计法估计因子载荷矩阵和特殊因子方差。MATLAB 代码如下:

```
load('HolzingerSwinefordDataCorr.mat');
%%载入相关系数矩阵R所在的数据文件
[L,Psi]=factoran(R,2,'Xtype','covariance','Rotate','none')
%%极大似然估计法估计因子载荷矩阵L和特殊因子方差Psi
```

其中函数 factoran() 的第一个输入参数 R 可以是原始数据矩阵, 也可以是协方差矩阵 (或相关系数矩阵), 本例输入的是相关系数矩阵, 因此通过后面的 'Xtype' 和 'covariance' 选项告诉系统输入的是相关系数矩阵; 第二个输入参数 '2' 是公共因子的个数, 需要事先告诉系统; 后面的 'Rotate'、'none' 选项是告诉系统不作因子旋转。输出参数 'L' 是因子载荷矩阵, 'Psi' 是特殊因子的方差, 一个向量。

儿童智力测验数据的因子载荷矩阵 L 和特殊因子方差 Ψ 的极大似然估计结果如表 7.4所示。

表 7.4　极大似然估计法计算结果

变　　量	因子载荷 ℓ_{ik}		共同度 h_i^2	特殊因子的方差 ψ_i
	f_1	f_2		
x_1	0.7669	-0.4116	0.7576	0.2424
x_2	0.7784	-0.3071	0.7003	0.2997
x_3	0.7316	-0.3708	0.6728	0.3272
x_4	0.4838	0.4377	0.4256	0.5744
x_5	0.5297	0.7510	0.8446	0.1554
公共因子的方差	2.2440	1.1568		
方差贡献率	0.4488	0.2314		
累积贡献率	0.4488	0.6802		

7.3.4 三种参数估计法的比较

下面对估计因子模型参数的三种方法进行比较。

首先, 累积贡献率是一个重要的指标, 它反映了公共因子能解释的方差的比例, 累积贡献率越大, 说明公共因子对数据的表示能力越强。因此我们先从累积贡献率的角度作比较。根据前 3 小节的计算结果, 主成分法的累积贡献率是 80.18%, 主因子法的累积贡献率是 66.22%, 极大似然估计法的累积贡献率是 68.02%, 因此主成分法表现最好。

其次, 对于理想的因子模型和精确的参数估计, 应该有

$$R = LL^{\mathrm{T}} + \Psi \tag{7.50}$$

但实际情况是因子模型并不能完全拟合数据, 参数估计也有误差, 因此 $LL^{\mathrm{T}} + \Psi$ 与 R 总有偏差, 偏差 $E := R - LL^{\mathrm{T}} - \Psi$ 的大小能够反映因子模型和参数估计的好坏, 可以作为比较不同方法的一种标准。下面的 E_1, E_2, E_3 分别是主成分法、主因子法、极大似然估计法的偏差矩阵。

$$E_1 = \begin{pmatrix} 0 & -0.0853 & -0.0959 & 0.0103 & -0.0018 \\ -0.0853 & 0 & -0.1072 & -0.0247 & 0.0015 \\ -0.0959 & -0.1072 & 0 & -0.0122 & 0.0252 \\ 0.0103 & -0.0247 & -0.0122 & 0 & -0.2038 \\ -0.0018 & 0.0015 & 0.0252 & -0.2038 & 0 \end{pmatrix}$$

$$E_2 = \begin{pmatrix} 0 & -0.0008 & -0.0004 & 0.0139 & -0.0133 \\ -0.0008 & 0 & 0.0013 & -0.0049 & 0.0047 \\ -0.0004 & 0.0013 & 0 & -0.0100 & 0.0094 \\ 0.0139 & -0.0049 & -0.0100 & 0 & 0.0001 \\ -0.0133 & 0.0047 & 0.0094 & 0.0001 & 0 \end{pmatrix}$$

$$E_3 = \begin{pmatrix} 0.0000 & -0.0014 & 0.0003 & 0.0122 & -0.0021 \\ -0.0014 & 0.0000 & 0.0016 & 0.0038 & -0.0007 \\ 0.0003 & 0.0016 & -0.0000 & -0.0217 & 0.0039 \\ 0.0122 & 0.0038 & -0.0217 & -0.0000 & 0.0000 \\ -0.0021 & -0.0007 & 0.0039 & 0.0000 & -0.0000 \end{pmatrix}$$

可以看出, 主成分法的偏差矩阵明显比另外两种方法大。极大似然估计法的偏差矩阵很小, 累积贡献率比主因子法大, 这就是许多研究喜欢极大似然估计法的原因。主因子法有一个缺点, 就是当特殊因子的方差的初始估计不准确、迭代次数过多时, 会出现共同度大于 1 的情况 (特殊因子方差为负数), 即所谓的 **海伍德 (Heywood) 现象**, 这种结果在统计上无法解读, 这也是许多统计软件不推荐主因子法的原因。

我们把实现本节所有计算的 MATLAB 代码汇集在下列函数中:

```
function HolzingerSwinefordFactor()
```

```
%%这个函数实现了7.3节Holzinger与Swineford儿童智力测量数据的因子分析
%%%%%%%%%%%%%%%%%%%%%%%%%%%%%%%%%%%%%%%%%%%%%
load('HolzingerSwinefordDataCorr.mat');
%%载入相关系数矩阵。5个测量指标的样本相关系数矩阵已经保存在文件
%%HolzingerSwinefordDataCorr.mat中的矩阵变量R中，载入即可
p=size(R,1);            %%原始变量的个数
[U,Lambda]=eig(R);  %%求相关系数矩阵的特征值和特征向量
Lambda=diag(Lambda);        %%取值特征值放在一个列向量中
[Lambda,IX]=sort(Lambda,'descend')   %%将特征值按照从大到小的顺序排列
U=U(:,IX);                  %%将特征向量作对应的排列
T=sum(Lambda);      %%计算总方差
CR1=Lambda/T        %%计算方差贡献率
ACR1=zeros(size(CR1)); %%为累计贡献率开辟存储空间
%%下面的for循环是计算累积贡献率的
for i=1:p
    ACR1(i)=sum(CR1(1:i));
end
ACR1        %%打印累积贡献率
L1=[sqrt(Lambda(1))*U(:,1),sqrt(Lambda(2))*U(:,2)]   %%计算因子载荷矩阵
h1=sum(L1.^2,2)                     %%计算共同度
Psi1=1-h1                        %%计算特殊因子的方差

%%以下一段代码用主因子法估计因子载荷矩阵
h2=max(abs(R)-diag(ones(1,p)),[],2)
%%用教材中的方法(2)估计共同度的初始值
itnum=0;                        %%迭代次数
L2=zeros(p,2);
while itnum<10
    Ra=R-diag(ones(1,p))+diag(h2);     %%计算约相关矩阵
    [U2,Lambda2]=eig(Ra);               %%求相关系数矩阵的特征值和特征向量
    Lambda2=diag(Lambda2);              %%取值特征值放在一个列向量中
    [Lambda2,IX2]=sort(Lambda2,'d escend');
    %%将特征值按照从大到小的顺序排列
    U2=U2(:,IX2);                   %%将特征向量作对应的排列
    L2=[sqrt(Lambda2(1))*U2(:,1),sqrt(Lambda2(2))*U2(:,2)];
    %%计算因子载荷矩阵
    h2=sum(L2.^2,2);                        %%重新计算共同度
    itnum=itnum+1;
end
Lambda2
L2
h2
Psi2=1-h2
T=sum(diag(R));             %%计算总方差
CR2=sum(L2(:,1:2).^2)/T          %%计算方差贡献率
```

```
ACR2=zeros(size(CR2)); %%为累计贡献率开辟存储空间
%%下面的for循环是计算累积贡献率的
for i=1:2
    ACR2(i)=sum(CR2(1:i));
end
ACR2        %%打印累积贡献率


%%以下一段代码用极大似然估计法估计因子载荷矩阵
[L3,Psi3]=factoran(R,2,'Xtype','covariance','Rotate','none')
%%用极大似然估计法估计因子载荷矩阵和特殊因子的方差
%%X是输入矩阵,可以是原始数据矩阵,也可以是因子载荷矩阵;2是公共因子的个数
%%'Xtype','covariance'告诉系统输入的是协方差（或相关系数矩阵）
%%'Rotate','none'告诉系统不需要作因子旋转
h3=sum(L3.^2,2)        %%计算共同度
T=sum(diag(R));        %%计算总方差
CR3=sum(L3(:,1:2).^2)/T         %%计算方差贡献率
ACR3=zeros(size(CR3)); %%为累计贡献率开辟存储空间
%%下面的for循环是计算累积贡献率的
for i=1:2
    ACR3(i)=sum(CR3(1:i));
end
ACR3        %%打印累积贡献率


%%以下一段代码计算三种方法的偏差矩阵E1,E2,E3,具体介绍见7.3.4节
E1=R-L1*L1'-diag(Psi1)        %%主成分法的偏差矩阵
E2=R-L2*L2'-diag(Psi2)        %%主因子法的偏差矩阵
E3=R-L3*L3'-diag(Psi3)        %%极大似然估计法的偏差矩阵


%%以下一段代码实现例7.1中的主因子法Heywood现象计算
load('HeywoodExamp.mat');  %%载入相关系数矩阵。在变量RHeyw中
RH=RHeyw;
pH=size(RH,1);        %%原始变量的个数
h4=max(abs(RH)-diag(ones(1,pH)),[],2);
%%用教材中的方法(2)估计共同度的初始值
itnum=0;                      %%迭代次数
L4=zeros(pH,3);
while itnum<1000
    RHa=RH-diag(ones(1,pH))+diag(h4);   %%计算约相关矩阵
    [UH,LambdaH]=eig(RHa); %%求相关系数矩阵的特征值和特征向量
    LambdaH=diag(LambdaH);      %%取值特征值放在一个列向量中
    [LambdaH,IXH]=sort(LambdaH,'descend');
    %%将特征值按照从大到小的顺序排列
    UH=UH(:,IXH);                    %%将特征向量作对应的排列
    L4=[sqrt(LambdaH(1))*UH(:,1),sqrt(LambdaH(2))*UH(:,2),...
        sqrt(LambdaH(3))*UH(:,3)];        %%计算因子载荷矩阵
```

```
    h4=sum(L4.^2,2);                        %%重新计算共同度
    itnum=itnum+1;
end
LambdaH
L4
h4
Psi4=1-h4
T=sum(diag(RH));     %%计算总方差
CR4=sum(L4(:,1:3).^2)/T          %%计算方差贡献率
ACR4=zeros(size(CR4)); %%为累计贡献率开辟存储空间
%%下面的for循环是计算累积贡献率的
for i=1:3
    ACR4(i)=sum(CR4(1:i));
end
ACR4          %%打印累积贡献率

end
```

7.4　因子旋转

7.4.1　基本思想

与主成分分析不同, 因子分析不只希望能够用少数几个公共因子表示数据, 还希望求出的公共因子具有较明确的含义, 能够确认或解释某些事先观察到的现象或提出的假设。例如对于 Holzinger 和 Swineford 的儿童智力测验数据, 心理学家在实验之前就已经提出了儿童学习认知能力的两个要素是语言能力和算术能力, 通过对测验数据的因子分析, 希望能够找到两个这样的公共因子, 以便确认这一点。上一节我们已经用主成分法求出两个公共因子 f_1 和 f_2, 相应的因子载荷矩阵为

$$L = \begin{pmatrix} 0.8598 & -0.2920 \\ 0.8725 & -0.1957 \\ 0.8419 & -0.2946 \\ 0.4779 & 0.7473 \\ 0.3870 & 0.8080 \end{pmatrix} \tag{7.51}$$

经观察不难发现, 第一个公共因子 f_1 在 x_1（段落理解）、x_2（句子填空）、x_3（词意）上的因子载荷较大, 这 3 个测试项目主要测量儿童的语言能力, 因此可以初步识别这个公共因子是反映儿童语言能力的公共因子; 第二个公共因子 f_2 在 x_4（加法）、x_5（数点）上的因子载荷比较大, 这两个测试项目主要测量儿童的算术能力, 因此可以初步识别这个公共因子是反映儿童算术能力的公共因子。但仔细看后会发现 f_1 在变量 x_4 和 x_5 上的因子载荷也并不小, 因此其含义比较模糊。

如何使公共因子的含义更加清晰明确呢？7.3 节已经讲过，因子载荷矩阵不是唯一的，如果 L 是因子载荷矩阵，则对任意正交矩阵 Q，$L^* := LQ$ 也是因子载荷矩阵。因此可以选择一个合适的正交矩阵 Q，使得变换后的因子载荷矩阵 L^* 的第一列在前三个原始变量 x_1、x_2、x_3 上的因子载荷（的绝对值）尽量大，而在后两个原始变量 x_4、x_5 上的因子载荷（的绝对值）尽量小，这样公共因子 f_1 的含义就会更明确。对第二个公共因子 f_2 也是类似的，我们希望变换后的因子载荷矩阵 L^* 的第二列在前三个原始变量 x_1、x_2、x_3 上的因子载荷尽量小，在后两个原始变量 x_4、x_5 上的因子载荷尽量大，以使 f_2 的含义更加明确，这就是因子旋转基本思想。

通过 MATLAB 计算，我们找到如下正交矩阵：

$$Q = \begin{pmatrix} 0.9206 & 0.3905 \\ -0.3905 & 0.9206 \end{pmatrix} \tag{7.52}$$

使得旋转后的因子载荷矩阵为

$$L^* = LQ = \begin{pmatrix} 0.9056 & 0.0669 \\ 0.8797 & 0.1605 \\ 0.8901 & 0.0575 \\ 0.1482 & 0.8746 \\ 0.0408 & 0.8950 \end{pmatrix} \tag{7.53}$$

可以看出，旋转后的因子载荷矩阵的第一列前 3 个元素很大，绝对值很接近 1，而后两个元素则很小，绝对值靠近 0，因此第一个公共因子的主要载荷集中在前 3 个原始变量上，含义很明确，反映的是儿童的语言能力。

一般地，如果因子载荷矩阵的元素要么很大，要么很小，两极分化，则公共因子和各个原始变量的关系很明确，含义也就很明确。

7.4.2 因子旋转方法

根据 7.4.1 节的讨论，我们知道，欲使公共因子的含义明确，需要使得因子载荷矩阵的元素的绝对值两极分化，要么接近 0，要么接近 1。

设旋转前的因子载荷矩阵为 $\widetilde{L}$，旋转后的因子载荷矩阵为 $L = \widetilde{L}Q$，则有

$$\ell_{i,j} = \sum_{k=1}^{m} \widetilde{\ell}_{ik} q_{kj}, \qquad i = 1, 2, \cdots, p; j = 1, 2, \cdots, m \tag{7.54}$$

其中 $\ell_{ij}, \widetilde{\ell}_{ij}, q_{ij}$ 分别是矩阵 $L, \widetilde{L}, Q$ 的元素。由于正交变换不会改变向量的长度，因此有

$$h_i^2 = \sum_{k=1}^{m} \ell_{ik}^2 = \sum_{k-1}^{m} \widetilde{\ell}_{ik}^2 = \widetilde{h}_i^2, \qquad i = 1, 2, \cdots, p \tag{7.55}$$

即**因子旋转不会改变共同度**。

如果令 $\ell_{ik}^* = \ell_{ik}/h_i$, 则有

$$\sum_{k=1}^m \ell_{ik}^{*2} = 1, \qquad i = 1, 2, \cdots, p \tag{7.56}$$

为使因子载荷矩阵每一列的元素两极分化, Kaiser[106] 引入了下列目标函数:

$$V = \sum_{k=1}^m \frac{1}{p} \sum_{i=1}^p \left(\ell_{ik}^{*2} - \mu_k\right)^2, \qquad \mu_k = \frac{1}{p} \sum_{i=1}^p \ell_{ik}^{*2} \tag{7.57}$$

它就是各列（尺度化的）因子载荷的平方的方差之和. V 越大, 因子载荷矩阵各列元素两极分化就越严重, 因子载荷矩阵的结构越简单, 公共因子的含义就越明确. Kaiser 提出用 V 度量因子载荷矩阵的简单性, 通过求解下列优化问题找出最优正交矩阵:

$$\max_Q V = \sum_{k=1}^m \frac{1}{p} \sum_{i=1}^p \left(\ell_{ik}^{*2} - \mu_k\right)^2 \tag{7.58}$$

$$L = \widetilde{L}Q, \qquad \ell_{ik}^* = \ell_{ik}/h_i, \qquad h_i^2 = \sum_{k=1}^m \ell_{ik}^2, \qquad \mu_k = \frac{1}{p} \sum_{i=1}^p \ell_{ik}^{*2} \tag{7.59}$$

这就是所谓的 **Kaiser 方差最大化旋转法 (Kaiser's varimax rotation)**.

由于因子正交旋转不会改变共同度, 即 $\sum_{k=1}^m \ell_{ik}^2 = h_i^2$ 在因子旋转的过程中不变, 由此推出

$$\sum_{i=1}^p \left(\sum_{k=1}^m \ell_{ik}^2\right)^2 = \sum_{i=1}^p h_i^4 = C(\text{常数}) \tag{7.60}$$

将左边的式子展开整理, 得到

$$\sum_{i=1}^p \sum_{k=1}^m \ell_{ik}^4 + \sum_{i=1}^p \left(\sum_{j \neq k} \ell_{ij}^2 \ell_{ik}^2\right) = C \tag{7.61}$$

上式中第二项越小, 因子载荷矩阵的结果越简单, 因此应该让第二项最小化. 但由于两项的和为常数, 因此第二项最小化等价于第一项最大化, 于是提出了下列优化模型:

$$\max_Q W := \sum_{i=1}^p \sum_{k=1}^m \ell_{ik}^4, \qquad L = \widetilde{L}Q \tag{7.62}$$

这就是所谓的**四次方最大化旋转法 (quartimax rotation)**.

也有人提出将两种方法结合起来, 以

$$\gamma V + (1-\gamma)W, \qquad 0 \leqslant \gamma \leqslant 1$$

为目标函数的因子旋转方法, 即**加权最大化旋转法**, 特别地, 取 $\gamma = \dfrac{1}{2}$, 就是所谓的**等量最大化旋转法**。

以上因子旋转方法都没有解析解, 只能用数值算法实现。好在目前通行的统计软件都提供了实现以上算法的傻瓜式工具, 直接使用就可以了。

7.4.3 应用实例

例 7.2 奥运会十项全能比赛包含下列比赛项目: 百米跑 (x_1), 跳远 (x_2), 铅球 (x_3), 跳高 (x_4), 400 米跑 (x_5), 110 米跨栏 (x_6), 铁饼 (x_7), 撑竿跳 (x_8), 标枪 (x_9), 1500 米跑 (x_{10})。Linden 对第二次世界大战结束至 20 世纪 70 年代中期的奥运会十项全能成绩数据作了因子分析[107], Johnson 和 Wichern 做了一个案例对 1960—2004 年奥运会 280 名十项全能运动员的成绩作了因子分析[17]。下面是 Johnson 和 Wichern 公布的 280 名十项全能运动员的成绩数据的相关系数矩阵:

$$
R = \begin{pmatrix}
1 & .6386 & .4752 & .3227 & .5520 & .3262 & .3509 & .4008 & .1821 & -.0352 \\
.6386 & 1 & .4953 & .5668 & .4706 & .352 & .3998 & .5167 & .3102 & .1012 \\
.4752 & .4953 & 1 & .4357 & .2539 & .2812 & .7926 & .4728 & .4682 & -.0120 \\
.3227 & .5668 & .4357 & 1 & .3449 & .3503 & .3657 & .6040 & .2344 & .2380 \\
.5520 & .4706 & .2539 & .3449 & 1 & .1546 & .2100 & .4213 & .2116 & .4125 \\
.3262 & .352 & .2812 & .3503 & .1546 & 1 & .2553 & .4163 & .1712 & .0002 \\
.3509 & .3998 & .7926 & .3657 & .2100 & .2553 & 1 & .4036 & .4179 & .0109 \\
.4008 & .5167 & .4728 & .6040 & .4213 & .4163 & .4036 & 1 & .3151 & .2395 \\
.1821 & .3102 & .4682 & .2344 & .2116 & .1712 & .4179 & .3151 & 1 & .0983 \\
-.0352 & .1012 & -.0120 & .2380 & .4125 & .0002 & .0109 & .2395 & .0983 & 1
\end{pmatrix}
$$

下面我们对其作因子分析。

首先用主成分法估计因子模型的参数, 取 4 个公共因子累积贡献率已达到 75.80%。参数估计结果如表 7.5 所示。

从表 7.5 可以看出, f_1 在除了 1500 米跑之外的所有运动项目上的因子载荷都比较大, 因此可以解释为 "一般运动因子"; f_2 在 1500 米跑上因子载荷很大, 在 400 米跑上的因子载荷也超过了 0.5, 因此可以解释为 "长跑耐力因子"; 但 f_3 和 f_4 则没有特别突出的因子载荷, 不好解释。

为了增强公共因子的可解释性, 我们用方差最大化法作因子旋转, 结果如表 7.6 所示。

从表 7.6 可以看出, 旋转后的公共因子可解释性强多了。f_1 在百米跑、跳远、400 米跑 3 个需要短跑冲刺速度的项目上载荷较大, 因此可以称之为 "短跑速度因子"; f_2 在 1500 米跑上的载荷非常大, 在 400 米跑上的载荷也超过了 0.5, 因此是 "长跑耐力因子"; f_3 在铅球、铁饼、标枪 3 个投掷项目上载荷比较大, 因此可称之为 "手臂爆发力因子"; f_4 在跳高、110 米跨栏、撑竿跳 3 个需要腿部爆发力的项目上载荷比较大, 因此称之为 "腿部爆发力因子"。

表 7.5 十项全能因子分析主成分法估计结果

变 量	因子载荷 ℓ_{ik}				共同度 h_i^2	特殊因子的方差 ψ_i
	f_1	f_2	f_3	f_4		
百米跑	0.6961	0.0221	−0.4683	0.4164	0.8778	0.1222
跳远	0.7925	0.0752	−0.2547	0.1146	0.7118	0.2882
铅球	0.7711	−0.4344	0.1973	0.1122	0.8348	0.1652
跳高	0.7108	0.1807	0.0046	−0.3675	0.6729	0.3271
400 米跑	0.6048	0.5487	−0.0451	0.3970	0.8264	0.1736
110 米跨栏	0.5126	−0.0827	−0.3717	−0.5611	0.7226	0.2774
铁饼	0.6898	−0.4564	0.2886	0.0777	0.7735	0.2265
撑竿跳	0.7610	0.1624	0.0183	−0.3042	0.6983	0.3017
标枪	0.5184	−0.2516	0.5189	0.0736	0.6067	0.3933
1500 米跑	0.2197	0.7458	0.4931	−0.0852	0.8548	0.1452
公共因子的方差	4.2129	1.3896	1.0594	0.9178		
方差贡献率	0.4213	0.1390	0.1059	0.0918		
累积贡献率	0.4213	0.5603	0.6662	0.7580		

表 7.6 主成分法因子载荷矩阵方差最大化旋转的结果

变 量	因子载荷 ℓ_{ik}				共同度 h_i^2	特殊因子的方差 ψ_i
	f_1	f_2	f_3	f_4		
百米跑	0.8851	−0.1394	0.1819	−0.2048	0.8778	0.1222
跳远	0.6638	0.0553	0.2907	−0.4285	0.7118	0.2882
铅球	0.3022	−0.0972	0.8190	−0.2515	0.8348	0.1652
跳高	0.2214	0.2928	0.2674	−0.6831	0.6729	0.3271
400 米跑	0.7466	0.5071	0.0858	−0.0677	0.8264	0.1736
110 米跨栏	0.1076	−0.1610	0.0475	−0.8264	0.7226	0.2774
铁饼	0.1848	−0.0762	0.8317	−0.2043	0.7735	0.2265
撑竿跳	0.2775	0.2926	0.3238	−0.6564	0.6983	0.3017
标枪	0.0238	0.1877	0.7537	−0.0535	0.6067	0.3933
1500 米跑	0.0187	0.9213	−0.0021	−0.0748	0.8548	0.1452
公共因子的方差	2.0453	1.3762	2.2341	1.9240		
方差贡献率	0.2045	0.1376	0.2234	0.1924		
累积贡献率	0.2045	0.3422	0.5656	0.7580		

我们也用极大似然估计法对十项全能因子模型进行参数估计, 结果如表 7.7 所示。

表 7.7 十项全能因子分析极大似然估计结果

变 量	因子载荷 ℓ_{ik}				共同度 h_i^2	特殊因子的方差 ψ_i
	f_1	f_2	f_3	f_4		
百米跑	0.9926	−0.0687	−0.0208	0.0022	0.9905	0.0095
跳远	0.6653	0.2523	0.2390	0.2204	0.6120	0.3880
铅球	0.5297	0.7771	−0.1407	−0.0796	0.9105	0.0895
跳高	0.3628	0.4285	0.4209	0.4249	0.6729	0.3271
400 米跑	0.5711	0.0192	0.6200	−0.3044	0.8037	0.1963
110 米跨栏	0.3428	0.1896	0.0894	0.3232	0.2659	0.7341
铁饼	0.4013	0.7179	−0.1022	−0.0952	0.6960	0.3040
撑竿跳	0.4394	0.4072	0.3896	0.2632	0.5799	0.4201
标枪	0.2180	0.4615	0.0837	−0.0851	0.2747	0.7253
1500 米跑	−0.0164	0.0911	0.6087	−0.1447	0.4000	0.6000
公共因子的方差	2.6857	1.7946	1.1867	0.5391		
方差贡献率	0.2686	0.1795	0.1187	0.0539		
累积贡献率	0.2686	0.4480	0.5667	0.6206		

从表 7.7可以看出, 未作因子旋转之前, 公共因子的可解释性不强。作方差最大化旋转后, 结果如表 7.8所示。

表 7.8 极大似然估计因子旋转后的结果

变 量	因子载荷 ℓ_{ik}				共同度 h_i^2	特殊因子的方差 ψ_i
	f_1	f_2	f_3	f_4		
百米跑	0.9278	0.2045	−0.0051	0.2964	0.9905	0.0095
跳远	0.4505	0.2801	0.1548	0.5537	0.6120	0.3880
铅球	0.2284	0.8825	−0.0451	0.2784	0.9105	0.0895
跳高	0.0572	0.2539	0.2421	0.7393	0.6729	0.3271
400 米跑	0.5193	0.1420	0.7007	0.1511	0.8037	0.1963
110 米跨栏	0.1726	0.1361	−0.0326	0.4653	0.2659	0.7341
铁饼	0.1329	0.7935	−0.0091	0.2204	0.6960	0.3040
撑竿跳	0.1685	0.3137	0.2792	0.6125	0.5799	0.4201
标枪	0.0413	0.4773	0.1394	0.1604	0.2747	0.7253
1500 米跑	−0.0704	0.0013	0.6187	0.1105	0.4000	0.6000
公共因子的方差	1.4714	1.9582	1.0570	1.7195		
方差贡献率	0.1471	0.1958	0.1057	0.1720		
累积贡献率	0.1471	0.3430	0.4487	0.6206		

从表 7.8可以看出, 旋转后的 f_1 是 "短跑速度因子", f_2 是 "手臂爆发力因子", f_3 是 "长跑耐力因子", f_4 是 "腿部爆发力因子", 与主成分法提取的 4 个公共因子除了排列顺序不同之外均能够对得上, 基本确认了这 4 个公共因子的存在性。

从表 7.6和表 7.8还可以看出, 无论是主成分法还是极大似然估计法, 标枪项目的特殊因子都很大, 说明这个项目确实有其特有的性质。事实上, 标枪与铅球和铁饼两个投掷项目不同, 它不仅依靠身体旋转加速, 还有一段助跑加速, 动作难度比较大, 不仅受手臂爆发力和冲刺加速能力的影响, 还受其他肌肉能力和动作协调性的影响, 风速、风向对标枪成绩的影响也很大, 这些因素带来的变异性也许是该项目特殊因子比较大的原因。

再来比较主成分法和极大似然估计法的结果, 我们发现, 前者 4 个公共因子的累积贡献率比后者高很多, 说明主成分法提取公共因子的能力更强。但另一方面, 通过计算偏差矩阵的范数 $\|R - LL^{\mathrm{T}} - \Psi\|_F$, 前者的偏差矩阵范数是 0.7068, 后者的偏差矩阵范数仅为 0.1698, 说明极大似然估计法重构误差更小, 对数据的拟合能力更强。

最后给出实现本例全部计算过程的 MATLAB 代码。

```
function OlympicDecathlonFactor()
%%这个函数实现了例7.2奥运会十项全能相关系数矩阵的因子分析
%%%%%%%%%%%%%%%%%%%%%%%%%%%%%%%%%%%%%%%%%%
load('OlympicDecathlonCorr.mat');
%%载入十项全能相关系数矩阵,保存在变量R中
p=size(R,1);          %%原始变量的个数
[U,Lambda]=eig(R);  %%求相关系数矩阵的特征值和特征向量
Lambda=diag(Lambda);      %%取值特征值放在一个列向量中
[Lambda,IX]=sort(Lambda,'descend')    %%将特征值按照从大到小的顺序排列
U=U(:,IX);              %%将特征向量作对应的排列
```

```
T=sum(Lambda);          %%计算总方差
CR1=Lambda/T            %%计算方差贡献率
ACR1=zeros(size(CR1));  %%为累计贡献率开辟存储空间
%%下面的for循环是计算累积贡献率
for i=1:p
    ACR1(i)=sum(CR1(1:i));
end
ACR1        %%打印累积贡献率
L1=[sqrt(Lambda(1))*U(:,1),sqrt(Lambda(2))*U(:,2),...
    sqrt(Lambda(3))*U(:,3),sqrt(Lambda(4))*U(:,4)]   %%计算因子载荷矩阵
h1=sum(L1.^2,2)                         %%计算共同度
Psi1=1-h1                               %%计算特殊因子的方差


%%下面一段代码用方差最大化法旋转因子载荷矩阵L1
L1R=rotatefactors(L1,'method','varimax','maxit',1500)
%%对因子载荷矩阵作方差最大化旋转
fvar1Rotate=sum(L1R.^2)       %%计算旋转后的公共因子方差
CR1Rotate=fvar1Rotate/T       %%计算旋转后的方差贡献率
ACR1Rotate=zeros(size(CR1Rotate)); %%为旋转后的累计贡献率开辟存储空间
%%下面的for循环是计算旋转后的累积贡献率
for i=1:4
    ACR1Rotate(i)=sum(CR1Rotate(1:i));
end
ACR1Rotate        %%打印旋转后的累积贡献率



%%以下一段代码用极大似然估计法估计因子载荷矩阵
[L3,Psi3]=factoran(R,4,'Xtype','covariance','Rotate','none')
%%用极大似然估计法估计因子载荷矩阵和特殊因子的方差
%%X是输入矩阵,可以是原始数据矩阵,也可以是因子载荷矩阵;2是公共因子的个数
%%'Xtype','covariance'告诉系统输入的是协方差（或相关系数矩阵）
%%'Rotate','none'告诉系统不需要作因子旋转
h3=sum(L3.^2,2)        %%计算共同度
T=sum(diag(R));        %%计算总方差
fvar=sum(L3.^2)        %%计算公共因子的方差
CR3=fvar/T            %%计算方差贡献率
ACR3=zeros(size(CR3)); %%为累计贡献率开辟存储空间
%%下面的for循环是计算累积贡献率
for i=1:4
    ACR3(i)=sum(CR3(1:i));
end
ACR3        %%打印累积贡献率

%%下面一段代码用方差最大化法旋转因子载荷矩阵L3
L3R=rotatefactors(L3,'method','varimax','maxit',1500)
```

```
%%对因子载荷矩阵作方差最大化旋转
fvar3Rotate=sum(L3R.^2)          %%计算旋转后的公共因子方差
CR3Rotate=fvar3Rotate/T          %%计算旋转后的方差贡献率
ACR3Rotate=zeros(size(CR3Rotate)); %%为旋转后的累计贡献率开辟存储空间
%%下面的for循环是计算旋转后的累积贡献率
for i=1:4
    ACR3Rotate(i)=sum(CR3Rotate(1:i));
end
ACR3Rotate          %%打印旋转后的累积贡献率

%%以下一段代码计算三种方法的偏差矩阵E1,E2,E3,具体介绍见7.3.4节

E1norm=sqrt(sum(sum((R-L1*L1'-diag(Psi1)).^2)))
%%主成分法的偏差矩阵的范数
E3norm=sqrt(sum(sum((R-L3*L3'-diag(Psi3)).^2)))
%%极大似然估计法的偏差矩阵的范数

end
```

7.5 因子得分的估计

在许多应用中, 因子分析只是其中一个步骤, 后续研究往往还需要用提取的公共因子做其他研究, 例如把得到的因子作为自变量进行回归分析, 对样本进行分类或评价等, 这就需要我们对公共因子进行测度, 即给出公共因子的值的估计, 这就是所谓的**因子得分 (factor scores)**。

公共因子和特殊因子的总数大于观测变量的个数, 且因子载荷矩阵具有不定性, 这些因素导致因子得分的估计变得很复杂, 不像主成分的值那样可以直接利用主成分的表达式计算。接下来介绍几种常用的估计方法。

估计因子得分需要用到因子载荷矩阵 L 和特殊因子的方差 Ψ, 在实际应用中, 通常是用它们的估计量 $\hat{L}$ 和 $\hat{\Psi}$ 代替, 接下来的讨论中, 我们假定这些参数的估计量就等于它们的精确值。

7.5.1 最小二乘法

如果因子载荷矩阵是用主成分法估计的, 则推荐用下面介绍的**最小二乘法**估计因子得分。

不失一般性, 我们假设可观测变量均值为 0。设可观测变量 x_i 的样本值为 $x_{ji}, j = 1, 2, \cdots, n$, 根据因子分析模型式 (7.3), 有下列方程

$$x_{ji} = \sum_{k=1}^{m} \ell_{ik} f_{jk} + \varepsilon_{ji}, \qquad i = 1, 2, \cdots, p, \quad j = 1, 2, \cdots, n \tag{7.63}$$

其中 f_{jk} 表示第 k 个公共因子的第 j 个样本值, ε_{ji} 表示第 i 个特殊因子的第 j 个样本值。为了表示方便, 令

$$x^{(j)} = (x_{j1}, x_{j2}, \cdots, x_{jp})^{\mathrm{T}}, f^{(j)} = (f_{j1}, f_{j2}, \cdots, f_{jm})^{\mathrm{T}}, \varepsilon^{(j)} = (\varepsilon_{j1}, \varepsilon_{j2}, \cdots, \varepsilon_{jn})^{\mathrm{T}} \tag{7.64}$$

则方程式 (7.63) 可表示为

$$x^{(j)} = L f^{(j)} + \varepsilon^{(j)}, \qquad j = 1, 2, \cdots, n \tag{7.65}$$

所谓最小二乘法, 就是求 $f^{(j)}$ 使得下列误差平方和最小化:

$$e_j := \sum_{i=1}^{p} \varepsilon_{ji}^2 = \left(\varepsilon^{(j)}\right)^{\mathrm{T}} \varepsilon^{(j)} = \left(x^{(j)} - L f^{(j)}\right)^{\mathrm{T}} \left(x^{(j)} - L f^{(j)}\right) \tag{7.66}$$

根据 5.2 节的知识, 最小二乘解 $\widehat{f}^{(j)}$ 必须满足下列方程

$$(L^{\mathrm{T}} L) \widehat{f}^{(j)} = L^{\mathrm{T}} x^{(j)} \tag{7.67}$$

由此解得

$$\widehat{f}^{(j)} = (L^{\mathrm{T}} L)^{-1} L^{\mathrm{T}} x^{(j)}, \qquad j = 1, 2, \cdots, n \tag{7.68}$$

这就是因子得分的最小二乘估计公式。至于矩阵 $(L^{\mathrm{T}} L)$ 的可逆性, 是由因子载荷矩阵的主成分估计法保证的。

7.5.2 加权最小二乘估计

如果因子模型的参数是通过极大似然估计得到的, 考虑到特殊因子的异方差性, Bartlett 提出了**加权最小二乘估计 (weighted least squares estimation)**[108], 即求 $f^{(j)}$ 使得下列**加权误差平方和**最小化:

$$e_j := \sum_{i=1}^{p} \frac{\varepsilon_{ji}^2}{\psi_i} = \left(\varepsilon^{(j)}\right)^{\mathrm{T}} \Psi^{-1} \varepsilon^{(j)} = \left(x^{(j)} - L f^{(j)}\right)^{\mathrm{T}} \Psi^{-1} \left(x^{(j)} - L f^{(j)}\right) \tag{7.69}$$

将式 (7.69) 展开, 对 $f^{(j)}$ 求偏导, 然后令偏导数等于 0, 便可得到加权最小二乘估计 $\widehat{f}^{(j)}$ 必须满足方程

$$(L^{\mathrm{T}} \Psi^{-1} L) \widehat{f}^{(j)} = L^{\mathrm{T}} \Psi^{-1} x^{(j)} \tag{7.70}$$

由此解得

$$\widehat{f}^{(j)} = (L^{\mathrm{T}} \Psi^{-1} L)^{-1} L^{\mathrm{T}} \Psi^{-1} x^{(j)}, \qquad j = 1, 2, \cdots, n \tag{7.71}$$

这就是因子得分的加权最小二乘估计公式。

7.5.3 回归法

如果在正交因子模型的基础上进一步假定公共因子 f 和特殊因子 ε 服从正态分布式 (7.39), 则 $x = Lf + \varepsilon \sim \mathcal{N}_p(0, \Sigma)$, 其中 $\Sigma = LL^{\mathrm{T}} + \Psi$ 是可观测变量 x 的协方差矩阵, L 是因子载荷矩阵。由此不难推出 x 和 f 的联合分布为 $\mathcal{N}_{m+p}(0, \Sigma^*)$, 其中

$$\Sigma^* = \begin{pmatrix} \Sigma & L \\ L^{\mathrm{T}} & I_m \end{pmatrix} \tag{7.72}$$

根据 1.8.3 节的定理 1.20, 给定 x 的条件随机变量 $f|x$ 服从正态分布

$$\mathcal{N}_m(L^{\mathrm{T}}\Sigma^{-1}x, I_m - L^{\mathrm{T}}\Sigma^{-1}L) \tag{7.73}$$

因此给定 x 的条件下 f 的条件期望为

$$E(f|x) = L^{\mathrm{T}}\Sigma^{-1}x = L^{\mathrm{T}}(LL^{\mathrm{T}} + \Psi)^{-1}x \tag{7.74}$$

根据式 (7.74), 对于给定的可观测变量样本 $x^{(j)}, j = 1, 2, \cdots, n$, 可用下列公式估计公共因子得分:

$$\widehat{f}^{(j)} = E(f|x = x^{(j)}) = L^{\mathrm{T}}(LL^{\mathrm{T}} + \Psi)^{-1}x^{(j)}, \qquad j = 1, 2, \cdots, n \tag{7.75}$$

这就是所谓的**回归法**。在实际应用中, 为了避免 L 和 Ψ 估计不准确带来的误差, 通常用样本协方差矩阵 $\widehat{\Sigma}$ 代替 $LL^{\mathrm{T}} + \Psi$, 得到下列回归法估计公式:

$$\widehat{f}^{(j)} = L^{\mathrm{T}}\widehat{\Sigma}^{-1}x^{(j)}, \qquad j = 1, 2, \cdots, n \tag{7.76}$$

为了比较回归法式 (7.75) 与加权最小二乘法式 (7.71) 到底相差多少, 需用到下列矩阵恒等式:

$$L^{\mathrm{T}}(LL^{\mathrm{T}} + \Psi)^{-1} = (I + L^{\mathrm{T}}\Psi^{-1}L)^{-1}L^{\mathrm{T}}\Psi^{-1} \tag{7.77}$$

其证明留作练习（本章习题 7）。如果用 $\widehat{f}_{LS}^{(j)}$ 表示加权最小二乘估计得到的因子得分, $\widehat{f}_{RE}^{(j)}$ 表示回归法得到的因子得分, 则由等式 (7.77) 得到

$$\widehat{f}_{LS}^{(j)} = (L^{\mathrm{T}}\Psi^{-1}L)^{-1}(I + L^{\mathrm{T}}\Psi^{-1}L)\widehat{f}_{RE}^{(j)} = \left[I + (L^{\mathrm{T}}\Psi^{-1}L)^{-1}\right]\widehat{f}_{RE}^{(j)} \tag{7.78}$$

在对因子模型参数作极大似然估计时, 为了消除因子载荷矩阵的不定性, 我们加了约束条件 $L^{\mathrm{T}}\Psi^{-1}L = \Delta$, 其中 Δ 是一个对角矩阵, 于是由式 (7.78) 得

$$\widehat{f}_{LS}^{(j)} = (I + \Delta^{-1})\widehat{f}_{RE}^{(j)} \tag{7.79}$$

这就是加权最小二乘估计与回归法估计的差别。可以看出, 当对角矩阵 Δ^{-1} 的元素接近 0 时, 两种估计法得到的因子得分很接近。

7.5.4 因子正交旋转对因子得分的影响

在实际应用中, 为了增强公共因子的可解释性, 通常需要作因子旋转。那么作因子旋转后, 因子得分会有何变化呢? 下面回答这个问题。

设 L 是初始因子载荷矩阵, $L_R = LU$ 是旋转后的因子载荷矩阵, 其中 U 是正交矩阵。如果是用最小二乘法式 (7.68) 估计因子得分, 则旋转后的因子得分为

$$\widehat{f}_R^{(j)} = (L_R^{\mathrm{T}} L_R)^{-1} L_R^{\mathrm{T}} x^{(j)} = (U^{\mathrm{T}} L^{\mathrm{T}} L U)^{-1} U^{\mathrm{T}} L x^{(j)} = U^{\mathrm{T}} (L^{\mathrm{T}} L)^{-1} L x^{(j)} = U^{\mathrm{T}} \widehat{f}^{(j)}$$

即旋转前后的因子得分有下列关系:

$$\widehat{f}_R^{(j)} = U^{\mathrm{T}} \widehat{f}^{(j)}, \qquad j = 1, 2, \cdots, n \tag{7.80}$$

可以证明, 对于加权最小二乘估计式 (7.71) 和回归法估计式 (7.76), 旋转前后的因子得分也满足关系式 (7.80)。

7.5.5 应用实例

例 7.3 某公司人力资源部对 50 位应聘者从以下 12 方面进行了 10 分制打分: 学历 (x_1), 外貌 (x_2), 沟通能力 (x_3), 公司匹配 (x_4), 经历 (x_5), 岗位匹配 (x_6), 推荐信 (x_7), 好感 (x_8), 组织能力 (x_9), 潜力 (x_{10}), 简历 (x_{11}), 自信心 (x_{12})。数据来源于 https://statisticsbyjim.com/basics/factor-analysis/, 已下载至附件文档 "应聘者评分数据表.xlsx" 中。请对该数据进行因子分析, 并估计公共因子得分。

我们事先已将 "应聘者评分数据" 输入至 MATLAB 的变量 X 中, 并保存在 MATLAB 数据 candidateScore.mat 中, 使用时将这个文件复制至当前工作目录下, 载入即可。载入数据, 计算均值、标准差和相关系数矩阵的代码如下:

```
load('candidateScore.mat');    %%载入应聘者评分数据, 保存在变量X中
[n,p]=size(X);                 %%n是样本容量, p是变量个数
mu=mean(X)                     %%计算样本均值 (向量)
s=std(X)                       %%计算样本标准差 (向量)
R=corr(X)                      %%计算相关系数矩阵
```

由于相关系数矩阵太大, 这里就不列出来了。经观察不难发现, 相关系数矩阵的绝大部分元素都大于 0.3, 有不少元素超过 0.5, 说明原始数据高度相关冗余, 适合作因子分析降维简化数据。

将相关系数矩阵作特征分解, 发现只有前 5 个特征值较大, 从第 6 个特征值开始显著变小, 且前 5 个公共因子的累积贡献率已经达到了 88.87%, 因此我们初步确定取 5 个公共因子建模。

用主成分法估计因子模型的参数, 结果如表 7.9所示。

表 7.9　应聘者评分数据因子模型参数（主成分法）

变　　量	因子载荷 ℓ_{ik}					h_i^2	ψ_i
	f_1	f_2	f_3	f_4	f_5		
学历	-0.7263	0.3363	0.3256	-0.1037	0.3543	0.8829	0.1171
外貌	-0.7192	-0.2713	0.1630	0.3999	0.1485	0.7994	0.2006
沟通能力	-0.7121	-0.4458	-0.2549	-0.2285	0.3189	0.9248	0.0752
公司匹配	-0.8016	-0.0598	-0.0481	-0.4277	-0.3063	0.9252	0.0748
经历	-0.6436	0.6046	0.1823	0.0375	0.0917	0.8228	0.1772
岗位匹配	-0.8132	0.0782	0.0294	-0.3654	-0.3683	0.9374	0.0626
推荐信	-0.6255	0.3269	-0.6544	0.1341	-0.0310	0.9453	0.0547
好感	-0.7389	-0.2950	0.1174	0.3457	-0.2488	0.8282	0.1718
组织能力	-0.7059	-0.5405	-0.1400	-0.2468	0.2166	0.9179	0.0821
潜力	-0.8135	0.2897	0.3260	-0.1669	0.0677	0.8844	0.1156
简历	-0.7094	0.2983	-0.4651	0.3427	0.0223	0.9264	0.0736
自信心	-0.7191	-0.2624	0.2937	0.4088	-0.1749	0.8700	0.1300
因子方差	6.3876	1.4885	1.1045	1.0516	0.6325		
方差贡献率	0.5323	0.1240	0.0920	0.0876	0.0527		
累积贡献率	0.5323	0.6563	0.7484	0.8360	0.8887		

　　观察表 7.9 发现，5 个公共因子的载荷并无明显规律，含义很模糊，很难解释清楚，于是考虑作因子旋转。用方差最大化法作因子旋转后的因子模型如表 7.10 所示。

表 7.10　旋转后的应聘者评分数据因子模型

变　　量	因子载荷 ℓ_{ik}					h_i^2	ψ_i
	f_1	f_2	f_3	f_4	f_5		
学历	-0.1294	-0.2431	-0.1165	0.1913	0.8700	0.8829	0.1171
外貌	0.0252	-0.3554	-0.1696	0.7495	0.2862	0.7994	0.2006
沟通能力	-0.2056	-0.8776	-0.2135	0.2232	0.1304	0.9248	0.0752
公司匹配	-0.8017	-0.3712	-0.1906	0.1992	0.2621	0.9252	0.0748
经历	-0.2003	0.1027	-0.3525	0.1502	0.7908	0.8228	0.1772
岗位匹配	-0.8170	-0.2190	-0.2109	0.2320	0.3518	0.9374	0.0626
推荐信	-0.2156	-0.1725	-0.9166	0.0626	0.1582	0.9453	0.0547
好感	-0.2919	-0.1981	-0.1954	0.8095	0.1013	0.8282	0.1718
组织能力	-0.2843	-0.8536	-0.0821	0.3070	0.0863	0.9179	0.0821
潜力	-0.4029	-0.1775	-0.1183	0.2780	0.7741	0.8844	0.1156
简历	-0.0962	-0.1296	-0.8576	0.3036	0.2695	0.9264	0.0736
自信心	-0.1971	-0.1416	-0.0832	0.8700	0.2175	0.8700	0.1300
因子方差	1.8329	2.0177	1.9345	2.4440	2.4356		
方差贡献率	0.1527	0.1681	0.1612	0.2037	0.2030		
累积贡献率	0.1527	0.3209	0.4821	0.6858	0.8887		

　　从表 7.10 可以看出，f_1 在"公司匹配"和"岗位匹配"这两个变量上的载荷非常突出，因此它是反映应聘者与公司和工作岗位匹配程度的公共因子，可命名为"工作匹配因子"；f_2 在"沟通能力"和"组织能力"这两个变量上的载荷非常突出，是反映应聘者管理能力的公共因子，可命名为"管理能力因子"；f_3 在"推荐信"和"简历"这两个变量上的载荷非常突出，因此是反映应聘者自我包装能力的公共因子，可命名为"自我包装能力因子"；f_4 在"外貌""好感""自信心"这三个变量上的因子载荷比较大，因此是反映应聘者外在形象的公共因子，可命名为"外形因子"；f_5 在"学历""经历""潜力"这三个变量上的载荷比较大，因此是反映应聘者潜在工作能力的公共因子，可命名为"潜在工作能力因子"。

计算残差矩阵的范数 $\|R - LL^{\mathrm{T}} - \Psi\|_F$，结果为 0.3894，约为相关系数矩阵 R 的范数的 5.75%，因此模型对数据的拟合程度较好。

再利用最小二乘估计式 (7.68) 计算因子得分。令

$$B = (L^{\mathrm{T}}L)^{-1}L^{\mathrm{T}} = (b_{ki})_{m \times p} \tag{7.81}$$

则可以用下列公式统一计算因子得分：

$$\widehat{f}_k = \sum_{i=1}^{p} b_{ki}x_i, \qquad k = 1, 2, \cdots, m \tag{7.82}$$

实际计算时只需要把可观测变量的样本数据 $x^{(j)}, j = 1, 2, \cdots, n$ 代入上述线性公式便可计算出相应的因子得分。当然，我们估计因子载荷矩阵是基于相关系数矩阵，因此计算因子得分时应先将样本数据作标准化变换，再代入式 (7.82) 进行计算。通常称 B 为**因子得分矩阵**，称式 (7.82) 为**因子得分公式**。

下面是用 MATLAB 计算得到的因子得分矩阵（由于矩阵太大，省略中间部分元素）为

$$B = \begin{pmatrix} 0.2829 & 0.3342 & 0.1868 & \cdots & -0.0741 & 0.1618 & -0.0199 \\ -0.5592 & 0.0260 & 0.0602 & \cdots & 0.0260 & 0.0602 & 0.2018 \\ 0.0863 & 0.1566 & -0.5502 & \cdots & 0.1566 & -0.5502 & 0.0983 \\ -0.0777 & -0.0428 & 0.0426 & \cdots & -0.0428 & 0.0426 & 0.5331 \\ -0.0462 & 0.3812 & -0.0541 & \cdots & 0.3812 & -0.0541 & -0.0842 \end{pmatrix} \tag{7.83}$$

因子得分如表 7.11所示。

表 7.11　应聘者在 5 个公共因子上的得分

应聘者序号	因子得分 f_{jk}				
	f_1	f_2	f_3	f_4	f_5
1	1.8597	−0.2985	−0.1997	0.5239	−0.6659
2	−0.4490	0.2249	−0.5628	0.8847	1.3303
3	0.1098	−0.1312	0.3942	0.7609	−1.1366
⋮	⋮	⋮	⋮	⋮	⋮
48	−0.6966	1.3156	−0.4509	0.8694	−1.0469
49	1.4688	1.6167	−0.4032	−0.0968	1.5767
50	0.2329	−1.5463	−1.7458	−0.1368	−0.3115

下面是实现以上计算的全部 MATLAB 代码：

```
function candidateScoreFactor()
%%这个函数实现了例7.3应聘者评分数据的因子分析，包括估计公共因子得分
%%%%%%%%%%%%%%%%%%%%%%%%%%%%%%%%%%%%
load('candidateScore.mat');
%%载入应聘者评分数据，保存在变量X中
[n,p]=size(X);          %%n是样本容量，p是变量个数
mu=mean(X)              %%计算样本均值（向量）
```

```
s=std(X)                    %%计算样本标准差（向量）
R=corr(X)                   %%计算相关系数矩阵
[U,Lambda]=eig(R);  %%求相关系数矩阵的特征值和特征向量
Lambda=diag(Lambda);        %%取值特征值放在一个列向量中
[Lambda,IX]=sort(Lambda,'descend')   %%将特征值按照从大到小的顺序排列
U=U(:,IX);                  %%将特征向量作对应的排列
T=sum(Lambda);              %%计算总方差
CR=Lambda/T                 %%计算方差贡献率
ACR=zeros(size(CR));        %%为累计贡献率开辟存储空间

%%下面的for循环是计算累积贡献率
for i=1:p
    ACR(i)=sum(CR(1:i));
end
ACR        %%打印累积贡献率
L=[sqrt(Lambda(1))*U(:,1),sqrt(Lambda(2))*U(:,2),...
sqrt(Lambda(3))*U(:,3),sqrt(Lambda(4))*U(:,4),...
sqrt(Lambda(5))*U(:,5)]              %%计算因子载荷矩阵
h=sum(L.^2,2)                        %%计算共同度
Psi=1-h                              %%计算特殊因子的方差

%%下面一段代码用方差最大化法旋转因子载荷矩阵L
LR=rotatefactors(L,'method','varimax','maxit',1500)
%%对因子载荷矩阵作方差最大化旋转
fvarRotate=sum(LR.^2)       %%计算旋转后的公共因子方差
CRRotate=fvarRotate/T       %%计算旋转后的方差贡献率
ACRRotate=zeros(size(CRRotate)); %%为旋转后的累计贡献率开辟存储空间
%%下面的for循环是计算旋转后的累积贡献率
for i=1:5
    ACRRotate(i)=sum(CRRotate(1:i));
end
ACRRotate        %%打印旋转后的累积贡献率

%%以下3行代码计算残差矩阵范数及百分比
Enorm=sqrt(sum(sum((R-LR*LR'-diag(Psi)).^2)))
Rnorm=sqrt(sum(sum(R.^2)))
Enorm/Rnorm

%%下面的一段代码计算因子得分矩阵和因子得分

B=inv(LR'*LR)*LR'        %%计算因子得分矩阵
Z=zeros(size(X));        %%开辟空间用于存在标准化数据
for i=1:p
    Z(:,i)=(X(:,i)-mu)/s;    %%标准化变化
end
```

```
FS=(B*Z')'                          %%计算因子
end
```

拓展阅读建议

本章介绍了因子分析的基本思想、因子分析的数学模型、因子模型参数的估计方法、因子得分的估计方法以及应用实例。这些知识不仅是读者学习大数据分析、金融数据分析、计量经济学、机器学习等课程的基础, 还在生产、生活和科学研究中具有广阔的应用前景, 读者必须牢固掌握。因子分析及应用的深入学习可参考专著 [109], 因子模型参数极大似然估计的更多内容可参考文献 [17, 100-105]。

第 7 章习题

1. 简述因子分析的基本思想。

2. 简述因子分析的数学模型。

3. 某糕饼店请顾客品尝一种刚推出的新式糕点, 并对它的 5 项属性按照 7 分制进行评价打分。收集顾客的打分数据, 然后计算得到样本相关系数矩阵如下:

$$R = \begin{pmatrix} 1 & .02 & .96 & .42 & .01 \\ .02 & 1 & .13 & .71 & .85 \\ .96 & .13 & 1 & .50 & .11 \\ .42 & .71 & .50 & 1 & .79 \\ .01 & .85 & .11 & .79 & 1 \end{pmatrix} \tag{7.84}$$

请分别用主成分法、主因子法、极大似然估计法估计其因子载荷矩阵 L 和特殊因子的方差矩阵 Ψ, 并比较这几种方法的优缺点。

4. 简述因子旋转的目的和基本原理。

5. 研究者收集了纽约股票交易所上市的 5 只股票 2004 年 1 月至 2005 年 12 月的价格数据, 这 5 只股票是: JP Morgan, Citibank, Wells Fargo, Royal Dutch Shell, ExxonMobil。按照如下方式计算每只股票的周收益率:

$$r_t = \frac{P_t - P_{t-1}}{P_{t-1}}, \qquad t = 1, 2, \cdots, 103 \tag{7.85}$$

其中 r_t 代表第 t 周收益率, P_t 代表第 t 周的收盘价, P_{t-1} 代表第 $t-1$ 周的收盘价。通过计算得到这 5 只股票的周收益率的相关系数矩阵如下:

$$R = \begin{pmatrix} 1 & .632 & .511 & .115 & .155 \\ .632 & 1 & .574 & .322 & .213 \\ .511 & .574 & 1 & .183 & .146 \\ .115 & .322 & .183 & 1 & .683 \\ .155 & .213 & .146 & .683 & 1 \end{pmatrix} \tag{7.86}$$

(1) 分别用主成分法和极大似然估计法估计因子载荷矩阵 L 和特殊因子的方差矩阵 Ψ（先不做因子旋转）；

(2) 尝试解释每个公共因子的含义；

(3) 用所学的方法作因子旋转, 观察旋转后的因子载荷矩阵有何变换, 并重新解释每个公共因子的含义。

6. 证明等式 (7.67) 和式 (7.70)。

7. 设 $m \leqslant p$, L 是 $p \times m$ 的列满秩矩阵, Ψ 是 p 阶的可逆对角矩阵, I 是 p 阶单位矩阵。请证明下列矩阵恒等式:

$$(I + L^{\mathrm{T}}\Psi^{-1}L)^{-1}L^{\mathrm{T}}\Psi^{-1}L = I - (I + L^{\mathrm{T}}\Psi^{-1}L)^{-1} \tag{7.87}$$

$$(LL^{\mathrm{T}} + \Psi)^{-1} = \Psi^{-1} - \Psi^{-1}L(I + L^{\mathrm{T}}\Psi^{-1}L)^{-1}L^{\mathrm{T}}\Psi^{-1} \tag{7.88}$$

$$L^{\mathrm{T}}(LL^{\mathrm{T}} + \Psi)^{-1} = (I + L^{\mathrm{T}}\Psi^{-1}L)^{-1}L^{\mathrm{T}}\Psi^{-1} \tag{7.89}$$

8. 设有相关系数矩阵

$$R = \begin{pmatrix} 1 & .4 & .9 \\ .4 & 1 & .7 \\ .9 & .7 & 1 \end{pmatrix} \tag{7.90}$$

对其作因子分析, 提取一个公共因子, 看看会发生什么现象。

9. 本题要求各小组自行搜集数据, 通过对一系列可观测变量的数据分析, 找出影响中国各省、市、自治区的综合实力的主要、潜在的公共因素。数据来源：国家统计局网站。

第 8 章

聚 类 分 析

学习要点

1. 理解聚类分析的基本思想及特点。
2. 掌握一些常用的度量样品/指标相似程度的方法。
3. 掌握系统聚类法的原理和实现方法。
4. 掌握 K-均值聚类的原理和实现方法。
5. 能够应用聚类分析解决一些综合性的数据分析问题。

8.1 概 述

"聚类分析"一词翻译自英文 cluster analysis, cluster 的意思是由同类或相近的事物组成簇或者团,也就是子集的意思。聚类即"物以类聚",通俗地讲,就是按照某些属性或特征,把相近的对象聚在一起构成"类",使得同类的对象尽可能接近,不同类的对象的差异尽可能大。

与传统分类法相比,聚类不依赖或更少依赖先验知识,完全或主要依赖于数据本身,从数据中抽取特征,选择度量对象亲疏程度的指标,然后按照既定的算法将对象划分成不同的类。聚类可以在没有分类标准,甚至不知道有多少类的情况下进行,是一种探索性分类,同时聚类根据程序计算结果进行,是一种数值化、定量化的分类。

从机器学习的角度来看,聚类是一种非监督学习,不依赖预先定义的类或带有类别标签的训练数据,由聚类算法发现数据的内在结构和潜在的生成模型,并据此对数据进行分类。

从统计的角度来看,数据来自若干不同的总体,各个总体有一定的出现概率,聚类的任务就是通过分析数据发现这些总体,估计总体的参数和出现的概率,并据此对样本数据进行分类。

聚类分析是一种数据简化方法,当研究的个体数量非常多时,研究一个个具体的个体是不现实的,通过聚类把相近的个体聚在一起形成数量不太多的类,再通过这些类研究所有个体的性质,研究对象的数目就大大减少了,问题也就简化了;还可以通过对众多的变量进行聚类,然后从每类变量中选择一个有代表性的变量,以达到降维的目的。

聚类分析是最基础、最重要的数据挖掘方法,在大数据分析领域有着广泛应用。

8.2 相似性度量

要进行聚类, 首先要解决的问题就是如何度量对象之间的相似性。因此有必要了解一些常用的度量相似性的方法。度量相似性的方法大致可分为**距离 (distance)** 和**相似系数 (similarity coefficient)** 两类, 下面分别介绍这两类中的常用方法。

8.2.1 距离

设 X 是非空集合, $d: X \times X \to \mathbb{R}$ 是定义在 X 上的一个二元函数, 如果它满足下列三个条件:

i) 正定性: $d(x, y) \geqslant 0, \forall x, y \in X$, 且 $d(x, y) = 0 \Leftrightarrow x = y$;

ii) 对称性: $d(x, y) = d(y, x), \forall x, y \in X$;

iii) 三角不等式:

$$d(x, z) \leqslant d(x, y) + d(y, z), \qquad \forall x, y, z \in X \tag{8.1}$$

则称 d 是 X 上的**距离 (distance)**, 同时称 (X, d) 是**距离空间 (distance space)**。条件 i~iii 通常称为**距离公理**。

例 8.1 在 $\mathbb{R}^n$ 上定义

$$d(x, y) = \|x - y\|_2 = \sqrt{\sum_{i=1}^{n} |x_i - y_i|^2}, \qquad \forall x, y \in \mathbb{R}^n \tag{8.2}$$

则 d 是 $\mathbb{R}^n$ 上的距离, 称为**欧氏距离 (Euclidean distance)**。更一般地, 对任意实数 $p \geqslant 1$, 定义

$$d_p(x, y) = \|x - y\|_p = \left(\sum_{i=1}^{n} |x_i - y_i|^p \right)^{1/p}, \qquad \forall x, y \in \mathbb{R}^n \tag{8.3}$$

则 d_p 是 $\mathbb{R}^n$ 上的距离, 这一点在 1.3 节已经证明。称 d_p 为 **Minkowski 距离**。当 $p = \infty$ 时, 定义

$$d_\infty(x, y) = \max_{1 \leqslant i \leqslant n} |x_i - y_i|, \qquad \forall x, y \in \mathbb{R}^n \tag{8.4}$$

这个距离也称为 **Chebyshev 距离**。可以证明

$$d_\infty(x, y) = \lim_{p \to \infty} d_p(x, y), \qquad \forall x, y \in \mathbb{R}^n \tag{8.5}$$

实际应用时, 由于变量的测量单位的选取具有主观随意性, 因此测量单位的不同将导致 Minkowski 距离的数值相差很大, 即 Minkowski 距离受量纲影响很大。

对于 $x = (x_1, x_2, \cdots, x_n)^{\mathrm{T}} \in \mathbb{R}^n$, 如果 $x_i > 0, i = 1, 2, \cdots, n$, 则记 $x \succ 0$; 如果 $x_i \geqslant 0, i = 1, 2, \cdots, n$, 则记 $x \succeq 0$。定义

$$d_J(x, y) := \left[\sum_{i=1}^{n} (\sqrt{x_i} - \sqrt{y_i})^2 \right]^{1/2}, \qquad \forall x, y \in \mathbb{R}^n, \ x, y \succeq 0 \tag{8.6}$$

$$d_L(x, y) := \frac{1}{n} \sum_{i=1}^{n} \frac{|x_i - y_i|}{x_i + y_i}, \qquad \forall x, y \in \mathbb{R}^n, \ x, y \succ 0 \tag{8.7}$$

式 (8.6) 由 Jeffrey 和 Matusita 提出, 称为**杰氏距离**, 式 (8.7) 由 Lance 和 Williams 提出, 称为**兰氏距离**。这两种距离都能在一定程度上减小量纲的影响。

接下来介绍一种在统计学中用得很多的距离。设 $x^{(i)}, i = 1, 2, \cdots, n$ 是来自 p 维总体 X 的抽样数据, 设总体 X 的协方差矩阵为 Σ, 定义

$$d_M^2\left(x^{(i)}, x^{(j)}\right) = \left(x^{(i)} - x^{(j)}\right)^{\mathrm{T}} \Sigma^{-1} \left(x^{(i)} - x^{(j)}\right) \tag{8.8}$$

称 $d_M\left(x^{(i)}, x^{(j)}\right)$ 为 $x^{(i)}$ 与 $x^{(j)}$ 的**马氏距离 (Mahalanobis distance)**。在实际应用时, 总体 X 的协方差矩阵 Σ 是未知的, 通常用样本协方差矩阵代替它。

例 8.2 设总体 X 服从 2 维正态分布 $N_2(0, \Sigma)$, 其中

$$\Sigma = \begin{pmatrix} 1 & 0.9 \\ 0.9 & 1 \end{pmatrix}$$

求样本数据 $x^{(1)} = (1, 1)^{\mathrm{T}}$ 和 $x^{(2)} = (1, -1)^{\mathrm{T}}$ 的欧氏距离和马氏距离。

解 欧氏距离（的平方）为

$$d_2^2(x^{(1)}, x^{(2)}) = (1 - 1)^2 + (1 - (-1))^2 = 4$$

由于 $x^{(1)} - x^{(2)} = (0, 2)^{\mathrm{T}}$,

$$\Sigma^{-1} = \frac{1}{0.19} \begin{pmatrix} 1 & -0.9 \\ -0.9 & 1 \end{pmatrix}$$

因此马氏距离（的平方）为

$$d_M^2(x^{(1)}, x^{(2)}) = \left(x^{(1)} - x^{(2)}\right)^{\mathrm{T}} \Sigma^{-1} \left(x^{(1)} - x^{(2)}\right) \approx 21.0526$$

我们发现马氏距离比欧氏距离大很多, 之所以会有如此大的差别, 是因为二维总体的两个分量具有很高的相关性, 导致 Σ^{-1} 的一个特征值很大, 其特征分解为

$$\Sigma^{-1} = \begin{pmatrix} -0.7071 & -0.7071 \\ -0.7071 & 0.7071 \end{pmatrix} \begin{pmatrix} 0.5263 & 0 \\ 0 & 10 \end{pmatrix} \begin{pmatrix} -0.7071 & -0.7071 \\ -0.7071 & 0.7071 \end{pmatrix}^{\mathrm{T}}$$

从而样本点之间的马氏距离变得很大。

马氏距离的好处是不受量纲的影响, 且考虑了特征变量之间的相关性。缺点是协方差矩阵通常要用样本协方差矩阵估计, 当样本容量小于变量的个数时无法使用。还有一个缺点就是计算复杂, 不适合高维、大数据的聚类分析。

设总体 X 的相关系数矩阵为 $R = (r_{ij})_{p \times p}$, 对于来自总体 X 的样本 $x^{(i)}$ 和 $x^{(j)}$, 定义

$$d_O^2(x^{(i)}, x^{(j)}) = \frac{1}{p^2} \sum_{k=1}^{p} \sum_{l=1}^{p} r_{kl} \left(x_k^{(i)} - x_k^{(j)} \right) \left(x_l^{(i)} - x_l^{(j)} \right) \tag{8.9}$$

称 $d_O(x^{(i)}, x^{(j)})$ 为 $x^{(i)}$ 与 $x^{(j)}$ 的**斜交空间距离 (oblique space distance)**。在实际应用时, 总体的相关系数矩阵是未知的, 通常用样本相关系数矩阵代替。

斜交空间距离的好处是考虑了特征变量之间的相关性, 缺点是计算量大, 不适合高维、大数据的聚类分析。

如果想要度量两个字符串的相似性, 例如 $A = ' aedacbbcfa'$, $B = ' aodabbbcfb'$, 这时前面介绍的距离都无法使用, 只能自己想办法定义距离。由于这两个字符串的长度相同, 可以比较对应位置上的字符是否相同, 找出不同字符的个数 m, 把 m 与字符串长度 L 的比值 m/L 作为这两个字符串之间的距离, 这就是所谓的配合度距离。像刚才举例的两个字符串 A 和 B, 它们之间的配合度距离为

$$d(A, B) = \frac{3}{10}$$

对于长度不同的字符串, 又如何定义它们之间的距离呢? 这个问题留给读者自己思考。

8.2.2 相似系数

如果是对变量或指标进行分类, 则通常选择用**相似系数 (similarity coefficient)** 度量它们两两之间的亲疏关系或相似程度。用 c_{ij} 表示指标 i 和指标 j 之间的相似系数, c_{ij} 在 -1 至 1 之间取值, 其绝对值越大, 表示指标 i 与指标 j 越相似; 绝对值越小, 表示指标 i 与指标 j 越不相似。通常要求相似系数具有下列性质:

i) 对称性: $c_{ij} = c_{ji}, \forall i, j = 1, 2, \cdots, p$;

ii) $c_{ij} = 1$ 当且仅当指标 i 与指标 j 相同。

常用的相似系数有**相关系数 (correlation coefficient)**、**夹角余弦 (cosine)**、**简单匹配系数 (simple matching coefficient)** 和 **Jaccard 系数**。

设 x_i 和 x_j 是两个指标（变量）, 它们的抽样值分别为 $x_{ki}, x_{kj}, k = 1, 2, \cdots, n$, 则 x_i 与 x_j 的（样本）相关系数为

$$r_{ij} = \frac{\sum_{k=1}^{n} (x_{ki} - \overline{x}_i)(x_{kj} - \overline{x}_j)}{\sqrt{\sum_{k=1}^{n} (x_{ki} - \overline{x}_i)^2} \sqrt{\sum_{k=1}^{n} (x_{kj} - \overline{x}_j)^2}} \tag{8.10}$$

夹角余弦为

$$c_{ij} = \frac{\sum_{k=1}^{n} x_{ki} x_{kj}}{\sqrt{\sum_{k=1}^{n} x_{ki}^2} \sqrt{\sum_{k=1}^{n} x_{kj}^2}} \tag{8.11}$$

如果 x_i 和 x_j 是 0-1 变量, 它们的抽样值频数统计如表 8.1所示。

表 8.1　二进制变量 x_i 与 x_j 的频数统计

	$x_j = 1$	$x_j = 0$
$x_i = 1$	$n_{1,1}$	$n_{1,0}$
$x_i = 0$	$n_{0,1}$	$n_{0,0}$

则称

$$\frac{n_{1,1} + n_{0,0}}{n_{1,1} + n_{1,0} + n_{0,1} + n_{0,0}} \tag{8.12}$$

为 x_i 与 x_j 的**简单匹配系数 (simple matching coefficient)**;

称

$$\frac{n_{1,1}}{n_{1,1} + n_{1,0} + n_{0,1}} \tag{8.13}$$

为 x_i 与 x_j 的 **Jaccard 系数**。

Jaccard 系数也可以用来比较两个集合的相似程度。设 A 和 B 是两个有限集, $\sharp A$ 表示集合 A 包含的元素个数, 称

$$J(A, B) := \frac{\sharp(A \cap B)}{\sharp(A \cup B)} \tag{8.14}$$

为集合 A 与 B 的 **Jaccard 系数**。

在实现某些聚类算法时, 需要将相似系数转化为**不相似度 (dissimilarity)**, 通常使用如下变换公式:

$$d_{ij} = 1 - c_{ij}^2 \tag{8.15}$$

$$d_{ij} = \sqrt{2(1 - c_{ij})} \tag{8.16}$$

$$d_{ij} = \sqrt{c_{ii} + c_{jj} - 2c_{ij}}, \qquad c_{ij} \geqslant 0, \ \ i, j = 1, 2, \cdots, p \tag{8.17}$$

需要指出的是, 利用上述公式转换得到的不相似度 d_{ij} 未必满足距离公理 i~iii, 因此一般不是距离。

8.2.3　用 MATLAB 计算距离矩阵和不相似度矩阵

在做聚类分析时, 少不了计算样品之间的距离。假设有 n 个样品 $x_1, x_2, \cdots, x_n$, 则它们两两之间的距离可以表示为

$$D = \begin{pmatrix} d_{11} & d_{12} & \cdots & d_{1n} \\ d_{21} & d_{22} & \cdots & d_{2n} \\ \vdots & \vdots & \ddots & \vdots \\ d_{n1} & d_{n2} & \cdots & d_{nn} \end{pmatrix}$$

其中 d_{ij} 表示样品 x_i 和 x_j 之间的距离, 这个矩阵称为距离矩阵。由于距离矩阵是对称的, 因此只需计算或保存其下三角部分即可。如何有效地编码存储一个下三角矩阵呢? MATLAB 采样如下方式存储:

$$\begin{pmatrix} 0 & & & \\ d_{21} & 0 & & \\ d_{31} & d_{32} & 0 & \\ d_{41} & d_{42} & d_{43} & 0 \end{pmatrix} \rightarrow (d_{21}, d_{31}, d_{41}, d_{32}, d_{42}, d_{43}) \tag{8.18}$$

MATLAB 还提供了计算距离矩阵的函数 pdist(), 其基本用法是

```
D = pdist(X,Distance,DistParameter)
```

其中输入参数 X 代表样本数据矩阵, 每列代表一个变量, 每行代表一个样本; Distance 用于指定用哪一种距离, 常用的选项有:

    'euclidean'   欧氏距离。

    'seuclidean'   标准化的欧氏距离, 即先将数据标准化再计算欧氏距离。

    'mahalanobis' 马氏距离。

    'minkowski'   Minkowski 距离 d_p, 可以指定参数 p, 默认值是 $p = 2$。

    'chebychev'   chebychev 距离。

    'cosine'   不相似度, 用 1 减去夹角余弦。

    'correlation'   不相似度, 用 1 减去相关系数。

    'hamming'   汉明距离。

    'jaccard'   不相似度, 用 1 减去 Jaccard 系数。

第三个输入参数 DistParameter 用于指定某些距离的参数, 有些距离是需要指定参数的, 例如 Minkowski 距离。输出参数 D 是计算得到的距离（或不相似度）矩阵, 是一个行向量, 存储方式如式 (8.18) 所示。

例如, 用 Minkowski 距离 d_3 计算样本数据矩阵

$$X = \begin{pmatrix} 1 & -1 \\ 0 & -2 \\ 3 & 1 \\ -2 & 0 \end{pmatrix}$$

的距离矩阵, 可用如下命令实现:

```
X=[1,-1;0,-2;3,1;-2,0];        %%输入数据矩阵
D=pdist(X,'minkowski',3)       %%计算p=3的Minkowski距离
```

输出结果如图 8.1 所示。

```
D =

    1.2599    2.5198    3.0366    3.7798    2.5198    5.0133

fx >>
```

图 8.1 函数 pdist() 计算输出的结果

8.3 系统聚类法

层次聚类法 (hierarchical cluster method), 也称为**系统聚类法**, 是一种很常用的聚类方法, 其基本步骤是先将每个样品各自看成一类, 然后计算类与类之间的距离, 每次选择距离最接近的两个类合并, 直到最后所有样品合并在一个类中, 把逐步并类的过程用谱系图表示出来, 通过分析谱系图得到想要的分类。

可以看出, 系统聚类法的关键在于如何度量类与类之间的距离, 不同的度量类与类之间的距离的方法将导致不同的聚类结果。度量类与类之间的距离的方法又称为**连接方法 (linkage method)**, 它是区分不同系统聚类法的标准, 因此常用连接方法对各种系统聚类法命名。

8.3.1 常用的系统聚类法

1) 最短距离法（nearest neighbor 或 single linkage method）

设 G_p 和 G_q 是两个类, 所谓**最短距离法**, 就是用 G_p 中的点与 G_q 中的点的距离的最小值代表这两个类的距离, 用公式表示如下:

$$D(p,q) = D(G_p, G_q) = \min\{d(x,y): \ x \in G_p, \ y \in G_q\} \tag{8.19}$$

如果有 3 个类 G_p, G_q, G_r, 将 G_p 与 G_q 合并为 G_l, 那么如何求 G_l 与 G_r 的距离呢? 由最短距离的定义可得

$$\begin{aligned}
D(l,r) &= \min\{d(x,y): \ x \in G_l, \ y \in G_r\} \\
&= \min\{\min\{d(x,y): \ x \in G_p, \ y \in G_r\}, \min\{d(x,y): \ x \in G_q, \ y \in G_r\}\} \\
&= \min\{D(p,r), D(q,r)\} \tag{8.20}
\end{aligned}$$

这就是**最短距离法的递推公式**。有了这个递推公式, 就不必每次合并两个类后都用最短距离的定义求新合并的类与其余类的距离, 只需利用上述递推公式计算即可。

2) 最长距离法（farthest neighbor 或 complete linkage method）

设 G_p 和 G_q 是两个类, 所谓**最长距离法**, 就是用 G_p 中的点与 G_q 中的点的距离的最大值代表这两个类的距离, 用公式表示如下:

$$D(p,q) = D(G_p, G_q) = \max\{d(x,y): \ x \in G_p, \ y \in G_q\} \tag{8.21}$$

最长距离法有下列递推公式:

$$D(l,r) = \max\{D(p,r), D(q,r)\}, \qquad G_l = G_p \cup G_q \tag{8.22}$$

3) 类平均距离法 (group average method)

也称为组间平均连接 (average between group linkage), 所谓**类平均距离法**, 就是用 G_p 中的点与 G_q 中点的距离的平均值代表这两个类的距离。设 G_p 中有 n_p 个点, G_q 中有 n_q 个点, 则 G_p 与 G_q 的类平均距离为

$$D(p,q) := \frac{1}{n_p n_q} \sum_{x \in G_p, y \in G_q} d(x,y) \tag{8.23}$$

设 G_r 是另外一个类, 包含 n_r 个点, 将 G_p 和 G_q 合并后得到的类记为 G_l, 则有下列**类平均距离递推公式**:

$$D(l,r) = \frac{n_p}{n_p + n_q} D(p,r) + \frac{n_q}{n_p + n_q} D(q,r) \tag{8.24}$$

这个公式的证明如下:

$$D(l,r) = \frac{1}{n_l n_r} \sum_{x \in G_l, y \in G_r} d(x,y) = \frac{1}{(n_p + n_q) n_r} \left[\sum_{x \in G_p, y \in G_r} d(x,y) + \sum_{x \in G_q, y \in G_r} d(x,y) \right]$$

$$= \frac{1}{(n_p + n_q) n_r} [n_p n_r D(p,r) + n_q n_r D(q,r)]$$

$$= \frac{n_p}{n_p + n_q} D(p,r) + \frac{n_q}{n_p + n_q} D(q,r)$$

4) 组内平均连接 (average within group linkage)

所谓**组内平均连接**, 就是把合并后的类 $G_p \cup G_q$ 中的点的两两之间的距离的平均值当作 G_p 与 G_q 的距离。用公式表示为

$$D(p,q) = \frac{1}{C_{n_l}^2} \sum_{x,y \in G_l} d(x,y) = \frac{1}{n_l(n_l - 1)/2} \sum_{x,y \in G_l} d(x,y) \tag{8.25}$$

其中 $G_l = G_p \cup G_q$, n_p、n_q、n_l 分别表示 G_p、G_q、G_l 的元素个数。

组间平均连接和组内平均连接都是比较稳健的聚类方法, 缺点是计算量很大, 不适合大规模数据的聚类。

以上几种聚类方法适用于样品距离采用任何距离的一般情形, 如果样品距离使用欧氏距离, 还有几种常用的聚类方法, 下面介绍这几种方法。

5) 重心法 (centroid method)

所谓**重心法**, 就是用两个类的重心之间的距离代表这两个类的距离。设 $G_p = \{x_i : i = 1, 2, \cdots, n_p\}$, 则 G_p 的重心为

$$\overline{x}^{(p)} := \frac{1}{n_p} \sum_{x \in G_p} x \tag{8.26}$$

即 G_p 的（样本）均值向量。两个类 G_p 和 G_q 的重心距离为

$$D(p,q) = d(\overline{x}^{(p)}, \overline{x}^{(q)}) \tag{8.27}$$

如果样品距离采用欧氏距离, 则重心法有下列递推公式:

$$D^2(l,r) = \frac{n_p}{n_l}D^2(p,r) + \frac{n_q}{n_l}D^2(q,r) - \frac{n_p}{n_l}\frac{n_q}{n_l}D^2(p,q), \qquad G_l = G_p \cup G_q \tag{8.28}$$

下面证明式 (8.28)。首先注意到

$$\overline{x}^{(l)} = \frac{n_p}{n_l}\overline{x}^{(p)} + \frac{n_q}{n_l}\overline{x}^{(q)}, \qquad G_l = G_p \cup G_q \tag{8.29}$$

于是

$$\begin{aligned}
D^2(l,r) &= \left\|\overline{x}^{(l)} - \overline{x}^{(r)}\right\|^2 = \left\|\frac{n_p}{n_l}\overline{x}^{(p)} + \frac{n_q}{n_l}\overline{x}^{(q)} - \overline{x}^{(r)}\right\|^2 \\
&= \left\|\frac{n_p}{n_l}(\overline{x}^{(p)} - \overline{x}^{(r)}) + \frac{n_q}{n_l}(\overline{x}^{(q)} - \overline{x}^{(r)})\right\|^2 \\
&= \frac{n_p^2}{n_l^2}\|\overline{x}^{(p)} - \overline{x}^{(r)}\|^2 + \frac{n_q^2}{n_l^2}\|\overline{x}^{(q)} - \overline{x}^{(r)}\|^2 + 2\frac{n_p n_q}{n_l^2}\langle \overline{x}^{(p)} - \overline{x}^{(r)}, \overline{x}^{(q)} - \overline{x}^{(r)}\rangle \\
&= \frac{n_p^2}{n_l^2}D^2(p,r) + \frac{n_q^2}{n_l^2}D^2(q,r) + 2\frac{n_p n_q}{n_l^2}\langle \overline{x}^{(p)} - \overline{x}^{(r)}, \overline{x}^{(q)} - \overline{x}^{(r)}\rangle \tag{8.30}
\end{aligned}$$

注意到

$$2\langle a,b\rangle = \|a\|^2 + \|b\|^2 - \|a-b\|^2 \tag{8.31}$$

因此有

$$\begin{aligned}
2\langle \overline{x}^{(p)} - \overline{x}^{(r)}, \overline{x}^{(q)} - \overline{x}^{(r)}\rangle &= \|\overline{x}^{(p)} - \overline{x}^{(r)}\|^2 + \|\overline{x}^{(q)} - \overline{x}^{(r)}\|^2 - \|\overline{x}^{(p)} - \overline{x}^{(q)}\|^2 \\
&= D^2(p,r) + D^2(q,r) - D^2(p,q) \tag{8.32}
\end{aligned}$$

将式 (8.32) 代入式 (8.30), 同时注意到 $n_p + n_q = n_l$, 便得到

$$\begin{aligned}
D^2(l,r) &= \frac{n_p^2}{n_l^2}D^2(p,r) + \frac{n_q^2}{n_l^2}D^2(q,r) + \frac{n_p n_q}{n_l^2}\left(D^2(p,r) + D^2(q,r) - D^2(p,q)\right) \\
&= \frac{n_p(n_p + n_q)}{n_l^2}D^2(p,r) + \frac{n_q(n_q + n_p)}{n_l^2}D^2(q,r) - \frac{n_p n_q}{n_l^2}D^2(p,q) \\
&= \frac{n_p}{n_l}D^2(p,r) + \frac{n_q}{n_l}D^2(q,r) - \frac{n_p}{n_l}\frac{n_q}{n_l}D^2(p,q)
\end{aligned}$$

6) 可变类平均法

如果样品距离是欧氏距离, 且采用下列递推公式:

$$D^2(l,r) = (1-\beta)\left[\frac{n_p}{n_l}D^2(p,r) + \frac{n_q}{n_l}D^2(q,r)\right] + \beta D^2(p,q), \qquad G_l = G_p \cup G_q \quad (8.33)$$

其中 $\beta < 1$ 是一个可调的参数, 则称这种系统聚类法为**可变类平均法**。

7) 离差平方和法

也称为 **Ward 法**。设某个类 G 中有 n 个样本 $x_i, i = 1, 2, \cdots, n$, (样本) 均值向量为

$$\overline{x} = \frac{1}{n}\sum_{i=1}^{n} x_i$$

则称

$$L_G^2 = \sum_{i=1}^{n}\|x_i - \overline{x}\|^2 = \sum_{i=1}^{n}(x_i - \overline{x})^{\mathrm{T}}(x_i - \overline{x})$$

为类 G 的离差平方和。

设 A 和 B 是两个类, 如果将这两个类合并为 $C = A \cup B$, 则合并后的离差平方和 L_C^2 比合并前的离差平方和 $L_A^2 + L_B^2$ 大, Ward 将两者之差定义为类 A 和类 B 的距离 (的平方), 即

$$D^2(A,B) := L_C^2 - L_A^2 - L_B^2 = L_{A\cup B}^2 - L_A^2 - L_B^2 \quad (8.34)$$

这个距离称为 **Ward 距离**。

Ward 距离与重心距离有联系。设类 A 和 B 的元素个数分别为 n_A 和 n_B, 二者之间的重心距离为 $D_c(A,B)$, Ward 距离为 $D_w(A,B)$, 则二者有下列关系

$$D_w^2(A,B) = \frac{n_A n_B}{n_A + n_B}D_c^2(A,B) \quad (8.35)$$

下面证明式 (8.35)。设 $A = \{a_1, a_2, \cdots, a_{n_A}\}$, 均值为 $\overline{a}$, $B = \{b_1, b_2, \cdots, b_{n_B}\}$, 均值为 $\overline{b}$, 将两个类合并后的类记为 C, 均值记为 $\overline{c}$, 则有

$$\overline{c} = \frac{n_A\overline{a} + n_B\overline{b}}{n_A + n_B} \quad (8.36)$$

$$L_A^2 = \sum_{i=1}^{n_A}\|a_i - \overline{a}\|^2, \qquad L_B^2 = \sum_{i=1}^{n_B}\|b_i - \overline{b}\|^2 \quad (8.37)$$

$$D_w^2(A,B) = L_C^2 - L_A^2 - L_B^2 = \sum_{i=1}^{n_A}\|a_i - \overline{c}\|^2 + \sum_{i=1}^{n_B}\|b_i - \overline{c}\|^2 - \sum_{i=1}^{n_A}\|a_i - \overline{a}\|^2 - \sum_{i=1}^{n_B}\|b_i - \overline{b}\|^2$$

$$= \sum_{i=1}^{n_A}\left[\|a_i - \overline{c}\|^2 - \|a_i - \overline{a}\|^2\right] + \sum_{i=1}^{n_B}\left[\|b_i - \overline{c}\|^2 - \|b_i - \overline{b}\|^2\right]$$

$$= \sum_{i=1}^{n_A} \left[\|a_i - \overline{a} + \overline{a} - \overline{c}\|^2 - \|a_i - \overline{a}\|^2 \right] + \sum_{i=1}^{n_B} \left[\|b_i - \overline{b} + \overline{b} - \overline{c}\|^2 - \|b_i - \overline{b}\|^2 \right]$$

$$= \sum_{i=1}^{n_A} \left[2\langle a_i - \overline{a}, \overline{a} - \overline{c} \rangle + \|\overline{a} - \overline{c}\|^2 \right] + \sum_{i=1}^{n_B} \left[2\langle b_i - \overline{b}, \overline{b} - \overline{c} \rangle + \|\overline{b} - \overline{c}\|^2 \right]$$

$$= n_A \|\overline{a} - \overline{c}\|^2 + n_B \|\overline{b} - \overline{c}\|^2$$

$$= n_A \left\| \overline{a} - \frac{n_A \overline{a} + n_B \overline{b}}{n_A + n_B} \right\|^2 + n_B \left\| \overline{b} - \frac{n_A \overline{a} + n_B \overline{b}}{n_A + n_B} \right\|^2$$

$$= \frac{n_A n_B^2}{(n_A + n_B)^2} \|\overline{a} - \overline{b}\|^2 + \frac{n_B n_A^2}{(n_A + n_B)^2} \|\overline{b} - \overline{a}\|^2$$

$$= \frac{n_A n_B}{n_A + n_B} \|\overline{a} - \overline{b}\|^2$$

$$= \frac{n_A n_B}{n_A + n_B} D_c^2(A, B)$$

设 G_p、G_q、G_r 是 3 个类, 两两之间的 Ward 距离为 $D(p,q)$、$D(p,r)$、$D(q,r)$, 如果将 G_p 和 G_q 合并为 G_l, 如何求 G_l 和 G_r 的距离呢? 有下列公式

$$D^2(l,r) = \frac{n_p + n_r}{n_p + n_q + n_r} D^2(p,r) + \frac{n_q + n_r}{n_p + n_q + n_r} D^2(q,r) - \frac{n_r}{n_p + n_q + n_r} D^2(p,q) \quad (8.38)$$

这就是 **Ward 距离的递推公式**。利用式 (8.35) 不难证明式 (8.38), 留作习题。

8.3.2　系统聚类法的步骤

下面通过一个简单的例子介绍系统聚类法的步骤。

例 8.3　表 8.2 给出了我国 2000 年 5 个省份城镇居民平均每人全年消费性支出的数据, 包括如下指标:

x_1	食品支出（元/人）	x_5	交通和通讯支出（元/人）
x_2	衣着支出（元/人）	x_6	娱乐、教育和文化服务支出（元/人）
x_3	家庭设备、用品及服务支出（元/人）	x_7	居住支出（元/人）
x_4	医疗保健支出（元/人）	x_8	杂项商品和服务支出（元/人）

表 8.2　2000 年 5 个省份城镇居民人均年消费支出数据

省份	x_1	x_2	x_3	x_4	x_5	x_6	x_7	x_8
辽宁	1772.14	568.25	298.66	352.20	307.21	490.83	364.28	202.50
浙江	2752.25	569.95	662.31	541.06	623.05	917.23	599.98	354.39
河南	1386.76	260.99	312.97	280.78	246.24	407.26	547.19	188.52
甘肃	1552.77	517.16	402.03	272.44	265.29	563.10	302.27	251.41
青海	1711.03	458.57	334.91	307.24	297.72	495.34	274.48	306.45

请用系统聚类法对其进行聚类分析。

第 1 步: 选择合适的距离, 计算样品之间的距离, 得到距离矩阵。这里选择欧氏距离, 计算得到表 8.3 所示的距离表。

表 8.3　5 个样品之间的距离表

		1	2	3	4	5
辽宁	1	0	1220.13	457.91	284.60	195.14
浙江	2	1220.13	0	1580.69	1390.71	1284.71
河南	3	457.91	1580.69	0	356.80	452.80
甘肃	4	284.60	1390.71	356.80	0	208.90
青海	5	195.14	1284.71	452.80	208.90	0

第 2 步：初始分类是每个样品自成一类, 即

$$G_1 = \{1\}, \quad G_2 = \{2\}, \quad G_3 = \{3\}, \quad G_4 = \{4\}, \quad G_5 = \{5\}$$

类与类之间的距离如表 8.4所示。

表 8.4　初始分类的距离表

	G_1	G_2	G_3	G_4	G_5
$G_1 = \{1\}$	0	1220.13	457.91	284.60	195.14
$G_2 = \{2\}$	1220.13	0	1580.69	1390.71	1284.71
$G_3 = \{3\}$	457.91	1580.69	0	356.80	452.80
$G_4 = \{4\}$	284.60	1390.71	356.80	0	208.90
$G_5 = \{5\}$	195.14	1284.71	452.80	208.90	0

第 3 步：确定适当的聚类法, 计算类与类之间的距离, 选择最接近的两个类合并。这里采用最短距离法计算类与类之间的距离, 从表 8.4可以看出, 最接近的小类是 G_1 和 G_5, 距离为 $D(1,5) = 195.14$, 因此优先将这两个类合并, 得到如下分类

$$G_6 = G_1 \cup G_5 = \{1,5\}, \quad G_2 = \{2\}, \quad G_3 = \{3\}, \quad G_4 = \{4\}$$

用最短距离法计算 G_6 与其余类的距离, 得到新的距离表表 8.5。

表 8.5　第 1 次并类后的距离表

	G_6	G_2	G_3	G_4
$G_6 = \{1,5\}$	0	1220.13	452.80	208.90
$G_2 = \{2\}$	1220.13	0	1580.69	1390.71
$G_3 = \{3\}$	452.80	1580.69	0	356.80
$G_4 = \{4\}$	208.90	1390.71	356.80	0

第 4 步：找距离最近的两个类合并, 重新计算距离表。从表 8.5可以看出, G_6 与 G_4 最近, 距离为 $D(4,6) = 208.90$, 因此优先合并这两个类, 得到如下分类

$$G_7 = G_6 \cup G_4 = \{1,4,5\}, \quad G_2 = \{2\}, \quad G_3 = \{3\}$$

用最短距离法计算 G_7 与其余类的距离, 得到新的距离表表 8.6。

表 8.6　第 2 次并类后的距离表

	G_7	G_2	G_3
$G_7 = \{1,4,5\}$	0	1220.13	356.80
$G_2 = \{2\}$	1220.13	0	1580.69
$G_3 = \{3\}$	356.80	1580.69	0

第 5 步: 再找距离最近的两个类合并, 重新计算距离表。从表 8.6可以看出, G_7 与 G_3 最近, 距离为 $D(3,7) = 356.80$, 因此优先合并这两个类, 得到如下分类

$$G_8 = G_7 \cup G_3 = \{1,3,4,5\}, \quad G_2 = \{2\}$$

用最短距离法计算 G_8 与其余类的距离, 得到新的距离表表 8.7。

表 8.7　第 3 次并类后的距离表

	G_8	G_2
$G_8 = \{1,3,4,5\}$	0	1220.13
$G_2 = \{2\}$	1220.13	0

第 6 步: 现在只有 G_8 和 G_2 这两个类了, 将其合并为 G_9, 并类过程结束, 逐步并类的情况记载如下:

类	合并类间距 D
$\{1,5\},\{2\},\{3\},\{4\}$	$D = 195.14$
$\{1,4,5\},\{2\},\{3\}$	$D = 208.90$
$\{1,3,4,5\},\{2\}$	$D = 356.80$
$\{1,2,3,4,5\}$	$D = 1220.13$

然后绘制谱系图将并类的过程展示出来, 如图 8.2 所示。

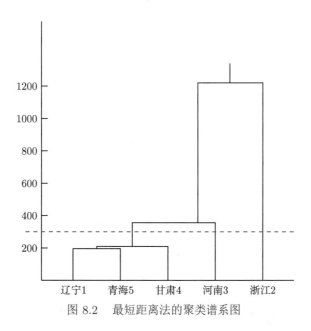

图 8.2　最短距离法的聚类谱系图

有了谱系图, 样品之间的亲疏关系一目了然, 可以通过类间距离阈值或类的个数确定最终分类。例如, 实际应用要求类间距离不得超过 1.5, 即可在纵坐标为 1.5 的位置处画一条水平线切割谱系图（图 8.1 中的水平虚线）, 确定样品的分类为

$$C_1 = \{1,4,5\}, \qquad C_2 = \{2\}, \qquad C_3 = \{3\}$$

8.3.3 系统聚类的实现

下面通过一个例子介绍如何用 MATLAB 实现系统聚类。

例 8.4 表 8.9是我国 31 个地区的主要食品在 2020 年的人均消费量数据（单位: 千克），包括如下指标:

x_1	粮食	x_5	禽类	x_9	干鲜瓜果类
x_2	食用油	x_6	水产品	x_{10}	食用糖
x_3	蔬菜及食用菌	x_7	蛋类		
x_4	肉类	x_8	奶类		

表 8.8 我国 31 个地区主要食品 2020 年人均消费量数据

地区	x_1	x_2	x_3	x_4	x_5	x_6	x_7	x_8	x_9	x_{10}
北京 1	107.2	7.5	122.7	27.3	7.9	9.5	16.9	30.1	81.9	1.2
天津 2	111.1	9.6	117.2	23.8	7	16.8	21.5	16.8	85.8	1.2
河北 3	161.8	8.8	108.3	20.6	7.2	7.6	18.7	16.5	79.1	1.3
山西 4	159.3	8.6	98.9	14.7	4.1	3.1	16.3	17.9	63	1.1
内蒙 5	173.1	7.7	100.9	31.9	8	6.5	14.3	24.8	67.3	1.3
辽宁 6	145.9	10.4	117.1	25.1	7.1	15.1	16.6	17.7	69.6	1.2
吉林 7	157.5	11.2	105.6	20.6	7.1	10.2	14	11.6	64	1.4
黑龙江 8	167.1	16.2	108	22.2	8.2	10.3	16.4	10.6	70.2	1.8
上海 9	111.4	9.2	105.3	29.1	14	27.1	13.9	23.1	60.2	1.5
江苏 10	122.1	10.2	104.5	25	13.2	19.5	13.2	15.4	44.2	1.1
浙江 11	137.3	11.5	96.9	26.3	13	25.9	10.6	14.7	56	1.6
安徽 12	148.3	9	104.8	24.1	15.7	14.6	14.2	11.3	55.9	0.9
福建 13	124.4	9.6	89.6	24.6	15.7	26.4	10.7	11.7	45	1.6
江西 14	154	15.6	105.5	29.7	12.8	15.7	9.5	11.2	46.7	1
山东 15	124	7.7	95.9	18.6	8.2	15.7	20.1	17.6	81.1	0.7
河南 16	150.9	8.9	94.1	15.9	8.7	5.2	18.9	13.5	62.7	1.2
湖北 17	132.9	13.3	126.8	25.2	7.7	18.1	9.7	7.7	42.5	0.8
湖南 18	157.2	12.5	104.5	27.1	15.8	14.6	10.3	7.4	57	1.2
广东 19	128.2	9.9	113	33.6	31.1	30	9.9	9.6	47.5	1.6
广西 20	141.8	9.1	89.7	24.4	30.7	13.5	7.6	5.6	39.2	1.2
海南 21	107.7	9.5	99.4	21.2	30.4	30.8	5.6	4.9	30.2	1
重庆 22	149.5	15.3	130.3	35.3	13.6	12.5	11.8	14	46.5	2.7
四川 23	146.9	11.7	119.6	33.6	14.5	9.2	9.9	10	45.8	1.7
贵州 24	119.3	8.1	79.4	24.7	6.6	3	4.8	5.1	34.1	0.8
云南 25	139.1	7.4	90	28.8	9.6	4.8	5.4	6.2	38.2	1.4
西藏 26	193.6	15.3	55.7	30.4	1.2	0.4	2.4	8.5	11.2	4
陕西 27	142.3	11.5	90	15.2	4	3.1	10.3	14.7	50.4	1
甘肃 28	159	9.6	82.5	17.6	6.3	2.8	9.3	15.7	59.8	1.7
青海 29	112.2	8.8	58.4	23.8	3.7	1.9	5.2	16.7	29.1	1.6
宁夏 30	115.6	8.5	88.8	16.3	8.4	2.9	7.4	13.5	73.3	1.5
新疆 31	156	13.7	106.2	23.7	6.9	3.1	8.5	18.7	58.6	1.3

完整的数据已保存在文件"各地区 2020 年人均主要消费品数据.xlsx"中, 可以用 Excel 打开使用。我们也将该数据输入 MATLAB 变量 X 中并保存至文件 consumdata.mat 中, 使用时只需将该文件复制至 MATLAB 的工作文件夹, 用 load('consumdata.mat') 命令载入后即可直接调用。请对该数据作聚类分析。

　　用 MATLAB 实现系统聚类需要用到 3 个函数, 一个是 linkage(), 一个是 dendrogram(), 还有一个是 cluster(), 下面分别介绍这三个函数。

　　先说第一个函数 linkage(), 其基本用法如下:

```
Z = linkage(X,method,metric)
```

其中输入参数 X 是样本数据矩阵, 每列代表一个变量, 每行代表一个样本; 第二个输入参数 method 用于指定使用哪一种系统聚类法, 常用的选项有

　　'average'　组间平均连接。

　　'centroid'　重心法, 仅适用于样品间的距离采用欧氏距离的情形。

　　'complete'　最长距离法。

　　'median'　加权质心距离法, 也就是 8.3.1 节介绍的可变类平均法, 仅适用于样品间的距离采用欧氏距离的情形。

　　'single'　最短距离法。

　　'ward'　Ward 法, 即离差平方和法。

　　'weighted'　加权平均距离。

　　第三个输入参数 metric 用于指定样品间距离用哪一种, 选项就是 3.2.3 节介绍的那些。输出参数 Z 是一个 $(n-1) \times 3$ 的矩阵, 称为**聚合层次聚类树 (agglomerative hierarchical cluster tree)**, 它保存了绘制谱系图所需的信息。

　　例如, 用最短距离法对我国 31 个地区的主要食品在 2020 年的人均消费量数据进行聚类, 样品间的距离采用欧氏距离, MATLAB 代码为:

```
load('consumdata.mat');
%%载入我国31个地区的主要食品在2020年的人均消费量数据，保存在变量X中
Z=linkage(X,"single","euclidean");
%%用最短距离法聚类，样品距离采用欧氏距离
Z(1:5,:)                %%显示Z的第1~5行
```

其中 Z 的前 5 行如图 8.3 所示, 第 1 行表示第 1 步合并的是 G_{12} 和 G_{18}, 距离为 $D =$

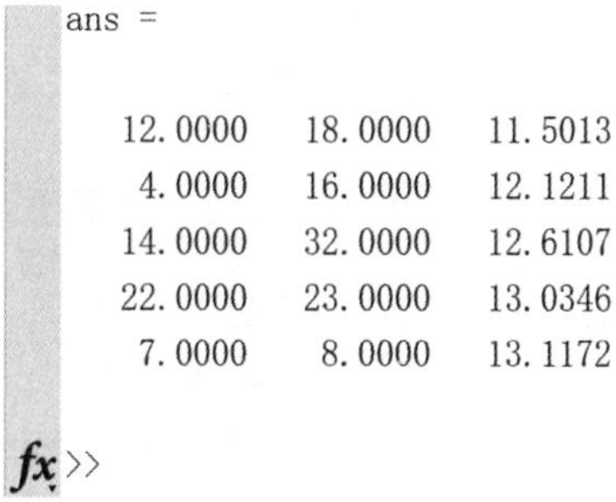

```
ans =

   12.0000   18.0000   11.5013
    4.0000   16.0000   12.1211
   14.0000   32.0000   12.6107
   22.0000   23.0000   13.0346
    7.0000    8.0000   13.1172

fx >>
```

图 8.3　聚合层次聚类树 Z 的前 5 行

11.5013; 第 2 行表示第 2 步合并的是 G_4 和 G_{16}, 距离为 $D = 12.1211$; 第 3 行表示第 3 步合并的是 G_{14} 和 G_{32}, 距离为 $D = 12.6107$; 等等。利用 Z 中的数据便可绘制出谱系图。

如果计算样品距离的方法还包含参数, 则需将距离种类和参数一起输入。例如, 用组间平均连接法聚类, 用 $p = 3$ 的 Minkowski 距离计算样品距离, 则 MATLAB 代码为

```
Z = linkage(X,'average',{'minkowski',3})
```

如果之前已经计算得到了距离矩阵 D, 也可以直接输入距离矩阵 D 进行系统聚类, 其中距离矩阵 D 必须是像式 (8.18) 那样以行向量形式存储。用法如下:

```
Z = linkage(D,method)
```

如果已得到 $n \times n$ 的不相似度矩阵 D, 则可以先将其转换为行向量形式的距离矩阵 y, 再将其作为输入进行系统聚类。MATLAB 代码为

```
y=squareform(D);              %%将不相似度矩阵转换为行向量形式的距离矩阵
Z = linkage(y,'complete')     %%用最长距离法聚类
```

关于函数 linkage() 的更多使用说明, 可参考 MATLAB 帮助文档。

接下来介绍第 2 个函数 dendrogram(), 这个函数的功能是根据 linkage() 计算得到的聚合层次聚类树 Z 绘制谱系图。基本用法如下:

```
dendrogram(Z,p)
```

其中 Z 是由 linkage() 计算得到的聚合层次聚类树, p 用于指定谱系图最下层结点的最大数目, 如果样品个数大于 p, 则绘制谱系图时会折叠部分下层分枝。

例如, 用离差平方和方法对我国 31 个地区的主要食品在 2020 年的人均消费量数据进行聚类, 并绘制谱系图, MATLAB 代码如下:

```
load('consumdata.mat');
%%载入我国31个地区的主要食品在2020年的人均消费量数据, 保存在变量X中.
Z=linkage(X,"ward","euclidean");
%%用离差平方和方法聚类, 样品距离采用欧氏距离
dendrogram(Z,32);                        %%绘制谱系图
```

输出的谱系图如图 8.4 所示。

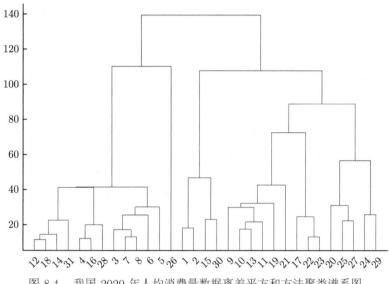

图 8.4 我国 2020 年人均消费量数据离差平方和方法聚类谱系图

再来看第 3 个函数 cluster()。聚类分析的最终目的是得到具体的分类, 有了聚合层次聚类树 Z, 再确定了类的个数或最大类间距, 则可以用函数 cluster() 得到样品的具体分类。

例如已经用 linkage() 得到了聚合层次聚类树 Z, 同时又通过分析谱系图确定了类的个数不超过 4, 则可以用如下命令得到最终分类结果:

```
T = cluster(Z,'MaxClust',4)
```

其中输入参数 MaxClust 和 4 告诉系统类的个数不超过 4; 输出参数 T 是一个列向量, 其分量的值为对应样品的类别标签。如果将前面用离差平方和方法聚类得到的 Z 作为输入, 则输出的标签向量 T（的转置）为

1 1 4 4 4 4 4 4 2 2 2 4 2 4 1 4 2 4 2 2 2 2 2 2 2 2 3 2 4 2 1 4

因此 31 个样品的分类情况如下:

$$G_1 = \{1, 2, 15, 30\}, \quad G_2 = \{9, 10, 11, 13, 17, 19, 20, 21, 22, 23, 24, 25, 27, 29\}$$
$$G_3 = \{26\}, \quad G_4 = \{3, 4, 5, 6, 7, 8, 12, 14, 16, 18, 28, 31\}$$

如果指定类间距不得小于 120, 则可以用下列命令得到最终分类结果:

```
T1 = cluster(Z,'cutoff',120,'Criterion','distance')
```

其中后四个输入参数告诉系统类间距的阈值（下界）是 120。将前面用离差平方和方法聚类得到的 Z 作为输入, 则输出的标签向量 T1（的转置）为

1 1 2 2 2 2 2 2 1 1 1 2 1 2 1 2 1 2 1 2 1 1 1 1 1 1 1 2 1 2 1 1 2

因此 31 个样品的分类情况如下:

$$G_1 = \{1, 2, 9, 10, 11, 13, 15, 17, 19, 20, 21, 22, 23, 24, 25, 27, 29, 30\}$$

$$G_2 = \{3, 4, 5, 6, 7, 8, 12, 14, 16, 18, 26, 28, 31\}$$

最后, 我们把实现本节计算的 MATLAB 代码收集在下列函数中:

```
function ChinaCosumCluster()
%%收集了8.3.3节例8.4系统聚类实验的代码
%%读者可以根据自己的需要修改
%%%%%%%%%%%%%%%%%%%%%%%%%%%%%%%%%%%%%%%%
load('consumdata.mat');
%%载入我国31个地区的主要食品在2020年的人均消费量数据, 保存在变量X中
Z=linkage(X,"single","euclidean");
%%用最短距离法聚类, 样品距离采用欧氏距离
Z(1:5,:)                        %%显示Z的第1~5行
Z1 = linkage(X,'average',{'minkowski',3})
%%用组间平均连接聚类, 指定样品距离及参数

y=squareform(D);                %%将不相似度矩阵转换为行向量形式的距离矩阵
Z2 = linkage(y,'complete')      %%用最长距离法聚类

Z=linkage(X,"ward","euclidean");
%%用最短距离法聚类, 样品距离采用欧氏距离
dendrogram(Z,32);               %%绘制谱系图

T = cluster(Z,'MaxClust',4);
%%根据聚合层次聚类树Z给出具体分类, 类的个数不超过4
T'                              %%显示样品的类别标签

T1 = cluster(Z,'cutoff',120,'Criterion','distance');
%%根据聚合层次聚类树Z给出具体分类, 指定类间距离不得超过120

T1'                             %%显示样品的类别标签

end
```

8.3.4 系统聚类法的性质

设某种系统聚类法对样品进行聚类, 第 k 次并类时合并的两个类之间的距离为 $D_k, k = 1, 2, \cdots, m$, 如果满足

$$D_1 \leqslant D_2 \leqslant \cdots \leqslant D_m \tag{8.39}$$

则称这种系统聚类法是**单调的**。

例 8.3 中, 我们用最短距离法对 5 个样品进行了聚类, 先后一共并类 4 次, 并类时合并

的两个类的距离依次为

$$D_1 = 195.14, \quad D_2 = 208.90, \quad D_3 = 356.80, \quad D_4 = 1220.13$$

满足

$$D_1 < D_2 < D_3 < D_4$$

因此最短距离法对这个数据集具有单调性。

对于一般的数据集, 可以证明, 8.3.1 节介绍的几种系统聚类法, 除了重心法和中间距离法之外, 都具有单调性[110]。

对于非单调的系统聚类, 谱系图会出现图 8.5 所示的情况。从图 8.5 可以看出, $D_1 > D_2$, 即先合并的两个类距离反而较大, 这有违系统聚类的初衷, 说明这种系统聚类法对这个数据集不合适, 应更换其他方法。

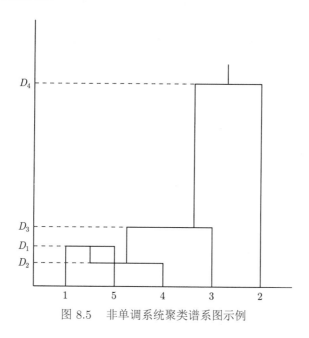

图 8.5　非单调系统聚类谱系图示例

8.4　K-均值聚类

8.4.1　基本思想与算法

系统聚类法的优点是能够得到直观的谱系图, 便于分析, 而且算法稳健。但随着数据规模的增大, 系统聚类法的计算时间和内存开销将快速增长。因此系统聚类法不适合大规模数据的聚类分析。

为了减少内存和计算时间的开销, 研究者提出了非层次聚类方法, 其中最著名的就是 MacQueen 提出的**K-均值聚类 (K-means clustering)**[111]。K-均值聚类的基本思想是先对样品进行预分类, 以每个类的均值（重心）作为种子（凝聚核）, 然后一个一个地计算样品到每个凝聚核的距离, 将其分配到离其最近的那个凝聚核代表的类, 每分配一个样品, 都要重新计算（更新）对应的凝聚核, 重复进行此过程, 直至分类稳定为止。

K-均值聚类的算法描述如算法 8.1所示。

算法 8.1 K-均值聚类算法

输入： 样品的初始分类 $G_i^{(0)}, i = 1, 2, \cdots, k$.

输出： 样品的最终分类 $G_i, i = 1, 2, \cdots, k$.

1: 初始化：$G_i \leftarrow G_i^{(0)}, i = 1, 2, \cdots, k$;

2: 计算类的重心：$\mu_i, i = 1, 2, \cdots, k$;

3: **for** $j = 1, 2, \cdots, n$ **do**

4: 　计算欧氏距离（的平方）：$d^2(x_j, \mu_i), i = 1, 2, \cdots, k$;

5: 　搜索 $i_0 \in \{1, 2, \cdots, k\}$ 使得

$$d^2(x_j, \mu_{i_0}) = \min_{i \in \{1, 2, \cdots, k\}} d^2(x_j, \mu_i);$$

6: 　将 x_j 加入 G_{i_0}，同时将其从原来所属的类 G_{i_j} 中去掉;

7: 　重新计算 G_{i_0} 和 G_{i_j} 的重心 μ_{i_0} 和 μ_{i_j};

8: **end for**

上述迭代更新过程可能要进行多轮，直至分类不再变化，K-均值聚类过程才结束，输出最终分类。K-均值聚类法通常使用欧氏距离或标准化的欧氏距离度量样品间的亲疏关系。

关于初始分类的确定，有如下几种常用的方法：

(1) 凭经验选择 k 个点作为 k 个类的重心，然后按照距离最近原则对样品进行初始分类。

(2) 密度法。取定某个正数 r 为半径，对任意样品 x_i，用 $m(x_i)$ 表示球 $B(x_i, r)$ 中包含的除 x_i 之外的样品个数，称之为 x_i 的**密度**，密度 $m(x_i)$ 越大，表示 x_i 附近的样品越多。所谓**密度法**，就是选取前 k 个密度最大的样品作为初始凝聚核（类重心），以确定样品的初始分类。为了防止选取的凝聚核聚集在一块，还需选定一个最小间隔 c，使选取的凝聚核之间的距离大于 c。

(3) 随机选取 k 个样品作为凝聚核，这只有在对样品数据没有任何了解的情况下才使用。

8.4.2　MATLAB 实现

MATLAB 提供了实现 K-均值聚类的函数 kmeans()，可以直接调用这个函数作聚类分析。下面是这个函数的通常用法：

```
[T,C,sums] = kmeans(X,k,Name,Value)
```

其中 X 是样品数据矩阵，每行代表一个样品，每列代表一个变量；k 代表类的个数，需事先给定；其余输入参数是可选项，通过 Name 和 Value 搭配指定。输出参数中 T 是类别标签向量，记录了每个样品的类别标签；C 是 k 个类的重心（均值）坐标，是 $k \times p$ 的矩阵，每行

对应一个类的重心; sums 是 k 个类的类内离差平方和, 是 $k \times 1$ 的向量, 每个分量值对应一个类的类内离差平方和。

例 8.5 用 K-均值聚类法对我国 31 个地区的主要食品在 2020 年的人均消费量数据进行聚类, 数据说明见例 8.4。

我们指定类的个数为 4, 实现代码如下:

```
load('consumdata.mat');
%%载入我国31个地区的主要食品在2020年的人均消费量数据, 保存在变量X中
k=4;                        %%指定类的个数为4
[T,C,sums] = kmeans(X,k)    %%K-均值聚类
```

计算后得到标签向量 T（的转置）为

2 2 3 3 3 3 3 3 2 1 1 3 1 3 2 3 1 3 1 1 1 3 1 4 1 4 3 3 4 2 3

为了找到每一个类, 需要把类别标签值相同的样品序号提取出来, 可以通过如下代码实现:

```
G1=find(T==1)'             %%组成第1个类的样品
G2=find(T==2)'             %%组成第2个类的样品
G3=find(T==3)'             %%组成第3个类的样品
G4=find(T==4)'             %%组成第4个类的样品
```

找出的 4 个类如下

$$G_1 = \{1, 2, 9, 10, 13, 15, 21, 24, 29, 30\}, \quad G_2 = \{11, 12, 14, 17, 18, 19, 20, 22, 23, 25\}$$

$$G_3 = \{26\}, \qquad G_4 = \{3, 4, 5, 6, 7, 8, 16, 27, 28, 31\}$$

以上实现方法未提到初始分类, 实际上是系统用一个称为 k-means++ algorithm 的默认算法自动进行了初始分类。在实际应用中, 也可以自行指定每个类的初始重心位置, 实现方法如下:

```
[T,C,sums] = kmeans(X,k,'Start',C0)
```

其中 C_0 是 $k \times p$ 的矩阵, 存有各个类的初始重心位置。

下面把本节用到的 MATLAB 代码汇集在如下函数中:

```
function ChinaCosumKmeans()
%%收集了例8.5K-均值聚类实验的代码
%%读者可以根据自己的需要修改
%%%%%%%%%%%%%%%%%%%%%%%%%%%%%%%%%%%%%%%%%%%%%
load('consumdata.mat');
%%载入我国31个地区的主要食品在2020年的人均消费量数据, 保存在变量X中.
[n,p]=size(X)              %%n为样品个数, p为维数（变量个数）
k=4;                        %%指定类的个数为4
[T,C,sums] = kmeans(X,k)    %%K-均值聚类
```

```
G1=find(T==1)'                %%组成第1个类的样品
G2=find(T==2)'                %%组成第2个类的样品
G3=find(T==3)'                %%组成第3个类的样品
G4=find(T==4)'                %%组成第4个类的样品


IX=randperm(n);               %%生成随机排列
C0=X(IX(1:4),:);              %%随机抽取4个样品作为4个类的初始重心
                              %%在实际应用时应该合理指定类的初始重心
[T,C,sums] = kmeans(X,k,'Start',C0)   %%聚类

end
```

8.5 聚类分析实践中常遇到的问题

8.5.1 变量的选取

在实际应用中, 分类变量的选取对聚类的结果有很大的影响, 如果分量变量选取不当, 则聚类结果不仅没有参考价值, 还有可能产生误导。变量选取有如下原则:

(1) 选择的变量应与聚类分析的目的密切相关;

(2) 选择的变量要能够反映不同类的特征;

(3) 选择的变量要有区分度, 即在不同样品上的取值要有差异;

(4) 选择的变量不要高度相关。

8.5.2 确定类的个数

在进行聚类分析时, 类的个数通常凭经验和先验知识人为确定, 也有一些定量的方法可以帮助人们确定类的个数。

设一共有 n 个样品, 将其分成 k 个类 $G_i, i = 1, 2, \cdots, k$, 第 i 个类的样品个数为 n_i, 重心为 $\overline{x}_i$。则 k 个类的类内离差平方和为

$$L_w^2 := \sum_{i=1}^{k} \sum_{x \in G_i} \|x - \overline{x}_i\|^2 \tag{8.40}$$

类间离差平方和为

$$L_b^2 = \sum_{i=1}^{k} n_i \|\overline{x}_i - \overline{x}\|^2 \tag{8.41}$$

其中 $\overline{x}$ 是所有 $n_1 + n_2 + \cdots + n_k = n$ 个样品的均值。全部 n 个样品总的离差平方和为

$$L_t^2 = \sum_{x \in G} \|x - \overline{x}\|^2 \tag{8.42}$$

其中 $G = \bigcup\limits_{i=1}^{k} G_i$ 代表全部样品构成的集合。根据命题 2.1, 总离差平方和 L_t^2、类内离差平方和 L_w^2、类间离差平方和 L_b^2 三者具有下列关系：

$$L_t^2 = L_w^2 + L_b^2 \tag{8.43}$$

一个好的分类应该是同组的样品差异很小, 而不同组的样品差异很大, 因此组内离差平方和小而组间离差平方和大。基于这一分析, 构造一个评价分类效果的统计量如下

$$R^2 = \frac{L_b^2}{L_t^2} = 1 - \frac{L_w^2}{L_t^2} \tag{8.44}$$

它反映的是组间离差平方和在总离差平方和中所占的比例。R^2 越大, 表示组间离差平方和所占的比例越大, 分类效果越好。但是这个统计量有一个缺点, 分类越细, 这个统计量的值就越大, 当每个样品自成一类时, 这个统计量取最大值 1, 这显然不是我们想要的。于是我们对其进行了改造, 将分类个数 k 纳入考量范围, 构造如下**伪 F-统计量**：

$$F := \frac{L_b^2/(k-1)}{L_w^2/(n-k)} = \frac{(L_t^2 - L_w^2)/(k-1)}{L_w^2/(n-k)} \tag{8.45}$$

F 的值大, 说明分类效果好。

回到例 8.4, 我们曾用离差平方和方法对我国 31 个地区的主要食品在 2020 年的人均消费量数据进行了聚类, 得到图 8.4 所示的谱系图, 按照谱系图, 类的个数可以是 1,2,3,4,5,6,7, 8,9 等, 我们分别计算相应的伪 F 统计量, 结果如表 8.9所示。

表 8.9　不同类数对应的伪 F-统计量的值

类的个数 k	2	3	4	5	6	7	8
伪 F-统计量	9.8337	9.7943	11.5772	12.9224	13.7819	13.8056	13.4583
类的个数 k	9	10	11	12	13	14	...
伪 F-统计量	13.1689	13.1871	13.5925	13.3312	13.1717	13.1438	...

为了直观地分析伪 F 统计量的值随类的个数增加的变化趋势, 我们画一个折线图, 如图 8.6 所示, 结合表 8.9可以看出, 伪 F 统计量在类数 $k = 7$ 时取得极大值, 因此取类的个数为 7 最合适。当然这也不是绝对准则, 有些时候还要结合实际应用的需要决定样品到底要分多少类。

另外, 还有一个统计量可用于决策两个类是否应该合并。设有类 A 和 B, 它们的元素个数分别为 n_A 和 n_B, 记 $C = A \cup B$, 设 L_A^2、L_B^2、L_C^2 分别是 A、B、C 的类内离差平方和, 定义

$$t = \frac{L_C^2 - L_A^2 - L_B^2}{(L_A^2 + L_B^2)/(n_A + n_B - 2)} \tag{8.46}$$

这是伪 t-统计量, 当样本容量足够大时近似服从 t-分布。这个伪 t-统计量越大, 表明将类 A 和 B 合并后引起的类内离差平方和增加得越多, 因此当 t 很大时, 不应该合并这两个类。既然这个统计量近似服从 t-分布, 可以用 t 检验法检验两个类是否应该合并。

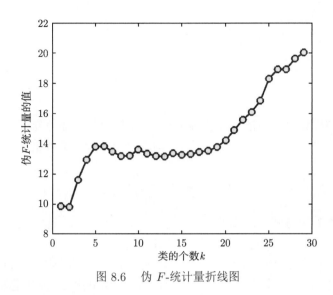

图 8.6　伪 F-统计量折线图

8.5.3　聚类结果的解释

对聚类结果进行解释是希望对各个类的特征进行准确的描述, 给每个类起一个合适的名称。这一步可以借助各种描述性统计量进行分析, 通常的做法是计算各个类在各聚类变量上的均值, 对均值进行比较, 解释各类间的差异在哪里以及产生差异的原因。

如果是对变量进行聚类, 聚类完成后, 为了达到降维的目的, 还需要在每类中选出一个代表指标, 用来代表该类的所有指标。关于代表指标的选取方法, 可以通过计算指标 x_i 与该类其余指标 x_j 的相关系数的平均值决定:

$$\overline{R}_i := \frac{1}{m-1} \sum_{j \neq i} \rho_{x_i, x_j} \tag{8.47}$$

其中 m 是该类的指标个数, ρ_{x_i, x_j} 是 x_i 与 x_j 的相关系数。$\overline{R}_i$ 越大, 说明指标 x_i 的代表性越强, 因此应该选择 $\overline{R}_i$ 最大的指标作为该类的代表。

最后附上实现本节计算和画图的 MATLAB 代码:

```
function clusteringSeudoF()
%%这个函数实现聚k个类并计算伪F-统计量
%%读者可以根据自己的需要修改
%%%%%%%%%%%%%%%%%%%%%%%%%%%%%%%%%%%%%%%%%
load('consumdata.mat');
%%载入我国31个地区的主要食品在2020年的人均消费量数据, 保存在变量X中
[n,p]=size(X);                 %%n为样品个数, p为维数 (变量个数)

Z=linkage(X,"ward","euclidean");
%%用最短距离法聚类, 样品距离采用欧氏距离
Fvalues=zeros(1,29);
for k=2:30
```

```
    T = cluster(Z,'MaxClust',k);
    %%根据聚合层次聚类树Z给出具体分类,类的个数不超过k
    Fvalues(k-1)=seudoFcalculator(X,T);
    %%用自定义函数seudoFcalculator()计算伪F统计量
end
Fvalues


%%-----以下代码实现绘图
figure1 = figure;
axes1 = axes('Parent',figure1);
hold(axes1,'on');
plot(Fvalues,'MarkerFaceColor',[1 1 0],'MarkerSize',8,...
'Marker','o','LineWidth',2,'Color',[0 0 1]);
ylabel('伪\it{F}-统计量的值');
xlabel('类的个数\it{k}');
box(axes1,'on');
hold(axes1,'off');
end


function [Fvalue]=seudoFcalculator(X,T)
%%这个函数用于计算伪F-统计量
%%输入参数: X--样品数据矩阵,T--类别标签向量
%%输出参数: Fvalue--伪F统计量的值
%%%%%%%%%%%%%%%%%%%%%%%%%%%%%%%%%%%%%%%%%%%%%%%%%%
[n,p]=size(X);              %%n为样品个数,p为维数(变量个数)
k=max(T);                   %%类的个数
mu=zeros(k,p);              %%用于保存各个类重心位置
m=zeros(k,1);               %%用于保存各个类的样本个数
Lw2=zeros(k,1);             %%用于保存各个类的组内离差平方和
xbar=mean(X,1);             %%全部样品的重心
Lt2=sum(sum((X-ones(size(X)*diag(xbar)).^2,2));  %%总离差平方和
for i=1:k
    idx=find(T==i);
    Y=X(idx,:);             %%抽出第i类的样品
    m(i)=size(Y,1);         %%第i类样品个数
    mu(i,:)=mean(Y,1);      %%第i类的重心
    Lw2(i)=sum(sum((Y-ones(size(Y))*diag(mu(i,:))).^2,2));
    %%第i类的离差平方和
end
TLw2=sum(Lw2);             %%类内离差平方和
cmu=mu-ones(size(mu))*diag(xbar);
TLb2=sum(m.*sum(cmu.^2,2));         %%组间离差平方和
Fvalue=(TLb2/(k-1))/(TLw2/(n-k));   %%F统计量的值
end
```

拓展阅读建议

本章介绍了系统聚类法和 K-均值聚类法, 这些方法是数据挖掘和大数据分析的基础, 必须牢牢掌握。关于层次聚类法, 除了自下而上的层次聚类法之外, 还有自上而下的层次聚类法 (divisive hierarchical method), 关于层次聚类法的更多介绍可参考文献 [112-113], 关于非层次聚类的更多知识可参考文献 [112-114], 基于统计模型的聚类可参考文献 [17], 基于优化方法的聚类可参考文献 [113]。

第 8 章习题

1. 简述聚类的基本思想和特点。

2. 设 A 是 n 阶的正定对称矩阵, 定义

$$d_A^2(x, y) = (x - y)^{\mathrm{T}} A(x - y), \qquad \forall x, y \in \mathbb{R}^n$$

请证明 d_A 满足距离公理 i~iii。

3. 设 $C = (c_{ij})_{n \times n}$ 是样品 $x_1, x_2, \cdots, x_n$ 的相似系数矩阵, 且 C 是正定的实对称矩阵, 定义

$$d(x_i, x_j) = \sqrt{c_{ii} + c_{jj} - 2c_{ij}}, \qquad i, j = 1, 2, \cdots, n$$

请证明 d 是 $X = \{x_1, x_2, \cdots, x_n\}$ 上的距离。

4. 设 5 个样品的距离矩阵如下:

$$\begin{pmatrix} 0 & & & & \\ 4 & 0 & & & \\ 6 & 9 & 0 & & \\ 1 & 7 & 10 & 0 & \\ 6 & 3 & 5 & 8 & 0 \end{pmatrix}$$

请用最短距离法、最长距离法、组间平均连接对样品进行聚类, 画出谱系图, 并比较结果有什么不同。

5. 请证明 Ward 法的递推式 (8.38)。

6. 简述系统聚类法的基本步骤。

7. 简述 K-均值聚类法的基本思想及算法。

8. 在聚类分析的实际应用中, 需要注意哪些问题?

9. 请收集 10 家上市公司的股票历史数据, 用合适的方法对其进行聚类分析。

多维标度分析

学习要点

1. 理解多维标度分析的基本概念和基本思想。
2. 掌握多维标度分析的古典解及算法实现。
3. 理解多维标度分析的古典解与主成分的联系。
4. 掌握非度量多维标度分析的原理及实现方法。
5. 能够应用多维标度分析解决一些综合性的数据分析问题。

9.1 概 述

先来看两个问题。

例 9.1 表 9.1给出了 10 个中国城市之间的铁路距离, 能否据此在平面上标定它们的位置, 使得城市之间的铁路距离与平面图上相应点之间的欧氏距离尽量一致?

表 9.1 10 个中国城市之间的铁路距离

		1	2	3	4	5	6	7	8	9	10
南昌	1	0	359	419	956	817	1449	1444	585	629	1237
武汉	2	359	0	362	1069	840	1225	1335	540	999	1024
长沙	3	419	362	0	707	1173	1587	1697	1004	989	1403
广州	4	956	1069	707	0	1780	2308	2404	1803	1592	2110
上海	5	817	840	1173	1780	0	1454	1324	300	169	1508
北京	6	1449	1225	1587	2308	1454	0	120	1162	1591	1200
天津	7	1444	1335	1697	2404	1324	120	0	1024	1453	1310
南京	8	585	540	1004	1803	300	1162	1024	0	429	1208
杭州	9	629	999	989	1592	169	1591	1453	429	0	1444
西安	10	1237	1024	1403	2110	1508	1200	1310	1208	1444	0

例 9.2 表 9.2是根据销售相关性统计的 10 种商品之间的相似系数, 数值越大, 表示这两种商品的销售相关性越强。能否在二维或三维欧氏空间中标定它们的相对位置, 以直观的形式展示它们之间的关系?

表 9.2   10 种商品的相似系数

		1	2	3	4	5	6	7	8	9	10
苹果	1	1	0.9	0.5	0.6	0.6	0.7	0.6	0.1	0.1	0.2
梨	2	0.9	1	0.5	0.6	0.6	0.7	0.6	0.1	0.1	0.1
香烟	3	0.5	0.5	1	0.7	0.6	0.5	0.5	0.3	0.2	0.2
啤酒	4	0.6	0.6	0.7	1	0.7	0.8	0.5	0.1	0.2	0.1
饼干	5	0.6	0.6	0.6	0.7	1	0.8	0.6	0.1	0.1	0.1
汽水	6	0.7	0.7	0.5	0.8	0.8	1	0.5	0.1	0.1	0.1
茶叶	7	0.6	0.6	0.5	0.5	0.6	0.5	1	0.1	0.1	0.1
衬衣	8	0.1	0.1	0.3	0.1	0.1	0.1	0.1	1	0.7	0.8
皮带	9	0.1	0.1	0.2	0.2	0.1	0.1	0.1	0.7	1	0.9
帽子	10	0.2	0.1	0.2	0.1	0.1	0.1	0.1	0.8	0.9	1

例 9.1需要在二维空间中展示 10 个城市之间的铁路距离, 众所周知, 连接城市的铁路不是直线, 因此"铁路距离"并不是真正意义上的距离, 不满足距离公理, 因此不可能与欧氏空间中的 10 个点之间距离完美匹配, 只能是近似。例 9.2中的 10 种商品之间的相似关系更是一种抽象关系, 无法直接表示。这两个问题都需要在低维空间中展示对象之间的某种意义上的接近程度或亲疏关系, 对象之间的真实接近程度或亲属关系可能是抽象的, 不便直观表示, 抑或只能在高维空间中表示, 现在要做的事情是将这些对象投影 (映射) 到一个低维空间中, 使得原来的接近程度或亲疏关系尽量保持, 这就是**多维标度法 (multi-dimensional scaling, MDS)** 的任务。

多维标度法起源于心理测度学, 用于理解人们判断的相似性。Torgerson 拓展了 Richardson 及 Klingberg 等人在 20 世纪三四十年代的研究, 具有突破性地提出了多维标度法, 后经 Shepard[115] 和 Kruskal[116-118] 等人进一步加以发展完善, 现在已经成为一种应用广泛的降维和数据可视化方法, 被用于大数据分析、机器学习、心理学、市场调查、社会学、物理学、政治科学及生物信息学等领域。

多维标度法解决的问题可概括为: 当 n 个对象两两之间的相似性（或距离）给定时, 确定这些对象在低维空间中的表示, 即将每一个对象映射为低维空间中一个点, 要求点与点之间的距离与相应对象之间的相似性高度相关, 也就是说, 两个相似的对象由低维空间中两个距离相近的点表示, 而两个不相似的对象则由低维空间两个距离较远的点表示, 以使由变换引起的结构变形达到最小, 这种表示称为**构图 (configuration)**, 在心理学中也称为**感知图 (perceptual mapping)**。低维空间通常指二维或三维的欧氏空间, 但在机器学习的应用中也可以是三维以上的欧氏空间, 甚至是流形 (manifold)。

9.2   多维标度分析的古典解

9.2.1   基本概念

本节对要用到的一些概念给出定义。

定义 9.1   设 $V = \{v_1, v_2, \cdots, v_n\}$ 是由 n 个元素构成的有限集, $E = (e_{ij})_{n \times n}$ 是 n 阶实对称矩阵, 且 $e_{ij} \geqslant 0, i, j = 1, 2, \cdots, n$, 则称 (V, E) 是一个**赋权图 (weighted graph)**, V 中的元素称为**顶点 (vertex)**, E 的元素称为**权重 (weight)**。

定义 9.2 设 (V,D) 是一个赋权图, 如果实对称矩阵 $D=(d_{ij})_{n\times n}$ 还满足

$$d_{ij}\geqslant 0, \qquad d_{ii}=0, \qquad \forall i,j=1,2,\cdots,n \tag{9.1}$$

则称 D 是**广义距离矩阵**, 此时称 (V,D) 是一个**距离结构**。

需要指出的是, 由广义距离矩阵定义的 "距离" 未必满足距离公理, 因此并不能保证是真正意义上的距离。例如 $V=\{v_1,v_2,v_3\}$ 上的广义距离矩阵

$$D=\begin{pmatrix} 0 & 1 & 3 \\ 1 & 0 & 1 \\ 3 & 1 & 0 \end{pmatrix} \tag{9.2}$$

由 D 定义的 "距离" 为

$$d_{12}=1, \qquad d_{13}=3, \qquad d_{23}=1$$

由于 $d_{12}+d_{23}<d_{13}$, 因此这个 "距离" 不满足三角不等式, 不是真正意义上的距离。

定义 9.3 设 (V,R) 是一个赋权图, 如果实对称矩阵 $R=(r_{ij})_{n\times n}$ 还满足

$$0\leqslant r_{ij}\leqslant 1, \qquad r_{ij}\leqslant r_{ii}, \qquad \forall i,j=1,2,\cdots,n \tag{9.3}$$

则称 R 是**相似系数矩阵**, 此时称 (V,R) 是一个**相似结构**。

定义 9.4 设 (V,D) 是一个距离结构, (W,d) 是一个距离空间, 称映射

$$f: \quad (V,D) \quad \to \quad (W,d), \qquad v_i\mapsto x_i=f(v_i) \tag{9.4}$$

是一个**拟合构图**。记 $\widehat{d}_{ij}=d(x_i,x_j)$, 则 $\widehat{d}_{ij}$ 与广义距离矩阵 D 中的元素 d_{ij} 未必相等, 称

$$\delta_f:=\sum_{i=1}^{n}\sum_{j=1}^{n}(\widehat{d}_{ij}-d_{ij})^2 \tag{9.5}$$

为 f 的**拟合误差**。若 $\delta_f=0$, 则表示拟合构图中点的距离与相应对象的广义距离完全一致, 此时称 f 为**完美构图**。

由于 $V=\{v_1,v_2,\cdots,v_n\}$ 是有限集, 只要确定了每一个对象 v_i 的像 $x_i=f(v_i)$, 便唯一确定了拟合构图 f, 因此常常用像点的集合 $X=\{x_1,x_2,\cdots,x_n\}$ 表示一个拟合构图。

定义 9.5 设 (V,D) 是一个距离结构, 如果存在一个 p 维欧氏空间中的完美构图 $X=\{x_1,x_2,\cdots,x_n\}\subseteq\mathbb{R}^p$, 则称 D 是**欧氏距离矩阵**, 此时称 (V,D) 是**欧氏距离结构**。

判断一个距离结构是否为欧氏距离结构并没有什么显然的办法, 我们将在下一小节研究这个问题。

9.2.2 欧氏距离结构的充要条件

本节寻找判定一个广义距离矩阵是欧氏距离矩阵的条件。

我们先来思考这样一个问题：设 $x_1, x_2, \cdots, x_n$ 是欧氏空间 $\mathbb{R}^p$ 中的点，其坐标未知，只知道两两之间的距离

$$d_{ij} = \|x_i - x_j\|, \qquad i, j = 1, 2, \cdots, n$$

设 x_o 是这 n 个点的重心，即

$$x_o = \frac{1}{n} \sum_{i=1}^{n} x_i \tag{9.6}$$

记

$$y_i = x_i - x_o, \qquad i = 1, 2, \cdots, n \tag{9.7}$$

称为**中心化向量**，如何求中心化向量的内积 $\langle y_i, y_j \rangle$ 呢？

为了回答这个问题，首先注意到

$$\|y_i\|^2 = \|x_i - x_o\|^2 = \left\| x_i - \frac{1}{n} \sum_{r=1}^{n} x_r \right\|^2 = \frac{1}{n^2} \left\| \sum_{r=1}^{n} (x_i - x_r) \right\|^2$$

$$= \frac{1}{n^2} \sum_{r=1}^{n} \sum_{l=1}^{n} \langle x_i - x_r, x_i - x_l \rangle$$

$$= \frac{1}{2n^2} \sum_{r=1}^{n} \sum_{l=1}^{n} \{d_{ir}^2 + d_{il}^2 - d_{rl}^2\} \tag{9.8}$$

其中最后一个等号用到了欧氏空间中内积的恒等式 (8.31)。于是有

$$\langle y_i, y_j \rangle = \frac{1}{2} \left[\|y_i\|^2 + \|y_j\|^2 - \|y_i - y_j\|^2 \right]$$

$$= \frac{1}{4n^2} \sum_{r=1}^{n} \sum_{l=1}^{n} \{d_{ir}^2 + d_{il}^2 - d_{rl}^2\} + \frac{1}{4n^2} \sum_{r=1}^{n} \sum_{l=1}^{n} \{d_{jr}^2 + d_{jl}^2 - d_{rl}^2\} - \frac{1}{2} d_{ij}^2$$

$$= \frac{1}{2} \left(-d_{ij}^2 + \frac{1}{n} \sum_{r=1}^{n} d_{ir}^2 + \frac{1}{n} \sum_{l=1}^{n} d_{jl}^2 - \frac{1}{n^2} \sum_{r=1}^{n} \sum_{l=1}^{n} d_{rl}^2 \right)$$

综上所述，我们证明了如下命题。

命题 9.1 设 $x_1, x_2, \cdots, x_n$ 是欧氏空间中的 n 个点，$x_o = (1/n) \sum_{r=1}^{n} x_r$ 是这 n 个点的重心，$y_i = x_i - x_o, i = 1, 2, \cdots, n$，则有下列**中心化内积公式**

$$\langle y_i, y_j \rangle = \frac{1}{2} \left(-d_{ij}^2 + \frac{1}{n} \sum_{r=1}^{n} d_{ir}^2 + \frac{1}{n} \sum_{l=1}^{n} d_{jl}^2 - \frac{1}{n^2} \sum_{r=1}^{n} \sum_{l=1}^{n} d_{rl}^2 \right) \tag{9.9}$$

其中 d_{ij} 是 x_i 与 x_j 的距离。

中心化内积公式 (9.9) 的好处是只用到了点与点之间的距离, 无须用到任何绝对坐标, 正好适合多维标度分析问题。

设 (V, D) 是距离结构, 其中 $V = \{v_1, v_2, \cdots, v_n\}$ 是顶点集, $D = (d_{ij})_{n \times n}$ 是广义距离矩阵。记

$$b_{ij} := \frac{1}{2} \left(-d_{ij}^2 + \frac{1}{n} \sum_{r=1}^n d_{ir}^2 + \frac{1}{n} \sum_{l=1}^n d_{jl}^2 - \frac{1}{n^2} \sum_{r=1}^n \sum_{l=1}^n d_{rl}^2 \right), i, j = 1, 2, \cdots, n \quad (9.10)$$

$$B = (b_{ij})_{n \times n} \quad (9.11)$$

称 B 为距离结构 (V, D)（或广义距离矩阵 D）的**中心化内积矩阵**。

如果 (V, D) 是欧氏距离结构, 则存在欧氏空间 $\mathbb{R}^p$ 中完美构图 $X = \{x_1, x_2, \cdots, x_n\}$, 于是有

$$\widehat{d}_{ij} = \|x_i - x_j\| = d_{ij}, \qquad i, j = 1, 2, \cdots, n \quad (9.12)$$

根据命题 9.1, 中心化向量 $y_1, y_2, \cdots, y_n$ 满足

$$\langle y_i, y_j \rangle = b_{ij}, \qquad i, j = 1, 2, \cdots, n \quad (9.13)$$

令 $Y = (y_1, y_2, \cdots, y_n)$, 即以 $y_1, y_2, \cdots, y_n$ 为列向量的矩阵, 则有

$$Y^{\mathrm{T}} Y = B \quad (9.14)$$

于是 B 必然是半正定的, 这是因为对任意 $x \in \mathbb{R}^n$ 皆有

$$x^{\mathrm{T}} B x = x^{\mathrm{T}} Y^{\mathrm{T}} Y x = (Yx)^{\mathrm{T}} (Yx) = \|Yx\|^2 \geqslant 0$$

综上所述, 我们证明了欧氏距离结构的如下必要条件。

命题 9.2 设 (V, D) 是距离结构。如果 (V, D) 是欧氏距离结构, 则其中心化内积矩阵 B 是半正定的。

接下来证明命题 9.2中的必要条件也是充分的。

设距离结构 (V, D) 的中心化内积矩阵 B 是半正定的, 则存在 n 阶正交矩阵 U 使得

$$B = U \Lambda U^{\mathrm{T}} \quad (9.15)$$

其中 Λ 是对角矩阵, 主对角线上的元素是 B 的特征值。令 $X = \Lambda^{1/2} U^{\mathrm{T}}$, 则有

$$X^{\mathrm{T}} X = U \Lambda^{1/2} \Lambda^{1/2} U^{\mathrm{T}} = U \Lambda U^{\mathrm{T}} = B \quad (9.16)$$

设 X 的列向量为 $x_1, x_2, \cdots, x_n$, 则有

$$\langle x_i, x_j \rangle = b_{ij}, \qquad i, j = 1, 2, \cdots, n \quad (9.17)$$

于是

$$\widehat{d}_{ij}^2 = \|x_i - x_j\|^2 = \|x_i\|^2 + \|x_j\|^2 - 2 \langle x_i, x_j \rangle = b_{ii} + b_{jj} - 2b_{ij}$$

$$= \frac{1}{2}\left(-d_{ii}^2 + \frac{2}{n}\sum_{r=1}^n d_{ir}^2 - \frac{1}{n^2}\sum_{r=1}^n\sum_{l=1}^n d_{rl}^2\right)$$

$$+ \frac{1}{2}\left(-d_{jj}^2 + \frac{2}{n}\sum_{r=1}^n d_{jr}^2 - \frac{1}{n^2}\sum_{r=1}^n\sum_{l=1}^n d_{rl}^2\right)$$

$$- \left(-d_{ij}^2 + \frac{1}{n}\sum_{r=1}^n d_{ir}^2 + \frac{1}{n}\sum_{l=1}^n d_{jl}^2 - \frac{1}{n^2}\sum_{r=1}^n\sum_{l=1}^n d_{rl}^2\right)$$

$$= -\frac{1}{2}d_{ii}^2 - \frac{1}{2}d_{jj}^2 + d_{ij}^2 \qquad (\text{因为 } d_{ii} = d_{jj} = 0)$$

$$= d_{ij}^2, \qquad i, j = 1, 2, \cdots, n \tag{9.18}$$

因此 $\{x_1, x_2, \cdots, x_n\}$ 是距离结构 (V, D) 的完美构图, 从而 (V, D) 是欧氏距离结构。

综上所述, 我们证明了如下命题。

命题 9.3 设 (V, D) 是距离结构。如果其中心化内积矩阵 B 是半正定的, 则 (V, D) 是欧氏距离结构。

由命题 9.2和命题 9.3立刻得到下列定理。

定理 9.1 距离结构 (V, D) 是欧氏距离结构的充要条件是其中心化内积矩阵 B 是半正定的。

例 9.3 判断下列广义距离矩阵 D 是否为欧氏距离矩阵。

$$D = \begin{pmatrix} 0 & 1 & 2 & 3 \\ 1 & 0 & 3 & 1 \\ 2 & 3 & 0 & 2 \\ 3 & 1 & 2 & 0 \end{pmatrix}$$

解 用 MATLAB 计算其中心化内积矩阵, 得

$$B = \begin{pmatrix} 1.7500 & 0.8750 & 0.1250 & -2.7500 \\ 0.8750 & 1.0000 & -2.7500 & 0.8750 \\ 0.1250 & -2.7500 & 2.5000 & 0.1250 \\ -2.7500 & 0.8750 & 0.1250 & 1.7500 \end{pmatrix}$$

再求中心化内积矩阵 B 的特征值, 得

$$\lambda_1 = 4.6687, \quad \lambda_2 = 4.5000, \quad \lambda_3 = -0.0000, \quad \lambda_4 = -2.1687$$

由于最后一个特征值小于 0, 因此 B 不是半正定的, 从而 D 不是欧氏距离矩阵。

9.2.3 多维标度分析的古典解

设 (V, D) 是距离结构, 但未必是欧氏距离结构, 因此可能不存在欧氏空间中的完美构图。设其中心化内积矩阵 B 的特征分解为

$$B = U\Lambda U^{\mathrm{T}} = \sum_{i=1}^{n} \lambda_i u_i u_i^{\mathrm{T}} \tag{9.19}$$

其中 $\lambda_1 \geqslant \lambda_2 \geqslant \cdots \geqslant \lambda_n$ 是 B 的特征值, $u_1, u_2, \cdots, u_n$ 是相应的单位特征向量。如果前 r 个特征值大于 0, 则可以在 $\mathbb{R}^r$ 中找到 (V, D) 的拟合构图, 我们想得到在某种意义下的最优拟合构图。

为了解决这个问题, 我们先来考虑一个矩阵最佳逼近的问题。设实对称矩阵 B 的特征分解如式 (9.19), 并设 $\lambda_1 \geqslant \lambda_2 \geqslant \cdots \geqslant \lambda_r > 0 \; (r \leqslant n)$, 现在要找一个秩不超过 r 的实正定对称矩阵 P, 使得 $\|B - P\|_F$ 最小。

根据 4.3 节的讨论不难猜到这个最佳逼近应该是

$$B^{(r)} = \sum_{i=1}^{r} \lambda_i u_i u_i^{\mathrm{T}} \tag{9.20}$$

下面证明这一点。

首先, 对于实对称矩阵, 其奇异值 σ_i 就是其特征值的绝对值 $|\lambda_i|$。设

$$B = \sum_{i=1}^{n} \lambda_i u_i u_i^{\mathrm{T}}, \qquad P = \sum_{i=1}^{n} \mu_i v_i v_i^{\mathrm{T}}$$

则根据 von Neumann 迹不等式（引理 4.4）得

$$|\langle B, P \rangle_F| \leqslant \sum_{i=1}^{n} |\lambda_i| \cdot |\mu_i| \tag{9.21}$$

于是

$$\|B - P\|_F^2 = \|B\|_F^2 - 2\langle B, P \rangle_F + \|P\|_F^2 \geqslant \|B\|_F^2 - 2\sum_{i=1}^{n} |\lambda_i| \cdot |\mu_i| + \|P\|_F^2$$

$$= \sum_{i=1}^{n} \lambda_i^2 - 2\sum_{i=1}^{n} |\lambda_i| \cdot |\mu_i| + \sum_{i=1}^{n} \mu_i^2$$

$$= \sum_{i=1}^{n} (|\lambda_i| - |\mu_i|)^2 \tag{9.22}$$

如果 P 是秩不超过 r 的实正定对称矩阵, 则 $\mu_1 \geqslant \mu_2 \geqslant \cdots \geqslant \mu_r \geqslant 0, \mu_{r+1} = \mu_{r+2} = \cdots = \mu_n = 0$, 于是由式 (9.22) 得

$$\|B - P\|_F^2 = \sum_{i=1}^{r} (\lambda_i - \mu_i)^2 + \sum_{i=r+1}^{n} \lambda_i^2 \geqslant \sum_{i=r+1}^{n} \lambda_i^2 = \|B - B^{(r)}\|_F^2 \tag{9.23}$$

这就证明了 $B^{(r)}$ 是 B 的秩不超过 r 的最佳实正定对称逼近。

综上所述, 我们证明了下列定理。

定理 9.2 设 B 是 n 阶实对称矩阵, $\lambda_1 \geqslant \lambda_2 \geqslant \cdots \geqslant \lambda_n$ 是其特征值, $u_1, u_2, \cdots, u_n$ 是相应的单位特征向量正交组。如果 $\lambda_r > 0$, 则式 (9.20) 是 B 的秩不超过 r 的最佳实正定对称逼近。

现在回到找距离结构 (V, D) 在欧氏空间 $\mathbb{R}^r$ 中的最优拟合构图的问题。设其中心化内积矩阵 B 的前 r 个特征值大于 0, 则 B 的秩不超过 r 的最佳实正定对称逼近为

$$B^{(r)} = \sum_{i=1}^{r} \lambda_i u_i u_i^{\mathrm{T}} = U^{(r)} \Lambda^{(r)} (U^{(r)})^{\mathrm{T}} \tag{9.24}$$

其中 $U^{(r)}$ 是由 U 的前 r 列构成的 $n \times r$ 矩阵, $\Lambda^{(r)}$ 是以 $\lambda_1, \lambda_2, \cdots, \lambda_r$ 为对角元素的对角矩阵。令

$$X = (\Lambda^{(r)})^{1/2} (U^{(r)})^{\mathrm{T}} \tag{9.25}$$

则有

$$X^{\mathrm{T}} X = U^{(r)} (\Lambda^{(r)})^{1/2} (\Lambda^{(r)})^{1/2} (U^{(r)})^{\mathrm{T}} = U^{(r)} \Lambda^{(r)} (U^{(r)})^{\mathrm{T}} = B^{(r)} \tag{9.26}$$

即 $X^{\mathrm{T}} X$ 是中心化内积矩阵 B 的秩不超过 r 的最佳实正定对称逼近。X 是 $r \times n$ 的实矩阵, 它的 n 个列向量 $\{x_1, x_2, \cdots, x_n\}$ 就是 (V, D) 在 $\mathbb{R}^r$ 中的拟合构图, 称为**多维标度分析的古典解**, 它在中心化内积矩阵最佳逼近的意义下是最优的。

综上所述, 我们证明了如下定理。

定理 9.3 设 (V, D) 是距离结构, 其中心化内积矩阵 B 的特征值为 $\lambda_1 \geqslant \lambda_2 \geqslant \cdots \geqslant \lambda_n$, 相应的单位特征向量正交组为 $u_1, u_2, \cdots, u_n$。设 $\lambda_r > 0$, $U^{(r)}$ 是由 $u_1, u_2, \cdots, u_r$ 为列构成的 $n \times r$ 矩阵, $\Lambda^{(r)}$ 是以 $\lambda_1, \lambda_2, \cdots, \lambda_r$ 为对角元素的对角矩阵, 则由式 (9.25) 定义的矩阵 X 的列向量组 $\{x_1, x_2, \cdots, x_n\}$ 是 (V, D) 在 $\mathbb{R}^r$ 中的拟合构图, 称为**多维标度分析的古典解**, 它在中心化内积矩阵最佳逼近的意义下是最优的, 即 $X^{\mathrm{T}} X$ 是 B 的秩不超过 r 的最佳实正定对称逼近。

9.2.4 计算实例

根据定理 9.3, 我们给出求多维标度分析古典解的步骤如下:

第 1 步: 利用式 (9.10) 和式 (9.11) 计算中心化内积矩阵 $B = (b_{ij})_{n \times n}$。

第 2 步: 计算中心化内积矩阵 B 的特征值 $\lambda_1 \geqslant \lambda_2 \geqslant \cdots \geqslant \lambda_n$ 和相应的单位特征向量正交组为 $u_1, u_2, \cdots, u_n$, 如果出现负的特征值, 则表明原来的距离结构不是欧氏距离结构, 在任意维的欧氏空间中都没有完美构图, 只能求近似的拟合构图。

第 3 步: 确定构图空间的维数 r 有两种方法:

(1) 先验地选择 $r = 1, 2$ 或 3。

(2) 计算变差贡献比例, 选择 r 使得

$$\kappa := \frac{\lambda_1 + \lambda_2 + \cdots + \lambda_r}{|\lambda_1| + |\lambda_2| + \cdots + |\lambda_n|} \geqslant \kappa_0 \tag{9.27}$$

其中 κ_0 是阈值, 根据实际需要取定。

第 4 步: 取前 r 个特征值构造对角矩阵 $\Lambda^{(r)}$, 前 r 特征向量构造矩阵 $U^{(r)}$, 令 $X = (\Lambda^{(r)})^{1/2}(U^{(r)})^{\mathrm{T}}$, 则 X 的列向量组 $\{x_1, x_2, \cdots, x_n\}$ 就是原距离结构在 r 维欧氏空间中的最优拟合构图。

例 9.1的解: 数据文件存在附件中的 "10 个城市的铁路距离.xlsx" 文档中, 也已经输入 MATLAB 变量 inputM 并保存在 MATLAB 数据文件 railwayDist10Cities.mat 中, 使用时只需将这个文件复制至 MATLAB 工作目录下并载入即可直接调用变量 inputM。

用 MATLAB 编程计算求得中心化内积矩阵为

$$B = 10^6 \times \begin{pmatrix} 0.1151 & 0.0202 & 0.1871 & \cdots & 0.0926 & -0.1683 \\ 0.0202 & 0.0541 & 0.1789 & \cdots & -0.2390 & 0.0421 \\ 0.1871 & 0.1789 & 0.4347 & \cdots & -0.0388 & -0.2275 \\ 0.5946 & 0.4497 & 0.9615 & \cdots & -0.0403 & -0.6927 \\ -0.0268 & -0.0763 & -0.2211 & \cdots & 0.4681 & -0.3483 \\ -0.4069 & -0.1379 & -0.4565 & \cdots & -0.4473 & 0.4047 \\ -0.3859 & -0.2650 & -0.6235 & \cdots & -0.2236 & 0.2803 \\ -0.0217 & -0.0269 & -0.1948 & \cdots & 0.2327 & -0.0985 \\ 0.0926 & -0.2390 & -0.0388 & \cdots & 0.4658 & -0.2704 \\ -0.1683 & 0.0421 & -0.2275 & \cdots & -0.2704 & 1.0786 \end{pmatrix}$$

然后计算 B 的特征分解, 得到其特征值为（单位: 10^6）

$$\lambda_1 = 4.7598, \quad \lambda_2 = 1.7525, \quad \lambda_3 = 0.9208, \quad \lambda_4 = 0.1932, \quad \lambda_5 = 0.0534$$

$$\lambda_6 = 0.0400, \quad \lambda_7 = 0, \quad \lambda_8 = -0.0718, \quad \lambda_9 = -0.1396, \quad \lambda_{10} = -0.3203$$

发现后 3 个特征值是负数, 这说明 10 个城市之间的铁路距离不是欧氏距离结构。计算构图空间维数 $r = 2$ 时的变差贡献比例, 得

$$\kappa = \frac{\lambda_1 + \lambda_2}{|\lambda_1| + |\lambda_2| + \cdots + |\lambda_{10}|} = 0.7892$$

这已经足够了, 因此取构图空间维数为 $r = 2$。计算得到二维拟合构图如下:

$$X^{\mathrm{T}} = (\sqrt{\lambda_1}u_1, \sqrt{\lambda_2}u_2) = 10^3 \times \begin{pmatrix} 0.3928 & -0.0267 \\ 0.2324 & 0.2195 \\ 0.6176 & 0.2295 \\ 1.3652 & 0.3624 \\ -0.0497 & -0.7070 \\ -0.9559 & 0.3896 \\ -1.0385 & 0.0729 \\ -0.2139 & -0.4109 \\ 0.1450 & -0.6500 \\ -0.4948 & 0.5208 \end{pmatrix}$$

其中 X^{T} 的每行代表一个点的坐标。我们以第一主坐标为横坐标, 第二主坐标为纵坐标, 将 10 个城市的拟合构图画成平面图, 如图 9.1 所示。

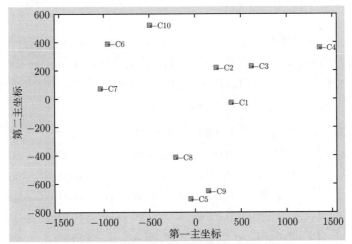

图 9.1　10 个城市间铁路距离的二维拟合构图

(C1: 南昌, C2: 武汉, C3: 长沙, C4: 广州, C5: 上海, C6: 北京, C7: 天津, C8: 南京, C9: 杭州, C10: 西安)

经观察分析, 发现图 9.1 大致与 10 个城市的地理位置分布对应, 第一主坐标代表南北方向（左北右南）, 第二主坐标代表东西方向（上西下东）。

为了度量拟合构图的相对误差, 我们定义

$$e_{ij} = \frac{|\widehat{d}_{ij} - d_{ij}|}{d_{ij}}, \qquad i, j = 1, 2, \cdots, n \tag{9.28}$$

然后对这些相对误差取平均, 得到平均相对误差 e。实际计算得到的平均相对误差为 $e = 12.84\%$, 如果把构图空间维数增加到 3, 则平均相对误差为 $e = 9.12\%$。

接下来对例 9.2中的商品销售相关性数据进行古典多维标度分析。

例 9.2的解: 数据文件存在附件中的 "10 种商品的相似系数.xlsx" 文档中, 也已经输入 MATLAB 变量 inputM 并保存在 MATLAB 数据文件 goodsSimilarity.mat 中, 使用时只需将这个文件复制至 MATLAB 工作目录下并载入即可直接调用变量 inputM。

由于给出的是相似系数矩阵 $C = (c_{ij})_{n \times n}$, 进行多维标度分析之前首先要将相似系数转化为**不相似度**, 可用下列转换公式:

$$d_{ij} = \sqrt{c_{ii} + c_{jj} - 2c_{ij}}, \qquad i, j = 1, 2, \cdots, n \tag{9.29}$$

用上述公式求得的不相似度 $D = (d_{ij})_{n \times n}$ 显然符合广义距离矩阵的定义, 但未必满足三角不等式。如果相似矩阵 C 是正定的, 则第 8 章习题 3 证明了不相似度矩阵 D 必是欧氏距离矩阵。

求出不相似度矩阵 D 之后, 剩下的处理过程与例 9.1是一样的, 也是先计算中心化内积矩阵 B, 然后作特征分解, 继而得到拟合构图。下面是中心化内积矩阵 B 的特征值:

$$\lambda_1 = 2.7426, \quad \lambda_2 = 0.7442, \quad \lambda_3 = 0.5882, \quad \lambda_4 = 0.4630, \quad \lambda_5 = 0.3436$$

$$\lambda_6 = 0.2283, \quad \lambda_7 = 0.1393, \quad \lambda_8 = 0.0847, \quad \lambda_9 = 0.0260, \quad \lambda_{10} = 0.0000$$

发现没有负的特征值, 因此不相似度矩阵 D 是欧氏距离矩阵, 但要在 9 维欧氏空间中才有完美构图, 实际应用时, 为了方便可视化, 通常取维数 $r = 2$ 或 3。取维数 $r = 2$ 时, 变差贡献比例为 65.05%, 拟合构图如下

$$X^{\mathrm{T}} = (\sqrt{\lambda_1}u_1, \sqrt{\lambda_2}u_2) = \begin{pmatrix} -0.3664 & 0.4185 \\ -0.3974 & 0.4011 \\ -0.1571 & -0.4251 \\ -0.3517 & -0.3527 \\ -0.3900 & -0.2144 \\ -0.4159 & -0.0851 \\ -0.3000 & 0.1882 \\ 0.7662 & -0.0423 \\ 0.7919 & -0.0006 \\ 0.8203 & 0.1125 \end{pmatrix}$$

平均相对误差为 $e = 30.2\%$, 如果把构图空间维数增加到 3, 则平均相对误差为 $e = 20.07\%$。为了直观展示这 10 种商品的相似关系, 以第一主坐标为横坐标, 第二主坐标为纵坐标, 将 10 种商品的拟合构图画成平面图, 如图 9.2 所示。

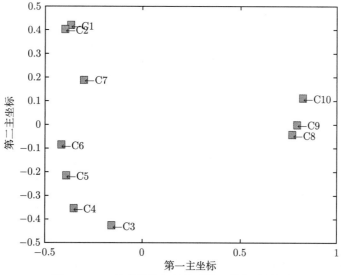

图 9.2　10 种商品的相似关系的二维拟合构图

(C1: 苹果, C2: 梨, C3: 香烟, C4: 啤酒, C5: 饼干, C6: 汽水, C7: 茶叶, C8: 衬衣, C9: 皮带, C10: 帽子)

观察图 9.2, 发现二维的拟合构图基本能够反映这 10 种商品的相似关系, 将相似的商品映射为距离较近的点, 不相似的商品映射为距离较远的点。

下面是实现古典多维标度分析的 MATLAB 代码:

```
function [PC,eigenvalues,DE]=MyCanonicalMDS(inputM,mType)
%%这个函数收集了9.2.4节古典多维标度分析的实现代码
%%读者可以根据自己的需要修改
%% 输入参数: inputM--距离矩阵或相似系数矩阵,
%% mType--矩阵类型, 有两种选择  1.'distance'表示输入的是距离矩阵
%% 2.'similarity'表示输入的是相似系数矩阵
%% 系统默认选择是2
%% 输出参数:PC--p维拟合构图, 其中p是中心化内积矩阵B的正的特征值的个数,
%%            如果实际需要r(r<=p)维拟合构图, 则取PC的前r列即可
%%            eigenvalues--中心化内积矩阵B的全部特征值构成的行向量
%%            DE--拟合构图的相对误差, 元胞数据, 分别存储构图空间维数为
%%            1,2,…,p的拟合构图的相对误差矩阵, 相对误差定义见9.2.4节
%%%%%%%%%%%%%%%%%%%%%%%%%%%%%%%%%%%%%%%%
n=size(inputM,1);
if nargin<2
    mType='distance';
end
%%根据输入矩阵的类型计算距离平方矩阵
if strcmp(mType,'similarity')
    D2=zeros(n,n);
    for i=1:n
        for j=1:n
            D2(i,j)=inputM(i,i)+inputM(j,j)-2*inputM(i,j);
        end
    end
else
    D2=inputM.*inputM;
end


%%计算中心化内积矩阵
B=zeros(n,n);
for i=1:n
    for j=1:n
        B(i,j)=0.5*(-D2(i,j)+sum(D2(i,:))/n+sum(D2(j,:))/n...
        -sum(sum(D2))/(n*n));
    end
end
%%计算中心化内积矩阵的特征值与特征向量, 并从大到小排序
[V,D]=eig(B);
D=diag(D)';
[D,Ind]=sort(D,'descend');        %%特征值降序排列
V=V(:,Ind);                       %%特征向量作相应排列
p=find(D>0,1,'last');             %%p是大于0的特征值的个数
```

```
PC=V(:,1:p)*diag(sqrt(D(1:p)));
%%p维欧氏空间中的拟合构图，每行对应一个点的坐标. 实际应
%%用时对任意r<=p，取PC的前r列便得到了r维空间中的拟合构图
eigenvalues=D;
%%计算构图距离矩阵的相对误差
DE=cell(p,1);
for i=1:p
    ED2=zeros(n,n);
    for l=1:n
        for k=1:n
            ED2(l,k)=(PC(l,1:i)-PC(k,1:i))*(PC(l,1:i)-PC(k,1:i))';

        end
    end

    if strcmp(mType,'similarity')
        Dist=sqrt(D2);
        DE{i}=abs(sqrt(ED2)-Dist)./(Dist+diag(ones(1,n)));
    else
        DE{i}=abs(sqrt(ED2)-inputM)./(inputM+diag(ones(1,n)));
    end
end
%%以第一主坐标为横轴，第二主坐标为纵轴画图，标出各对象在该坐标系中的位置
plot(PC(:,1),PC(:,2),'Linestyle','none','Marker','s',...
'MarkerEdgeColor','k','MarkerFaceColor',[.49 1 .63],'MarkerSize',10);
xlabel('第一主坐标');
ylabel('第二主坐标');
for i=1:n
    text(PC(i,1),PC(i,2),['\leftarrow C',num2str(i)]);
end
end
```

MATLAB 系统提供了实现古典多维标度法的函数 cmdscale()，其基本用法如下：

```
[Z,lambda] = cmdscale(D,p)
```

其中输入参数 D 是广义距离矩阵，p 是用户指定的构图空间维数。输出参数 Z 是 p 维的拟合构图，每行是一个点的坐标；lambda 是中心化内积矩阵的特征值组成的列向量。关于函数 cmdscale() 的更详细说明请参考 MATLAB 自带的帮助文档。

9.3 多维标度分析的古典解与主成分的联系

本节讨论多维标度分析与主成分分析的联系。

我们考虑这样一种应用场景，样本数据 $x_1, x_2, \cdots, x_n$ 来自高维的欧氏空间 $\mathbb{R}^k$，为了可视化，需要在低维欧氏空间 $\mathbb{R}^p$ $(p < k)$ 中建立一个拟合构图展示数据。

按照多维标度分析的古典解法, 第一步应该是计算中心化内积矩阵 B, 在现在的应用场景下, 样品在高维欧氏空间 $\mathbb{R}^k$ 中的坐标是已知的, 因此中心化向量可以按照如下方式计算:

$$y_i = x_i - \overline{x}, \qquad \overline{x} = \frac{1}{n} \sum_{i=1}^{n} x_i \tag{9.30}$$

记 $Y = (y_1, y_2, \cdots, y_n)$, Y 的每列对应一个样品, 每行对应一个变量, 因此样本协方差矩阵为

$$\Sigma = \frac{1}{n-1} YY^{\mathrm{T}} \tag{9.31}$$

下面我们探讨 Σ 的特征值、特征向量与中心化内积矩阵 $B = Y^{\mathrm{T}}Y$ 的特征值、特征向量之间的联系。

设 $\lambda \neq 0$ 是 Σ 的特征值, 相应的单位特征向量为 v, 则有

$$B(Y^{\mathrm{T}}v) = Y^{\mathrm{T}}YY^{\mathrm{T}}v = Y^{\mathrm{T}}(YY^{\mathrm{T}})v = (n-1)Y^{\mathrm{T}}\Sigma v = (n-1)Y^{\mathrm{T}}\lambda v = (n-1)\lambda Y^{\mathrm{T}}v$$

因此 $(n-1)\lambda$ 是 B 的特征值, $Y^{\mathrm{T}}v$ 是相应的特征向量。设 $\lambda_1 \geqslant \lambda_2 \geqslant \cdots \geqslant \lambda_p > 0$ 是 Σ 的前 p 个特征值, $v_1, v_2, \cdots, v_p$ 是相应的单位特征向量正交组, 令

$$u_i = \frac{1}{\sqrt{(n-1)\lambda_i}} Y^{\mathrm{T}}v_i, \qquad i = 1, 2, \cdots, p \tag{9.32}$$

则

$$\begin{aligned}
\langle u_i, u_j \rangle &= \frac{1}{(n-1)\sqrt{\lambda_i \lambda_j}} \langle Y^{\mathrm{T}}v_i, Y^{\mathrm{T}}v_j \rangle = \frac{1}{(n-1)\sqrt{\lambda_i \lambda_j}} v_i^{\mathrm{T}} YY^{\mathrm{T}} v_j \\
&= \frac{1}{(n-1)\sqrt{\lambda_i \lambda_j}} v_i^{\mathrm{T}}((n-1)\Sigma)v_j \\
&= \frac{1}{\sqrt{\lambda_i \lambda_j}} \lambda_j v_i^{\mathrm{T}} v_j \\
&= \delta_{ij}, \qquad i, j = 1, 2, \cdots, p
\end{aligned} \tag{9.33}$$

因此 $u_1, u_2, \cdots, u_p$ 是中心化内积矩阵 B 的单位特征向量正交组。根据多维标度分析的古典解法, 原距离结构在 $\mathbb{R}^p$ 中的拟合构图 Z 满足

$$\begin{aligned}
Z^{\mathrm{T}} &= \left(\sqrt{(n-1)\lambda_1}\, u_1, \sqrt{(n-1)\lambda_2}\, u_2, \cdots, \sqrt{(n-1)\lambda_p}\, u_p \right) \\
&= (Y^{\mathrm{T}}v_1, Y^{\mathrm{T}}v_2, \cdots, Y^{\mathrm{T}}v_p)
\end{aligned} \tag{9.34}$$

这正是 Y^{T} 的前 p 个主成分的得分矩阵。于是我们证明了如下定理。

定理 9.4　设样本数据 $X = \{x_1, x_2, \cdots, x_n\}$ 来自高维的欧氏空间 $\mathbb{R}^k$, $d_{ij} = \|x_i - x_j\|, i, j = 1, 2, \cdots, n$, $D = (d_{ij})_{n \times n}$, $\overline{x} = (1/n) \sum\limits_{i=1}^{n} x_i$ 是样本均值, $y_i = x_i - \overline{x}, i = 1, 2, \cdots, n$, $Y = (y_1, y_2, \cdots, y_n)$。如果 X 的样本协方差矩阵 Σ 的前 p 个特征值大于 0, 则距离结构 (X, D) 在 p 维欧氏空间 $\mathbb{R}^p$ 中拟合构图的古典解为 Y^{T} 的前 p 个主成分的得分矩阵

$$Z^{\mathrm{T}} = (Y^{\mathrm{T}} v_1, Y^{\mathrm{T}} v_2, \cdots, Y^{\mathrm{T}} v_p) \tag{9.35}$$

其中 $v_1, v_2, \cdots, v_p$ 是主成分系数向量, Z^{T} 的每一个行向量对应一个点的坐标。

9.4　非度量多维标度分析

9.4.1　概念及原理

在许多应用中, 由于测量精度的限制和判断的模糊性, 样品之间的不相似度是定序数据, 即只有大小顺序有意义, 并不表示绝对数量。例如表 9.3 中表示 10 个城市两两之间发展差距的数据就是定序数据, 南昌与武汉的发展差距是 3, 南昌与广州的发展差距是 5, 只能说明南昌与广州的发展差距比南昌与武汉的发展差距大, 但数值 5 和 3 并没有绝对量的意义, 它们相减或相加是没有意义的, 这种数据称为**非度量型数据 (nonmetric data)**。非度量型的不相似度矩阵的多维标度分析, 称为**非度量多维标度分析 (nonmetric multidimensional scaling)**。

表 9.3　10 个城市之间的发展差距

		1	2	3	4	5	6	7	8	9	10
南昌	1	0	3	2	5	7	7	4	4	5	3
武汉	2	3	0	2	3	4	3	2	1	1	0
长沙	3	2	2	0	3	4	5	3	2	2	2
广州	4	5	3	3	0	1	2	1	2	3	4
上海	5	7	4	4	1	0	0	3	3	3	5
北京	6	7	3	5	2	0	0	3	3	3	5
天津	7	4	2	3	1	3	3	0	1	1	3
南京	8	4	1	2	2	3	3	1	0	1	2
杭州	9	5	1	2	3	3	3	1	1	0	2
西安	10	3	0	2	4	5	5	3	2	2	0

对于非度量多维标度分析, 由于不相似度只有大小顺序重要, 绝对量无关紧要, 因此需重新定义完美构图的概念。

定义 9.6　设有样品集 $V = \{v_1, v_2, \cdots, v_n\}$, 样品 v_i 与 v_j 的不相似度记为 $d_{ij}^{(1)}$, 是非度量型定序数据, 并记 $D^{(1)} = (d_{ij}^{(1)})_{n \times n}$, 称为不相似度矩阵, 设 $X = \{x_1, x_2, \cdots, x_n\} \subseteq \mathbb{R}^r$ 是 $(V, D^{(1)})$ 的拟合构图, 记

$$d_{ij}^{(2)} = \|x_i - x_j\|, \qquad i, j = 1, 2, \cdots, n \tag{9.36}$$

如果

$$d_{ij}^{(1)} \leqslant d_{i'j'}^{(1)} \quad \Leftrightarrow \quad d_{ij}^{(2)} \leqslant d_{i'j'}^{(2)}, \qquad \forall i, i'j, j' = 1, 2, \cdots, n \tag{9.37}$$

则称 X 是 $(V, D^{(1)})$ 的**完美构图**。

对于非度量多维标度分析, 拟合构图的最优性标准也与度量多维标度分析不同, 不能再使用式 (9.5) 定义的拟合误差 δ_f 最小作为拟合构图最优的定量标准了。例如有 3 个样品 v_1, v_2, v_3, 它们两两之间的不相似度为定序数据:

$$d_{12}^{(1)} = 2, \quad d_{13}^{(1)} = 3, \quad d_{23}^{(1)} = 5$$

在 $\mathbb{R}^1$ 中构造如下拟合构图:

$$f(v_1) = 0 = x_1, \qquad f(v_2) = 2 = x_2, \qquad f(v_3) = -3 = x_3 \tag{9.38}$$

则有 $\delta_f = 0$; 再构造另一个拟合构图如下:

$$g(v_1) = 0 = y_1, \qquad g(v_2) = 1.5 = y_2, \qquad g(v_3) = -2.5 = y_3 \tag{9.39}$$

则有 $\delta_g = 1.5$。虽然 $\delta_f \neq \delta_g$, 但在非度量型多维标度分析中, f 和 g 都是完美构图, 并无优劣之分。

为了找到合适的最优性准则, Kruskal 引入了单调映射的概念, 设 $\rho: \{d_{ij}^{(1)}: i, j = 1, 2, \cdots, n\} \to \mathbb{R}$ 是一个映射, 如果满足

$$\rho\left(d_{ij}^{(1)}\right) \leqslant \rho\left(d_{i'j'}^{(1)}\right), \qquad \forall d_{ij}^{(1)} \leqslant d_{i'j'}^{(1)} \tag{9.40}$$

则称 ρ 是**单调映射 (monotonic mapping)**。对于单调映射 ρ, 记

$$\widetilde{d}_{ij} := \rho\left(d_{ij}^{(1)}\right), \qquad i, j = 1, 2, \cdots, n \tag{9.41}$$

如果 $\{d_{ij}^{(1)}: 1 \leqslant i < j \leqslant n\}$ 中的元素按照从小到大的顺序排列为

$$d_{i_1 j_1}^{(1)} \leqslant d_{i_2 j_2}^{(1)} \leqslant \cdots \leqslant d_{i_N j_N}^{(1)}, \qquad N = \frac{1}{2} n(n-1) \tag{9.42}$$

则有

$$\widetilde{d}_{i_1 j_1} \leqslant \widetilde{d}_{i_2 j_2} \leqslant \cdots \leqslant \widetilde{d}_{i_N j_N}$$

Kruskal 提出了以下指标以度量拟合构图的匹配程度:

$$S(X) := \min_{\rho} \sqrt{\frac{\sum\limits_{1 \leqslant i < j \leqslant n} \left(d_{ij}^{(2)} - \rho\left(d_{ij}^{(1)}\right)\right)^2}{\sum\limits_{1 \leqslant i < j \leqslant n} \left(d_{ij}^{(2)}\right)^2}} = \min_{\rho} \sqrt{\frac{\sum\limits_{1 \leqslant i < j \leqslant n} \left(d_{ij}^{(2)} - \widetilde{d}_{ij}\right)^2}{\sum\limits_{1 \leqslant i < j \leqslant n} \left(d_{ij}^{(2)}\right)^2}} \tag{9.43}$$

其中的最小值是对所有单调映射 ρ 取的, 这个指标称作 **Kruskal 应力 (Kruskal's stress)**。可以验证, 前面举例的拟合构图 f 和 g 的 Kruskal 应力皆为 0。

利用 Kruskal 应力可将非度量多维标度分析表述为下列优化问题:

$$\min_X S^2(X) = \min_\rho \frac{\sum\limits_{1 \leqslant i < j \leqslant n} \left(d_{ij}^{(2)} - \widetilde{d}_{ij} \right)^2}{\sum\limits_{1 \leqslant i < j \leqslant n} \left(d_{ij}^{(2)} \right)^2} \tag{9.44}$$

其中的最小值是对拟合构图 $X = \{x_1, x_2, \cdots, x_n\} \subseteq \mathbb{R}^r$ 取的。

如果样品的不相似度 $\{d_{ij}^{(1)} : 1 \leqslant i < j \leqslant n\}$ 按照从小到大的顺序排列如式 (9.42) 所示, 则优化问题式 (9.44) 与下列带约束条件的优化问题等价:

$$\min_{X, \{\widetilde{d}_{ij} : 1 \leqslant i < j \leqslant n\}} S^2 = \frac{\sum\limits_{1 \leqslant i < j \leqslant n} \left(d_{ij}^{(2)} - \widetilde{d}_{ij} \right)^2}{\sum\limits_{1 \leqslant i < j \leqslant n} \left(d_{ij}^{(2)} \right)^2} \tag{9.45}$$

$$\text{s.t.} \quad \widetilde{d}_{i_1 j_1} \leqslant \widetilde{d}_{i_2 j_2} \leqslant \cdots \leqslant \widetilde{d}_{i_N j_N} \tag{9.46}$$

无论是优化问题式 (9.44), 还是优化问题式 (9.45~9.46), 都无法求出解析解, 只能用数值优化算法求近似解。Kruskal 首先提出了对优化问题式 (9.45~9.46) 的交替最小化算法[116-117], 但是这个算法容易陷入局部极小点。后来 De Deeuw 将 majorization 方法引入非度量标度分析优化问题, 提出了一种能保证收敛到全局最优点的算法[119]。后来 Glunt, Hayden, Rayden[120] 和 Kearsley, Tapia, Trosset[121] 利用牛顿法进行加速, 提出了具有超线性收敛速度的全局优化算法。这里不讨论算法的细节, 感兴趣的读者可参考所列文献。

Kruskal 应力有一个不好的地方, 就是当某些样品对的不相似度相等时, 会出现不可导的点, 对数值优化有很大影响。为了克服这个缺点, Takane, Young 和 De Leeuw[122] 提出了如下 **S 应力 (SSTRESS)**, 用于度量拟合构图的匹配程度:

$$\text{SSTRESS}(X) = \min_\rho \sqrt{\frac{\sum\limits_{1 \leqslant i < j \leqslant n} \left((d_{ij}^{(2)})^2 - \widetilde{d}_{ij}^2 \right)^2}{\sum\limits_{1 \leqslant i < j \leqslant n} \left(d_{ij}^{(2)} \right)^4}} \tag{9.47}$$

从而将非度量多维标度分析问题表述为下列优化问题

$$\min_{X, \{\widetilde{d}_{ij} : 1 \leqslant i < j \leqslant n\}} \text{SSTRESS}^2 = \frac{\sum\limits_{1 \leqslant i < j \leqslant n} \left((d_{ij}^{(2)})^2 - \widetilde{d}_{ij}^2 \right)^2}{\sum\limits_{1 \leqslant i < j \leqslant n} \left(d_{ij}^{(2)} \right)^4} \tag{9.48}$$

$$\text{s.t.} \quad \widetilde{d}_{i_1 j_1} \leqslant \widetilde{d}_{i_2 j_2} \leqslant \cdots \leqslant \widetilde{d}_{i_N j_N} \tag{9.49}$$

S 应力是光滑函数, 但一样存在很多局部最小点, 传统的梯度下降法很容易陷入局部最小点。后来的研究者对算法作了改进, 提出了高效的全局优化算法[121,123-124]。

还有研究者提出针对中心化内积矩阵进行最小二乘优化的非度量多维标度分析, 优化的目标函数为 STRAIN, 具体算法可参考文献 [125-126]。

9.4.2 实现

用 MATLAB 实现非度量多维标度分析很简单, 可直接调用函数 mdscale(), 使用方法如下:

```
[Y,stress,disparities] = mdscale(D,p,'name',vlue)
```

其中输入参数 D 是不相似度矩阵, p 是构图空间的维数, 其余输入参数为可选项, 通过 'name' 和 value 搭配指定。输出参数中, Y 是拟合构图, 是一个 $n \times p$ 的矩阵, 每一行是一个点的坐标; STRESS 是最小化的应力值, 即最优拟合构图 Y 对应的应力值; disparities 为单调变换后的不相似度 $\widetilde{d}_{ij}$ 构成的矩阵。

至于其他参数的指定, 我们举两个例子。系统默认使用 Kruskal 应力作为优化的目标函数, 如果想用 Takane, Young 和 De Leeuw 提出的 S 应力作为优化目标函数, 则可以通过如下调用实现:

```
[Y,stress,disparities] = mdscale(D,p,'Criterion','SSTRESS')
```

如果还想指定优化算法的起始点为某个给定的拟合构图 A, 则可以通过如下调用实现:

```
[Y,stress,disparities] = mdscale(D,'Criterion','SSTRESS','Start',A)
```

关于函数 mdscale() 的使用方法的更多细节, 可参考 MATLAB 系统自带的帮助文档。

例 9.4 表 9.3给出了我国 10 个城市发展差距的评价数据, 是定序的等级评分数据, 请对其作多维标度分析。

10 个城市发展差距的不相似度矩阵在附件的 "10 个城市发展差距.xlsx" 文件中, 可用 Excel 打开使用。也已将不相似度矩阵输入 MATLAB 变量 Diss 并保存在数据文件 citiesDevelop.mat 中, 使用时只需将该文件复制至 MATLAB 工作目录下并载入即可。

首先, 为了确定合适的构图空间维数, 分别对维数 $r = 1, 2, \cdots, 8$ 这几种情况计算最优拟合构图及相应的 Kruskal 应力值, 然后画陡坡图, 如图 9.3 所示。可以看出, "手肘点" 在 $r = 2$ 的位置出现, 因此构图空间维数取 $r = 2$ 是最合适的。

接下来进行二维的非度量多维标度分析, 计算最优拟合构图 Y 和 Kruskal 应力 STRESS 的值, 结果为

$$Y = \begin{pmatrix} 3.8289 & 1.2943 \\ 0.8562 & -0.9856 \\ 1.7404 & 0.2825 \\ -1.5737 & 1.3101 \\ -2.8866 & 0.4992 \\ -2.9684 & -0.3781 \\ -0.5703 & 0.4512 \\ 0.0509 & -0.1807 \\ -0.1712 & -1.0333 \\ 1.6937 & -1.2596 \end{pmatrix}, \qquad \text{STRESS} = 2.1736 \times 10^{-4} \qquad (9.50)$$

可以根据 Kruskal 应力的值评判拟合构图对不相似度矩阵的拟合程度, Kruskal 建议的评判标准如表 9.4 所示。对于本例, STRESS 的值接近 0, 因此拟合完美。

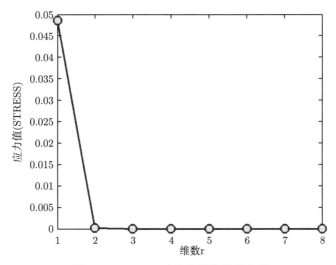

图 9.3　Kruskal 应力值随维数变化图

表 9.4　拟合构图拟合程度评判标准

$0 < \text{STRESS} \leqslant 2.5\%$	拟合完美	$10\% < \text{STRESS} \leqslant 20\%$	拟合一般
$2.5\% < \text{STRESS} \leqslant 5\%$	拟合非常好	$> 20\%$	拟合差
$5\% < \text{STRESS} \leqslant 10\%$	拟合好		

下面以第一主坐标为横轴，第二主坐标为纵轴画图，标出各对象在该坐标系中的位置，如图 9.4 所示。可以看出, 发展差距小的城市对应的点距离较近, 发展差距大的城市对应的点距离较远。

下面是实现本节计算和绘图的 MATLAB 代码:

```
function citiesDevelopNMDS()
%% 这个函数实现了例9.4的10个城市发展差距非度量多维标度分析
```

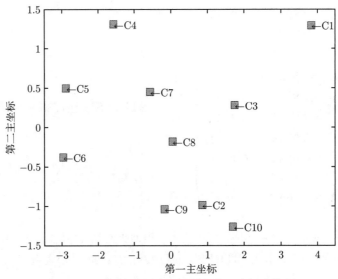

图 9.4　我国 10 个城市发展差距的二维拟合构图

(C1: 南昌, C2: 武汉, C3: 长沙, C4: 广州, C5: 上海, C6: 北京, C7: 天津, C8: 南京, C9: 杭州, C10: 西安)

```
%%%%%%%%%%%%%%%%%%%%%%%%%%%%%%%%%%%%%%%%%%%%%%%%%%%%%
load('citiesDevelop.mat');
%%载入不相似度矩阵，保存在这个文件的变量Diss中
n=size(Diss,1);               %%样品个数
STRESS=zeros(1,8);            %%用于存储不同维数下的应力值
Opts=statset('MaxIter',500);  %%设置最大迭代次数为500
for p=1:8
    [Y,STRESS(p)] = mdscale(Diss,p,'Options',Opts);%%非度量多维标度分析
end
%%下面4行代码画应力随维数变化的图
plot(STRESS,'MarkerFaceColor',[1 1 0],'MarkerSize',10,...
'Marker','o','LineWidth',2,'Color',[0 0 1]);
ylabol('应力值(STRESS)');
xlabel('维数r');


[Y,STRESS2] = mdscale(Diss,2,'Options',Opts)
%%计算二维的非度量多维标度分析


%%以第一主坐标为横轴，第二主坐标为纵轴画图，标出各对象在该坐标系中的位置
plot(Y(:,1),Y(:,2),'Linestyle','none','Marker','s',...
'MarkerEdgeColor','k','MarkerFaceColor',[.49 1 .63],...
'MarkerSize',10);
xlabel('第一主坐标');
ylabel('第二主坐标');
xlim([-3.5 4.5]);
for i=1:n
    text(Y(i,1),Y(i,2),['\leftarrow C',num2str(i)]);
```

```
    end
    end
```

拓展阅读建议

本章介绍了多维标度分析的基本概念、基本思想、古典解以及非度量多维标度分析, 这些思想、知识和方法不仅是学习后续专业课的基础, 而且在大数据分析、机器学习、心理学、市场调查、社会学、物理学、政治科学及生物信息学等领域中有广泛应用, 需要牢固掌握。关于多维标度法的历史、理论和应用的深入介绍可参考文献 [127]。关于非度量多维标度分析, 除了前面列出的参考文献之外, 还可以参考 T. F. Cox 和 M. A. Cox 的专著 [128] 及 Borg 和 Groenen 的专著 [129]。

第 9 章习题

1. 简述多维标度分析的基本思想。

2. 什么是距离结构? 什么是相似结构? 请举例说明。

3. 设

$$D = \begin{pmatrix} 0 & 12 & 7 & 11 \\ 12 & 0 & 10 & 17 \\ 7 & 10 & 0 & 11 \\ 11 & 17 & 11 & 0 \end{pmatrix}$$

判断 D 是否为欧氏距离矩阵。

4. 设 5 个样品的距离矩阵如下:

$$\begin{pmatrix} 0 & & & & \\ 4 & 0 & & & \\ 6 & 9 & 0 & & \\ 1 & 7 & 10 & 0 & \\ 6 & 3 & 5 & 8 & 0 \end{pmatrix}$$

请用古典解法求其在 $\mathbb{R}^2$ 上的拟合构图。

5. 表 9.5 是 9 门高中课程的相似系数, 请用多维标度分析古典解法求其二维拟合构图。

表 9.5   9 门高中课程的相似系数

		1	2	3	4	5	6	7	8	9
语文	1	1								
数学	2	0.5	1							
英语	3	0.8	0.4	1						
物理	4	0.3	0.8	0.2	1					
化学	5	0.3	0.7	0.1	0.6	1				
生物	6	0.4	0.5	0.2	0.4	0.6	1			
历史	7	0.6	0.1	0.3	0.1	0	0.2	1		
地理	8	0.5	0.5	0.1	0.5	0.4	0.3	0.2	1	
政治	9	0.6	0.3	0.1	0	0	0.1	0.7	0.3	1

6. 简述非度量标度分析的特点。

7. 表 9.6是对 10 所中国高校差异性的评分, 是定序数据, 只有大小顺序有意义, 绝对量无意义, 请用非度量标度法求其在合适维数的欧氏空间中的最优拟合构图。

表 9.6　10 所中国高校的差异评分数据

		1	2	3	4	5	6	7	8	9	10
北京大学	1	0									
南京大学	2	4	0								
吉林大学	3	6	5	0							
中国科大	4	5	6	4	0						
复旦大学	5	3	4	6	5	0					
华东师大	6	6	7	7	7	6	0				
清华大学	7	4	6	5	5	4	6	0			
北京师大	8	7	7	7	7	6	2	6	0		
上海交大	9	6	6	4	3	5	6	4	7	0	
东北师大	10	7	8	7	8	6	2	8	3	7	0

判别分析和逻辑回归分析

学习要点

1. 理解判别分析的基本概念、基本思想及特点。
2. 理解判别分析的数学模型。
3. 掌握几种常用的判别法及其实现。
4. 掌握逻辑回归分析并能应用。
5. 掌握 softmax 回归的原理及实现方法。
6. 能够应用判别分析、逻辑回归分析解决一些综合性的数据分析问题。

10.1 概 述

判别 (discrimination) 和分类 (classification) 在英语中是近义词, 都是指按照事先定义好的类或分类规则, 将样品划分为若干不同的类, 或者说给每一个样品指派唯一的类别标签, 将其分配到相应的类。但二者又有区别, 判别更侧重于分析样品的类别差异, 找出分类规则和分类方法, 更具有探索性; 而分类则指按照定义好的规则和方法将样品分配到相应的类, 是更程序化的操作。在当代统计学中, 判别和分类的界限比较模糊, 很多文献并不严格区分这两个概念, 把判别和分类的统计方法统称为**判别法 (discrimination method)** 或**判别分析 (discriminant analysis)**。

判别和聚类的区别在于: 判别任务面对的是定义好的分类或带有类别标签的训练样本, 目的是根据定义好的分类和训练样本寻找分类规则和分类方法; 而聚类面对的是无标签的样品数据, 没有定义好的类, 也缺乏数据的先验知识, 只能根据数据本身的统计规律和结构对其进行探索性分类。

判别分析被广泛用于需要判别或预测某个对象所属类别的场景, 例如识别某张人脸照片是哪个人的照片, 根据监控摄像头拍到的图像识别人的性别及年龄段, 银行根据企业财务数据判断企业的信用风险等级, 电子商务平台根据顾客的购买消费记录判断顾客的消费偏好, 等等。可以说, 判别分析是机器学习和大数据分析的最基础、最重要的任务, 在几乎所有领域中都有广泛应用。

10.2 两个总体的判别分析

10.2.1 判别模型

设样品只有两类, 用两个 k 维总体 C_1 和 C_2 表示, 它们的概率密度函数分别用 $f_1(x)$ 和 $f_2(x)$ 表示。样品数据理解为来自这两个总体的抽样数据。设样品来自这两个总体的先验概率分别为 p_1 和 p_2, 满足 $p_1 + p_2 = 1$。

现在拿到一个样品数据 x, 如何判断 x 属于哪个类呢? 这就需要建立一个判别规则, 也就是将样本空间 $\mathbb{R}^k$ 划分成两个互补的区域 D_1 和 D_2, 如果 x 落在 D_1 中, 则判定该样品来自第 1 个类 C_1; 如果 x 落在 D_2 中, 则判定该样品来自第 2 个类 C_2。我们称 D_1 为第 1 个类 C_1 的**判决区域 (decision region)**, 称 D_2 为第 2 个类 C_2 的判决区域。

将样本空间 $\mathbb{R}^k$ 划分成两个互补区域的方法显然有无穷多种, 我们希望从中挑出一种 "最优" 的划分方法。最优的标准是什么呢? 又如何找出这种最优的划分方法呢? 这就是判别分析要解决的问题。我们可以从错判概率最小化的角度思考这个问题。如果样品来自 C_1, 则错判概率可表示为如下条件概率:

$$P(2|1) := P\{x \in D_2|C_1\} = \int_{D_2} f_1(x)\mathrm{d}x \tag{10.1}$$

如果样品来自 C_2, 则错判概率可表示为如下条件概率:

$$P(1|2) := P\{x \in D_1|C_2\} = \int_{D_1} f_2(x)\mathrm{d}x \tag{10.2}$$

由于样品来自 C_1 和 C_2 的先验概率分别为 p_1 和 p_2, 因此总的错判概率为

$$\mathrm{PM} = p_1 P(2|1) + p_2 P(1|2) = p_1 \int_{D_2} f_1(x)\mathrm{d}x + p_2 \int_{D_1} f_2(x)\mathrm{d}x \tag{10.3}$$

错判概率 PM 依赖于 D_1 和 D_2, 由于 D_2 是 D_1 的补集, 因此找最优划分的问题可表述为下列优化问题:

$$\min_{D_1} \mathrm{PM} = p_1 \int_{\mathbb{R}^k \backslash D_1} f_1(x)\mathrm{d}x + p_2 \int_{D_1} f_2(x)\mathrm{d}x \tag{10.4}$$

其中, D_1 取遍 $\mathbb{R}^k$ 中的所有区域。

接下来分析 D_1 取哪个区域时 PM 达到最小值。注意到 $f_1(x)$ 是概率密度函数, 因此有

$$\int_{\mathbb{R}^k} f_1(x)\mathrm{d}x = 1, \quad \int_{\mathbb{R}^k \backslash D_1} f_1(x)\mathrm{d}x = \int_{\mathbb{R}^k} f_1(x)\mathrm{d}x - \int_{D_1} f_1(x)\mathrm{d}x = 1 - \int_{D_1} f_1(x)\mathrm{d}x \tag{10.5}$$

从而有

$$\mathrm{PM} = p_1 \left(1 - \int_{D_1} f_1(x)\mathrm{d}x\right) + p_2 \int_{D_1} f_2(x)\mathrm{d}x$$

$$= p_1 + \int_{D_1} (p_2 f_2(x) - p_1 f_1(x)) \, \mathrm{d}x \tag{10.6}$$

由此可见, 当取

$$D_1 = \left\{ x \in \mathbb{R}^k : \ p_2 f_2(x) - p_1 f_1(x) \leqslant 0 \right\} \tag{10.7}$$

时, 错判概率 PM 最小。如果 $f_2(x) > 0, \forall\, x \in \mathbb{R}^k$, 则式 (10.7) 定义的区域 D_1 可等价地表示成下列形式:

$$D_1 = \left\{ x \in \mathbb{R}^k : \ \frac{f_1(x)}{f_2(x)} \geqslant \frac{p_2}{p_1} \right\} \tag{10.8}$$

综上所述, 我们证明了如下定理。

定理 10.1　设两个类 C_1 和 C_2 的概率密度函数分别为 $f_1(x)$ 和 $f_2(x)$, 且 $f_2(x) > 0, \forall\, x \in \mathbb{R}^k$。则当 C_1 的判决区域取式 (10.8) 时错判概率最小。

如果两种错判的成本 (代价) 不一样, 将 C_1 的样品错判为 C_2 的样品的成本为 $c(2|1)$, 将 C_2 的样品错判为 C_1 的样品的成本为 $c(1|2)$, 则**平均错判成本 (expected cost of misclassification)** 为

$$
\begin{aligned}
\mathrm{ECM} :&= c(2|1)P(2|1)p_1 + c(1|2)P(1|2)p_2 \\
&= p_1 c(2|1) \int_{\mathbb{R}^k \setminus D_1} f_1(x) \mathrm{d}x + p_2 c(1|2) \int_{D_1} f_2(x) \mathrm{d}x
\end{aligned}
\tag{10.9}
$$

用与定理 10.1 类似的证明方法可以证明下列结论。

定理 10.2　设两个类 C_1 和 C_2 的概率密度函数分别为 $f_1(x)$ 和 $f_2(x)$, 且 $f_2(x) > 0, \forall\, x \in \mathbb{R}^k$。设 $c(2|1)$ 是将 C_1 的样品错判为 C_2 的样品的成本, $c(1|2)$ 是将 C_2 的样品错判为 C_1 的样品的成本, 则当 C_1 的判决区域取

$$D_1 = \left\{ x \in \mathbb{R}^k : \ \frac{f_1(x)}{f_2(x)} \geqslant \frac{c(1|2)}{c(2|1)} \cdot \frac{p_2}{p_1} \right\} \tag{10.10}$$

时平均错判成本 ECM 最小。

10.2.2　正态总体的平均错判成本最小判别法

现在假设 C_1 和 C_2 是正态总体, 分别服从 $\mathcal{N}_k(\mu_1, \Sigma_1)$ 和 $\mathcal{N}_k(\mu_2, \Sigma_2)$。设 D_1 是由式 (10.10) 定义的判决区域, 根据定理 10.2, 它使得平均错判成本 ECM 最小。

不难发现 $x \in D_1$ 当且仅当

$$\ln \left[\frac{f_1(x)}{f_2(x)} \right] \geqslant \ln \left[\frac{c(1|2)}{c(2|1)} \cdot \frac{p_2}{p_1} \right] \tag{10.11}$$

记上式左边的函数为 $g(x)$, 右边的常数为 γ。计算化简不难得到

$$g(x) = \ln f_1(x) - \ln f_2(x)$$

$$= \frac{1}{2}\left[\ln\frac{\det\varSigma_2}{\det\varSigma_1} + (x-\mu_2)^{\mathrm{T}}\varSigma_2^{-1}(x-\mu_2) - (x-\mu_1)^{\mathrm{T}}\varSigma_1^{-1}(x-\mu_1)\right]$$

$$= -\frac{1}{2}x^{\mathrm{T}}\left(\varSigma_1^{-1} - \varSigma_2^{-1}\right)x + \left(\mu_1^{\mathrm{T}}\varSigma_1^{-1} - \mu_2^{\mathrm{T}}\varSigma_2^{-1}\right)x - b \tag{10.12}$$

$$b = \frac{1}{2}\ln\frac{\det\varSigma_1}{\det\varSigma_2} + \frac{1}{2}\left(\mu_1^{\mathrm{T}}\varSigma_1^{-1}\mu_1 - \mu_2^{\mathrm{T}}\varSigma_2^{-1}\mu_2\right) \tag{10.13}$$

称 $g(x)$ 为**判别函数 (decision function)**, 利用它可定义如下判别法则:

$$\begin{cases} \text{如果 } g(x) \geqslant \gamma, \text{ 判决 } x \text{ 来自 } C_1 \\ \text{如果 } g(x) < \gamma, \text{ 判决 } x \text{ 来自 } C_2 \end{cases} \tag{10.14}$$

由于判别函数 $g(x)$ 是二次函数, 因此判别法则式 (10.14) 称为**二次判别法**。

如果 C_1 和 C_2 的协方差矩阵相等, 即 $\varSigma_1 = \varSigma_2 = \varSigma$, 则判别函数为

$$h(x) = \ln f_1(x) - \ln f_2(x) = \frac{1}{2}\left[(x-\mu_2)^{\mathrm{T}}\varSigma^{-1}(x-\mu_2) - (x-\mu_1)^{\mathrm{T}}\varSigma^{-1}(x-\mu_1)\right]$$

$$= (\mu_1 - \mu_2)^{\mathrm{T}}\varSigma^{-1}x - \frac{1}{2}(\mu_1 - \mu_2)^{\mathrm{T}}\varSigma^{-1}(\mu_1 + \mu_2) \tag{10.15}$$

此时的判别法则为

$$\begin{cases} \text{如果 } h(x) \geqslant \gamma, \text{ 判决 } x \text{ 来自 } C_1 \\ \text{如果 } h(x) < \gamma, \text{ 判决 } x \text{ 来自 } C_2 \end{cases} \tag{10.16}$$

由于判别函数 $h(x)$ 是一次函数, 因此判别法则式 (10.16) 称为**线性判别法**。如果先验概率 $p_1 = p_2$, 错判成本 $c(2|1) = c(1|2)$, 则 $\gamma = 0$, 此时的判别法则为

$$\begin{cases} \text{如果 } h(x) \geqslant 0, \text{ 判决 } x \text{ 来自 } C_1 \\ \text{如果 } h(x) < 0, \text{ 判决 } x \text{ 来自 } C_2 \end{cases} \tag{10.17}$$

注意到

$$d_M^2(x, \mu_1) := (x-\mu_1)^{\mathrm{T}}\varSigma^{-1}(x-\mu_1) \tag{10.18}$$

是点 x 到均值点 μ_1 的马氏距离, 因此判别式 (10.17) 又等价于如下**距离判别法 (distance discrimination method)**:

$$\begin{cases} \text{如果 } d_M^2(x, \mu_1) \leqslant d_M^2(x, \mu_2), \text{ 判决 } x \text{ 来自 } C_1 \\ \text{如果 } d_M^2(x, \mu_1) > d_M^2(x, \mu_2), \text{ 判决 } x \text{ 来自 } C_2 \end{cases} \tag{10.19}$$

也就是哪个类的均值点与 x 的马氏距离最短, 就将 x 判给哪个类。

在实际应用中, 总体的均值 μ_1、μ_2 和协方差矩阵 $\varSigma_1$、$\varSigma_2$ 通常是未知的, 只能用样本均值和样本协方差矩阵代替。

如果已知 C_1 和 C_2 的协方差矩阵相等，皆为 Σ，且来自 C_1 和 C_2 的样本数据的样本容量分别为 n_1 和 n_2，则协方差矩阵 Σ 有如下无偏估计量：

$$\widehat{\Sigma} = \frac{n_1 - 1}{n_1 + n_2 - 2}\widehat{\Sigma}_1 + \frac{n_2 - 1}{n_1 + n_2 - 2}\widehat{\Sigma}_2 \tag{10.20}$$

其中，$\widehat{\Sigma}_1$ 和 $\widehat{\Sigma}_2$ 分别是 C_1 和 C_2 的样本协方差矩阵。

二次判别法则式 (10.14) 的判别效果依赖于总体的正态性，如果总体不服从正态分布，则判别效果很差。线性判别法式 (10.16) 和式 (10.17) 对正态性假设的依赖没那么强，但需要协方差矩阵相等的条件，这个条件往往需要通过样本数据来检验，检验方法可参考 2.5 节。如果数据不满足正态性假设，也可以通过适当的数据变换增强正态性，具体的方法可参考文献 [17] 的 4.8 节。

10.2.3　应用实例

本节通过一个具体的例子演示两个总体的判别法的应用。

例 10.1　表 10.1 给出了出生在美国阿拉斯加和加拿大的三文鱼的样本数据，这里为了节省空间，省略了中间部分数据，完整的样本数据见附件中的 "三文鱼样本数据.xlsx" 文档。其中共有 100 条样本数据，来自两地的三文鱼各占一半。包括如下变量：

性别:	1 代表雌性, 2 代表雄性
淡水环直径:	淡水生长环的直径, 单位是 0.01 英寸
海水环直径:	海水生长环的直径, 单位是 0.01 英寸

现在要做的是以淡水环直径 (x_1) 和海水环直径 (x_2) 作为特征，建立一种判别方法，用于判定三文鱼的出生地。

表 10.1　三文鱼样本数据

阿拉斯加			加拿大		
性　别	淡水环直径	海水环直径	性　别	淡水环直径	海水环直径
2	108	368	1	129	420
1	131	355	1	148	371
1	105	469	1	179	407
2	86	506	2	152	381
1	99	402	2	166	377
2	87	423	2	124	389
1	94	440	1	156	419
⋮	⋮	⋮	⋮	⋮	⋮
1	99	481	1	125	346
2	94	491	1	153	352
1	87	480	1	108	339

用 C_1 表示出生在阿拉斯加的三文鱼, C_2 表示出生在加拿大的三文鱼, 计算两个类的均值和协方差矩阵, 得

$$\mu_1 = \begin{pmatrix} 98.38 \\ 429.66 \end{pmatrix}, \qquad \mu_2 = \begin{pmatrix} 137.46 \\ 366.62 \end{pmatrix}$$

$$\Sigma_1 = \begin{pmatrix} 260.61 & -188.09 \\ -188.09 & 1399.09 \end{pmatrix}, \qquad \Sigma_2 = \begin{pmatrix} 326.09 & 133.50 \\ 133.50 & 893.26 \end{pmatrix}$$

接下来利用 2.5 节介绍的方法检验假设 H_0: $\Sigma_1 = \Sigma_2$。利用式 (2.76~2.78) 计算得到统计量 $C = 10.6961$, 自由度 $\nu = 3$, 取显著性水平 $\alpha = 0.05$, 计算自由度为 3 的 χ^2 分布的分位点, 得到 $\chi_\alpha^2(3) = 7.8147$。由于 $C > \chi_\alpha^2(3)$, 因此拒绝原假设 H_0, 即认为两个总体的协方差矩阵有显著差异。

建立判别模型之前, 先将样本数据分成两份, 一份作为训练数据 (training data), 占比 70%, 用于训练模型, 即估计判别函数以及相关参数; 另一份为测试数据 (test data), 占比 30%, 用于测试训练好的模型的判别效果。

接下来便是建立判别模型。假定两个总体服从正态分布, 因此其判别函数 $g(x)$ 由式 (10.12) 给出, 其中的常数 b 由式 (10.13) 给出。还假定先验概率 $p_1 = p_2$, 错判成本 $c(2|1) = c(1|2)$, 则 $\gamma = 0$, 因此判别法则为

$$\begin{cases} \text{如果 } g(x) \geqslant 0, \text{ 判决 } x \text{ 来自 } C_1 \\ \text{如果 } g(x) < 0, \text{ 判决 } x \text{ 来自 } C_2 \end{cases} \tag{10.21}$$

利用训练数据估计两个类的方差和均值得

$$\mu_1 = \begin{pmatrix} 98.74 \\ 432.97 \end{pmatrix}, \qquad \mu_2 = \begin{pmatrix} 133.63 \\ 365.40 \end{pmatrix}$$

$$\Sigma_1 = \begin{pmatrix} 249.26 & 196.83 \\ 196.83 & 1446.56 \end{pmatrix}, \qquad \Sigma_2 = \begin{pmatrix} 300.18 & 94.21 \\ 94.21 & 1102.95 \end{pmatrix}$$

由此得到判别函数为

$$g(x) = -\frac{1}{2} \cdot 10^4 \cdot \begin{pmatrix} x_1 & x_2 \end{pmatrix} \begin{pmatrix} 10.72 & 9.04 \\ 9.04 & -1.57 \end{pmatrix} \begin{pmatrix} x_1 \\ x_2 \end{pmatrix} + 0.3581 x_1$$
$$+ 0.0944 x_2 - 42.1783 \tag{10.22}$$

利用以上判别函数 $g(x)$ 对测试样本判类, 将判类结果与样本的实际类别标签对比, 得到如下**混淆矩阵 (confusion matrix)**:

从表 10.2 可以看出, 30 个测试样本中只有 2 个判类错误, 因此错判率为

$$\frac{2}{30} \approx 6.67\%$$

表 10.2　三文鱼测试样本二次判别混淆矩阵

| | | 预测类别 | | 合　计 |
		C_1	C_2	
实际	C_1	13	2	15
类别	C_2	0	15	15
合计		13	17	

如果认为两个总体的协方差矩阵相等, 则判别函数为线性判别函数式 (10.15), 其中协方差矩阵 Σ 可用式 (10.20) 估计, 用 MATLAB 计算得到

$$\Sigma = \begin{pmatrix} 274.72 & -51.31 \\ -51.31 & 1274.76 \end{pmatrix} \tag{10.23}$$

将 μ_1, μ_2, Σ 的值代入式 (10.15), 得到如下线性判别函数:

$$h(x) = -0.1180x_1 + 0.0483x_2 - 5.5575 \tag{10.24}$$

利用线性判别函数 $h(x)$ 对测试样本判类, 计算得到错判率为 6.67%, 与二次判别法的错判率相同.

当样本容量本来就很小时, 如果再拿出一部分样本数据用于测试, 则用于训练的样本数据就更少了, 将会严重影响判别模型的有效性. 为了充分利用有限的样本数据, Lachenbruch 和 Mickey 提出一种**交叉验证 (cross-validation)** 方法[130], 每次轮流从全部 n 个样本数据中取 1 个作为测试样本, 其余 $n-1$ 个作为训练样本, 利用训练样本训练模型, 然后用训练好的模型判别测试样本的类别, 看是判对还是判错. 所有样本都轮了一遍后, 统计错判率. 错判率高, 则说明判别模型无效; 错判率低, 则说明判别模型有效. 下面的算法描述了交叉验证的过程:

算法 10.1　交叉验证过程

输入: 样本数据 $X = \{x_1, x_2, \cdots, x_n\}$.

输出: 错判率 p_e.

1: 初始化错判次数存储器: $n_e \leftarrow 0$;
2: **for** $i = 1, 2, \cdots, n$ **do**
3:　　更新训练集和测试集: $X_{\text{train}} \leftarrow X \setminus \{x_i\}$, $X_{test} \leftarrow \{x_i\}$;
4:　　用训练集 X_{train} 训练模型 M;
5:　　用训练好的模型 M 判别测试样本 x_i 的类别;
6:　　**if** 判类错误 **then**
7:　　　　$n_e \leftarrow n_e + 1$;
8:　　**end if**
9: **end for**
10: 输出错判率 $p_e = n_e/n$;

对于三文鱼样本数据, 我们用交叉验证法检验了二次判别法和线性判别法的性能, 计算得到二次判别法的错判率为 8%, 线性判别法的错判率为 7%, 因此线性判别法的性能略好.

我们把实现本节判别法实验的代码收集在下列 MATLAB 函数中，读者可以根据自己的需要修改使用。

```matlab
function twogroupDiscrim()
%%这个函数实现了例10.1的三文鱼判别计算
%%%%%%%%%%%%%%%%%%%%%%%%%%%%%%%%%%%%%%%%%%%%%%%%%%%
load('salmonData.mat');  %%载入三文鱼样本数据
%%其中有两个变量:Alaska--阿拉斯加三文鱼, Canada--加拿大三文鱼
%%两种三文鱼的样本数据都划分成训练数据和测试数据两个子集
%%AlaskaTrain和CanadaTrain是训练数据, AlaskaTest和CanadaTest是测试数据
X1=Alaska(:,2:3);
X2=Canada(:,2:3);
n1=size(X1,1);
n2=size(X2,1);
mu1=mean(X1)'          %%计算均值
mu2=mean(X2)'
S1=cov(X1)             %%样本协方差矩阵
S2=cov(X2)


%%以下一段代码检验两个总体的协方差矩阵是否相等
Sc=((n1-1)/(n1+n2-2))*S1+((n2-1)/(n1+n2-2))*S2;
M=(n1+n2-2)*log(det(Sc))-(n1-1)*log(det(S1))-(n2-1)*log(det(S2));
p=size(X1,2);
u=(1/(n1-1)+1/(n2-1)-1/(n1+n2-2))*(2*p^2+3*p-1)/(6*(p+1)*(2-1));
nu=p*(p+1)*(2-1)/2;
C=(1-u)*M
a=0.05
chi2a=chi2inv(1-a,nu)    %%计算卡方分布的分位数


%%以下一段代码实现二次判别法
X1train=AlaskaTrain(:,2:3);
X2train=CanadaTrain(:,2:3);
mu1train=mean(X1train)'
mu2train=mean(X2train)'
S1train=cov(X1train)
S2train=cov(X2train)
invS1train=inv(S1train);
invS2train=inv(S2train);
A=invS1train-invS2train
c=mu1train'*invS1train-mu2train'*invS2train
b=(1/2)*((log(det(S1train))-log(det(S2train)))...
+mu1train'*invS1train*mu1train-mu2train'*invS2train*mu2train)
X1test=AlaskaTest(:,2:3);
X2test=CanadaTest(:,2:3);
n1test=size(X1test,1);
```

```
n2test=size(X2test,1);
gx1=zeros(n1test,1);
gx2=zeros(n2test,1);
for i=1:n1test
    gx1(i)=-(1/2)*X1test(i,:)*A*X1test(i,:)'+X1test(i,:)*c'-b;
end
for i=1:n2test
    gx2(i)=-(1/2)*X2test(i,:)*A*X2test(i,:)'+X2test(i,:)*c'-b;
end
Lx1test=(gx1>=0);        %%判别，Lx1test(i)==1，则该样本被判为Alaska三文鱼
Lx2test=(gx2>=0);
n11=sum(Lx1test)
n12=n1test-n11
n21=sum(Lx2test)
n22=n2test-n21
ER=(n12+n21)/(n1test+n2test)     %%计算错判率


%%以下一段代码实现线性判别法
Strain=((n1test-1)/(n1test+n2test-2))*S1train...
+((n2test-1)/(n1test+n2test-2))*S2train
invStrain=inv(Strain);
cL=(mu1train-mu2train)'*invStrain
bL=(1/2)*(mu1train-mu2train)'*invStrain*(mu1train+mu2train)
hx1=X1test*cL'-bL;
hx2=X2test*cL'-bL;
Lx1test=(hx1>=0);        %%判别，Lx1test(i)==1，则该样本被判为Alaska三文鱼
Lx2test=(hx2>=0);
n11=sum(Lx1test)
n12=n1test-n11
n21=sum(Lx2test)
n22=n2test-n21
ER=(n12+n21)/(n1test+n2test)


%%以下一段代码实现二次判别、线性判别的交叉验证
nqe=0;    %%二次判别法错判次数存储器
nle=0;    %%二次判别法错判次数存储器
for i=1:n1
    Irow=[1:i-1,i+1:n1]';
    X1train=Alaska(Irow,2:3);
    X2train=Canada(:,2:3);
    xtest=Alaska(i,2:3);
    mu1train=mean(X1train)';
    mu2train=mean(X2train)';
    S1train=cov(X1train);
    S2train=cov(X2train);
```

```
    invS1train=inv(S1train);
    invS2train=inv(S2train);
    A=invS1train-invS2train;
    c=mu1train'*invS1train-mu2train'*invS2train;
    b=(1/2)*((log(det(S1train))-log(det(S2train)))...
    +mu1train'*invS1train*mu1train-mu2train'*invS2train*mu2train);
    gxtest=-(1/2)*xtest*A*xtest'+xtest*c'-b;    %%测试样本的二次判别函数值
    Strain=((n1-2)/(n1+n2-3))*S1train+((n2-1)/(n1+n2-3))*S2train;
    invStrain=inv(Strain);
    cL=(mu1train-mu2train)'*invStrain;
    bL=(1/2)*(mu1train-mu2train)'*invStrain*(mu1train+mu2train);
    hxtest=xtest*cL'-bL;        %%测试样本的线性判别函数值
    if gxtest<0
        nqe=nqe+1;
    end
    if hxtest<0
        nle=nle+1;
    end
end
for i=1:n2
    Irow=[1:i-1,i+1:n2]';
    X1train=Alaska(:,2:3);
    X2train=Canada(Irow,2:3);
    xtest=Canada(i,2:3);
    mu1train=mean(X1train)';
    mu2train=mean(X2train)';
    S1train=cov(X1train);
    S2train=cov(X2train);
    invS1train=inv(S1train);
    invS2train=inv(S2train);
    A=invS1train-invS2train;
    c=mu1train'*invS1train-mu2train'*invS2train;
    b=(1/2)*((log(det(S1train))-log(det(S2train)))...
    +mu1train'*invS1train*mu1train-mu2train'*invS2train*mu2train);
    gxtest=-(1/2)*xtest*A*xtest'+xtest*c'-b;

    Strain=((n1-1)/(n1+n2-3))*S1train+((n2-2)/(n1+n2-3))*S2train;
    invStrain=inv(Strain);
    cL=(mu1train-mu2train)'*invStrain;
    bL=(1/2)*(mu1train-mu2train)'*invStrain*(mu1train+mu2train);
    hxtest=xtest*cL'-bL;

    if gxtest>=0
        nqe=nqe+1;
    end
end
```

```
    if hxtest>=0
        nle=nle+1;
    end
end
pqe=nqe/(n1+n2)        %%二次判别法错判率
ple=nle/(n1+n2)        %%线性判别法错判率
end
```

10.3　多个总体的判别分析

10.3.1　后验概率和 Bayes 公式

我们先来看一个例子。

例 10.2　有一批产品来自甲、乙、丙三个车间, 比例为 $1:3:2$, 又已知甲、乙、丙三个车间的产品合格率分别为 95%、85%、90%, 现从这批产品中任意抽取一件检查后发现其为不合格品, 试问这件产品来自哪个车间的可能性最大。

分别用 A_1, A_2, A_3 表示被抽中的产品来自甲、乙、丙车间, B 表示被抽中的产品不合格, 则

$$P(A_1) = \frac{1}{6}, \quad P(A_2) = \frac{1}{2}, \quad P(A_3) = \frac{1}{3} \tag{10.25}$$

这是事件 A_1, A_2, A_3 的无条件概率, 是在本次试验之前已有的知识, 也称为**先验概率**, 如果不被告知有关抽检结果的任何信息, 则先验概率是对这三个事件发生概率最合理的估计, 没有理由改变。

一旦被告知抽检产品不合格这一额外信息, 条件概率

$$P(A_i|B), \qquad i = 1, 2, 3$$

便是对事件 $A_i, i = 1, 2, 3$ 的概率的更准确估计, 称之为事件 $A_i, i = 1, 2, 3$ 的**后验概率** (**posterior probability**)。

如何计算后验概率 $P(A_i|B)$ 呢? 由于 $P(A_i)$、$P(B|A_i)$ 皆为已知, 可以按照如下方式求出后验概率 $P(A_i|B)$:

$$P(A_i|B) = \frac{P(A_iB)}{P(B)} = \frac{P(A_i)P(B|A_i)}{\sum\limits_{i=1}^{3} P(A_iB)} = \frac{P(A_i)P(B|A_i)}{\sum\limits_{i=1}^{3} P(A_i)P(B|A_i)} \tag{10.26}$$

这就是所谓的 **Bayes 公式**。

例如, 事件 A_1 的后验概率为

$$P(A_1|B) = \frac{P(A_1)P(B|A_1)}{P(A_1)P(B|A_1) + P(A_2)P(B|A_2) + P(A_3)P(B|A_3)}$$

$$= \frac{\dfrac{1}{6} \times 0.05}{\dfrac{1}{6} \times 0.05 + \dfrac{1}{2} \times 0.15 + \dfrac{1}{3} \times 0.1} = \frac{1}{14}$$

现在考虑一个这样的问题: 从总体 $C_1, C_2, \cdots, C_l$ 中抽样, 样品来自总体 C_i 的先验概率为 p_i, $\sum\limits_{i=1}^{l} p_i = 1$, 总体 C_i 的概率密度函数为 $f_i(x)$。如果抽到数据 x, 试问 x 来自 C_i 的后验概率是多少。

由于抽样数据 x 来自总体 C_i 的先验概率为 p_i, 给定 x 来自 C_i 的条件下, x 出现的条件概率为

$$P(x|C_i) = f_i(x)$$

于是由 Bayes 公式得

$$P(C_i|x) = \frac{p_i P(x|C_i)}{\sum\limits_{i=1}^{l} p_i P(x|C_i)} = \frac{p_i f_i(x)}{\sum\limits_{i=1}^{l} p_i f_i(x)} \tag{10.27}$$

这就是 x 来自 C_i 的后验概率。

10.3.2 Bayes 判别法

现在设样品有 l 个类 $C_1, C_2, \cdots, C_l$, 它们的概率密度函数分别为 $f_1(x), f_2(x), \cdots, f_l(x)$。假定 C_i 出现的先验概率为 p_i, $p_1 + p_2 + \cdots + p_l = 1$, 则样品数据 x 来自 C_i 的后验概率为

$$P(C_i|x) = \frac{p_i f_i(x)}{\sum\limits_{i=1}^{l} p_i f_i(x)} \tag{10.28}$$

Bayes 提出了下列后验概率最大化准则:

$$\text{如果 } P(C_j|x) = \max_{1 \leqslant i \leqslant l} P(C_i|x), \text{ 判决 } x \text{ 来自 } C_j \tag{10.29}$$

这就是所谓的 **Bayes 判别法**。由于每一个 $P(C_i|x)$ 都含有相同的分母 $\sum\limits_{i=1}^{l} p_i f_i(x)$, 因此式 (10.29) 等价于下列判别法则:

$$\text{如果 } p_j f_j(x) = \max_{1 \leqslant i \leqslant l} p_i f_i(x), \text{ 判决 } x \text{ 来自 } C_j \tag{10.30}$$

如果总体 C_i 服从正态分布 $\mathcal{N}_k(\mu_i, \Sigma_i)$, 则有

$$\ln p_i f_i(x) = \ln p_i - \frac{k}{2} \ln 2\pi - \frac{1}{2} \ln \det \Sigma_i - \frac{1}{2}(x - \mu_i)^{\mathrm{T}} \Sigma_i^{-1} (x - \mu_i) \tag{10.31}$$

去掉与 i 无关的常数项, 然后乘以 2, 便得到了下列判别函数:

$$q_i(x) = 2\ln p_i - \ln \det \Sigma_i - (x - \mu_i)^{\mathrm{T}} \Sigma_i^{-1}(x - \mu_i), \qquad i = 1, 2, \cdots, l \tag{10.32}$$

于是 Bayes 判别法便化成如下等价的判别法则:

$$\text{如果 } q_j(x) = \max_{1 \leqslant i \leqslant l} q_i(x), \text{ 判决 } x \text{ 来自 } C_j \tag{10.33}$$

如果进一步假定各个总体出现的先验概率相等, 协方差矩阵也相等, 则判别法式 (10.33) 等价于下列判别法则:

$$\text{如果 } d_M^2(x, \mu_j) = \min_{1 \leqslant i \leqslant l} d_M^2(x, \mu_i), \text{ 判决 } x \text{ 来自 } C_j \tag{10.34}$$

其中, $d_M(x, \mu_i)$ 为 x 与 μ_i 的马氏距离。判别法式 (10.34) 就是将 x 判给均值与 x 的马氏距离最短的那个总体（类）, 称为**多个总体的距离判别法**。注意到

$$d_M^2(x, \mu_i) = (x - \mu_i)^{\mathrm{T}} \Sigma^{-1}(x - \mu_i) = x^{\mathrm{T}} \Sigma^{-1} x - 2\mu_i^{\mathrm{T}} \Sigma^{-1} x + \mu_i^{\mathrm{T}} \Sigma^{-1} \mu_i$$

去掉与 i 无关的项并乘以 $-1/2$, 得到下列线性判别函数:

$$h_i(x) = \mu_i^{\mathrm{T}} \Sigma^{-1} x - \frac{1}{2} \mu_i^{\mathrm{T}} \Sigma^{-1} \mu_i, \qquad i = 1, 2, \cdots, l \tag{10.35}$$

于是距离判别法式 (10.34) 等价于下列线性判别法:

$$\text{如果 } h_j(x) = \max_{1 \leqslant i \leqslant l} h_i(x), \text{ 判决 } x \text{ 来自 } C_j \tag{10.36}$$

10.3.3　平均错判成本最小判别法

现在我们将 l 个总体的判别问题更一般化, 除了考虑各个总体出现的先验概率之外, 还考虑不同错判的成本（代价）不一样。设 C_i 的判决区域为 D_i, 即当 $x \in D_i$ 时判决 x 来自 C_i, 则 $D_1, D_2, \cdots, D_l$ 是样本空间 $\mathbb{R}^k$ 的划分。设将来自 C_i 的样品错判为 C_j 的样品的成本为 $c(j|i)$, 则将来自 C_i 的样本错判为其他类的期望成本为

$$\sum_{j \neq i} P(j|i) c(j|i) = \sum_{j \neq i} c(j|i) \int_{D_j} f_i(x) \mathrm{d}x \tag{10.37}$$

于是总的错判成本的期望值为

$$\mathrm{ECM} = \sum_{i=1}^{l} p_i \sum_{j \neq i} P(j|i) c(j|i) = \sum_{i=1}^{l} \sum_{j \neq i} p_i c(j|i) \int_{D_j} f_i(x) \mathrm{d}x \tag{10.38}$$

这就是多个总体分类问题的**平均错判成本**。ECM 显然依赖于样本空间 $\mathbb{R}^k$ 的划分 $\mathscr{D} := \{D_1, D_2, \cdots, D_l\}$, 我们的目标就是找一个划分使平均错判成本 ECM 最小, 也就是要求解下列优化问题:

$$\min_{\mathscr{D}} \mathrm{ECM} = \sum_{i=1}^{l} \sum_{j \neq i} p_i c(j|i) \int_{D_j} f_i(x) \mathrm{d}x \tag{10.39}$$

其中, $\mathscr{D}$ 取遍所有将 $\mathbb{R}^k$ 划分为 l 个区域的划分。

接下来探究优化问题式 (10.39) 的解。为了表述方便, 我们补充定义 $c(i|i) = 0$, 则有

$$\text{ECM} = \sum_{i=1}^{l} \sum_{j=1}^{l} p_i c(j|i) \int_{D_j} f_i(x)\mathrm{d}x = \sum_{j=1}^{l} \int_{D_j} \sum_{i=1}^{l} p_i c(j|i) f_i(x)\mathrm{d}x \quad (10.40)$$

令

$$g_j(x) := \sum_{i=1}^{l} p_i c(j|i) f_i(x), \qquad j = 1, 2, \cdots, l \quad (10.41)$$

则有

$$\text{ECM} = \sum_{j=1}^{l} \int_{D_j} g_j(x)\mathrm{d}x \geqslant \int_{\mathbb{R}^k} \min\{g_i(x): i = 1, 2, \cdots, l\}\mathrm{d}x \quad (10.42)$$

当且仅当划分 $\mathscr{D} := \{D_1, D_2, \cdots, D_l\}$ 满足

$$g_j(x) = \min\{g_i(x): i = 1, 2, \cdots, l\}, \qquad \forall x \in D_j, \ \forall j = 1, 2, \cdots, l \quad (10.43)$$

时等号成立。

综上所述, 我们证明了如下定理。

定理 10.3 设样品来自 l 个总体 $C_1, C_2, \cdots, C_l$, 它们的概率密度函数分别为 $f_1(x)$, $f_2(x), \cdots, f_l(x)$, 出现的先验概率分别为 $p_1, p_2, \cdots, p_l$, 满足 $\sum_{i=1}^{l} p_i = 1$。设 C_i 的判决区域为 D_i, 即当 $x \in D_i$ 时判决 x 来自 C_i, 则 $D_1, D_2, \cdots, D_l$ 是样本空间 $\mathbb{R}^k$ 的划分。设将来自 C_i 的样品错判为 C_j 的样品的成本为 $c(j|i)$。令

$$g_j(x) = \sum_{i \neq j} p_i c(j|i) f_i(x), \qquad j = 1, 2, \cdots, l \quad (10.44)$$

则划分 $\mathscr{D} := \{D_1, D_2, \cdots, D_l\}$ 使得平均错判成本最小的充分必要条件是式 (10.43) 成立。

基于定理 10.3, 提出以下平均错判成本最小判别法:

$$\text{如果 } g_j(x) = \min_{1 \leqslant i \leqslant l} g_i(x), \text{ 判决 } x \text{ 来自 } C_j \quad (10.45)$$

如果所有错判成本 $c(j|i)$ 都相等, 不妨设 $c(j|i) = 1, \forall i \neq j$, 则有

$$\frac{g_j(x)}{\sum_{i=1}^{l} p_i f_i(x)} = \frac{\sum_{i \neq j} p_i f_i(x)}{\sum_{i=1}^{l} p_i f_i(x)} = 1 - \frac{p_j f_j(x)}{\sum_{i=1}^{l} p_i f_i(x)} = 1 - P(C_j|x) \quad (10.46)$$

其中, $P(C_j|x)$ 是样本 x 来自 C_j 的后验概率。因此判别法式 (10.45) 等价于下列判别法:

$$\text{如果 } P(C_j|x) = \max_{1 \leqslant i \leqslant l} P(C_i|x), \text{ 判决 } x \text{ 来自 } C_j \quad (10.47)$$

这正是 Bayes 判别法。

平均错判成本最小判别法、Bayes 判别法、二次判别法、距离判别法之间的关系如图 10.1 所示。

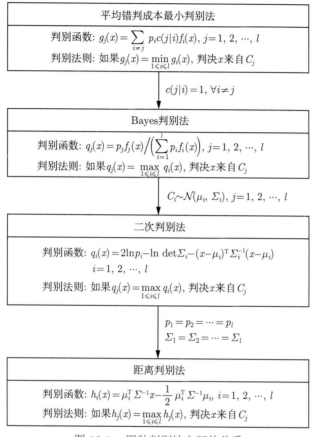

图 10.1　四种判别法之间的关系

10.3.4　计算实例

本节通过一个实例介绍多个总体分类问题的计算实现。

例 10.3　鸢尾花有 3 种最为出名，分别是 setosa、versicolor 和 virginica，分别用 C_1、C_2 和 C_3 表示。为了研究鸢尾花的分类问题，Fisher 收集了这 3 种鸢尾花的样本数据，包括如下变量（长度、宽度单位为厘米）：

萼片长度 (x_1)
萼片宽度 (x_2)
花瓣长度 (x_3)
花瓣宽度 (x_4)
类别标签 (T)：1, 2, 3 分别代表 C_1, C_2, C_3

3 种鸢尾花的样本数据各有 50 个，数据格式如表 10.3所示（完整的数据见附件中的文

档 "鸢尾花数据集.xlsx")。请对鸢尾花建立判别模型并验证其有效性。

表 10.3 鸢尾花样本数据

花萼长度 (x_1)	花萼宽度 (x_2)	花瓣长度 (x_3)	花瓣宽度 (x_4)	类别标签 (T)
5.1	3.5	1.4	0.2	1
4.9	3	1.4	0.2	1
$\vdots$	$\vdots$	$\vdots$	$\vdots$	$\vdots$
5	3.3	1.4	0.2	1
7	3.2	4.7	1.4	2
6.4	3.2	4.5	1.5	2
$\vdots$	$\vdots$	$\vdots$	$\vdots$	$\vdots$
5.7	2.8	4.1	1.3	2
6.3	3.3	6	2.5	3
5.8	2.7	5.1	1.9	3
$\vdots$	$\vdots$	$\vdots$	$\vdots$	$\vdots$
5.9	3	5.1	1.8	3

用 MATLAB 计算得到 3 个总体的均值和协方差矩阵分别为

$$\mu_1 = \begin{pmatrix} 5.0060 \\ 3.4280 \\ 1.4620 \\ 0.2460 \end{pmatrix}, \qquad \mu_2 = \begin{pmatrix} 5.9360 \\ 2.7700 \\ 4.2600 \\ 1.3260 \end{pmatrix}, \qquad \mu_3 = \begin{pmatrix} 6.5880 \\ 2.9740 \\ 5.5520 \\ 2.0260 \end{pmatrix}$$

$$\Sigma_1 = \begin{pmatrix} .1242 & .0992 & .0164 & .0103 \\ .0992 & .1437 & .0117 & .0093 \\ .0164 & .0117 & .0302 & .0061 \\ .0103 & .0093 & .0061 & .0111 \end{pmatrix}, \qquad \Sigma_2 = \begin{pmatrix} .2664 & .0852 & .1829 & .0558 \\ .0852 & .0985 & .0827 & .0412 \\ .1829 & .0827 & .2208 & .0731 \\ .0558 & .0412 & .0731 & .0391 \end{pmatrix}$$

$$\Sigma_3 = \begin{pmatrix} .4043 & .0938 & .3033 & .0491 \\ .0938 & .1040 & .0714 & .0476 \\ .3033 & .0714 & .3046 & .0488 \\ .0491 & .0476 & .0488 & .0754 \end{pmatrix}$$

利用 2.5 节介绍的方法检验假设 H_0: $\Sigma_1 = \Sigma_2 = \Sigma_3$。利用式 (2.76~2.78) 计算得到统计量 $C = 140.9430$, 自由度 $\nu = 20$, 取显著性水平 $\alpha = 0.05$, 计算自由度为 $\nu = 20$ 的 χ^2 分布的分位点, 得到 $\chi_\alpha^2(3) = 31.4104$。由于 $C > \chi_\alpha^2(3)$, 因此拒绝原假设 H_0, 即认为 3 个总体的协方差矩阵有显著差异。

建立判别模型之前, 先将样本数据按照 4:1 的比例分成两份, 前者作为训练数据, 用于训练模型, 后者作为测试数据, 用于测试训练好的模型的判别效果。

接下来便是建立判别模型。我们假定 3 个总体服从正态分布, 并假定 3 个总体的先验

概率相等, 错判成本 $c(j|i), i, j = 1, 2, 3$ 也相等。则根据式 (10.32), 判别函数为

$$g_i(x) = \ln \det \Sigma_i + (x - \mu_i)^T \Sigma_i^{-1} (x - \mu_i), \qquad i = 1, 2, 3 \tag{10.48}$$

是二次判别函数。判别法则为

$$\text{如果 } g_j(x) = \min_{1 \leqslant i \leqslant l} g_i(x), \text{ 判决 } x \text{ 来自 } C_j \tag{10.49}$$

利用训练数据可得到 $\mu_i, \Sigma_i, i = 1, 2, 3$ 的估计值, 继而得到判别函数 $g_i(x), i = 1, 2, 3$ 的表达式, 然后将测试样本代入判别函数, 并利用判别法则判定测试样本的类别, 看判决结果是否正确, 统计错判率。这些计算全部由 MATLAB 程序完成, 计算得到测试样本的错判率为 0, 即对测试样本判类正确率为 100%。

如果假定 3 个总体的协方差矩阵相等, 则判别函数为

$$h_i(x) = \mu_i^T \Sigma^{-1} x - \frac{1}{2} \mu_i^T \Sigma^{-1} \mu_i, \qquad i = 1, 2, 3 \tag{10.50}$$

是线性判别函数。判别法则为

$$\text{如果 } h_j(x) = \max_{1 \leqslant i \leqslant l} h_i(x), \text{ 判决 } x \text{ 来自 } C_j \tag{10.51}$$

还有一个问题, 就是共同协方差矩阵 Σ 如何估计。在 3 个总体的协方差矩阵相等的前提下, 共同协方差矩阵 Σ 有如下估计公式

$$\Sigma = \frac{n_1 - 1}{n - 3} \Sigma_1 + \frac{n_2 - 1}{n - 3} \Sigma_2 + \frac{n_3 - 1}{n - 3} \Sigma_3 \tag{10.52}$$

其中, n_1、n_2、n_3 分别是 3 个总体的样本容量, $n = n_1 + n_2 + n_3$, Σ_1、Σ_2、Σ_3 是三个总体的样本协方差矩阵。

利用训练样本数据的 $\mu_i, \Sigma_i, i = 1, 2, 3$, 得到线性判别函数 $h_i(x), i = 1, 2, 3$ 的表达式, 然后将测试样本代入判别函数, 并利用判别法则判定测试样本的类别, 统计得到错判率为 0, 因此对于这个分类问题, 线性判别法与二次判别法判别效果都非常好。

我们把实现本节判别法实验的代码收集在下列 MATLAB 函数中, 读者可以根据自己的需要修改使用。

```
function threegroupDiscrim()
%%这个函数实现了例10.2的鸢尾花判别计算
%%%%%%%%%%%%%%%%%%%%%%%%%%%%%%%%%%%%%%%%%%%%%
load('IrisData.mat');  %%载入鸢尾花样本数据
%%样本数据保存在变量X中, 前4列依次为花萼长度、花萼宽度、花瓣长度、
%%  花瓣宽度, 第5列为类别标签
%%下面一段代码计算3个总体的均值和协方差矩阵
X1=X(1:50,1:4);
X2=X(51:100,1:4);
```

```
X3=X(101:150,1:4);
mu1=mean(X1)
mu2=mean(X2)
mu3=mean(X3)
S1=cov(X1)
S2=cov(X2)
S3=cov(X3)

%%以下一段代码检验3个总体的协方差矩阵是否相等
n1=50; n2=50; n3=50; n=n1+n2+n3;
Sc=((n1-1)/(n-3))*S1+((n2-1)/(n-3))*S2+((n3-1)/(n-3))*S3;
M=(n-3)*log(det(Sc))-(n1-1)*log(det(S1))-(n2-1)*log(det(S2))...
-(n3-1)*log(det(S3));
p=size(X1,2);
u=(1/(n1-1)+1/(n2-1)+1/(n3-1)-1/(n-3))*(2*p^2+3*p-1)/(6*(p+1)*(3-1));
nu=p*(p+1)*(3-1)/2
C=(1-u)*M
a=0.05
chi2a=chi2inv(1-a,nu)          %%计算卡方分布的分位数

X1train=X1(1:40,:);            %%第1种鸢尾花的训练集
X1test=X1(41:50,:);            %%第1种鸢尾花的测试集
X2train=X2(1:40,:);            %%第2种鸢尾花的训练集
X2test=X2(41:50,:);            %%第2种鸢尾花的测试集
X3train=X3(1:40,:);            %%第3种鸢尾花的训练集
X3test=X3(41:50,:);            %%第3种鸢尾花的测试集
mu1train=mean(X1train);        %%训练样本均值
mu2train=mean(X2train);
mu3train=mean(X3train);
S1train=cov(X1train);          %%训练样本的协方差矩阵
S2train=cov(X2train);
S3train=cov(X3train);
invS1train=inv(S1train);
invS2train=inv(S2train);
invS3train=inv(S3train);

%%以下代码用测试样本评估二次判别法和线性判别法，计算两种方法的错判率
nqe=0;     %%二次判别法错判次数存储器
nle=0;     %%线性判别法错判次数存储器
for i=1:10
    g1x=log(det(S1train))+(X1test(i,:)-mu1train)*invS1train*...
    (X1test(i,:)-mu1train)';
    g2x=log(det(S2train))+(X1test(i,:)-mu2train)*invS2train*...
    (X1test(i,:)-mu2train)';
    g3x=log(det(S3train))+(X1test(i,:)-mu3train)*invS3train*...
```

```
        (X1test(i,:)-mu3train)';
    [~,Tp]=min([g1x,g2x,g3x]);
    if Tp~=1
        nqe=nqe+1;
    end
    Strain=(1/3)*(S1train+S2train+S3train);
    invStrain=inv(Strain);
    h1x=mu1train*invStrain*X1test(i,:)'-(1/2)*mu1train*invStrain...
    *mu1train';
    h2x=mu2train*invStrain*X1test(i,:)'-(1/2)*mu2train*invStrain...
    *mu2train';
    h3x=mu3train*invStrain*X1test(i,:)'-(1/2)*mu3train*invStrain...
    *mu3train';
    [~,Tp]=max([h1x,h2x,h3x]);
    if Tp~=1
        nle=nle+1;
    end
end

for i=1:10
    g1x=log(det(S1train))+(X2test(i,:)-mu1train)*invS1train*...
    (X2test(i,:)-mu1train)';
    g2x=log(det(S2train))+(X2test(i,:)-mu2train)*invS2train*...
    (X2test(i,:)-mu2train)';
    g3x=log(det(S3train))+(X2test(i,:)-mu3train)*invS3train*...
    (X2test(i,:)-mu3train)';
    [~,Tp]=min([g1x,g2x,g3x]);
    if Tp~=2
        nqe=nqe+1;
    end
    Strain=(1/3)*(S1train+S2train+S3train);
    invStrain=inv(Strain);
    h1x=mu1train*invStrain*X2test(i,:)'-(1/2)*mu1train*invStrain...
    *mu1train';
    h2x=mu2train*invStrain*X2test(i,:)'-(1/2)*mu2train*invStrain...
    *mu2train';
    h3x=mu3train*invStrain*X2test(i,:)'-(1/2)*mu3train*invStrain...
    *mu3train';
    [~,Tp]=max([h1x,h2x,h3x]);
    if Tp~=2
        nle=nle+1;
    end
end

for i=1:10
```

```
g1x=log(det(S1train))+(X3test(i,:)-mu1train)*invS1train*...
(X3test(i,:)-mu1train)';
g2x=log(det(S2train))+(X3test(i,:)-mu2train)*invS2train*...
(X3test(i,:)-mu2train)';
g3x=log(det(S3train))+(X3test(i,:)-mu3train)*invS3train*...
(X3test(i,:)-mu3train)';
[~,Tp]=min([g1x,g2x,g3x]);
if Tp~=3
    nqe=nqe+1;
end
Strain=(1/3)*(S1train+S2train+S3train);
invStrain=inv(Strain);
h1x=mu1train*invStrain*X3test(i,:)'-(1/2)*mu1train*invStrain...
*mu1train';
h2x=mu2train*invStrain*X3test(i,:)'-(1/2)*mu2train*invStrain...
*mu2train';
h3x=mu3train*invStrain*X3test(i,:)'-(1/2)*mu3train*invStrain...
*mu3train';
[~,Tp]=max([h1x,h2x,h3x]);
if Tp~=3
    nle=nle+1;
end
end
pqe=nqe/30       %%二次判别法的错判率
ple=nle/30       %%线性判别法的错判率
end
```

10.4　Fisher 线性判别分析

10.4.1　基本思想

前两节讲述判别法时, 我们碰到了判别函数是线性函数的情形, 即线性判别法。线性判别法计算简单, 得到的判别模型具有很好的推广能力, 实际应用非常多。

一个很自然的问题是, 对于给定的训练样本数据, 能否找到某种意义下的"最优"线性判别函数? 观察图 10.2 所示的二维样本数据, 其中"+"标记的是第 I 类样本,"o"标记的是第 II 类样本。我们发现, 无论是把数据投影到 x_1 轴还是 x_2 轴上, 都不能很好地区分这两类样本, 但如果把数据投影到图中黑色的斜线上, 则可以很好地区分这两类样本。

把数据投影到斜线上相当于作变量代换

$$y = 5x_1 + 3x_2 \tag{10.53}$$

也就是将原始变量 x_1 和 x_2 作线性组合得到组合变量 y, 使得两类样本在这个新的变量上具有最大的区分度, 这就是 Fisher 提出的找最优线性判别函数的基本思想[131-132]。这种想法与主成分分析很类似, 不同之处在于 Fisher 线性判别分析希望找到的组合变量在两类样本上的区分度尽可能大, 而不是方差（变异性）尽可能大。

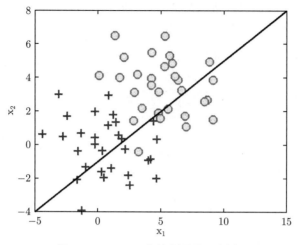

图 10.2　Fisher 线性判别法示意图

要实现 Fisher 的想法, 需要用适当的方式量化一个变量在若干类样本上的判别能力, 建立一个定量化的数学模型, 这些问题将在下一小节讨论。

10.4.2　Fisher 线性判别函数

设有 N 个样本 $x_i \in \mathbb{R}^n, i = 1, 2, \cdots, N$, 它们分别属于 L 个不同的类 $C_k = \{x_i : i \in \omega_k\}, k = 1, 2, \cdots, L$, 其中 ω_k 的基数是 n_k。C_k 的均值点为

$$\mu_k = \frac{1}{n_k} \sum_{x_i \in C_k} x_i \tag{10.54}$$

现在我们要找一个系数向量 $w \in \mathbb{R}^n$, 将所有样本点 x_i 投影到实数轴上, 得到点 $y_i = w^T x_i$, 使得不同类的点在数轴上的投影点尽可能分开, 而同类的点的投影尽可能聚拢, 以使类区分度最大化。记 $m_k = (1/n_k) \sum_{i \in \omega_k} y_i$, 则有

$$m_k = \frac{1}{n_k} \sum_{i \in \omega_k} w^T x_i = w^T \left(\frac{1}{n_k} \sum_{i \in \omega_k} x_i \right) = w^T \mu_k, \qquad k = 1, 2, \cdots, L \tag{10.55}$$

设 μ 是所有样本点的均值, $m = w^T \mu$ 是所有样本投影的均值, 定义组间离差平方和为

$$D_B^2 = \sum_{k=1}^{L} n_k (m_k - m)^2 \tag{10.56}$$

组内离差平方和为

$$D_W^2 = \sum_{k=1}^{L} \sum_{i \in \omega_k} (y_i - m_k)^2 \tag{10.57}$$

N 个样本的总离差平方和为

$$D_T^2 = \sum_{i=1}^{N} (y_i - m)^2 \tag{10.58}$$

下面推导这三者之间的关系。注意到

$$
\begin{aligned}
D_T^2 &= \sum_{k=1}^{L} \sum_{i \in \omega_k} (y_i - m)^2 = \sum_{k=1}^{L} \sum_{i \in \omega_k} (y_i - m_k + m_k - m)^2 \\
&= \sum_{k=1}^{L} \sum_{i \in \omega_k} \left[(y_i - m_k)^2 + 2(y_i - m_k)(m_k - m) + (m_k - m)^2 \right] \\
&= \sum_{k=1}^{L} \sum_{i \in \omega_k} (y_i - m_k)^2 + \sum_{k=1}^{L} n_k (m_k - m)^2 \\
&= D_W^2 + D_B^2
\end{aligned}
\tag{10.59}
$$

因此有下列恒等式:

$$D_T^2 = D_W^2 + D_B^2 \tag{10.60}$$

再注意到

$$(y_i - m_k)^2 = w^{\mathrm{T}} (x_i - \mu_k)(x_i - \mu_k)^{\mathrm{T}} w \tag{10.61}$$

$$(m_k - m)^2 = w^{\mathrm{T}} (\mu_k - \mu)(\mu_k - \mu)^{\mathrm{T}} w \tag{10.62}$$

因此有

$$D_W^2 = w^{\mathrm{T}} \left[\sum_{k=1}^{L} \sum_{i \in \omega_k} (x_i - \mu_k)(x_i - \mu_k)^{\mathrm{T}} \right] w := w^{\mathrm{T}} S_W w \tag{10.63}$$

$$D_B^2 = w^{\mathrm{T}} \left[\sum_{k=1}^{L} n_k (\mu_k - \mu)(\mu_k - \mu)^{\mathrm{T}} \right] w := w^{\mathrm{T}} S_B w \tag{10.64}$$

其中, S_W 称为**组内离差矩阵**, S_B 称为**组间离差矩阵**。

组间离差平方和 D_B^2 与组内离差平方和 D_W^2 的比值能够反映组合变量 $y = w^{\mathrm{T}} x$ 对不同类样本的判别能力的大小, 为了找到判别能力最大的组合变量, Fisher 提出如下优化问题:

$$\max_{w \in \mathbb{R}^n} J := \frac{D_B^2}{D_W^2} = \frac{w^{\mathrm{T}} S_B w}{w^{\mathrm{T}} S_W w} \tag{10.65}$$

这就是 **Fisher 线性判别模型**。

优化问题式 (10.65) 等价于

$$\max_{w \in \mathbb{R}^n} \ln J = \ln\left(w^{\mathrm{T}} S_B w\right) - \ln\left(w^{\mathrm{T}} S_W w\right) \tag{10.66}$$

求 $\ln J$ 对 w 的偏导数, 得

$$\frac{\partial \ln J}{\partial w} = \frac{2 S_B w}{w^{\mathrm{T}} S_B w} - \frac{2 S_W w}{w^{\mathrm{T}} S_W w} \tag{10.67}$$

令 $\partial \ln J / \partial w = 0$, 得

$$S_B w = J S_W w \tag{10.68}$$

即 $\ln J$ 的任何一个极值点 w^* 必是下列广义特征值问题的解:

$$S_B w^* = \lambda S_W w^* \tag{10.69}$$

其中特征值 λ 就是 J 的相应极值。为了寻找 J 的最大值点, 只需求出广义特征值问题式 (10.69) 的最大特征值对应的特征向量即可。不仅如此, 式 (10.69) 的其他特征值对应的特征向量也是有意义的, 例如第二大特征值对应的特征向量就是判别力第二大的组合变量的系数向量。

当 S_W 非奇异时, 式 (10.69) 可转化为下列标准特征值问题

$$S_W^{-1} S_B w^* = \lambda w^* \tag{10.70}$$

但由于 $S_W^{-1} S_B$ 一般不是对称矩阵, 如果直接求它的特征值分解, 则没有稳定高效的计算方法。因此需寻找其他方法求解广义特征值问题式 (10.69)。由于 S_W 是实对称矩阵, 因此存在正交矩阵 U 使得

$$S_W = U A U^{\mathrm{T}} \tag{10.71}$$

其中, A 是对角矩阵, 对角线上的元素是 S_W 的特征值。接下来求对称矩阵 $(U A^{-1/2})^{\mathrm{T}} S_B (U A^{-1/2})$ 的特征值分解:

$$(U A^{-1/2})^{\mathrm{T}} S_B (U A^{-1/2}) = Q \Sigma Q^{\mathrm{T}} \tag{10.72}$$

其中, Q 是正交矩阵, Σ 是对角矩阵, 其对角元素是 $(U A^{-1/2})^{\mathrm{T}} S_B (U A^{-1/2})$ 的特征值。于是

$$\begin{aligned} S_W^{-1} S_B &= U A^{-1} U^{\mathrm{T}} U A^{1/2} \left[(U A^{-1/2})^{\mathrm{T}} S_B (U A^{-1/2}) \right] A^{1/2} U^{\mathrm{T}} \\ &= U A^{-1/2} Q \Sigma Q^{\mathrm{T}} A^{1/2} U^{\mathrm{T}} \end{aligned} \tag{10.73}$$

记 $P = U A^{-1/2} Q$, 则

$$S_W^{-1} S_B = P \Sigma P^{-1} \tag{10.74}$$

这就是 $S_W^{-1}S_B$ 的特征值分解, Σ 的对角元素就是其特征值, P 的列向量就是相应的特征向量。

如果 n 特别大而训练样本的个数又特别小, 则 S_W 可能是奇异矩阵, 从而不可逆, 这就是所谓的小样本问题 (small sample size problem)。解决小样本问题的方法有两类, 一类是降维, 另一类是正则化。正则化的做法是用 $S_W + \varepsilon I$ 代替 S_W, 求解下列特征值问题:

$$(S_W + \varepsilon I)^{-1} S_B w = J w \tag{10.75}$$

其中, ε 是一个很小的正数, 根据实际需要选取。

设 $\lambda_1 \geqslant \lambda_2 \geqslant \cdots \geqslant \lambda_r > 0$ 是广义特征值问题式 (10.69) 的前 r 个最大的特征值, $w_1, w_2, \cdots, w_r$ 是相应的单位特征向量, 称

$$f_l(x) := w_l^{\mathrm{T}} x, \qquad l = 1, 2, \cdots, r \tag{10.76}$$

为 **Fisher 线性判别函数**或 **Fisher 判别函数**或 **Fisher 判别变量**, 称 λ_l 为 Fisher 判别函数 f_l 的**判别效率**, 其大小是判别函数 f_l 区分不同类样本的能力的衡量。

找到 Fisher 线性判别函数 $f_l, l = 1, 2, \cdots, r$ 后, 便可以利用这些线性判别函数对样品进行判类。将映射

$$x \quad \mapsto \quad f(x) = (f_1(x), f_2(x), \cdots, f_r(x))^{\mathrm{T}} \tag{10.77}$$

看作从样本空间 $\mathbb{R}^n$ 到判别空间（特征空间）$\mathbb{R}^r$ 的线性变换, 每一个样本点 x 都对应判别空间中的一个点 $y = f(x)$, 因此在判别空间中可以用距离判别法判定样本的类别, 判别法则如下:

$$\text{如果 } d^2(f(x), f(\mu_j)) = \min_{1 \leqslant i \leqslant l} d^2(f(x), f(\mu_i)), \text{ 判决 } x \text{ 来自 } C_j \tag{10.78}$$

其中, $d(f(x), f(\mu_i))$ 表示点 $f(x)$ 与 $f(\mu_i)$ 的欧氏距离, 即

$$d^2(f(x), f(\mu_i)) = \sum_{l=1}^{r} (f_l(x) - f_l(\mu_i))^2 = \sum_{l=1}^{r} \left[w_l^{\mathrm{T}}(x - \mu_i) \right]^2 \tag{10.79}$$

10.4.3 计算实例

例 10.4 用 Fisher 线性判别法对例 10.3 中的鸢尾花样本数据进行判别分析。

与 10.3.4 节一样, 我们把样本数据按照 $4:1$ 的比例划分为训练集和测试集, 利用训练集估计得到组内离差矩阵和组间离差矩阵如下:

$$S_W = \begin{pmatrix} 34.0395 & 11.4752 & 21.1863 & 4.5565 \\ 11.4752 & 13.8198 & 6.4000 & 4.0405 \\ 21.1863 & 6.4000 & 22.5615 & 5.3840 \\ 4.5565 & 4.0405 & 5.3840 & 4.9470 \end{pmatrix} \tag{10.80}$$

$$S_B = \begin{pmatrix} 51.1085 & -17.6583 & 135.2378 & 56.7735 \\ -17.6583 & 9.6962 & -49.7615 & -19.9863 \\ 135.2378 & -49.7615 & 360.4155 & 150.5410 \\ 56.7735 & -19.9863 & 150.5410 & 63.1047 \end{pmatrix} \tag{10.81}$$

用 MATLAB 计算广义特征值问题式 (10.69), 得到广义特征值如下

$$\lambda_1 = 31.3466, \qquad \lambda_2 = 0.2161, \qquad \lambda_3 = 0, \qquad \lambda_4 = 0 \tag{10.82}$$

因此只有前两个判别函数有判别能力, 后两个判别函数无判别能力, 可以忽略。λ_1 和 λ_2 对应的特征向量为

$$w_1 = (-0.0727, -0.1392, 0.1982, 0.2507)^{\mathrm{T}}, \qquad w_2 = (-0.0443, 0.2472, -0.0153, 0.1598)^{\mathrm{T}}$$

因此前两个判别函数为

$$f_1(x) = w_1^{\mathrm{T}} x = -0.0727x_1 - 0.1392x_2 + 0.1982x_3 + 0.2507x_4 \tag{10.83}$$

$$f_2(x) = w_2^{\mathrm{T}} x = -0.0443x_1 + 0.2472x_2 - 0.0153x_3 + 0.1598x_4 \tag{10.84}$$

其中, $x = (x_1, x_2, x_3, x_4)^{\mathrm{T}} \in \mathbb{R}^4$。

以 $f_1(x)$ 的值为横坐标, $f_2(x)$ 的值为纵坐标, 将样本数据标在平面直角坐标系中, 得到图 10.3 所示的散点图。从图 10.3 可以看出, 这三类样本在二维的判别空间中已经很好地分离, 因此用前 2 个 Fisher 判别函数就能很好地判别样本类别。

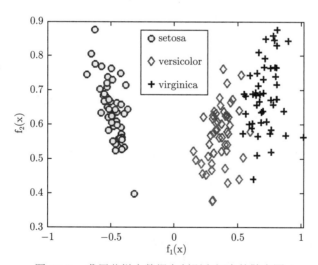

图 10.3　鸢尾花样本数据在判别空间中的散点图

利用 Fisher 判别函数式 (10.83)、式 (10.84) 及判别法则式 (10.78~10.79) 对测试样本进行判类, 统计得到错判率为 0, 即对测试样本的判类 100% 正确, 说明 Fisher 线性判别法对当前样本数据的判别非常有效。

我们把实现本节判别法实验的代码收集在下列 MATLAB 函数中, 读者可以根据自己的需要修改使用。

```
function FisherDiscrim()
%%这个函数实现了例10.4的鸢尾花判别计算
%%%%%%%%%%%%%%%%%%%%%%%%%%%%%%%%%%%%%%%%%%%%%%
load('IrisData.mat');  %%载入鸢尾花样本数据
%%样本数据保存在变量X中，前4列依次为花萼长度、花萼宽度、花瓣长度、
%% 花瓣宽度，第5列为类别标签
%%下面一段代码将样本数据划分为训练集和测试集，并计算均值
X1=X(1:50,1:4);
X2=X(51:100,1:4);
X3=X(101:150,1:4);
p=size(X1,2);              %%样本的维数
X1train=X1(1:40,:);        %%第1种鸢尾花的训练集
X1test=X1(41:50,:);        %%第1种鸢尾花的测试集
X2train=X2(1:40,:);        %%第2种鸢尾花的训练集
X2test=X2(41:50,:);        %%第2种鸢尾花的测试集
X3train=X3(1:40,:);        %%第3种鸢尾花的训练集
X3test=X3(41:50,:);        %%第3种鸢尾花的测试集
mu1train=mean(X1train);    %%训练样本均值
mu2train=mean(X2train);
mu3train=mean(X3train);

%%下面一段代码计算训练样本的组内离差矩阵SW和组间离差矩阵SB
SW=zeros(p,p);             %%用于存储组内离差矩阵
for i=1:40
    SW=SW+(X1train(i,:)-mu1train)'*(X1train(i,:)-mu1train);
end
for i=1:40
    SW=SW+(X2train(i,:)-mu2train)'*(X2train(i,:)-mu2train);
end
for i-1:40
    SW=SW+(X3train(i,:)-mu3train)'*(X3train(i,:)-mu3train);
end

mutrain=mean([X1train;X2train;X3train]);   %%所有训练样本的均值
n1=40; n2=40; n3=40; n=n1+n2+n3;           %%训练样本容量
SB=n1*(mu1train-mutrain)'*(mu1train-mutrain)+n2*...
(mu2train-mutrain)'*(mu2train-mutrain)+n3*...
(mu3train-mutrain)'*(mu3train-mutrain);    %%计算组间离差矩阵
SW
SB                                          %%显示计算结果

%%以下一段代码计算Fisher线性判别函数的系数向量
[W,D]=eig(SB,SW)                            %%计算广义特征值问题
D=diag(D);
```

```
[D,idx]=sort(D,'descend')    %%降序排列
W=W(:,idx);
W=W(:,1:2)                         %%前2个Fisher判别函数的系数向量

%%以下一段代码计算样本数据的Fisher判别函数值并画散点图
Y1=X1*W;
Y2=X2*W;
Y3=X3*W;
figure1 = figure;
axes1 = axes('Parent',figure1);
hold(axes1,'on');
plot(Y1(:,1),Y1(:,2),'DisplayName','setosa','MarkerFaceColor',...
[1 1 0],'MarkerSize',8,'Marker','o','LineWidth',2,'LineStyle',...
'none','Color',[0 0 1]);
plot(Y2(:,1),Y2(:,2),'DisplayName','versicolor','MarkerSize',...
8,'Marker','diamond','LineWidth',2,'LineStyle','none',...
'Color',[1 0 0]);
plot(Y3(:,1),Y3(:,2),'DisplayName','virginica','MarkerSize',...
8,'Marker','+','LineWidth',2,'LineStyle','none','Color',[0 0 0]);
xlabel('f_1(x)');
ylabel('f_2(x)');
box(axes1,'on');
hold(axes1,'off');
legend1 = legend(axes1,'show');
set(legend1,'Position',[0.452864601810775 0.627232142857143 ...
0.0804687499999998 0.284092021049772]);

%%以下一段代码对测试样本进行判类，并统计错判率
nfe=0;         %%用于存储错判次数
mu1trainRep=repmat(mu1train,10,1);
mu2trainRep=repmat(mu2train,10,1);
mu3trainRep=repmat(mu3train,10,1);
d1square=sum(((X1test-mu1trainRep)*W).^2,2);
d2square=sum(((X1test-mu2trainRep)*W).^2,2);
d3square=sum(((X1test-mu3trainRep)*W).^2,2);
[~,idx]=min([d1square,d2square,d3square],[],2);
%%预测X1test中的样本的类别
nfe=nfe+sum(idx~=1);
d1square=sum(((X2test-mu1trainRep)*W).^2,2);
d2square=sum(((X2test-mu2trainRep)*W).^2,2);
d3square=sum(((X2test-mu3trainRep)*W).^2,2);
[~,idx]=min([d1square,d2square,d3square],[],2);
%%预测X2test中样本的类别
nfe=nfe+sum(idx~=2);
d1square=sum(((X3test-mu1trainRep)*W).^2,2);
```

```
d2square=sum((((X3test-mu2trainRep)*W).^2,2);
d3square=sum((((X3test-mu3trainRep)*W).^2,2);
[~,idx]=min([d1square,d2square,d3square],[],2);
%%预测X3test中样本的类别
nfe=nfe+sum(idx~=3);
pfe=nfe/30                       %%错判率
end
```

10.4.4 MATLAB 的判别分析函数

MATLAB 提供了 fitcdiscr() 和 predict() 两个函数用于实现判别分析任务, 前者的功能是利用训练样本建立判别模型, 后者的功能是使用已建好的模型预测新样本的类别。

函数 fitcdiscr() 的基本使用方法如下:

```
disModel=fitcdiscr(X,T,name,value)
```

其中, 输入参数 X 是训练样本数据矩阵, 每行对应一个训练样本, 每列对应一个变量; T 是类别标签向量, 与 X 中的训练样本相对应, 指定了每个训练样本的类别, 类别标签可以是数值型, 也可以是字符型; 其余输入参数通过 name 和 value 搭配指定。输出参数 disModel 是训练好的判别模型, 可通过 predict() 函数调用。

下面举个简单的例子演示这个函数的用法。我们把鸢尾花样本数据按照 4:1 的比例划分为训练集和测试集, 然后用训练集中的数据建立二次判别模型, MATLAB 代码如下:

```
load('IrisData.mat');                                %%载入鸢尾花样本数据
Xtrain=[X(1:40,1:4);X(51:90,1:4);X(101:140,1:4)];    %%训练样本
Ytrain=round([X(1:40,5);X(51:90,5);X(101:140,5)]);   %%训练样本标签
Xtest=[X(41:50,1:4);X(91:100,1:4);X(141:150,1:4)];   %%测试样本
Ytest=round([X(41:50,5);X(91:100,5);X(141:150,5)]);  %%测试样本标签
mdl1=fitcdiscr(Xtrain,Ytrain,'DiscrimType','quadratic')
%%用训练集中的数据建立二次判别模型mdl1
```

输出的判别模型的细节如图 10.4 所示, 包括用于二次判别所需的全部模型参数。

如何使用训练好的模型 mdl1 判定新样本的类别呢? 可以通过 predict() 函数调用, 下面是调用的方法:

```
[classLabel,score,cost] = predict(Mdl1,X)
```

其中, 输入参数 mdl1 是训练好的模型, X 是需要判类的样本数据矩阵, 每行对应一个样本, 每列对应一个变量。输出参数 classLabel 是类别标签向量, 即 X 中的样本的预测 (判决) 类别标签; score 是后验概率矩阵, 保存了 X 中的样本来自各个类的后验概率估计值; cost 是期望分类成本 (矩阵)。

```
mdl1 =

  ClassificationDiscriminant
            ResponseName: 'Y'
    CategoricalPredictors: []
              ClassNames: [1 2 3]
          ScoreTransform: 'none'
         NumObservations: 120
             DiscrimType: 'quadratic'
                      Mu: [3×4 double]
                  Coeffs: [3×3 struct]


  Properties, Methods
```

图 10.4　判别模型 mdl1 的细节

用判别模型 mdl1 预测测试集 Xtest 中的样本的类别, 可以通过下列函数调用实现:

```
[classLabel,score,cost] = predict(mdl1,Xtest)
%%用模型mdl1判决测试样本的类别
```

关于 MATLAB 函数 fitcdiscr() 和 predict() 的更多用法, 请参考 MATLAB 自带的帮助文档。

10.5　逻辑回归模型

10.5.1　基本思想及数学模型

分类问题的本质就是根据对象的特征判定对象所属的类别, 除了前面介绍的判别模型之外, 我们也可以换个角度考虑这个问题, 那就是通过训练样本数据拟合一个从特征空间到类别标签集的映射, 使得预测（映射）的结果尽可能与样本的实际类别标签一致, 这正是回归分析的思想。当然, 为了贯彻执行这一思想, 有些问题需要解决。例如, 类别标签是标称型数据, 算术运算对它来说没有意义, 因此需要将问题作适当的转化, 才能得到合理的模型。

设有一列训练样本 $(x_i, y_i), i = 1, 2, \cdots, N$, 其中 $x_i \in \mathbb{R}^n, y_i \in \{0, 1\}$, 变量 x 可以理解为影响试验结果的因素, 是由多个变量组成的向量, y 为试验结果, $y = 1$ 表示试验成功, $y = 0$ 表示试验失败。对于未来的试验, 在试验结果出来之前, 我们不能确定 $y = 1$ 还是 $y = 0$, 但可以通过观察变量 x 的值预测试验成功的概率, 即条件概率 $p(x) = P(y = 1|x)$, 我们希望通过训练样本数据找到条件概率 p 对 x 的依赖关系, 用某种函数表示出来。最简单的一类函数是线性函数, 因此我们很自然地想到下列线性模型:

$$p(x) = w^{\mathrm{T}} x + b \tag{10.85}$$

其中, $w \in \mathbb{R}^n$ 是系数向量, $b \in \mathbb{R}$ 是偏移量。但在这个模型中, $p(x)$ 的值可能超出区间 $[0,1]$ 的范围, 与概率在区间 $[0,1]$ 中取值的要求不符, 因此需要再套上一个函数, 使得 $p(x)$ 在 $[0,1]$ 上取值。哪个函数满足要求呢? 考查下列函数

$$\sigma(u) = \frac{\mathrm{e}^u}{\mathrm{e}^u + 1} = \frac{1}{1 + \mathrm{e}^{-u}} \tag{10.86}$$

这个函数称为 **Sigmoid 函数**或 **Logistic 函数**, 它将任何一个实数变换到区间 $[0,1]$ 上, 而且是单调光滑的。现在我们考虑下列模型:

$$p(x) = p(x; w, b) := \sigma(w^{\mathrm{T}}x + b) = \frac{1}{1 + \mathrm{e}^{-(w^{\mathrm{T}}x+b)}} \tag{10.87}$$

这就是**逻辑回归模型** (logistic regression model)。

10.5.2　模型参数估计

逻辑回归的基本思想是选择参数 w 和 b 的值, 使得模型式 (10.87) 能够最好地拟合给定样本数据。那么如何判断拟合的好坏呢? 需要有一个度量标准。设有一列样本数据 $(x_i, y_i), i = 1, 2, \cdots, N$, 它们是独立同分布的, 且有

$$P(y = 1|x_i) = p(x_i; w, b) := \frac{1}{1 + \mathrm{e}^{-(w^{\mathrm{T}}x_i+b)}}, \qquad P(y = 0|x_i) = 1 - p(x_i; w, b)$$

因此在 $x = x_i$ 的条件下 $y = y_i$ 的概率为

$$P(y = y_i|x = x_i) = p(x_i; w, b)^{y_i}(1 - p(x_i; w, b))^{1-y_i}$$

将 N 个样本的条件概率相乘得

$$\ell(w, b) := \prod_{i=1}^{N} p(x_i; w, b)^{y_i}(1 - p(x_i; w, b))^{1-y_i} \tag{10.88}$$

这个函数在统计学中称为**似然函数** (likelihood function)。既然样本数据是已经观测到的, 是实实在在发生了的事件, 逻辑回归模型理应使它们同时发生的概率最大, 因此应该选择参数 w 和 b, 使得似然函数 $\ell(w, b)$ 最大化, 即模型参数应该是下列优化问题的解:

$$\max \quad \ell(w, b), \qquad w \in \mathbb{R}^n, \ b \in \mathbb{R} \tag{10.89}$$

这就是**极大似然估计** (maximum likelihood estimation) 的基本思想, 称优化问题 (10.89) 的解为逻辑回归模型 (10.87) 的参数的**极大似然估计**, 记作 $(\widehat{w}, \widehat{b})$。

为了表示简洁, 令

$$\theta_0 = b, \quad \theta_i = w_i, \quad i = 1, 2, \cdots, n, \quad \theta = (\theta_0, \theta_1, \cdots, \theta_n)^{\mathrm{T}} \tag{10.90}$$

$$\widetilde{x}_i = (1, x_{1i}, x_{2i}, \cdots, x_{ni})^{\mathrm{T}}, \qquad i = 1, 2, \cdots, N \tag{10.91}$$

则优化问题式 (10.89) 可表示为

$$\max \quad \ell(\theta) = \prod_{i=1}^{N} \left(\frac{1}{1 + e^{-\widetilde{x}_i^{\mathrm{T}}\theta}} \right)^{y_i} \left(\frac{e^{-\widetilde{x}_i^{\mathrm{T}}\theta}}{1 + e^{-\widetilde{x}_i^{\mathrm{T}}\theta}} \right)^{1-y_i}, \qquad \theta \in \mathbb{R}^{n+1} \tag{10.92}$$

但这个问题并不太好解, ℓ 不是凸函数或凹函数, 求导也很麻烦。因此对其取对数, 得

$$L(\theta) := \ln \ell(\theta) = -\sum_{i=1}^{N}(1-y_i)\widetilde{x}_i^{\mathrm{T}}\theta - \sum_{i=1}^{N} \ln \left(1 + e^{-\widetilde{x}_i^{\mathrm{T}}\theta} \right)$$

$$= \sum_{i=1}^{N} y_i \widetilde{x}_i^{\mathrm{T}}\theta - \sum_{i=1}^{N} \ln \left(1 + e^{\widetilde{x}_i^{\mathrm{T}}\theta} \right) \tag{10.93}$$

这个函数称为**对数似然函数 (log-likelihood function)**。由于自然对数函数是严格单调增加的, 因此优化问题式 (10.89) 等价于下列优化问题

$$\min \quad f(\theta) = -L(\theta) = \sum_{i=1}^{N} \ln \left(1 + e^{\widetilde{x}_i^{\mathrm{T}}\theta} \right) - \sum_{i=1}^{N} y_i \widetilde{x}_i^{\mathrm{T}}\theta, \qquad \theta \in \mathbb{R}^{n+1} \tag{10.94}$$

这是一个凸优化问题, 可以用梯度下降法、牛顿法或拟牛顿法高效地求出其数值解, 目前几乎所有统计软件都提供计算逻辑回归模型参数的功能, 故我们不对数值算法进行深入讨论。

10.5.3　利用逻辑回归模型分类

样本二分类可以看作一种随机试验, 对于训练样本 x_i, 如果 x_i 来自第一个类 C_0, 则记其类别标签为 $y_i = 0$; 如果 x_i 来自第二个类 C_1, 则记其类别标签为 $y_i = 1$。10.5.1 节已经建立了逻辑回归模型 (10.87), 10.5.2 节又介绍了模型参数 θ 的极大似然估计法。如果已经得到逻辑回归模型参数的极大似然估计 $\widehat{\theta}$, 就可以利用它估计新来的样本 x 来自 C_1 的概率

$$\widehat{p}(x) = \sigma(\widetilde{x}^{\mathrm{T}}\widehat{\theta}) = \frac{1}{1 + e^{-\widetilde{x}^{\mathrm{T}}\widehat{\theta}}} = \frac{1}{1 + e^{-(x^{\mathrm{T}}\widehat{w}+\widehat{b})}} \tag{10.95}$$

于是可以按照如下判别法则对样本进行判类:

$$\begin{cases} \text{如果 } \widehat{p}(x) > 1/2, \text{ 判决 } x \text{ 来自 } C_1 \\ \text{如果 } \widehat{p}(x) \leqslant 1/2, \text{ 判决 } x \text{ 来自 } C_0 \end{cases} \tag{10.96}$$

对式 (10.95) 作等价变形, 得到

$$\ln \frac{\widehat{p}(x)}{1 - \widehat{p}(x)} = x^{\mathrm{T}}\widehat{w} + \widehat{b} \tag{10.97}$$

其中, $f(x) = x^{\mathrm{T}}\widehat{\theta} + \widehat{b}$ 是线性函数。于是判别法则 (10.96) 等价于下列线性判别法则:

$$
\begin{cases}
\text{如果 } f(x) = x^{\mathrm{T}}\widehat{w} + \widehat{b} > 0, \text{ 判决 } x \text{ 来自 } C_1 \\
\text{如果 } f(x) = x^{\mathrm{T}}\widehat{w} + \widehat{b} \leqslant 0, \text{ 判决 } x \text{ 来自 } C_0
\end{cases}
\tag{10.98}
$$

这就是**逻辑回归分类法**。

10.5.4 假设检验

10.5.2 节我们导出了逻辑回归模型参数 θ 的极大似然估计 $\widehat{\theta}$。在一些应用中还需要检验模型参数是否显著, 以及整个模型是否显著的问题, 这就需要用到估计量 $\widehat{\theta}$ 的数学期望和方差。可以证明, 当样本容量 n 足够大时, $\widehat{\theta}$ 渐近服从正态分布[133], 且

$$
E\left[\widehat{\theta}\right] \approx \theta, \qquad \mathrm{cov}\left(\widehat{\theta}\right) \approx \left[\sum_{i=1}^{N} \widehat{p}(x_i)(1 - \widehat{p}(x_i))x_i x_i^{\mathrm{T}}\right]^{-1}
\tag{10.99}
$$

于是可以得到每个参数 θ_k 的估计量的标准差 $\sqrt{D(\widehat{\theta}_k)}$ 以及该参数 95% 的置信区间

$$
\left[\widehat{\theta}_k - 1.96\sqrt{D(\widehat{\theta}_k)}, \widehat{\theta}_k + 1.96\sqrt{D(\widehat{\theta}_k)}\right]
\tag{10.100}
$$

关于参数 θ_k 是否显著的问题, 可以检验原假设 $H_0 : \theta_k = 0$。Wald 提出下列检验统计量

$$
Z := \frac{\widehat{\theta}_k}{\sqrt{D(\widehat{\theta}_k)}}
\tag{10.101}
$$

当原假设成立且样本容量足够大时, Z 近似服从一维标准正态分布。

关于参数 θ_k 显著性的一种更有效的检验方法是利用**对数似然比**进行检验。用 $\ell(\theta)$ 表示完整的逻辑回归模型的似然函数, $\ell(\theta; \theta_k = 0)$ 表示不包含解释变量 x_k 的逻辑回归模型的似然函数, 令

$$
K = -2\ln\frac{\max_\theta \ell(\theta; \theta_k = 0)}{\max_\theta \ell(\theta)}
\tag{10.102}
$$

当样本容量足够大时, K 近似服从自由度为 1 的 χ^2 分布, 可以用它检验 $H_0 : \theta_k = 0$。这种检验方法的缺点是每检验一个参数的显著性就要多计算一次极大似然估计, 计算量比较大。

关于逻辑回归模型整体的显著性, 也可以通过对数似然比进行检验, 要检验的原假设是 $H_0 : \theta_1 = \theta_2 = \cdots = \theta_n = 0$, 用 $\ell(\theta_0)$ 表示只含常数项的逻辑回归模型的似然函数, 令

$$
K_0 = -2\ln\frac{\max_{\theta_0} \ell(\theta_0)}{\max_\theta \ell(\theta)}
\tag{10.103}
$$

当样本容量足够大时, K 近似服从自由度为 n 的 χ^2 分布, 可以用卡方检验法检验原假设 H_0。

10.5.5 应用实例

本节通过一个实例说明逻辑回归的 MATLAB 实现。

例 10.5 对例 10.1中的三文鱼样本数据进行逻辑回归分析。

我们用淡水环直径 (x_1)、海水环直径 (x_2) 和性别 (x_3) 作为解释变量, 用 y 表示类别标签, $y = 0$ 表示该样本是 Alaska 三文鱼, $y = 1$ 表示该样本是 Canada 三文鱼。首先建立如下逻辑回归模型:

$$p(x) = P(y = 1|x) = \frac{1}{1 + e^{-(w_1 x_1 + w_2 x_2 + w_3 x_3 + b)}} \tag{10.104}$$

它属于**广义线性模型 (generalized linear model)** 中的一种, MATLAB 提供了广义线性模型的相关函数。

建立（并训练）一个逻辑回归模型可以通过 MATLAB 函数 fitglm() 实现, 其基本用法如下:

```
model1=fitglm(Xtrain,Ytrain,'Distribution','binomial','Link','logit')
```

其中, 输入参数 Xtrain 是训练样本数据, Ytrain 是训练样本的类别标签向量, 'Distribution' 和 'binomial' 表示响应变量 Y 服从二项分布, 'Link' 和 'logit' 表示连接函数选的是 Logistic 函数, 如果只是用 fitglm() 函数建立和训练逻辑回归模型, 则后面两个选项不需要修改。输出参数 model1 是训练好的逻辑回归模型。

下面用三文鱼样本数据建立逻辑回归模型。先载入样本数据并进行预处理, 得到训练集 Xtrain 和相应的标签向量 Ytrain, 再将其作为输入建立逻辑回归模型。MATLAB 代码如下:

```
load('salmonData.mat');                    %%三文鱼样本数据
Xtrain=[AlaskaTrain;CanadaTrain];          %%训练样本
Xtrain=[Xtrain(:,2:3),Xtrain(:,1)];        %%把性别变量排在最后
Ytrain=[zeros(35,1);ones(35,1)];           %%训练样本标签
Xtest=[AlaskaTest;CanadaTest];             %%测试样本
Xtest=[Xtest(:,2:3),Xtest(:,1)];           %%把性别变量排在最后
Ytest=[zeros(15,1);ones(35,1)];            %%测试样本标签
model1=fitglm(Xtrain,Ytrain,'Distribution','binomial','Link','logit')
```

输出的模型 model1 的概述如图 10.5 所示。

可以看出, 逻辑回归模型 model1 包含很多参数估计值, 其中最重要的是图 10.5 中的表格所列的几项, 其中 Estimate 为回归系数的估计值, SE 为回归系数的标准差, tStat 为 t 统计量, pValue 为回归系数显著性检验的 p 值, 其中常数项和 x_3 的系数的 p 值大于 0.05, 表示这两项是不显著的。图 10.5 的最下面一行为整个模型显著性检验的结果, 其 p 值远小于 0.05, 表示该逻辑回归模型是显著的 (与只含常数项的模型有显著差异)。

```
model1 =

广义线性回归模型:
    logit(y) ~ 1 + x1 + x2 + x3
    分布 = Binomial

估计系数:
                Estimate      SE        tStat      pValue

    (Intercept)  6.3256     7.7754     0.81354    0.41591
    x1           0.14756    0.053608   2.7527     0.0059111
    x2          -0.059133   0.019381  -3.051      0.0022807
    x3          -0.38313    1.0091    -0.37968    0.70418

70 个观测值, 66 个误差自由度
散度: 1
卡方统计量(常量模型): 70.9, p 值 = 2.77e-15
```

图 10.5　逻辑回归模型 model1 的概述

如果需要将回归系数向量从模型 model1 中提取出来, 则可以通过下列调用实现:

```
theta= model1.Coefficients.Estimate
```

得到回归系数向量的估计值为

$$\widehat{\theta} = (6.3256, 0.1476, -0.0591, -0.3831)^{\mathrm{T}}$$

即

$$\widehat{w} = (6.3256, 0.1476, -0.0591)^{\mathrm{T}}, \qquad \widehat{b} = -0.3831$$

接下来考虑对模型的优化和改进。从图 10.5 可以看出, 解释变量 x_3 的回归系数是不显著的, 因此它对判别样本的类别作用不大, 可以考虑将其去掉, 建立下列更精简的逻辑回归模型:

$$p(x) = P(y = 1|x) = \frac{1}{1 + \mathrm{e}^{-(w_1 x_1 + w_2 x_2 + b)}} \tag{10.105}$$

用与前面一样的方法估计模型参数, 只是在使用函数 fitglm() 时需指明使用哪几个解释变量。MATLAB 代码如下:

```
model2=fitglm(Xtrain,Ytrain,'y~x1+x2','Distribution','binomial',...
'Link','logit')
```

其中, $'y \sim x1 + x2'$ 表示只用输入数据矩阵 Xtrain 的第 1 列和第 2 列对应的变量作为解释变量的广义线性模型, 是 Wilkinson 符号, 关于这种符号的详细说明, 可参考 MATLAB 的帮助文档。计算结果如图 10.6 所示。

从输出结果可以看出, 精简模型的回归系数的估计值为

$$\widehat{w} = (0.14663, -0.058657)^{\mathrm{T}}, \qquad \widehat{b} = 5.6683$$

```
model2 =
```

广义线性回归模型:
  logit(y) ~ 1 + x1 + x2
  分布 = Binomial

估计系数:

	Estimate	SE	tStat	pValue
(Intercept)	5.6683	7.437	0.76217	0.44596
x1	0.14663	0.052569	2.7892	0.0052832
x2	-0.058657	0.019161	-3.0613	0.002204

70 个观测值, 67 个误差自由度
散度: 1
卡方统计量(常量模型): 70.7, p 值 = 4.38e-16

图 10.6　逻辑回归模型 model1 的概述

如果想保存建好的逻辑回归模型, 则可用下列命令实现:

```
save('salmonLogitModel.mat','model2');
```

其中, 'salmonLogitModel.mat' 是文件名. 想要再次使用模型 model2 时, 用下列命令载入文件 'salmonLogitModel.mat' 即可:

```
load('salmonData.mat');
```

如果想用建好的逻辑回归模型 model2 预测新样本属于 C_1（Canada 三文鱼的概率）, 则可以用 MATLAB 函数 predict() 实现。其基本用法如下:

```
p=predict(model2,Xtest)
```

其中, 输入参数 model2 是已建好的逻辑回归模型, Xtest 是测试样本数据矩阵; 输出参数 p 是条件概率向量, 与 Xtest 中的样本数据对应, 存有每个样本属于 C_1 类的条件概率。下面两行 MATLAB 代码实现对 Xtest 中样本的类别预测（判类）:

```
p=predict(model2,Xtest);    %%计算条件概率
Ypred=p>0.5                 %%类别判决
```

计算结果表明, 30 个测试样本中只有 1 个判类错误, 错判率约为 3.33%, 比 10.2.3 节的线性判别法的错判率低一些, 说明逻辑回归分类法比线性判别法更有效。

实现本节实验计算的全部 MATLAB 代码都收集在附件的 Chap10—5binaryLogit.m 文件中, 读者可以根据自己的需要使用和修改。

10.6   多分类的 softmax 回归模型

10.6.1   模型与参数估计方法

在前面介绍的逻辑回归模型中, 应变量 y 只能取 0 或 1 两个值, 这就是所谓的二分类问题。现在我们对问题进行拓展, 假设应变量 y 可以在有限集 $\mathcal{C} := \{1, 2, \cdots, m\}$ 中取值, 这就是所谓的多分类问题, 变量 y 通常称为**类别标签**。

给定一组训练样本 $(x_i, y_i), x_i \in \mathbb{R}^n, y_i \in \mathcal{C}, i = 1, 2, \cdots, N$, 需要找一个函数模拟条件概率 $p_k(x) := P(y = k|x), k = 1, 2, \cdots, m$, 即当解释变量值为 x 时, 类别标签为 $y = k$ 的条件概率, 一旦估计出 $p_1(x), p_2(x), \cdots, p_m(x)$ 的大小, 便可以比较这些条件概率的大小, 挑选出最大的 $p_k(x)$, 判定样本最可能来自第 k 个类。

用什么函数模拟 $p_k(x)$ 好呢? 注意到条件概率 $p_k(x), k = 1, 2, \cdots, m$ 必须满足归一性条件

$$\sum_{k=1}^{m} p_k(x) = 1 \tag{10.106}$$

在机器学习领域常用下列函数模拟 $p_k(x)$

$$p_k(x) = \frac{e^{w_k^{\mathrm{T}} x + b_k}}{\sum\limits_{j=1}^{m} e^{w_j^{\mathrm{T}} x + b_j}}, \qquad k = 1, 2, \cdots, m \tag{10.107}$$

这类模型称为**对数线性模型 (log-linear model)**。为了表示简洁, 定义

$$\rho_k(u) := \frac{e^{u_k}}{\sum\limits_{j=1}^{m} e^{u_j}}, \qquad u = (u_1, u_2, \cdots, u_m)^{\mathrm{T}} \in \mathbb{R}^m, k = 1, 2, \cdots, m \tag{10.108}$$

称之为 **softmax 函数**。利用 softmax 函数可将对数线性模型简单地表示为

$$p_k(x) = \rho_k(W^{\mathrm{T}} x + b), \qquad W = (w_1, w_2, \cdots, w_m), b = (b_1, b_2, \cdots, b_m)^{\mathrm{T}} \tag{10.109}$$

令

$$\theta_j = (b_j, w_{1j}, w_{2j}, \cdots, w_{nj})^{\mathrm{T}}, \qquad j = 1, 2, \cdots, m \tag{10.110}$$

$$\Theta = (\theta_1, \theta_2, \cdots, \theta_m) \tag{10.111}$$

$$\widetilde{x}_i = (1, x_{1i}, x_{2i}, \cdots, x_{ni})^{\mathrm{T}}, \qquad i = 1, 2, \cdots, N \tag{10.112}$$

则有

$$p_k(x_i) = \frac{e^{\theta_k^{\mathrm{T}} \widetilde{x}_i}}{\sum\limits_{j=1}^{m} e^{\theta_j^{\mathrm{T}} \widetilde{x}_i}} = \rho_k(\Theta^{\mathrm{T}} \widetilde{x}_i), \qquad k = 1, 2, \cdots, m \tag{10.113}$$

这就是 **softmax 回归模型**。

接下来需要构造一个代价函数, 用来度量模型对数据的拟合优度. 为了表示方便, 我们将标签变量转化为 m 维的二进制向量

$$y = 1 \quad \Leftrightarrow \quad y = (1, 0, 0, \cdots, 0, 0)^{\mathrm{T}}, \qquad y = 2 \quad \Leftrightarrow \quad y = (0, 1, 0, \cdots, 0, 0)^{\mathrm{T}}$$
$$y = 3 \quad \Leftrightarrow \quad y = (0, 0, 1, \cdots, 0, 0)^{\mathrm{T}}, \qquad \cdots$$
$$y = m - 1 \quad \Leftrightarrow \quad y = (0, 0, 0, \cdots, 1, 0)^{\mathrm{T}}, \qquad y = m \quad \Leftrightarrow \quad y = (0, 0, 0, \cdots, 0, 1)^{\mathrm{T}}$$

进行这种转换之后便有

$$P(y = y_i | x = x_i) = \prod_{k=1}^{m} p_k(x_i; \Theta)^{y_{ki}}, \qquad y_i = (y_{1i}, y_{2i}, \cdots, y_{mi})^{\mathrm{T}} \qquad (10.114)$$

因此似然函数为

$$\ell(\Theta) = \prod_{i=1}^{N} \prod_{k=1}^{m} p_k(x_i; \Theta)^{y_{ki}} \qquad (10.115)$$

对其取负对数得到

$$f(\Theta) := -\ln \ell(\Theta) = -\sum_{i=1}^{N} \sum_{k=1}^{m} y_{ki} \ln p_k(x_i; \Theta) \qquad (10.116)$$

这个函数在机器学习中称为**交叉熵代价函数 (cross entropy cost function)**. 于是多分类模型 (10.113) 的参数估计问题便可表示为下列优化问题

$$\min f(\Theta) = -\sum_{i=1}^{N} \sum_{k=1}^{m} y_{ki} \ln p_k(x_i; \Theta), \qquad \Theta \in \mathbb{R}^{(n+1) \times m} \qquad (10.117)$$

优化问题 (10.117) 是凸优化问题, 有高效的数值算法, 我们不作深入讨论.

10.6.2　应用实例

本节通过一个实例说明 softmax 回归的 MATLAB 实现.

例 10.6　对例 10.3中的鸢尾花样本数据建立 softmax 回归模型.

与 10.4.4 节的做法一样, 我们把鸢尾花样本数据按照 $4:1$ 的比例划分为训练集和测试集, 前者用于训练模型, 后者用于测试模型. 数据预处理的 MATLAB 代码如下:

```
load('IrisData.mat');              %%载入鸢尾花样本数据
Xtrain=[X(1:40,1:4);X(51:90,1:4);X(101:140,1:4)]';     %%训练样本
Ytrain=round([X(1:40,5);X(51:90,5);X(101:140,5)])';    %%训练样本标签
Ttrain=zeros(3,120);               %%用于存储二进制标签
for i=1:120
    Ttrain(Ytrain(i),i)=1;         %%生成二进制标签
end
```

```
Xtest=[X(41:50,1:4);X(91:100,1:4);X(141:150,1:4)]';   %%测试样本
Ytest=round([X(41:50,5);X(91:100,5);X(141:150,5)])';  %%测试样本标签
Ttest=zeros(3,30);                 %%用于存储二进制标签
for i=1:30
    Ttest(Ytest(i),i)=1;           %%生成二进制标签
end
```

接下来建立 softmax 回归模型。softmax 回归模型是人工神经网络的基本结构单元，MATLAB 函数 trainSoftmaxLayer() 专用于建立和训练 softmax 回归模型，其基本用法如下：

```
net = trainSoftmaxLayer(X,T,Name,Value)
```

其中，输入参数 X 是训练样本数据矩阵，其存储方式与前面几节略有不同，每行代表一个变量（特征），每列代表一个样本观察值。T 是训练样本的类别标签向量，是一个行向量，与 X 中的样本相对应。其余的输入参数通过 Name 和 Value 搭配指定。输出参数 net 是建好的 softmax 回归模型。

下面用鸢尾花样本的训练集建立 softmax 回归模型，MATLAB 代码如下：

```
softmaxNet1=trainSoftmaxLayer(Xtrain,Ttrain)
WT=softmaxNet1.IW{1}    %%输入层权重矩阵
b=softmaxNet1.b{1}      %%偏移量
```

其中，输入层权重矩阵 WT 就是式 (10.109) 中的矩阵 W 的转置，偏移量 b 就是式 (10.109) 中的向量 b。计算结果为

$$\widehat{W}^{\mathrm{T}} = \begin{pmatrix} 3.6402 & 8.5421 & -11.2950 & -5.7995 \\ -0.6141 & -0.9673 & 1.0261 & -6.0956 \\ -3.0261 & -7.5748 & 10.2689 & 11.8951 \end{pmatrix}, \qquad \widehat{b} = \begin{pmatrix} 1.9458 \\ 19.9131 \\ -21.8590 \end{pmatrix} \quad (10.118)$$

用训练好的 softmax 模型 softmaxNet1 预测新样本的类别，可通过下列调用实现：

```
Tp=softmaxNet1(X)
```

其中，输入参数 X 是样本数据矩阵，存储方式与训练样本数据矩阵一样；输出参数 Tp 是预测得到的类别标签向量，与 X 中的样本一一对应。下面是预测测试样本类别的 MATLAB 代码：

```
Tpred=softmaxNet1(Xtest)      %%预测测试样本的类别
plotconfusion(Tpred,Ttest);   %%画混淆矩阵图
```

计算结果表明，30 个测试样本全部判类正确，错判率为 0。

实现本节实验计算的全部 MATLAB 代码都收集在附件的 Chap10SoftmaxRegression.m 文件中, 读者可以根据自己的需要使用和修改。

拓展阅读建议

本章介绍了判别分析的基本概念与基本思想、判别模型、线性判别法、二次判别法、Fisher 线性判别法、逻辑回归分析、softmax 回归分析等, 这些知识是后续的大数据分析、机器学习等课程的基础, 同时在自然科学、工程技术、社会科学等多个领域中有广泛应用, 是必须掌握的基础知识。关于平均错判代价最小判别法的有关结果的证明可参考文献 [12]; 关于逻辑回归分析的深入学习可参考文献 [133]; 关于广义线性模型的知识可参考文献 [134-135]; 关于 softmax 回归、神经网络、模式识别、分类等知识的深入学习可参考周志华教授的经典机器学习教材 [136]。

第 10 章习题

1. 简述判别分析的基本思想。

2. 简述判别分析与聚类分析的区别。

3. 设有来自二维总体 C_1 和 C_2 的样本数据

$$X_1^{\mathrm{T}} = \begin{pmatrix} 3 & 2 & 4 \\ 7 & 4 & 7 \end{pmatrix}, \qquad X_2^{\mathrm{T}} = \begin{pmatrix} 6 & 5 & 4 \\ 9 & 7 & 8 \end{pmatrix}$$

我们假定 C_1 和 C_2 的协方差矩阵相等。请计算由式 (10.15) 定义的线性判别函数 $h(x)$, 并用它判决新样本 $x^{(1)} = (2, 7)$ 和 $x^{(2)} = (2, -3)$ 的类别。

4. 简述后验概率的含义, 并举例说明后验概率与先验概率的区别。

5. 说明平均错判成本最小判别法、Bayes 判别法、二次判别法、距离判别法之间的关系。

6. 表 10.4 列出了 46 家企业 2 年前的 4 项财务指标数据（Excel 文档见附件 "46 家企业 2 年前的财务数据.xlsx"）, 这 46 家企业中有 21 家已破产, 另外 25 家仍正常经营。4 项指标如下:

长期偿债能力 (x_1):	= 现金流/总负债
资产收益率 (x_2):	= 净收入/总资产
流动比率 (x_3):	= 流动资产/流动负债
流动资产周转率 (x_4):	= 流动资产/净销售额

指标 y 是企业的经营状态, $y = 0$ 表示已破产, $y = 1$ 表示正常经营。

i) 请建立二次判别模型判断企业的状态。

ii) 请建立 Fisher 线性判别模型判断企业的经营状态。

iii) 请建立逻辑回归模型判断企业的经营状态。

iv) 比较这几种模型的判别效果。

表 10.4　46 家企业 2 年前财务数据

x_1	x_2	x_3	x_4	y	x_1	x_2	x_3	x_4	y
−0.45	−0.41	1.09	0.450	0	0.38	0.11	3.27	0.35	1
−0.56	−0.31	1.51	0.16	0	0.19	0.05	2.25	0.33	1
0.06	0.02	1.01	0.4	0	0.32	0.07	4.24	0.63	1
−0.07	−0.09	1.45	0.26	0	0.31	0.05	4.45	0.69	1
−0.10	−0.09	1.56	0.67	0	0.12	0.05	2.52	0.69	1
−0.14	−0.07	0.71	0.28	0	−0.02	0.02	2.05	0.35	1
0.04	0.01	1.50	0.71	0	0.22	0.08	2.35	0.4	1
−0.06	−0.06	1.37	0.4	0	0.17	0.07	1.80	0.52	1
0.07	−0.01	1.37	0.34	0	0.15	0.05	2.17	0.55	1
−0.13	−0.14	1.42	0.44	0	−0.10	−0.01	2.50	0.58	1
−0.23	−0.30	0.33	0.18	0	0.14	−0.03	0.46	0.26	1
0.07	0.02	1.31	0.25	0	0.14	0.07	2.61	0.52	1
0.01	0.00	2.15	0.7	0	0.15	0.06	2.23	0.56	1
−0.28	−0.23	1.19	0.66	0	0.16	0.05	2.31	0.2	1
0.15	0.05	1.88	0.27	0	0.29	0.06	1.84	0.38	1
0.37	0.11	1.99	0.38	0	0.54	0.11	2.33	0.48	1
−0.08	−0.08	1.51	0.42	0	−0.33	−0.09	3.01	0.47	1
0.05	0.03	1.68	0.95	0	0.48	0.09	1.24	0.18	1
0.01	0.00	1.26	0.6	0	0.56	0.11	4.29	0.45	1
0.12	0.11	1.14	0.17	0	0.20	0.08	1.99	0.3	1
−0.28	−0.27	1.27	0.51	0	0.47	0.14	2.92	0.45	1
0.51	0.10	2.49	0.54	1	0.17	0.04	2.45	0.14	1
0.08	0.02	2.01	0.53	1	0.58	0.04	5.06	0.13	1

7. 表 10.5 是申请某商学院研究生的 GPA（Grade Average Point, 平均学分绩点）和 GMAT（Graduate Management Admission Test, 研究生管理科学入学考试）数据, 该数据的 Excel 文档见附件。专家将申请者划分为录取、不录取和待定三类。

i)　请建立线性判别模型对申请人类别进行判别分析。

ii)　请建立二次判别模型对申请人类别进行判别分析。

iii) 请建立 softmax 回归模型对申请者进行分类。

iv) 请比较这些模型的判别效果。

8.（大作业）多数生命体都是从一个细胞分裂而形成的, 到底是什么控制着生物的生长、发育、疾病、衰老等过程呢？其奥秘在于细胞核中的遗传物质, 它是一条长长的 DNA 序列。生物学家发现 DNA 序列是由四种碱基 A、T、C、G 按一定顺序排列而成, 其中既没有"断句", 也没有标点符号, 同时发现 DNA 序列的某些片段具有一定的规律性和结构。由此人工制造两类序列 (A 类编号为 1~10；B 类编号为 11~20)。

（1）下面有 20 个已知类别的人工制造的序列（附件的数据文件 Art-data）, 其中序列标号 1~10 为 A 类, 11~20 为 B 类。请从中提取特征, 构造分类方法, 并用这些已知类别的序列, 衡量你的方法是否足够好。然后用你认为满意的方法对另外 20 个未标明类别的人工序列（标号 21~40）进行分类。

表 10.5 商学院研究生申请者数据

序号	录取 GPA	GMAT	序号	不录取 GPA	GMAT	序号	待定 GPA	GMAT
1	2.96	596	32	2.54	446	60	2.86	494
2	3.14	473	33	2.43	425	61	2.85	496
3	3.22	482	34	2.2	474	62	3.14	419
4	3.29	527	35	2.36	531	63	3.28	371
5	3.69	505	36	2.57	542	64	2.89	447
6	3.46	693	37	2.35	406	65	3.15	313
7	3.03	626	38	2.51	412	66	3.5	402
8	3.19	663	39	2.51	458	67	2.89	485
9	3.63	447	40	2.36	399	68	2.8	444
10	3.59	588	41	2.36	482	69	3.13	416
11	3.3	563	42	2.66	420	70	3.01	471
12	3.4	553	43	2.68	414	71	2.79	490
13	3.5	572	44	2.48	533	72	2.89	431
14	3.78	591	45	2.46	509	73	2.91	446
15	3.44	692	46	2.63	504	74	2.75	546
16	3.48	528	47	2.44	336	75	2.73	467
17	3.47	552	48	2.13	408	76	3.12	463
18	3.35	520	49	2.41	469	77	3.08	440
19	3.39	543	50	2.55	538	78	3.03	419
20	3.28	523	51	2.31	505	79	3	509
21	3.21	530	52	2.41	489	80	3.03	438
22	3.58	564	53	2.19	411	81	3.05	399
23	3.33	565	54	2.35	321	82	2.85	483
24	3.4	431	55	2.6	394	83	3.01	453
25	3.38	605	56	2.55	528	84	3.03	414
26	3.26	664	57	2.72	399	85	3.04	446
27	3.6	609	58	2.85	381			
28	3.37	559	59	2.9	384			
29	3.8	521						
30	3.76	646						
31	3.24	467						

（2）用你的分类方法对附件的数据文件 Nat-data 中给出的 182 个自然 DNA 序列进行分类。

典型相关分析

11.1 概　　述

设有两个多维随机变量 $x = (x_1, x_2, \cdots, x_p)^{\mathrm{T}}$ 和 $y = (y_1, y_2, \cdots, y_q)^{\mathrm{T}}$, 用什么度量它们的相关性呢? 首先想到的是简单相关系数矩阵

$$R_{xy} = \begin{pmatrix} r_{11} & r_{12} & \cdots & r_{1q} \\ r_{21} & r_{22} & \cdots & r_{2q} \\ \vdots & \vdots & \ddots & \vdots \\ r_{p1} & r_{p2} & \cdots & r_{pq} \end{pmatrix} \tag{11.1}$$

其中, r_{ij} 是 x_i 和 y_j 的简单相关系数。但有些时候, 简单相关系数矩阵并不能很好地反映两个多维随机变量的相关性, 且看下面的例子。

例 11.1　设 $z_1, z_2, z_3 \sim \mathcal{N}(0,1)$, 且是独立的, 令

$$x_1 = z_1 + z_2, \qquad x_2 = z_1 - z_2 \tag{11.2}$$

$$y_1 = z_1 + z_3, \qquad y_2 = z_1 - z_3 \tag{11.3}$$

则二维随机变量 $x = (x_1, x_2)^{\mathrm{T}}$ 与 $y = (y_1, y_2)^{\mathrm{T}}$ 的相关系数矩阵为

$$R_{xy} = \begin{pmatrix} 1/2 & 1/2 \\ 1/2 & 1/2 \end{pmatrix} \tag{11.4}$$

但是 $x_1 + x_2 = 2z_1 = y_1 + y_2$, 因此 $x_1 + x_2$ 与 $y_1 + y_2$ 是完美线性相关的, 这一点并没有从简单相关系数矩阵反映出来。

为了更好地刻画两个多维随机变量的相关性, Hotelling 提出了**典型相关分析 (canonical correlation analysis)**[137], 其基本思想与主成分分析类似, 就是找综合变量 $u_i = a_i^T x$ 和 $v_i = b_i^T y$, 使得 u_i 和 v_i 的相关系数尽可能大, 且 $\{u_i : 1 \leqslant i \leqslant s\}$ 和 $\{v_i : 1 \leqslant i \leqslant s\}$ 组内不相关。我们把综合变量 u_i 和 v_i 称为**典型变量 (canonical variates)**, 它们之间的相关系数 ρ_{u_i, v_i} 称为**典型相关系数 (canonical correlation coefficients)**。

很多实际应用问题需要研究两组变量之间的整体相关性, 例如生产安排问题, 需要研究 p 个原材料指标 $(x_1, x_2, \cdots, x_p)$ 与 q 个产品质量指标 $(y_1, y_2, \cdots, y_q)$ 之间的关系, 此时简单相关系数矩阵不能解决问题, 需要深入研究组合变量之间相关性, 即整体相关性。典型相关分析是研究两组变量整体相关性的重要方法, 在统计学、大数据分析、机器学习、信号处理等领域有广泛的应用。

11.2　数学模型及求解

11.2.1　数学模型

设 $x = (x_1, x_2, \cdots, x_p)^T$ 和 $y = (y_1, y_2, \cdots, y_q)^T$ 分别是 p 维和 q 维随机变量, 且 $p \leqslant q$, 并假定它们存在有限的数学期望和协方差。记

$$\Sigma_{xx} = \text{cov}(x, x), \qquad \Sigma_{xy} = \text{cov}(x, y) \tag{11.5}$$

$$\Sigma_{yx} = \text{cov}(y, x), \qquad \Sigma_{yy} = \text{cov}(y, y) \tag{11.6}$$

则 Σ_{xx} 和 Σ_{yy} 分别是 p 阶和 q 阶方阵, Σ_{xy} 是 $p \times q$ 的矩阵, Σ_{yx} 是 $q \times p$ 的矩阵, 且 $\Sigma_{yx} = \Sigma_{xy}^T$。

设 $u = a^T x, v = b^T y$, 则

$$Du = \text{cov}(a^T x, a^T x) = a^T \text{cov}(x, x) a = a^T \Sigma_{xx} a \tag{11.7}$$

$$Dv = \text{cov}(b^T y, b^T y) = b^T \text{cov}(y, y) b = b^T \Sigma_{yy} b \tag{11.8}$$

$$\text{cov}(u, v) = \text{cov}(a^T x, b^T y) = a^T \text{cov}(x, y) b = a^T \Sigma_{xy} b \tag{11.9}$$

于是 u 与 v 的相关系数为

$$\rho_{u,v} = \frac{a^T \Sigma_{xy} b}{\sqrt{a^T \Sigma_{xx} a} \sqrt{b^T \Sigma_{yy} b}} \tag{11.10}$$

现在需要求系数 a, b, 使得 $\rho_{u,v}$ 最大化, 也就是要求解下列优化问题:

$$\max_{a,b} \rho_{u,v} = \frac{a^T \Sigma_{xy} b}{\sqrt{a^T \Sigma_{xx} a} \sqrt{b^T \Sigma_{yy} b}} \tag{11.11}$$

由于 u, v 乘以任意正的常数因子并不会改变它们的相关系数, 因此优化问题式 (11.11) 与下列优化问题是等价的:

$$\max_{a,b} \rho_{u,v} = a^T \Sigma_{xy} b \tag{11.12}$$

$$\text{s.t.} \quad a^{\mathrm{T}} \Sigma_{xx} a = 1, \qquad b^{\mathrm{T}} \Sigma_{yy} b = 1 \tag{11.13}$$

这就是典型相关分析的数学模型。

11.2.2 模型求解

本节推导典型相关模型 (11.12~11.13) 的解。作下列变量代换

$$\widetilde{a} = \Sigma_{xx}^{\frac{1}{2}} a, \qquad \widetilde{b} = \Sigma_{yy}^{\frac{1}{2}} b \tag{11.14}$$

则典型相关模型 (11.12~11.13) 化为下列优化问题

$$\max_{\widetilde{a}, \widetilde{b}} \rho_{u,v} = \widetilde{a}^{\mathrm{T}} \Sigma_{xx}^{-\frac{1}{2}} \Sigma_{xy} \Sigma_{yy}^{-\frac{1}{2}} \widetilde{b} \tag{11.15}$$

$$\text{s.t.} \quad \left\| \widetilde{a} \right\|^2 = 1, \qquad \left\| \widetilde{b} \right\|^2 = 1 \tag{11.16}$$

记

$$\widetilde{\Sigma}_{xy} = \Sigma_{xx}^{-\frac{1}{2}} \Sigma_{xy} \Sigma_{yy}^{-\frac{1}{2}}, \qquad \widetilde{\Sigma}_{yx} = \Sigma_{yy}^{-\frac{1}{2}} \Sigma_{yx} \Sigma_{xx}^{-\frac{1}{2}} \tag{11.17}$$

则有

$$\widetilde{\Sigma}_{xy}^{\mathrm{T}} = \widetilde{\Sigma}_{yx} \tag{11.18}$$

构造优化问题 (11.15) 和 (11.16) 的 Lagrange 函数

$$L(a, b, \gamma, \mu) = \widetilde{a}^{\mathrm{T}} \widetilde{\Sigma}_{xy} \widetilde{b} - \frac{\gamma}{2} \left(\left\| \widetilde{a} \right\|^2 - 1 \right) - \frac{\mu}{2} \left(\left\| \widetilde{b} \right\|^2 - 1 \right) \tag{11.19}$$

将 L 分别对 $\widetilde{a}, \widetilde{b}$ 求偏导数, 并令偏导数等于 0, 得到下列方程组:

$$\frac{\partial L}{\partial \widetilde{a}} = \widetilde{\Sigma}_{xy} \widetilde{b} - \gamma \widetilde{a} = 0 \tag{11.20}$$

$$\frac{\partial L}{\partial \widetilde{b}} = \widetilde{\Sigma}_{yx} \widetilde{a} - \mu \widetilde{b} = 0 \tag{11.21}$$

分别用 $\widetilde{a}^{\mathrm{T}}$ 和 $\widetilde{b}^{\mathrm{T}}$ 左乘方程 (11.20) 和 (11.21) 得

$$\widetilde{a}^{\mathrm{T}} \widetilde{\Sigma}_{xy} \widetilde{b} - \gamma \left\| \widetilde{a} \right\|^2 = 0 \tag{11.22}$$

$$\widetilde{b}^{\mathrm{T}} \widetilde{\Sigma}_{yx} \widetilde{a} - \mu \left\| \widetilde{b} \right\|^2 = 0 \tag{11.23}$$

结合约束条件 (11.16) 得到

$$\gamma = \widetilde{a}^{\mathrm{T}} \widetilde{\Sigma}_{xy} \widetilde{b} = \widetilde{b}^{\mathrm{T}} \widetilde{\Sigma}_{yx} \widetilde{a} = \mu \tag{11.24}$$

即 γ 和 μ 相等, 都等于 u 和 v 的相关系数 $\rho_{u,v}$. 于是方程组 (11.20) 和 (11.21) 化为下列方程组:

$$\widetilde{\Sigma}_{xy}\widetilde{b} = \gamma\widetilde{a}, \qquad \widetilde{\Sigma}_{xy}^{\mathrm{T}}\widetilde{a} = \gamma\widetilde{b} \tag{11.25}$$

因此 γ 是矩阵 $\widetilde{\Sigma}_{xy}$ 的奇异值, $\widetilde{a}$ 和 $\widetilde{b}$ 分别是 $\widetilde{\Sigma}_{xy}$ 的关于奇异值 γ 的左、右单位奇异向量. 既然 $\gamma = \rho_{u,v}$, 为使相关系数 $\rho_{u,v}$ 最大, 只需 γ 是 $\widetilde{\Sigma}_{xy}$ 的最大奇异值即可.

综上所述, 我们得到了下列定理.

定理 11.1 设 x 和 y 分别是 p 维和 q 维随机变量, 且 $p \leqslant q$, $\Sigma_{xx}, \Sigma_{xy}, \Sigma_{yx}, \Sigma_{yy}$ 由式 (11.5) 和式 (11.6) 定义, $\widetilde{\Sigma}_{xy}$ 由式 (11.17) 定义. 设 γ_1 是 $\widetilde{\Sigma}_{xy}$ 的最大的奇异值, $\widetilde{a}_1$ 和 $\widetilde{b}_1$ 是相应的左、右单位奇异向量, 则典型相关模型 (11.12~11.13) 的解为

$$a_1 = \Sigma_{xx}^{-\frac{1}{2}}\widetilde{a}_1, \qquad b_1 = \Sigma_{yy}^{-\frac{1}{2}}\widetilde{b}_1 \tag{11.26}$$

我们称 $u_1 = a_1^{\mathrm{T}}x$ 和 $v_1 = b_1^{\mathrm{T}}y$ 为**第 1 对典型变量**, 它们的相关系数等于 γ_1, 称为**第 1 个典型相关系数**.

其余典型变量也可以通过 $\widetilde{\Sigma}_{xy}$ 的奇异值分解得到, 我们给出下列一般性的结果, 其证明放在本章习题 2~4 中.

定理 11.2 设 x 和 y 分别是 p 维和 q 维随机变量, 且 $p \leqslant q$, $\Sigma_{xx}, \Sigma_{xy}, \Sigma_{yx}, \Sigma_{yy}$ 由式 (11.5) 和式 (11.6) 定义, $\widetilde{\Sigma}_{xy}$ 由式 (11.17) 定义. 设 $\gamma_1 \geqslant \gamma_2 \geqslant \cdots \geqslant \gamma_p$ 是 $\widetilde{\Sigma}_{xy}$ 的全部奇异值, $\widetilde{a}_1, \widetilde{a}_2, \cdots, \widetilde{a}_p$ 和 $\widetilde{b}_1, \widetilde{b}_2, \cdots, \widetilde{b}_p$ 是相应的左、右单位奇异向量, 令

$$a_i = \Sigma_{xx}^{-\frac{1}{2}}\widetilde{a}_i, \qquad b_i = \Sigma_{yy}^{-\frac{1}{2}}\widetilde{b}_i, \qquad i = 1, 2, \cdots, p \tag{11.27}$$

则 a_i 和 b_i 是下列优化问题的解:

$$\max_{a,b} \rho_{u,v} = a^{\mathrm{T}}\Sigma_{xy}b \tag{11.28}$$

$$\text{s.t.} \quad a^{\mathrm{T}}\Sigma_{xx}a = 1, \qquad b^{\mathrm{T}}\Sigma_{yy}b = 1 \tag{11.29}$$

$$\mathrm{cov}(u, u_j) = a^{\mathrm{T}}\Sigma_{xx}a_j = 0, \qquad \mathrm{cov}(v, v_j) = b^{\mathrm{T}}\Sigma_{yy}b_j = 0 \tag{11.30}$$

$$j = 1, 2, \cdots, i-1 \tag{11.31}$$

我们称 $u_i = a_i^{\mathrm{T}}x$ 和 $v_i = b_i^{\mathrm{T}}y$ 为**第 i 对典型变量**, 它们的相关系数等于 γ_i, 称为**第 i 个典型相关系数**.

根据定理 11.2, 我们得到下列关于典型变量性质的推论.

推论 11.1 设 x 和 y 分别是 p 维和 q 维随机变量, $p \leqslant q$, 这两组变量的典型变量为 $u_i, v_i, i = 1, 2, \cdots, p$, 则有

$$\rho_{u_i, u_j} = \delta_{i,j} = \begin{cases} 1, & i = j \\ 0, & i \neq j, \end{cases} \qquad i, j = 1, 2, \cdots, p \tag{11.32}$$

$$\rho_{v_i, v_j} = \delta_{i,j}, \qquad i, j = 1, 2, \cdots, p \tag{11.33}$$

$$\rho_{u_i, v_j} = \gamma_i\delta_{i,j}, \qquad i, j = 1, 2, \cdots, p \tag{11.34}$$

证明　由于 $u_i = a_i^T x, v_j = b_j^T y$, 且二者的方差皆为 1, 因此有

$$\rho_{u_i, u_j} = \text{cov}(u_i, u_j) = a_i^T \Sigma_{xx} a_j = \widetilde{a}_i^T \widetilde{a}_j = \delta_{i,j} \tag{11.35}$$

性质式 (11.32) 得证。同理可证式 (11.33)。至于式 (11.34), 只需注意到 $\widetilde{b}_j$ 是 $\widetilde{\Sigma}_{xy}$ 的关于奇异值 γ_j 的右奇异向量, 相应的左奇异向量为 $\widetilde{a}_j$, 因此有 $\widetilde{\Sigma}_{xy} \widetilde{b}_j = \gamma_j \widetilde{a}_j$, 从而有

$$\begin{aligned}
\rho_{u_i, v_j} &= a_i^T \Sigma_{xy} b_j = \widetilde{a}_i^T \Sigma_{xx}^{-\frac{1}{2}} \Sigma_{xy} \Sigma_{yy}^{-\frac{1}{2}} \widetilde{b}_j = \widetilde{a}_i^T \widetilde{\Sigma}_{xy} \widetilde{b}_j \\
&= \widetilde{a}_i^T \gamma_j \widetilde{a}_j \\
&= \gamma_j \delta_{i,j} = \gamma_i \delta_{i,j} \tag{11.36}
\end{aligned}$$
$\qquad\square$

接下来计算典型变量与原始变量的相关系数。第 i 个典型变量 u_i 与原始变量 x 和 y 的协方差矩阵（实为行向量）分别为

$$\text{cov}(u_i, x) = \text{cov}(a_i^T x, x) = a_i^T \text{cov}(x, x) = a_i^T \Sigma_{xx} \tag{11.37}$$

$$\text{cov}(u_i, y) = \text{cov}(a_i^T x, y) = a_i^T \text{cov}(x, y) = a_i^T \Sigma_{xy} \tag{11.38}$$

由于 u_i 的标准差为 1, 因此 u_i 与原始变量 x 和 y 的相关系数矩阵为

$$\text{corr}(u_i, x) = a_i^T \Sigma_{xx} \Delta_x^{-1}, \qquad \Delta_x = \text{diag}(\sqrt{Dx_1}, \sqrt{Dx_2}, \cdots, \sqrt{Dx_p}) \tag{11.39}$$

$$\text{corr}(u_i, y) = a_i^T \Sigma_{xy} \Delta_y^{-1}, \qquad \Delta_y = \text{diag}(\sqrt{Dy_1}, \sqrt{Dy_2}, \cdots, \sqrt{Dy_q}) \tag{11.40}$$

如果原始变量 x 和 y 是标准化的, 则 $\Delta_x = I_p, \Delta_y = I_q$, 因此有

$$\text{corr}(u_i, x) = a_i^T R_{xx}, \qquad \text{corr}(u_i, y) = a_i^T R_{xy} \tag{11.41}$$

其中, R_{xx} 和 R_{xy} 分别是 x 和 x、x 和 y 的相关系数矩阵。

同理, 典型变量 v_i 和原始变量 x 和 y 的相关系数矩阵为

$$\text{corr}(v_i, x) = b_i^T \Sigma_{yx} \Delta_x^{-1}, \qquad \text{corr}(v_i, y) = b_i^T \Sigma_{yy} \Delta_y^{-1} \tag{11.42}$$

如果原始变量 x 和 y 是标准化的, 则有

$$\text{corr}(v_i, x) = b_i^T R_{yx}, \qquad \text{corr}(v_i, y) = b_i^T R_{yy} \tag{11.43}$$

如果原始变量是标准化的, 则

$$\frac{1}{p} \sum_{j=1}^{p} \rho_{u_i, x_j}^2 \tag{11.44}$$

可理解为变量 x 的方差中被典型变量 u_i 解释的比例; 类似地

$$\frac{1}{q} \sum_{j=1}^{q} \rho_{u_i, y_j}^2 \tag{11.45}$$

可解释为变量 y 的方差中被典型变量 u_i 解释的比例; 原始变量 x 和 y 的方差被典型变量 v_i 解释的比例分别为

$$\frac{1}{p} \sum_{j=1}^{p} \rho_{v_i, x_j}^2, \qquad \frac{1}{q} \sum_{j=1}^{q} \rho_{v_i, y_j}^2 \tag{11.46}$$

11.2.3　典型相关系数的显著性检验

在实际应用中, 总体的协方差矩阵是未知的, 需要用样本协方差矩阵代替, 因此计算得到的典型相关系数存在随机波动, 需要检验其显著性。

检验第 1 个典型相关系数 γ_1 的显著性, 即检验原假设 $H_0 : \gamma_1 = 0$, Bartlett[16] 提出了下列检验统计量

$$Q_1 := -\left[n - 1 - \frac{1}{2}(p + q + 1) \right] \sum_{i=1}^{p} \ln\left(1 - \gamma_i^2\right) \tag{11.47}$$

可以证明, 当样本容量 n 足够大时, 如果原假设 H_0 成立, 则 Q_1 近似服从自由度为 $\nu = pq$ 的 χ^2 分布, 因此可以用卡方检验来检验原假设 H_0。

检验第 k 个典型相关系数的显著性可以利用下列统计量:

$$Q_k := -\left[n - k - \frac{1}{2}(p + q + 1) \right] \sum_{i=k}^{p} \ln\left(1 - \gamma_i^2\right) \tag{11.48}$$

可以证明, 当样本容量 n 足够大时, 如果原假设 $H_0 : \gamma_k = 0$ 成立, 则 Q_k 近似服从自由度为 $\nu = (p - k + 1)(q - k + 1)$ 的 χ^2 分布, 因此可以用卡方检验来检验 H_0。

11.3　MATLAB 实现及应用实例

11.3.1　MATLAB 实现

本节通过一个简单的例子介绍如何用 MATLAB 实现典型相关分析。

例 11.2　为了研究家庭特征与其消费模式之间的关系, 调查了 70 个家庭的下面两组变量:

x	y
x_1: 每年去餐馆就餐的频率 x_2: 每年外出看电影的频率	y_1: 户主年龄 y_2: 家庭收入 y_3: 户主受教育程度

样本相关系数矩阵如表 11.1 所示。

表 11.1　家庭特征与家庭消费模式相关系数矩阵

	x_1	x_2	y_1	y_2	y_3
x_1	1.00	0.80	0.26	0.67	0.34
x_2	0.80	1.00	0.33	0.59	0.34
y_1	0.26	0.33	1.00	0.37	0.21
y_2	0.67	0.59	0.37	1.00	0.35
y_3	0.34	0.34	0.21	0.35	1.00

请对这两组变量作典型相关分析。

计算 $\Sigma_{xx}^{-1/2}, \Sigma_{yy}^{-1/2}$ 需要用到特征分解, 因此先把 Σ_{xx}, Σ_{yy} 的特征向量矩阵和特征值对角矩阵计算出来:

$$V_x = \begin{pmatrix} -0.7071 & 0.7071 \\ 0.7071 & 0.7071 \end{pmatrix}, \qquad D_x = \begin{pmatrix} 0.2000 & 0 \\ 0 & 1.8000 \end{pmatrix}$$

$$V_y = \begin{pmatrix} -0.4835 & -0.6764 & 0.5557 \\ 0.7744 & -0.0346 & 0.6317 \\ -0.4081 & 0.7357 & 0.5405 \end{pmatrix}, \qquad D_y = \begin{pmatrix} 0.5846 & 0 & 0 \\ 0 & 0.7905 & 0 \\ 0 & 0 & 1.6249 \end{pmatrix}$$

由此得到

$$\Sigma_{xx}^{\frac{1}{2}} = V_x D_x^{\frac{1}{2}} V_x^{\mathrm{T}} = \begin{pmatrix} 0.8944 & 0.4472 \\ 0.4472 & 0.8944 \end{pmatrix}$$

$$\Sigma_{xx}^{-\frac{1}{2}} = V_x D_x^{-\frac{1}{2}} V_x^{\mathrm{T}} = \begin{pmatrix} 1.4907 & -0.7454 \\ -0.7454 & 1.4907 \end{pmatrix}$$

$$\Sigma_{yy}^{\frac{1}{2}} = V_y D_y^{\frac{1}{2}} V_y^{\mathrm{T}} = \begin{pmatrix} 0.9791 & 0.1820 & 0.0913 \\ 0.1820 & 0.9683 & 0.1710 \\ 0.0913 & 0.1710 & 0.9810 \end{pmatrix}$$

$$\Sigma_{yy}^{-\frac{1}{2}} = V_y D_y^{-\frac{1}{2}} V_y^{\mathrm{T}} = \begin{pmatrix} 1.0625 & -0.1880 & -0.0661 \\ -0.1880 & 1.0988 & -0.1741 \\ -0.0661 & -0.1741 & 1.0558 \end{pmatrix}$$

因此

$$\widetilde{\Sigma}_{xy} = \Sigma_{xx}^{-\frac{1}{2}} \Sigma_{xy} \Sigma_{yy}^{-\frac{1}{2}} = \begin{pmatrix} 0.0286 & 0.5435 & 0.1609 \\ 0.2286 & 0.3175 & 0.1817 \end{pmatrix} \tag{11.49}$$

求 $\widetilde{\Sigma}_{xy}$ 的奇异值分解 $\widetilde{\Sigma}_{xy} = \widetilde{A}\Gamma\widetilde{B}^{\mathrm{T}}$, 得到

$$\widetilde{A} = \begin{pmatrix} -0.8094 & -0.5872 \\ -0.5872 & 0.8094 \end{pmatrix}, \qquad \Gamma = \begin{pmatrix} 0.6879 & 0 & 0 \\ 0 & 0.1869 & 0 \end{pmatrix}$$

$$\widetilde{B} = \begin{pmatrix} -0.2288 & 0.9001 & -0.3708 \\ -0.9105 & -0.3326 & -0.2456 \\ -0.3444 & 0.2814 & 0.8956 \end{pmatrix} \tag{11.50}$$

因此典型变量的系数矩阵为

$$A = \Sigma_{xx}^{-\frac{1}{2}} \widetilde{A} = \begin{pmatrix} -0.7689 & -1.4787 \\ -0.2721 & 1.6443 \end{pmatrix} \tag{11.51}$$

$$B = \Sigma_{yy}^{-\frac{1}{2}} \widetilde{B} = \begin{pmatrix} -0.0491 & 1.0003 & -0.4070 \\ -0.8975 & -0.5837 & -0.3561 \\ -0.1900 & 0.2956 & 1.0129 \end{pmatrix} \qquad (11.52)$$

因此 x 与 y 的典型变量及典型相关系数为

$$u_1 = -0.7689x_1 - 0.2721x_2, \qquad v_1 = -0.0491y_1 - 0.8975y_2 - 0.1900y_3$$

$$\rho_{u_1, v_1} = 0.6879 \qquad (11.53)$$

$$u_2 = -1.4787x_1 + 1.6443x_2, \qquad v_2 = 1.0003y_1 - 0.5837y_2 + 0.2956y_3$$

$$\rho_{u_2, v_2} = 0.1869 \qquad (11.54)$$

记 $u = (u_1, u_2)^{\mathrm{T}}, v = (v_1, v_2)^{\mathrm{T}}$, 则典型变量与原始变量的相关系数矩阵为

$$\mathrm{corr}(u, x) = A^{\mathrm{T}} R_{xx} = \begin{pmatrix} -0.9866 & -0.8872 \\ -0.1632 & 0.4614 \end{pmatrix}$$

$$\mathrm{corr}(u, y) = A^{\mathrm{T}} R_{xy} = \begin{pmatrix} -0.2897 & -0.6757 & -0.3539 \\ 0.1582 & -0.0206 & 0.0563 \end{pmatrix}$$

$$\mathrm{corr}(v, x) = B^{\mathrm{T}} R_{yx} = \begin{pmatrix} -0.6787 & -0.6104 \\ -0.0305 & 0.0862 \end{pmatrix}$$

$$\mathrm{corr}(v, y) = B^{\mathrm{T}} R_{yy} = \begin{pmatrix} -0.4211 & -0.9822 & -0.5145 \\ 0.8464 & -0.1101 & 0.3013 \end{pmatrix}$$

其中, $\mathrm{corr}(v, x)$ 和 $\mathrm{corr}(v, y)$ 分别是 $B^{\mathrm{T}} R_{yx}$ 和 $B^{\mathrm{T}} R_{yy}$ 的前两行构成的矩阵。可以看出, u_1 和 x_1、x_2 的相关系数都很大, 因此 u_1 是反映家庭消费的综合指标; v_1 与 y_2 的相关性非常突出, 因此可以看作家庭收入的综合指标; 典型变量 u_1 和 v_1 的相关系数为 0.6879, 说明家庭的消费与家庭的收入之间正相关性较强。

接下来检验典型相关系数的显著性。先检验 $H_0: \gamma_1 = 0$, 检验统计量为

$$Q_1 = -\left[70 - 1 - \frac{1}{2}(2 + 3 + 1)\right] \sum_{i=1}^{2} \ln\left(1 - \gamma_i^2\right) \qquad (11.55)$$

它近似服从自由度为 $\nu = 2 \times 3 = 6$ 的卡方分布 $\chi^2(6)$, 将典型相关系数 γ_1, γ_2 的值代入式 (11.55), 用 MATLAB 计算得到 $Q_1 = 44.6566$, 取显著性水平为 $\alpha = 0.05$, 用 MATLAB 计算自由度为 6 的卡方分布的分位点, 得到 $\chi_\alpha^2(6) = 12.5916$, 由于 $Q_1 > \chi_\alpha^2(6)$, 因此拒绝原假设 H_0, 即认为第 1 个典型相关系数是显著的。

再来检验第 2 个典型相关系数的显著性。原假设为 $H_0: \gamma_2 = 0$, 检验统计量为

$$Q_2 := -\left[70 - 2 - \frac{1}{2}(2 + 3 + 1)\right] \ln\left(1 - \gamma_2^2\right) \qquad (11.56)$$

它近似服从自由度为 $\nu = (2-2+1) \times (3-2+1) = 2$ 的卡方分布 $\chi^2(2)$，将典型相关系数 γ_2 的值代入式 (11.56)，用 MATLAB 计算得到 $Q_2 = 2.3103$，取显著性水平为 $\alpha = 0.05$，用 MATLAB 计算自由度为 2 的卡方分布的分位点，得到 $\chi_\alpha^2(2) = 5.9915$，由于 $Q_2 < \chi_\alpha^2(2)$，因此接受原假设 H_0，即认为第 2 个典型相关系数是不显著的。

MATLAB 提供了一个用于计算典型相关分析的函数 canoncorr()，其具体用法将在下一小节结合一个应用实例进行说明。

最后，实现本节典型相关分析实验计算的全部 MATLAB 代码收集在下列 MATLAB 函数中，也已保存至附件的 familyCanonicAnaly.m 文件中，读者可以根据自己的需要使用和修改。

```
function familyCanonicAnaly()
%%这个函数实现了例11.1家庭特征与其消费模式的典型相关分析
%%%%%%%%%%%%%%%%%%%%%%%%%%%%%%%%%%%%%%%%%%%%%%%%%%%%%%%
load('familydata.mat');                      %%载入相关系数矩阵
%%5个变量x1,x2,y1,y2,y3的相关系数矩阵保存在变量R中
Sxx=R(1:2,1:2);
Sxy=R(1:2,3:5);
Syy=R(3:5,3:5);
[Vx,Dx]=eig(Sxx)                             %%特征分解
[Vy,Dy]=eig(Syy)
sqrtSxx=Vx*diag(sqrt(diag(Dx)))*Vx'
invsqrtSxx=Vx*diag(1./sqrt(diag(Dx)))*Vx'
sqrtSyy=Vy*diag(sqrt(diag(Dy)))*Vy'
invsqrtSyy=Vy*diag(1./sqrt(diag(Dy)))*Vy'
tildeSxy=invsqrtSxx*Sxy*invsqrtSyy           %%式(11.17)定义的矩阵
[tildeA,Gamma,tildeB]=svd(tildeSxy)          %%奇异值分解
A=invsqrtSxx*tildeA                          %%典型变量的系数矩阵
B=invsqrtSyy*tildeB
Cux=A'*Sxx          %%典型u和原始变量x的相关系数矩阵
Cuy=A'*Sxy          %%典型u和原始变量y的相关系数矩阵
Cvx=B'*Sxy';
Cvx=Cvx(1:2,:)      %%典型v和原始变量x的相关系数矩阵
Cvy=B'*Syy;
Cvy=Cvy(1:2,:)      %%典型v和原始变量y的相关系数矩阵


%%下面4行代码检验第1个典型相关系数的显著性
Q1=-(70-1-(2+3+1)/2)*(log(1-Gamma(1,1)^2)+log(1-Gamma(2,2)^2))
a=0.05;
nu1=2*3;
K1a=chi2inv(1-a,nu1)

%%下面3行代码检验第2个典型相关系数的显著性
Q2=-(70-2-(2+3+1)/2)*log(1-Gamma(2,2)^2)
nu2=(2-2+1)*(3-2+1);
```

```
K2a=chi2inv(1-a,nu2)
end
```

11.3.2 应用实例

本节通过一个实例说明 MATLAB 的典型相关函数 canoncorr() 的用法。

例 11.3 表 11.2 收集了 50 位销售员的销售业绩和心理测试数据, 包含如下指标:

销售业绩 (x)	心理测试 (y)
x_1: 销售增长	y_1: 创新测试
x_2: 销售盈利能力	y_2: 机械推理测试
x_3: 新客户	y_3: 抽象推理测试
	y_4: 数学测试

为了节省篇幅, 表 11.2 仅列出了部分数据, 完整的数据表保存在附件的 "销售员数据.xlsx" 文档中。请对这两组变量进行典型相关分析。

表 11.2　销售员数据

序　号	销 售 业 绩			心 理 测 试			
	x_1	x_2	x_1	y_1	y_2	y_3	y_4
1	93	96	97.8	9	12	9	20
2	88.8	91.8	96.8	7	10	10	15
3	95	100.3	99	8	12	9	26
4	101.3	103.8	106.8	13	14	12	29
5	102	107.8	103	10	15	12	32
6	95.8	97.5	99.3	10	14	11	21
7	95.5	99.5	99	9	12	9	25
8	110.8	122	115.3	18	20	15	51
9	102.8	108.3	103.8	10	17	13	31
10	106.8	120.5	102	14	18	11	39
⋮	⋮	⋮	⋮	⋮	⋮	⋮	⋮
48	84.3	89.8	94.3	8	8	8	9
49	104.3	109.5	106.5	14	12	12	36
50	106	118.5	105	12	16	11	39

这次我们用 MATLAB 提供的典型相关分析函数 canoncorr(), 这个函数的基本用法如下:

```
[A,B,r,U,V,stats] = canoncorr(X,Y)
```

其中, 输入参数 X 和 Y 分别是两组变量的样本数据矩阵, 每行代表一个样本, 每列代表一个变量; 输出参数 A 和 B 是典型变量的系数矩阵, r 是典型相关系数组成的向量, U 和 V 是典型变量得分矩阵, stats 是一个结构体, 包含显著性检验的结果信息。

我们已将两组变量的样本数据输入变量 X 和 Y, 并保存在 MATLAB 数据文件 salesmanData.mat 中, 使用时载入这个文件即可。典型相关分析的代码如下:

```
load('salesmanData.mat');        %%载入销售员数据矩阵
[A,B,r,U,V,stats] = canoncorr(X,Y)  %%典型相关分析
```

计算得到的典型变量系数矩阵和典型相关系数向量为

$$A = \begin{pmatrix} -.1038 & .1561 & -.3759 \\ .0430 & -.2404 & .1009 \\ -.1405 & .2046 & .3851 \end{pmatrix}, \quad B = \begin{pmatrix} -.1086 & .1842 & .2407 \\ -.0026 & -.2582 & -.1482 \\ -.2177 & .4500 & -.2858 \\ -.0384 & -.0720 & .0157 \end{pmatrix} \quad (11.57)$$

$$r = (0.9720, 0.8265, 0.3859) \quad (11.58)$$

因此有如下 3 对典型变量:

$$u_1 = -0.1038x_1 + 0.0430x_2 - 0.1405x_3$$
$$v_1 = -0.1086y_1 - 0.0026y_2 - 0.2177y_3 - 0.0384y_4, \quad \rho_{u_1,v_1} = 0.9720$$
$$u_2 = 0.1561x_1 - 0.2404x_2 + 0.2046x_3$$
$$v_2 = 0.1842y_1 - 0.2582y_2 + 0.4500y_3 - 0.0720y_4, \quad \rho_{u_2,v_2} = 0.8265$$
$$u_3 = -0.3759x_1 + 0.1009x_2 + 0.3851x_3$$
$$v_3 = 0.2407y_1 - 0.1482y_2 - 0.2858y_3 + 0.0157y_4, \quad \rho_{u_3,v_3} = 0.3859$$

结构体 stats 中的内容如图 11.1 所示, 从第 5 行的 pF 值、第 7 行的 pChisq 值和最后一行的 p 值都小于 0.05 可以得知, 3 个典型相关系数在显著性水平 $\alpha = 0.05$ 时都是显著的。

```
stats =

  包含以下字段的 struct:

    Wilks: [0.0149 0.2698 0.8511]
      df1: [12 6 2]
      df2: [114.0588 88 45]
        F: [37.0786 13.5717 3.9364]
       pF: [9.1120e-34 7.6037e-11 0.0266]
    chisq: [189.2368 59.0360 7.3394]
   pChisq: [5.3922e-34 7.0639e-11 0.0255]
      dfe: [12 6 2]
        p: [5.3922e-34 7.0639e-11 0.0255]
```

图 11.1　结构体 stats 中的内容截图

计算典型变量与原始变量的相关系数矩阵, 得

$$\operatorname{corr}(u,x)=\begin{pmatrix} -0.9439 & -0.8279 & -0.9687 \\ -0.2563 & -0.5609 & -0.0740 \\ -0.2082 & -0.0041 & 0.2369 \end{pmatrix}$$

$$\operatorname{corr}(u,y)=\begin{pmatrix} -0.6637 & -0.6367 & -0.7356 & -0.8348 \\ 0.0124 & -0.3898 & 0.2578 & -0.3004 \\ 0.2462 & -0.0344 & -0.2214 & -0.0052 \end{pmatrix}$$

$$\operatorname{corr}(v,x)=\begin{pmatrix} -0.9174 & -0.8047 & -0.9415 \\ -0.2118 & -0.4635 & -0.0611 \\ -0.0803 & -0.0016 & 0.0914 \end{pmatrix}$$

$$\operatorname{corr}(v,y)=\begin{pmatrix} -0.6829 & -0.6551 & -0.7569 & -0.8588 \\ 0.0151 & -0.4717 & 0.3119 & -0.3635 \\ 0.6380 & -0.0892 & -0.5739 & -0.0135 \end{pmatrix}$$

计算结果表明, 典型变量 u_1 能够解释原始变量 x 的 83.83% 的方差, v_1 能够解释原始变量 y 的 55.15% 的方差, u_1 与 v_1 的相关系数高达 97.20%, 表明 x 与 y 这两组变量高度相关。

实现本节典型相关分析实验计算的全部 MATLAB 代码收集在下列 MATLAB 函数中, 也已保存至附件的 salesmanCanonicAnaly.m 文件中, 读者可以根据自己的需要使用和修改。

```
function salesmanCanonicAnaly()
%%这个函数实现了例11.2销售员数据的典型相关分析
%%%%%%%%%%%%%%%%%%%%%%%%%%%%%%%%%%%%%%%%%%%%%%%%%%%%%%
load('salesmanData.mat');       %%载入销售员数据矩阵
%%里面有X,Y两个矩阵, 分别是第1组变量和第2组变量的样本数据
[A,B,r,U,V,stats] = canoncorr(X,Y)   %%典型相关分析
Cux=corr(U,X)                   %%典型u和原始变量x的相关系数矩阵
Cuy=corr(U,Y)                   %%典型u和原始变量y的相关系数矩阵
Cvx=corr(V,X)                   %%典型v和原始变量x的相关系数矩阵
Cvy=corr(V,Y)                   %%典型v和原始变量y的相关系数矩阵
u1expl=sum(Cux(1,:).^2)/3       %%计算u1解释x的方差比例
v1expl=sum(Cvy(1,:).^2)/4       %%计算v1解释y的方差比例

end
```

拓展阅读建议

本章介绍了典型相关分析的基本思想、数学原理、实现方法及应用, 这些知识是学习大数据分析、机器学习、计量经济学等后续课程的基础, 同时在自然科学、工程技术、经

济管理、社会科学等领域中有广泛应用, 必须牢固掌握。关于典型相关分析的原理及实现的更多细节可参考 Krzanowski 的专著 [138]。典型相关分析在信息检索中的应用可参考论文 [139-140], 在全基因组关联研究中的应用可参考文献 [141-142], 在自然语言处理中的应用可参考文献 [143-144]。

第 11 章习题

1. 简述典型相关分析的基本思想。

2. 设 $\widetilde{\Sigma}$ 是 $p \times q$ $(p \leqslant q)$ 的实矩阵, 其奇异值分解为

$$\widetilde{\Sigma} = \sum_{i=1}^{p} \gamma_i \widetilde{a}_i \widetilde{b}_i^{\mathrm{T}} \tag{11.59}$$

其中, $\widetilde{A} = (\widetilde{a}_1, \widetilde{a}_2, \cdots, \widetilde{a}_p)$ 和 $\widetilde{B} = (\widetilde{b}_1, \widetilde{b}_2, \cdots, \widetilde{b}_q)$ 分别是 p 阶和 q 阶正交矩阵, $\gamma_1 \geqslant \gamma_2 \geqslant \cdots \geqslant \gamma_p \geqslant 0$。证明对任意 p 维单位列向量 $\widetilde{a}$ 和 q 维单位列向量 $\widetilde{b}$ 皆有

$$\widetilde{a}^{\mathrm{T}} \widetilde{\Sigma} \widetilde{b} \leqslant \gamma_1 \tag{11.60}$$

3. 假设习题 2 的条件成立, 还假定

$$\widetilde{a}^{\mathrm{T}} \widetilde{a}_i = 0, \qquad \widetilde{b}^{\mathrm{T}} \widetilde{b}_i = 0, \qquad i = 1, 2, \cdots, k-1, \quad k \leqslant p \tag{11.61}$$

请证明

$$\widetilde{a}^{\mathrm{T}} \widetilde{\Sigma} \widetilde{b} \leqslant \gamma_k \tag{11.62}$$

4. 请证明定理 11.2。

5. 在一个关于贫穷和犯罪的关系研究中, Parker 和 Smith 收集了美国各州的下列数据:

x	y
x_1: 1973nonprimary homicides	y_1: 1970severity of punishment
x_2: 1973primary homicides	y_2: 1970certainty of punishment

计算得到如下样本相关系数矩阵:

$$R = \begin{pmatrix} R_{xx} & R_{xy} \\ R_{yx} & R_{yy} \end{pmatrix} = \begin{pmatrix} 1.0 & .615 & -.111 & -.266 \\ .615 & 1.0 & -.195 & -.085 \\ -.111 & -.195 & 1.0 & -.269 \\ -.266 & -.085 & -.269 & 1.0 \end{pmatrix} \tag{11.63}$$

请计算这两组变量的典型变量和典型相关系数。

6. Waugh 研究了小麦的特点和由其生产的面粉质量之间的关系, 包括如下指标:

x	y
x_1: kernel texture	y_1: wheat per barrel of flour
x_2: test weight	y_2: ash in flour
x_3: damaged kernels	y_3: crude protein in flour
x_4: foreign material	y_4: gluten quality index
x_5: crude protein in the wheat	

一共收集了 138 个样本, 计算得到如下样本相关系数矩阵:

$$
\begin{pmatrix}
1.0 \\
.754 & 1.0 \\
-.690 & -.712 & 1.0 \\
-.446 & -.515 & .323 & 1.0 \\
.692 & .412 & -.444 & -.334 & 1.0 \\
-.605 & -.722 & .737 & .527 & -.383 & 1.0 \\
-.479 & -.419 & .361 & .461 & -.505 & .251 & 1.0 \\
.780 & .542 & -.546 & -.393 & .737 & -.490 & -.434 & 1.0 \\
-.152 & -.102 & .172 & -.019 & -.148 & .250 & -.079 & -.163 & 1.0
\end{pmatrix}
$$

请对这两组变量作典型相关分析。

7. 请收集各省、市、自治区的投入和产出指标的数据, 对其作典型相关分析。

χ^2 分布、t 分布和 F 分布

在统计学中, 常常要用到 χ^2 分布、t 分布和 F 分布, 本附录介绍这三个分布的基础知识和主要结果。

如果 $X_1, X_2, \cdots, X_n$ 都是服从标准正态分布的随机变量, 且是独立的, 则称 $Y = X_1^2 + X_2^2 + \cdots + X_n^2$ 服从的分布为**自由度为** n **的** χ^2 **分布**, 记作 $\chi^2(n)$。按照定义, 如果 $Y_1 \sim \chi^2(n_1), Y_2 \sim \chi^2(n_2)$, 且相互独立, 则有 $Y_1 + Y_2 \sim \chi^2(n_1 + n_2)$。

接下来推导 χ^2 分布的概率密度函数。如果 $X_i \sim \mathcal{N}(0, 1)$, 则 X_i^2 的分布函数为

$$F(x) = P\{X_i^2 \leqslant x\} = \begin{cases} P\{-\sqrt{x} \leqslant X_i \leqslant \sqrt{x}\}, & x > 0 \\ 0, & x \leqslant 0 \end{cases}$$

$$= \begin{cases} \Phi(\sqrt{x}) - \Phi(-\sqrt{x}), & x > 0 \\ 0, & x \leqslant 0 \end{cases} \tag{A.1}$$

其中, Φ 是标准正态分布函数。对其求导数, 得到 X_i^2 的概率密度函数为

$$f(x) = F'(x) = \begin{cases} \dfrac{1}{\sqrt{x}} \varphi(\sqrt{x}), & x > 0 \\ 0, & x \leqslant 0 \end{cases}$$

$$= \begin{cases} \dfrac{1}{\sqrt{2\pi}} x^{-1/2} \mathrm{e}^{-\frac{1}{2}x}, & x > 0 \\ 0, & x \leqslant 0 \end{cases} \tag{A.2}$$

如果 X 和 Y 是独立的随机变量, 密度函数分别为 $f_X(x)$ 和 $f_Y(y)$, 则 X 与 Y 的联合密度函数为 $f(x, y) = f_X(x) f_Y(y)$, 于是 $Z := X + Y$ 的分布函数为

$$F_Z(z) = P\{Z \leqslant z\} = P\{X + Y \leqslant z\} = \iint_{x+y \leqslant z} f_X(x) f_Y(y) \mathrm{d}x \mathrm{d}y$$

$$= \int_{-\infty}^{\infty} \left(\int_{-\infty}^{z-x} f_X(x) f_Y(y) \mathrm{d}y \right) \mathrm{d}x \tag{A.3}$$

对 z 求导便得到了 $Z = X + Y$ 的密度函数为

$$f_Z(z) = \frac{\mathrm{d}}{\mathrm{d}z} F_Z(z) = \int_{-\infty}^{\infty} f_X(x) f_Y(z - x) \mathrm{d}x := (f_X * f_Y)(z) \tag{A.4}$$

其中, $f_X * f_Y$ 表示 f_X 与 f_Y 的**卷积 (convolution)**。

现在回过头来求 $\chi^2(n)$ 分布的密度函数。如果 Y 是独立的标准正态随机变量 X_1, $X_2, \cdots, X_n$ 的平方和, 由于每个 X_i^2 的概率密度函数都由式 (A.2) 给出, 根据式 (A.4), Y 的概率密度函数为

$$g(x) = (f * f * \cdots * f)(x) = \begin{cases} \dfrac{1}{2^{\frac{n}{2}} \Gamma\left(\dfrac{n}{2}\right)} x^{\frac{n}{2}-1} \mathrm{e}^{-\frac{x}{2}} & x > 0 \\ 0, & x \leqslant 0 \end{cases} \tag{A.5}$$

其中, Γ 表示 Gamma 函数, 定义如下:

$$\Gamma(\alpha) = \int_0^\infty t^{\alpha-1} \mathrm{e}^{-t} \mathrm{d}t, \qquad \alpha > 0 \tag{A.6}$$

式 (A.5) 可以用数学归纳法证明。

再来看 Y 的矩母函数。注意到

$$\begin{aligned} M_{X_i^2}(t) &= E\left[\mathrm{e}^{tX_i^2}\right] = \int_{-\infty}^{\infty} \mathrm{e}^{tx^2} \frac{1}{\sqrt{2\pi}} \mathrm{e}^{-\frac{1}{2}x^2} \mathrm{d}x \\ &= (1-2t)^{-\frac{1}{2}} \int_{-\infty}^{\infty} \frac{(1-2t)^{\frac{1}{2}}}{\sqrt{2\pi}} \exp\left\{-\frac{(1-2t)}{2}x^2\right\} \mathrm{d}x \\ &= (1-2t)^{-\frac{1}{2}} \int_{-\infty}^{\infty} \frac{1}{\sqrt{2\pi}} \mathrm{e}^{-\frac{1}{2}z^2} \mathrm{d}z \qquad \left(\text{作变量代换 } z = (1-2t)^{\frac{1}{2}}x\right) \\ &= (1-2t)^{-\frac{1}{2}} \end{aligned} \tag{A.7}$$

再利用矩母函数的性质得到

$$M_Y(t) = \prod_{i=1}^{n} M_{X_i^2}(t) = (1-2t)^{-\frac{n}{2}} \tag{A.8}$$

利用矩母函数可以求出 Y 的各阶矩为

$$EY = \left.\frac{\mathrm{d}M_Y(t)}{\mathrm{d}t}\right|_{t=0} = n, \qquad E(Y^2) = \left.\frac{\mathrm{d}^2 M_Y(t)}{\mathrm{d}t^2}\right|_{t=0} = n(n+2) \tag{A.9}$$

$$DY = E(Y^2) - (EY)^2 = 2n \tag{A.10}$$

在数理统计中, 我们经常需要用到离差平方和

$$(n-1)S^2 = \sum_{i=1}^{n}(X_i - \overline{X})^2 \tag{A.11}$$

的抽样分布, 其中 $X_i, i = 1, 2, \cdots, n$ 是独立的标准正态随机变量。这个统计量与 χ^2 分布密切相关。为了搞清楚这种关系, 我们来做些计算。记 $X = (X_1, X_2, \cdots, X_n)^{\mathrm{T}}$, 则有

$$(n-1)S^2 = \sum_{i=1}^{n}\left\{X_i^2 - 2X_i\overline{X} + (\overline{X})^2\right\} = \sum_{i=1}^{n} X_i^2 - n(\overline{X})^2$$

$$= X^{\mathrm{T}} X - \frac{1}{n} X^{\mathrm{T}} \mathbb{1}_n X$$

$$= X^{\mathrm{T}} \left(I - \frac{1}{n} \mathbb{1}_n \right) X \tag{A.12}$$

其中, $\mathbb{1}_n$ 表示元素全是 1 的 n 阶方阵。从式 (A.12) 可以看出, $(n-1)S^2$ 实际上是标准正态随机向量 X 的二次型, 这种类型的统计量在数理统计中频繁出现, 关于其分布, 有下列重要定理:

定理 A.1 (Cochran 定理) 设 $X_1, X_2, \cdots, X_n$ 是独立的标准正态随机变量, $A^{(1)}, A^{(2)}, \cdots, A^{(k)}$ 是 n 阶半正定的实对称矩阵, 且满足 $\sum_{i=1}^{k} A^{(i)} = I_n$, 其中 I_n 表示 n 阶单位矩阵。记 $\mathrm{rank}(A^{(i)}) = r_i$, $Q_i = X^{\mathrm{T}} A^{(i)} X$, $i = 1, 2, \cdots, k$, 如果 $r_1 + r_2 + \cdots + r_k = n$, 则下列结论成立:

i) 随机变量 $Q_1, Q_2, \cdots, Q_k$ 是独立的;

ii) $Q_i \sim \chi^2(r_i)$, $i = 1, 2, \cdots, k$。

证明 Cochran 定理需要用到线性代数中的一些事实, 我们以引理和推论的形式给出。

引理 A.1 (同时对角化) 设 A 和 B 是 n 阶半正定实对称矩阵, $\mathrm{rank}(A) = r$, $\mathrm{rank}(B) = n - r$, 且 $A + B = I_n$, 则存在正交矩阵 U 使得

$$U^{\mathrm{T}} A U = \begin{pmatrix} I_r & 0 \\ 0 & 0 \end{pmatrix}, \qquad U^{\mathrm{T}} B U = \begin{pmatrix} 0 & 0 \\ 0 & I_{n-r} \end{pmatrix} \tag{A.13}$$

证明 根据定理 1.12, 存在正交矩阵 U, 使得

$$U^{\mathrm{T}} A U = \begin{pmatrix} \Lambda_r & 0 \\ 0 & 0 \end{pmatrix} \tag{A.14}$$

其中, Λ_r 是一个 r 阶对角矩阵, 其对角线上的元素是 A 的非零特征值。于是

$$U^{\mathrm{T}} B U = U^{\mathrm{T}} (I_n - A) U = I_n - U^{\mathrm{T}} A U = \begin{pmatrix} I_r - \Lambda_r & 0 \\ 0 & I_{n-r} \end{pmatrix} \tag{A.15}$$

由于 $\mathrm{rank}(U^{\mathrm{T}} B U) = \mathrm{rank}(B) = n - r$, 因此必有 $\Lambda_r = I_r$, 从而式 (A.13) 成立。□

利用数学归纳法还可以证明下列推论成立:

推论 A.1 设 $A^{(1)}, A^{(2)}, \cdots, A^{(k)}$ 是 n 阶半正定的实对称矩阵, 且满足 $\sum_{i=1}^{k} A^{(i)} = I_n$, 其中 I_n 表示 n 阶单位矩阵。记 $\mathrm{rank}(A^{(i)}) = r_i$, $i = 1, 2, \cdots, k$, 如果 $r_1 + r_2 + \cdots + r_k = n$, 则存在正交矩阵 U, 使得

$$U^{\mathrm{T}} A^{(i)} U = D_i, \qquad i = 1, 2, \cdots, k \tag{A.16}$$

其中, D_i 是秩为 r_i 的对角矩阵, 具有下列形式:

$$D_i = \begin{pmatrix} 0_{r_1} & & & & & & \\ & \ddots & & & & & \\ & & 0_{r_{i-1}} & & & & \\ & & & I_{r_i} & & & \\ & & & & 0_{r_{i+1}} & & \\ & & & & & \ddots & \\ & & & & & & 0_{r_k} \end{pmatrix} \qquad (A.17)$$

现在我们可以给出 Cochran 定理的证明了。

Cochran 定理的证明:　根据推论 A.1, 存在正交矩阵 U 使得式 (A.16) 成立。令 $Y = U^{\mathrm{T}} X$, 则有

$$Q_i = X^{\mathrm{T}} A_i X = X^{\mathrm{T}} U D_i U^{\mathrm{T}} X = Y^{\mathrm{T}} D_i Y = \sum_{j=s_{i-1}+1}^{s_i} Y_j^2,$$

$$s_i := \sum_{l=1}^{i} r_l, \ i = 1, 2, \cdots, k \qquad (A.18)$$

由于 U 是正交矩阵, 因此 $U^{\mathrm{T}} U = I_n$, 由此推出 $Y = U^{\mathrm{T}} X \sim \mathcal{N}(0, I_n)$, 根据定理 1.17 和定理 1.19, $Y_1, Y_2, \cdots, Y_n$ 是独立的标准正态随机变量, 因此,

$$Q_i \sim \chi^2(r_i), \qquad i = 1, 2, \cdots, k \qquad (A.19)$$

且是独立的。□

定理 A.2　设 $X_1, X_2, \cdots, X_n$ 是来自正态总体 $\mathcal{N}(\mu, \sigma^2)$ 的简单样本, $\overline{X}$ 是其样本均值, S^2 是其样本方差, 则有

$$\frac{(n-1)S^2}{\sigma^2} \sim \chi^2(n-1) \qquad (A.20)$$

且 S^2 与 $\overline{X}$ 是独立的。

证明　令 $Y_i = (X_i - \mu)/\sigma$, 则 $Y_1, Y_2, \cdots, Y_n$ 是独立的标准正态随机变量, 且有

$$\frac{(n-1)S^2}{\sigma^2} = \sum_{i=1}^{n} (Y_i - \overline{Y})^2 = Y^{\mathrm{T}} \left(I_n - \frac{1}{n} \mathbb{1}_n \right) Y \qquad (A.21)$$

于是,

$$\frac{(n-1)S^2}{\sigma^2} + n(\overline{Y})^2 = Y^{\mathrm{T}} \left(I_n - \frac{1}{n} \mathbb{1}_n \right) Y + \frac{1}{n} Y^{\mathrm{T}} \mathbb{1}_n Y := Y^{\mathrm{T}} A_1 Y + Y^{\mathrm{T}} A_2 Y \qquad (A.22)$$

其中, $A_1 = I_n - (1/n)\mathbb{1}_n, A_2 = (1/n)\mathbb{1}_n$。由于

$$A_1 + A_2 = I_n, \qquad \text{rank}(A_1) = n - 1, \qquad \text{rank}(A_2) = 1 \qquad \text{(A.23)}$$

利用 Cochran 定理立即推出定理结论成立。□

接下来讨论 t 分布。考虑取自正态总体 $\mathcal{N}(\mu, \sigma^2)$ 的简单样本 $X_1, X_2, \cdots, X_n$, 如果总体的方差 σ^2 已知, 则可以用统计量

$$U = \frac{\overline{X} - \mu_0}{\sigma/\sqrt{n}} \qquad \text{(A.24)}$$

做关于总体均值的假设检验, 当原假设 $H_0 : \mu = \mu_0$ 成立时, U 服从标准正态分布。但如果方差未知, 则只能用样本方差 S^2 代替总体方差 σ^2, 考虑下列统计量:

$$T = \frac{\overline{X} - \mu_0}{S/\sqrt{n}} \qquad \text{(A.25)}$$

这个统计量不再服从正态分布, 而是服从所谓的 t **分布**。一般地, 设 $X \sim \mathcal{N}(0, 1), Y \sim \chi^2(n)$, 且相互独立, 则称

$$T = \frac{X}{\sqrt{Y/n}} \qquad \text{(A.26)}$$

服从的分布为**自由度为 n 的 t 分布**, 记作 $t(n)$。t 分布由 W. S. Gosset 于 1908 年在期刊 *Biometrika* 上正式发表[145], 当时出于商业保密的原因, Gosset 并没有用真名, 而是用的化名 Student, 后来 Fisher 在他的著作中把这个分布称为 Student's distribution, 这个名称广为传播。

自由度为 n 的 t 分布的概率密度函数为

$$f_n(t) = \frac{\Gamma\left(\dfrac{n+1}{2}\right)}{\sqrt{n\pi}\,\Gamma\left(\dfrac{n}{2}\right)} \left(1 + \frac{t^2}{n}\right)^{-\frac{n+1}{2}} \qquad \text{(A.27)}$$

当 $n \to \infty$ 时, 有

$$\lim_{n\to\infty} f_n(t) = \frac{1}{\sqrt{2\pi}} e^{-\frac{t^2}{2}} \qquad \text{(A.28)}$$

这正是标准正态分布的密度函数。

当 $T \sim t(n)$ 时, T 的各阶矩为

$$E(T^k) = \begin{cases} 0, & k\text{为奇数, 且 } 0 < k < n \\ n^{k/2} \displaystyle\prod_{i=1}^{k/2} \frac{2i-1}{n-2i}, & k\text{为偶数, 且 } 0 < k < n \end{cases} \qquad \text{(A.29)}$$

更高阶矩是不存在的。从式 (A.29) 可得到

$$ET = 0, \qquad DT = E(T^2) - (ET)^2 = \frac{n}{n-2} \qquad \text{(A.30)}$$

定理 **A.3**　设 $X_1, X_2, \cdots, X_n$ 是来自正态总体 $\mathcal{N}(\mu, \sigma^2)$ 的简单样本, $\overline{X}$ 和 S^2 分别是样本均值和样本方差, 则有

$$T = \frac{\overline{X} - \mu}{S/\sqrt{n}} \quad \sim \quad t(n-1) \tag{A.31}$$

证明　由于 $\sqrt{n}\dfrac{\overline{X} - \mu}{\sigma} \sim \mathcal{N}(0, 1)$, 且根据定理 A.2, 得 $\dfrac{(n-1)S^2}{\sigma^2} \sim \chi^2(n-1)$, 因此由 t 分布的定义立刻得到

$$T = \frac{\overline{X} - \mu}{S/\sqrt{n}} = \frac{\sqrt{n}\dfrac{\overline{X} - \mu}{\sigma}}{\sqrt{\dfrac{(n-1)S^2}{\sigma^2}\bigg/(n-1)}} \quad \sim \quad t(n-1) \tag{A.32} \quad \square$$

接下来介绍 F 分布。设 X 和 Y 分别服从自由度为 n_1 和 n_2 的 χ^2 分布, 且相互独立, 则称

$$F = \frac{X/n_1}{Y/n_2} \tag{A.33}$$

服从的分布为**第一自由度为 n_1、第二自由度为 n_2 的 F 分布**, 记作 $F(n_1, n_2)$。

$F(n_1, n_2)$ 分布的概率密度函数为

$$f(x; n_1, n_2) = \begin{cases} \dfrac{\Gamma\left(\dfrac{n_1 + n_2}{2}\right)}{\Gamma\left(\dfrac{n_1}{2}\right)\Gamma\left(\dfrac{n_2}{2}\right)} \left(\dfrac{n_1}{n_2}\right)^{\frac{n_1}{2}} x^{\frac{n_1}{2}-1}\left(1 + \dfrac{n_1}{n_2}x\right)^{-\frac{n_1+n_2}{2}}, & x > 0 \\ 0, & x \leqslant 0 \end{cases} \tag{A.34}$$

当 $X \sim F(n_1, n_2)$ 时, X 的各阶矩为

$$E(X^k) = \left(\frac{n_2}{n_1}\right)^k \frac{\Gamma\left(\dfrac{n_1}{2} + k\right)\Gamma\left(\dfrac{n_2}{2} - k\right)}{\Gamma\left(\dfrac{n_1}{2}\right)\Gamma\left(\dfrac{n_2}{2}\right)}, \qquad k < \frac{n_2}{2} \tag{A.35}$$

更高阶矩是不存在的。当 $n_2 > 4$ 时, 利用 Gamma 函数的性质 $\Gamma(x) = (x-1)\Gamma(x-1)$ 可以得到

$$EX = \frac{n_2}{n_2 - 2}, \qquad E(X^2) = \frac{n_2^2(n_1 + 2)}{n_1(n_2 - 2)(n_2 - 4)} \tag{A.36}$$

由此得到

$$DX = E(X^2) - (EX)^2 = 2\left(\frac{n_2}{n_2 - 2}\right)^2 \frac{n_1 + n_2 - 2}{n_1(n_2 - 4)} \tag{A.37}$$

由定理 A.2 和 F 分布的定义可以立刻导出下列结果:

定理 **A.4**　设 $X_1, X_2, \cdots, X_m$ 和 $Y_1, Y_2, \cdots, Y_n$ 分别是来自正态总体 $\mathcal{N}(\mu_X, \sigma_X^2)$ 和 $\mathcal{N}(\mu_Y, \sigma_Y^2)$ 的简单样本, $\overline{X}$ 和 $\overline{Y}$ 是样本均值, S_X^2 和 S_Y^2 是样本方差, 则有

$$F := \frac{\sigma_Y^2}{\sigma_X^2} \frac{S_X^2}{S_Y^2} \quad \sim \quad F(m-1, n-1) \tag{A.38}$$

特别地, 在假设 $H_0: \sigma_X^2 = \sigma_Y^2$ 成立的条件下, 有

$$\frac{S_X^2}{S_Y^2} \quad \sim \quad F(m-1, n-1) \tag{A.39}$$

证明　由定理 A.2, 得

$$K_X := \frac{(m-1)S_X^2}{\sigma_X^2} \quad \sim \quad \chi^2(m-1), \qquad K_Y := \frac{(n-1)S_Y^2}{\sigma_Y^2} \quad \sim \quad \chi^2(n-1)$$

再根据 F 分布的定义, 得

$$\frac{K_X/(m-1)}{K_Y/(n-1)} = \frac{\sigma_Y^2}{\sigma_X^2} \frac{S_X^2}{S_Y^2} \quad \sim \quad F(m-1, n-1) \qquad \square$$

多元正态总体参数的极大似然估计

在多元数据分析中, 常常要用到多维总体的极大似然估计, 本附录介绍这方面的基础知识和主要结果。

考虑一个 p 维总体 X, 其分布函数为 $F(x, \theta)$, 其中 θ 是分布的参数向量。设 $X_1, X_2, \cdots, X_n$ 是来自该总体的简单样本, 如果 X 是离散型随机变量, 则有

$$P\{X_1 = x_1, X_2 = x_2, \cdots, X_n = x_n\} = \prod_{i=1}^{n} P\{X_i = x_i\} = \prod_{i=1}^{n} F(x_i; \theta)$$
$$:= L(x_1, x_2, \cdots, x_n; \theta) \tag{B.1}$$

通常称 $L(x_1, x_2, \cdots, x_n; \theta)$ 为**似然函数 (likelihood function)**, 它等于事件 $X_i = x_i, i = 1, 2, \cdots, n$ 同时发生的概率, 或者说样本观测值 $X_i = x_i, i = 1, 2, \cdots, n$ 同时出现的概率。

如果 X 是连续型随机变量, 设其概率密度函数为 $f(x, \theta)$, 记以 x_i 为中心、δ 为棱长的 p 维方体为 $C(x_i, \delta)$, 则当 δ 很小时有

$$P\{X_i \in C(x_i, \delta), i = 1, 2, \cdots, n\} = \prod_{i=1}^{n} P\{X_i \in C(x_i, 2\delta)\}$$
$$\approx \prod_{i=1}^{n} f(x_i; \theta) \delta^p = \left(\prod_{i=1}^{n} f(x_i; \theta)\right) \delta^{np}$$
$$:= L(x_1, x_2, \cdots, x_n; \theta) \delta^{np} \tag{B.2}$$

因此 $L(x_1, x_2, \cdots, x_n; \theta)$ 能够反映样本观测值 $X_i = x_i, i = 1, 2, \cdots, n$ 同时出现的概率, 这就是连续型总体的似然函数。

现在的问题是总体的参数向量 θ 未知, 但已经观测到简单样本的一个实现 $X_i = x_i, i = 1, 2, \cdots, n$, 需要用它估计参数 θ。既然已经观测到样本实现 $X_i = x_i, i = 1, 2, \cdots, n$, 这个实现出现的概率应该是最大的, 因此 θ 最有可能是使得似然函数 L 最大化的那个值, 即

$$\widehat{\theta} = \underset{\theta \in \Theta}{\operatorname{argmin}} \, L(x_1, x_2, \cdots, x_n; \theta) \tag{B.3}$$

其中, Θ 是 θ 的取值范围, 即参数空间。我们称由式 (B.3) 定义的 $\widehat{\theta}$ 为给定样本观测值 $X_i = x_i, i = 1, 2, \cdots, n$ 时 θ 的**极大似然估计 (maximum likelihood estimation)**, 它是依赖于 $x_1, x_2, \cdots, x_n$ 的, 有时记作 $\widehat{\theta}(x_1, x_2, \cdots, x_n)$, 强调它是样本观测值的函数。

例 B.1   设总体 X 服从 1 维正态分布 $\mathcal{N}(\mu, \sigma^2)$，求参数 $\theta_1 = \mu$ 及 $\theta_2 = \sigma^2$ 的极大似然估计。

解   总体的概率密度函数为

$$f(x; \theta) = \frac{1}{\sqrt{2\pi\theta_2}} \exp\left\{ -\frac{(x - \theta_1)^2}{2\theta_2} \right\}, \qquad \theta = (\theta_1, \theta_2) \tag{B.4}$$

因此极大似然函数为

$$L(x_1, x_2, \cdots, x_n; \theta) = \prod_{i=1}^{n} f(x_i; \theta) = \frac{1}{(2\pi\theta_2)^{n/2}} \exp\left\{ -\frac{1}{2\theta_2} \sum_{i=1}^{n} (x_i - \theta_1)^2 \right\} \tag{B.5}$$

令

$$\ell(x_1, x_2, \cdots, x_n; \theta) = \ln L(x_1, x_2, \cdots, x_n; \theta) = -\frac{n}{2} \ln(2\pi\theta_2) - \frac{1}{2\theta_2} \sum_{i=1}^{n} (x_i - \theta_1)^2 \tag{B.6}$$

称之为**对数似然函数 (log-likelihood function)**，由于自然对数函数 $\ln$ 是严格单调增加的函数，因此似然函数和对数似然函数具有相同的最大值点，只需求对数似然函数的最大值点即可，以后我们会经常这样做。在对数似然函数的最大值点 $\widehat{\theta} = (\widehat{\theta}_1, \widehat{\theta}_2)$ 处必须满足下列一阶条件：

$$\begin{cases} 0 = \dfrac{\partial \ell}{\partial \widehat{\theta}_1} = \dfrac{1}{\widehat{\theta}_2} \sum\limits_{i=1}^{n} (x_i - \widehat{\theta}_1) = 0 \\[3mm] 0 = \dfrac{\partial \ell}{\partial \widehat{\theta}_2} = -\dfrac{n}{2\widehat{\theta}_2} + \dfrac{1}{2\widehat{\theta}_2^2} \sum\limits_{i=1}^{n} (x_i - \widehat{\theta}_1)^2 = 0 \end{cases} \tag{B.7}$$

解这个方程组，得

$$\widehat{\theta}_1 = \frac{1}{n} \sum_{i=1}^{n} x_i = \overline{x}, \qquad \widehat{\theta}_2 = \frac{1}{n} \sum_{i=1}^{n} (x_i - \overline{x})^2 = \frac{n-1}{n} s^2 \tag{B.8}$$

其中，$\overline{x}$ 和 s^2 分别是样本均值 $\overline{X}$ 和样本方差 S^2 的实现。

接下来考虑 p 维正态总体 $X \sim \mathcal{N}_p(\mu, \Sigma)$，求均值向量 μ 和协方差矩阵 Σ 的极大似然估计。这个过程比较长，我们分步进行。

第一步是求对数似然函数，并对其作适当的变形。设 $X_1, X_2, \cdots, X_n$ 是来自总体的简单样本，$x_1, x_2, \cdots, x_n$ 是它的实现，$\overline{x}$ 是样本均值的实现。p 维正态分布的概率密度函数为

$$f(x; \mu, \Sigma) = \frac{1}{(2\pi)^{p/2} (\det \Sigma)^{1/2}} \exp\left\{ -\frac{1}{2} (x - \mu)^{\mathrm{T}} \Sigma^{-1} (x - \mu) \right\} \tag{B.9}$$

因此其对数似然函数为

$$\ell(x_1, x_2, \cdots, x_n; \mu, \Sigma) = \sum_{i=1}^{n} \ln f(x_i; \mu, \Sigma)$$

$$= -\frac{np}{2}\ln(2\pi) - \frac{n}{2}\ln(\det\Sigma) - \frac{1}{2}\sum_{i=1}^{n}(x_i - \mu)^{\mathrm{T}}\Sigma^{-1}(x_i - \mu) \tag{B.10}$$

对于这个函数, 求偏导数找最大值比较麻烦, 需要另想办法。首先注意到

$$\sum_{i=1}^{n}(x_i - \mu)^{\mathrm{T}}\Sigma^{-1}(x_i - \mu) = \sum_{i=1}^{n}(x_i - \overline{x} + \overline{x} - \mu)^{\mathrm{T}}\Sigma^{-1}(x_i - \overline{x} + \overline{x} - \mu)$$

$$= \sum_{i=1}^{n}(x_i - \overline{x})^{\mathrm{T}}\Sigma^{-1}(x_i - \overline{x}) + n(\overline{x} - \mu)^{\mathrm{T}}\Sigma^{-1}(\overline{x} - \mu) \tag{B.11}$$

由于 Σ 是正定的, 因此 Σ^{-1} 也是, 从而 $(\overline{x} - \mu)^{\mathrm{T}}\Sigma^{-1}(\overline{x} - \mu) \geqslant 0$, 且仅当 $\mu = \overline{x}$ 时取值 0, 因此对数似然函数 ℓ 取最大值必须 $\mu = \overline{x}$, 此时有

$$\ell = -\frac{np}{2}\ln(2\pi) - \frac{n}{2}\ln(\det\Sigma) - \frac{1}{2}\sum_{i=1}^{n}(x_i - \overline{x})^{\mathrm{T}}\Sigma^{-1}(x_i - \overline{x}) \tag{B.12}$$

接下来分析当 Σ 取什么时上面的式子取最大值。注意到

$$\sum_{i=1}^{n}(x_i - \overline{x})^{\mathrm{T}}\Sigma^{-1}(x_i - \overline{x}) = \sum_{i=1}^{n}\mathrm{tr}\left[(x_i - \overline{x})^{\mathrm{T}}\Sigma^{-1}(x_i - \overline{x})\right]$$

$$= \sum_{i=1}^{n}\mathrm{tr}\left[\Sigma^{-1}(x_i - \overline{x})(x_i - \overline{x})^{\mathrm{T}}\right]$$

$$= \mathrm{tr}\left[\Sigma^{-1}\sum_{i=1}^{n}(x_i - \overline{x})(x_i - \overline{x})^{\mathrm{T}}\right]$$

$$= (n-1)\mathrm{tr}\left[\Sigma^{-1}\widehat{\Sigma}\right] \tag{B.13}$$

其中, $\widehat{\Sigma}$ 表示样本协方差矩阵（的实现）。于是有

$$\ell = -\frac{np}{2}\ln(2\pi) - \frac{n}{2}\ln(\det\Sigma) - \frac{n-1}{2}\mathrm{tr}\left[\Sigma^{-1}\widehat{\Sigma}\right]$$

$$= -\frac{np}{2}\ln(2\pi) - \frac{n}{2}\ln\left(\det\widehat{\Sigma}\right) + \frac{n}{2}\ln\left(\frac{\det\widehat{\Sigma}}{\det\Sigma}\right) - \frac{n-1}{2}\mathrm{tr}\left[\Sigma^{-1}\widehat{\Sigma}\right]$$

$$= -\frac{np}{2}\ln(2\pi) - \frac{n}{2}\ln\left(\det\widehat{\Sigma}\right) + \frac{n}{2}\ln\det\left(\Sigma^{-1}\widehat{\Sigma}\right) - \frac{n-1}{2}\mathrm{tr}\left[\Sigma^{-1}\widehat{\Sigma}\right] \tag{B.14}$$

上式中前两项是与分布参数 μ 和 Σ 无关的, 因此只要使得

$$J := \frac{n}{2}\ln\det\left(\Sigma^{-1}\widehat{\Sigma}\right) - \frac{n-1}{2}\mathrm{tr}\left[\Sigma^{-1}\widehat{\Sigma}\right] \tag{B.15}$$

最大化即可。设 $\eta_1, \eta_2, \cdots, \eta_p$ 是 $\Sigma^{-1}\widehat{\Sigma}$ 的全部特征值, 则有

$$J = \frac{n}{2}\sum_{k=1}^{p}\ln\eta_k - \frac{n-1}{2}\sum_{k=1}^{p}\eta_k$$

$$= \frac{1}{2} \sum_{k=1}^{p} [n \ln \eta_k - (n-1)\eta_k] \tag{B.16}$$

由于 $t = n/(n-1)$ 是函数 $\varphi(t) = n \ln t - (n-1)t$ 的唯一最大值点, 因此当且仅当

$$\eta_1 = \eta_2 = \cdots = \eta_p = \frac{n}{n-1} \tag{B.17}$$

时 J 取得最大值, 此时必有 $\Sigma^{-1}\widehat{\Sigma} = \frac{n}{n-1}I$, 从而有 $\Sigma = \frac{n-1}{n}\widehat{\Sigma}$。

综上所述, 我们证明了如下定理:

定理 B.1　设总体 X 服从 p 维正态分布 $\mathcal{N}_p(\mu, \Sigma)$, 则均值向量 μ 和协方差矩阵 Σ 的极大似然估计分别为 $\bar{x}$ 和 $\dfrac{n-1}{n}\widehat{\Sigma}$。

顺序统计量和经验分布函数

在统计学中, 经常要用到**顺序统计量 (order statistics)** 和**经验分布函数 (empirical distribution function)**, 本附录介绍顺序统计量和经验分布函数的相关结果。

C.1　顺序统计量

设 $X_1, X_2, \cdots, X_n$ 是来自总体 X 的简单样本, 记 $X_{(k)}$ 为将 $X_1, X_2, \cdots, X_n$ 按照从小到大的顺序排列的第 k 个值, 即对任意 $\omega \in \Omega$, $X_{(k)}(\omega)$ 为 $X_1(\omega), X_2(\omega), \cdots, X_n(\omega)$ 按照从小到大排序的第 k 个值。称 $X_{(k)}$ 为 $X_1, X_2, \cdots, X_n$ 的第 k 个**顺序统计量**。

按照以上定义, 显然有

$$X_{(1)} = \min\{X_1, X_2, \cdots, X_n\}, \qquad X_{(n)} = \max\{X_1, X_2, \cdots, X_n\} \tag{C.1}$$

称 $X_{(n)} - X_{(1)}$ 为**极差 (range)**。如果 n 为奇数, 则称 $X_{\left(\frac{n+1}{2}\right)}$ 为（**样本**）**中位数**; 如果 n 为偶数, 则称

$$\frac{1}{2}\left(X_{\left(\frac{n}{2}\right)} + X_{\left(\frac{n}{2}+1\right)}\right) \tag{C.2}$$

为（**样本**）**中位数**。

接下来讨论顺序统计量 $X_{(k)}$ 的分布。设总体 X 是连续型随机变量, 分布函数为 $F(x)$, 密度函数为 $f(x)$。设 $E \subseteq \mathbb{R}$, 用 $I_E(\cdot)$ 表示集合 E 的**示性函数 (indicator function)**, 即

$$I_E(x) = \begin{cases} 1, & x \in E \\ 0, & x \notin E \end{cases} \tag{C.3}$$

对于给定的实数 x, 记

$$Y_i = I_{(-\infty, x]}(X_i), \qquad i = 1, 2, \cdots, n \tag{C.4}$$

则每个 Y_i 服从二项分布, $P\{Y_i = 1\} = F(x), P\{Y_i = 0\} = 1 - F(x)$, 且 $Y_1, Y_2, \cdots, Y_n$ 是独立的。

记 $S_n := Y_1 + Y_2 + \cdots + Y_n$, 则 $S_n \geqslant k$ 当且仅当 $X_1, X_2, \cdots, X_n$ 中至少有 k 个小于或等于 x, 而这又等价于 $X_{(k)} \leqslant x$, 于是有

$$F_{X_{(k)}}(x) := P\{X_{(k)} \leqslant x\} = P\{S_n \geqslant k\} = \sum_{j=k}^{n} C_n^j F^j(x)(1 - F(x))^{n-j} \tag{C.5}$$

对上式求导, 得到 $X_{(k)}$ 的概率密度函数

$$f_{X_{(k)}}(x) = \frac{\mathrm{d}}{\mathrm{d}x} F_{X_{(k)}}(x)$$

$$= \sum_{j=k}^{n} \left[j C_n^j F^{j-1}(x)(1 - F(x))^{n-j} - (n-j) C_n^j F^j(x)(1 - F(x))^{n-j-1} \right] f(x) \tag{C.6}$$

注意到

$$(n-j) C_n^j = (n-j) \frac{n!}{j!(n-j)!} = (j+1) \frac{n!}{(j+1)!(n-j-1)!} = (j+1) C_n^{j+1}$$

因此有

$$\sum_{j=k}^{n} (n-j) C_n^j F^j(x)(1 - F(x))^{n-j-1} = \sum_{j=k}^{n} (j+1) C_n^{j+1} F^j(x)(1 - F(x))^{n-j-1}$$

$$= \sum_{j'=k+1}^{n} j' C_n^{j'} F^{j'-1}(x)(1 - F(x))^{n-j'}$$

$$= \sum_{j=k+1}^{n} j C_n^j F^{j-1}(x)(1 - F(x))^{n-j} \tag{C.7}$$

联立式 (C.8) 与式 (C.7), 得

$$f_{X_{(k)}}(x) = \left[\sum_{j=k}^{n} j C_n^j F^{j-1}(x)(1 - F(x))^{n-j} - \sum_{j=k+1}^{n} j C_n^j F^{j-1}(x)(1 - F(x))^{n-j} \right] f(x)$$

$$= k C_n^k F^{k-1}(x)(1 - F(x))^{n-k} f(x) \tag{C.8}$$

综上所述, 我们证明了下列定理:

定理 C.1 设总体 X 是连续型随机变量, 分布函数和概率密度函数分别为 $F(x)$ 和 $f(x)$, $X_1, X_2, \cdots, X_n$ 是来自总体 X 的简单样本, $X_{(1)}, X_{(2)}, \cdots, X_{(n)}$ 是其顺序统计量, 则第 k 个顺序统计量 $X_{(k)}$ 的概率密度函数为

$$f_{X_{(k)}}(x) = k C_n^k F^{k-1}(x)(1 - F(x))^{n-k} f(x) \tag{C.9}$$

特别地, 最小顺序统计量 $X_{(1)}$ 和最大顺序统计量 $X_{(n)}$ 的概率密度函数分别为

$$f_{X_{(1)}}(x) = n(1 - F(x))^{n-1} f(x), \qquad f_{X_{(n)}}(x) = n F^{n-1}(x) f(x) \tag{C.10}$$

例 C.1 设总体 X 服从区间 $[0,1]$ 上的均匀分布, $X_1, X_2, \cdots, X_n$ 是来自总体的简单样本, 则第 k 个顺序统计量 $X_{(k)}$ 的概率密度函数为

$$f_{X_{(k)}}(x) = \begin{cases} kC_n^k x^{k-1}(1-x)^{n-k}, & 0 \leqslant x \leqslant 1 \\ 0, & \text{其他} \end{cases} \tag{C.11}$$

这个分布称为参数为 $\alpha = k, \beta = n - k + 1$ 的**贝塔分布 (beta distribution)**。

关于顺序统计量 $X_{(1)}, X_{(2)}, \cdots, X_{(n)}$ 的联合分布, 有下列定理:

定理 C.2 设总体 X 是连续型随机变量, 分布函数和概率密度函数分别为 $F(x)$ 和 $f(x)$, $X_1, X_2, \cdots, X_n$ 是来自总体 X 的简单样本, 则顺序统计量 $X_{(1)}, X_{(2)}, \cdots, X_{(n)}$ 的联合密度函数为

$$f_{X_{(1)}, X_{(2)}, \cdots, X_{(n)}}(x_1, x_2, \cdots, x_n) = \begin{cases} n!f(x_1)f(x_2) \cdots f(x_n), & x_1 < x_2 < \cdots < x_n \\ 0, & \text{其他} \end{cases} \tag{C.12}$$

定理 C.2 的证明可参考文献 [146]。

C.2 经验分布函数

设总体 X 的分布函数为 $F(x)$, $X_1, X_2, \cdots, X_n$ 是来自总体 X 的简单样本, $X_{(1)}, X_{(2)}, \cdots, X_{(n)}$ 是其顺序统计量。称

$$F_n(x) := \frac{\sharp\{X_i: \ X_i \leqslant x, \ i = 1, 2, \cdots, n\}}{n}, \qquad x \in \mathbb{R} \tag{C.13}$$

为**经验分布函数 (empirical distribution function)**, 其中 $\sharp\{X_i: \ X_i \leqslant x, \ i = 1, 2, \cdots, n\}$ 表示集合 $\{X_i: \ X_i \leqslant x, \ i = 1, 2, \cdots, n\}$ 中的元素个数。利用顺序统计量可将经验分布函数 $F_n(x)$ 表示成下列形式

$$F_n(x) = \begin{cases} 0, & x < X_{(1)} \\ \dfrac{k}{n}, & X_{(k)} \leqslant x < X_{(k+1)}, k = 1, 2, \cdots, n-1 \\ 1, & x \geqslant X_{(n)} \end{cases} \tag{C.14}$$

设 Y_i 由式 (C.4) 定义, 则有

$$F_n(x) = \frac{1}{n}(Y_1 + Y_2 + \cdots + Y_n) := \overline{Y} \tag{C.15}$$

其中, $Y_1, Y_2, \cdots, Y_n$ 是服从参数为 $p = F(x)$ 的二项分布的随机变量, 且是独立的。

为了得到经验分布函数的收敛性, 需要介绍些预备结果。

引理 C.1 (Markov 不等式) 设 X 是非负随机变量, 且其数学期望 EX 存在, 则对任意 $x > 0$ 皆有

$$P\{X \geqslant x\} \leqslant \frac{EX}{x} \tag{C.16}$$

证明

$$P\{X \geqslant x\} = \int_{X \geqslant x} \mathrm{d}P \leqslant \int_{X \geqslant x} \frac{X}{x} \mathrm{d}P \leqslant \int_{\Omega} \frac{X}{x} \mathrm{d}P = \frac{EX}{x} \qquad \square$$

引理 C.2 (Chernoff bounds)　设 X 是随机变量, 且其数学期望 EX 及矩母函数 $M_X(t) = E[\mathrm{e}^{tX}]$ 存在, 则对任意 $x, t > 0$ 皆有

$$P\{X - EX > x\} \leqslant M_X(t)\mathrm{e}^{-t(x+EX)} \qquad (C.17)$$

$$P\{X - EX < -x\} \leqslant M_X(-t)\mathrm{e}^{-t(x-EX)} \qquad (C.18)$$

证明　对任意实数 $x, t > 0$, 皆有

$$\begin{aligned}
P\{X - EX > x\} &= P\left\{\mathrm{e}^{t(X-EX)} > \mathrm{e}^{tx}\right\} \leqslant E\left[\mathrm{e}^{t(X-EX)}\right]\mathrm{e}^{-tx} \\
&= \mathrm{e}^{-tEX} E\left[\mathrm{e}^{tX}\right]\mathrm{e}^{-tx} \\
&= M_X(t)\mathrm{e}^{-t(x+EX)} \qquad (C.19)
\end{aligned}$$

其中的不等号用到了 Markov 不等式。同理可得

$$\begin{aligned}
P\{X - EX < -x\} &= P\{-X + EX > x\} = P\left\{\mathrm{e}^{-t(X-EX)} > \mathrm{e}^{tx}\right\} \\
&\leqslant E\left[\mathrm{e}^{-t(X-EX)}\right]\mathrm{e}^{-tx} \\
&= M_X(-t)\mathrm{e}^{-t(x-EX)} \qquad (C.20) \quad \square
\end{aligned}$$

引理 C.3　设 $Y_1, Y_2, \cdots, Y_n$ 是独立的、服从参数为 p 的二项分布的随机变量, 它们的数学期望相等, 皆为 $EY = p$, 记 $\overline{Y} = (Y_1 + Y_2 + \cdots + Y_n)/n$, 则对任意 $\varepsilon > 0$ 皆有。

$$P\left\{|\overline{Y} - EY| > \varepsilon\right\} \leqslant 2\mathrm{e}^{-n\varepsilon^2} \qquad (C.21)$$

证明　首先注意 $\varphi(s) = \mathrm{e}^{-\frac{t}{n}s}$ 是凸函数, 因此有

$$\mathrm{e}^{-\frac{t}{n}p} = \varphi(p \cdot 1 + (1-p) \cdot 0) \leqslant p\varphi(1) + (1-p)\varphi(0) = p\mathrm{e}^{-\frac{t}{n}} + (1-p) \qquad (C.22)$$

因此有

$$\begin{aligned}
M_{(Y_i-EY_i)/n}(t) &= E\left[\mathrm{e}^{t(Y_i-EY_i)/n}\right] = \mathrm{e}^{-\frac{t}{n}p}E\left[\mathrm{e}^{tY_i/n}\right] = \mathrm{e}^{-\frac{t}{n}p}\left[p\mathrm{e}^{\frac{t}{n}} + (1-p)\right] \\
&\leqslant \left[p\mathrm{e}^{-\frac{t}{n}} + (1-p)\right] \cdot \left[p\mathrm{e}^{\frac{t}{n}} + (1-p)\right] \\
&= p^2 + p(1-p)\mathrm{e}^{-\frac{t}{n}} + p(1-p)\mathrm{e}^{\frac{t}{n}} + (1-p)^2 \\
&= p^2 + (1-p)^2 + p(1-p)\left[\mathrm{e}^{-\frac{t}{n}} + \mathrm{e}^{\frac{t}{n}}\right] \\
&= p^2 + (1-p)^2 + 2p(1-p) + 2p(1-p)\sum_{k=1}^{\infty}\frac{1}{(2k)!}\left(\frac{t}{n}\right)^{2k}
\end{aligned}$$

$$= 1 + 2p(1-p) \sum_{k=1}^{\infty} \frac{1}{(2k)!} \left(\frac{t}{n} \right)^{2k}$$

注意到

$$p(1-p) \leqslant \left(\frac{p + (1-p)}{2} \right)^2 = \frac{1}{4} \tag{C.23}$$

用数学归纳法不难证明

$$2 \cdot (2k)! \geqslant 4^k \cdot k!, \qquad k \geqslant 1 \tag{C.24}$$

因此有

$$\begin{aligned}
M_{(Y_i - EY_i)/n}(t) &\leqslant 1 + \frac{1}{2} \sum_{k=1}^{\infty} \frac{1}{(2k)!} \left(\frac{t}{n} \right)^{2k} \\
&\leqslant 1 + \sum_{k=1}^{\infty} \frac{1}{4^k \cdot k!} \left(\frac{t}{n} \right)^{2k} \\
&= 1 + \sum_{k=1}^{\infty} \frac{1}{k!} \left(\frac{t^2}{4n^2} \right)^{k} \\
&= \exp \left\{ \frac{t^2}{4n^2} \right\}
\end{aligned} \tag{C.25}$$

由于

$$\overline{Y} - EY = \sum_{i=1}^{n} \frac{Y_i - EY_i}{n}$$

因此有

$$M_{\overline{Y} - EY}(t) = \prod_{i=1}^{n} M_{(Y_i - EY_i)/n}(t) \leqslant \exp \left\{ \frac{t^2}{4n} \right\} \tag{C.26}$$

再利用引理 C.2得到

$$P\{\overline{Y} - EY > \varepsilon\} \leqslant M_{\overline{Y} - EY}(t) \mathrm{e}^{-t\varepsilon} \leqslant \exp \left\{ \frac{t^2}{4n} - t\varepsilon \right\} \tag{C.27}$$

上式对任意实数 t 皆成立, 由于函数 $\psi(t) := t^2/4n - t\varepsilon$ 的最小值为 $-n\varepsilon^2$, 因此有

$$P\{\overline{Y} - EY > \varepsilon\} \leqslant \min_{t \in \mathbb{R}} \exp \left\{ \frac{t^2}{4n} - t\varepsilon \right\} = \mathrm{e}^{-n\varepsilon^2} \tag{C.28}$$

同理可证

$$P\{\overline{Y} - EY < -\varepsilon\} \leqslant \mathrm{e}^{-n\varepsilon^2} \tag{C.29}$$

因此式 (C.21) 成立。□

注意到由式 (C.4) 定义的 $Y_1, Y_2, \cdots, Y_n$ 服从参数为 $p = F(x)$ 的二项分布, 且 $F_n(x) = \overline{Y}, E[F_n(x)] = p = F(x)$, 因此由引理 C.3立刻得到下列推论:

推论 C.1 设总体 X 的分布函数为 $F(x)$, $X_1, X_2, \cdots, X_n$ 是来自总体 X 的简单样本, $F_n(x)$ 是经验分布函数, 则有

$$P\left\{|F_n(x) - F(x)| > \varepsilon\right\} \leqslant 2\mathrm{e}^{-n\varepsilon^2}, \qquad \forall x \in \mathbb{R},\ \varepsilon > 0,\ n \in \mathbb{N} \tag{C.30}$$

由推论 C.1可得到下列定理:

定理 C.3 设总体 X 的分布函数为 $F(x)$, $X_1, X_2, \cdots, X_n$ 是来自总体 X 的简单样本, $F_n(x)$ 是经验分布函数, 则有

$$P\left\{\lim_{n\to\infty} F_n(x) = F(x)\right\} = 1, \qquad \forall x \in \mathbb{R} \tag{C.31}$$

即对每一点 $x \in \mathbb{R}$, $F_n(x)$ 以概率 1 收敛于 $F(x)$, 通常记作 $F_n(x) \xrightarrow{a.s.} F(x)$, 其中 "a.s." 是英文 almost surely 的缩写。

证明 对任意给定的 $x \in \mathbb{R}$, 记

$$A_{j,k} := \left\{|F_j(x) - F(x)| > \frac{1}{k}\right\}, \qquad j, k = 1, 2, \cdots \tag{C.32}$$

$$A := \{F_n(x)不收敛于F(x)\} \tag{C.33}$$

我们只需证明 $P(A) = 0$。注意到

$$A = \bigcup_{k=1}^{\infty} \bigcap_{N=1}^{\infty} \bigcup_{j=N}^{\infty} A_{j,k} \tag{C.34}$$

因此只需对任意自然数 k 证明下列等式:

$$\lim_{N\to\infty} P\left(\bigcup_{j=N}^{\infty} A_{j,k}\right) = 0 \tag{C.35}$$

利用概率的次可加性及推论 C.1得

$$P\left(\bigcup_{j=N}^{\infty} A_{j,k}\right) \leqslant \sum_{j=N}^{\infty} P(A_{j,k}) \leqslant \sum_{j=N}^{\infty} 2\mathrm{e}^{-j\frac{1}{k^2}} = \frac{2\mathrm{e}^{-N\frac{1}{k^2}}}{1 - \mathrm{e}^{-\frac{1}{k^2}}} \tag{C.36}$$

因此式 (C.35) 成立, 定理得证。□

关于经验分布函数的收敛性, 还有下列更强的结果:

定理 C.4 (Glivenko-Cantelli 引理) 设总体 X 的分布函数为 $F(x)$, $X_1, X_2, \cdots, X_n$ 是来自总体 X 的简单样本, $F_n(x)$ 是经验分布函数, 则有

$$\sup_{x\in\mathbb{R}} |F_n(x) - F(x)| \xrightarrow{a.s.} 0, \qquad n \to \infty \tag{C.37}$$

证明　我们只对 $F(x)$ 是连续函数的情形证明定理结论。记

$$B_x = \left\{ F_n(x) \text{不收敛于} F(x) \right\}, \qquad x \in \mathbb{R} \tag{C.38}$$

则根据定理 C.3 得

$$P(B_x) = 0, \qquad \forall \, x \in \mathbb{R} \tag{C.39}$$

令

$$C = \left\{ \lim_{n \to \infty} \sup_{x \in \mathbb{R}} |F_n(x) - F(x)| = 0 \right\} \tag{C.40}$$

需证 $P(C) = 1$。

对任意 $\varepsilon > 0$, 由于已假设分布函数 $F(x)$ 连续, 因此存在实数

$$-\infty < x_1 < x_2 < \cdots < x_m < +\infty$$

使得

$$F(x_{i+1}) - F(x_i) \leqslant \varepsilon, \qquad i = 1, 2, \cdots, m-1 \tag{C.41}$$

$$F(x_1) \leqslant \varepsilon, \qquad 1 - F(x_m) < \varepsilon \tag{C.42}$$

为了表示方便, 不妨令 $x_0 = -\infty, x_{m+1} = +\infty$。对任意 $x \in \mathbb{R}$, 它必然属于某个区间 $(x_i, x_{i+1}]$, 由分布函数的单调性得

$$\begin{aligned}
F_n(x) - F(x) &\leqslant F_n(x_{i+1}) - F(x_i) = (F_n(x_{i+1}) - F(x_{i+1})) + (F(x_{i+1}) - F(x_i)) \\
&\leqslant (F_n(x_{i+1}) - F(x_{i+1})) + \varepsilon \\
&\leqslant \max_{0 \leqslant i \leqslant m+1} |F_n(x_i) - F(x_i)| + \varepsilon
\end{aligned} \tag{C.43}$$

同理可证

$$F_n(x) - F(x) \geqslant - \max_{0 \leqslant i \leqslant m+1} |F_n(x_i) - F(x_i)| - \varepsilon \tag{C.44}$$

联立式 (C.43) 与式 (C.44), 得

$$|F_n(x) - F(x)| \leqslant \max_{0 \leqslant i \leqslant m+1} |F_n(x_i) - F(x_i)| + \varepsilon, \qquad \forall \, x \in \mathbb{R} \tag{C.45}$$

记

$$D := \left\{ \lim_{n \to \infty} \max_{0 \leqslant i \leqslant m+1} |F_n(x_i) - F(x_i)| \neq 0 \right\}$$

则 $D = \bigcup_{i=0}^{m+1} B_{x_i}$, 从而

$$P(D) \leqslant \sum_{i=0}^{m+1} P(B_{x_i}) = 0$$

因此

$$\max_{0 \leqslant i \leqslant m+1} |F_n(x_i) - F(x_i)| \xrightarrow{\text{a.s.}} 0, \qquad n \to \infty \tag{C.46}$$

由此推出

$$\varlimsup_{n \to \infty} \sup_{x \in \mathbb{R}} |F_n(x) - F(x)| \leqslant \varepsilon, \qquad \text{a.s.} \tag{C.47}$$

即下列事件的概率为 1:

$$A_\varepsilon := \left\{ \varlimsup_{n \to \infty} \sup_{x \in \mathbb{R}} |F_n(x) - F(x)| \leqslant \varepsilon \right\} \tag{C.48}$$

再注意到

$$C = \bigcap_{k=1}^{\infty} A_{1/k} \tag{C.49}$$

因此 $P(C) = 1$, 定理得证。□

关于经验分布函数的收敛速率, 有下列定量估计:

定理 C.5 (Dvoretzky-Kiefer-Wolfowith 不等式)   设总体 X 的分布函数为 $F(x)$, X_1, $X_2, \cdots, X_n$ 是来自总体 X 的简单样本, $F_n(x)$ 是经验分布函数, 则有

$$P \left\{ \sup_{x \in \mathbb{R}} |F_n(x) - F(x)| \geqslant \varepsilon \right\} \leqslant 2\mathrm{e}^{-2n\varepsilon^2} \tag{C.50}$$

证明   证明较复杂, 读者可参考文献 [147-148]。□

矩阵函数的求导公式

在多元数据分析中, 特别是极大似然估计中, 常常会遇到一些矩阵函数求导的问题, 本附录介绍这方面的常用公式。

设 $x = (x_1, x_2, \cdots, x_p)^{\mathrm{T}}$ 是自变量, $f(x) = (f_1(x), f_2(x), \cdots, f_q(x))^{\mathrm{T}}$ 是向量值函数, 则定义

$$\frac{\partial f_j}{\partial x^{\mathrm{T}}} = \left(\frac{\partial f_j}{\partial x_1}, \frac{\partial f_j}{\partial x_2}, \cdots, \frac{\partial f_j}{\partial x_p}\right), \qquad \frac{\partial f_j}{\partial x} = \left(\frac{\partial f_j}{\partial x^{\mathrm{T}}}\right)^{\mathrm{T}} \tag{D.1}$$

$$\frac{\partial f}{\partial x_i} = \left(\frac{\partial f_1}{\partial x_i}, \frac{\partial f_2}{\partial x_i}, \cdots, \frac{\partial f_q}{\partial x_i}\right)^{\mathrm{T}} \tag{D.2}$$

$$\frac{\partial f}{\partial x} = \left(\frac{\partial f_1}{\partial x}, \frac{\partial f_2}{\partial x}, \cdots, \frac{\partial f_q}{\partial x}\right)^{\mathrm{T}} \tag{D.3}$$

其中, $\partial f/\partial x$ 称为 f 的 **Jacobi 矩阵**。通常称 $\partial f_j/\partial x$ 为 f_j 的**梯度 (gradient)**, 记作 ∇f_j。对于向量值函数 f, 其梯度就是其 Jacobi 矩阵。

设 $Y = (y_{ij}(x))_{m \times n}$ 是矩阵值函数, 则定义

$$\frac{\partial Y}{\partial x_k} = \left(\frac{\partial y_{ij}}{\partial x_k}\right)_{m \times n} \tag{D.4}$$

对于一个 $m \times n$ 的矩阵 $Y = (y_{ij})$, 定义其微分为

$$\mathrm{d}Y = (\mathrm{d}y_{ij})_{m \times n} \tag{D.5}$$

不难验证矩阵的微分具有下列运算性质: 设 a, b 是常数, C 是常数矩阵, Y, Z 是矩阵值函数, 则有

$$\mathrm{d}(aY + bZ) = a\mathrm{d}Y + b\mathrm{d}Z, \qquad \mathrm{d}(CY) = C(\mathrm{d}Y), \qquad \mathrm{d}(YZ) = (\mathrm{d}Y)Z + Y(\mathrm{d}Z) \tag{D.6}$$

接下来分析导数与微分的关系。对于实值函数 $f(x)$ 有

$$\mathrm{d}f = \sum_{i=1}^{p} \frac{\partial f}{\partial x_i}\mathrm{d}x_i = \frac{\partial f}{\partial x^{\mathrm{T}}}\mathrm{d}x \tag{D.7}$$

或者用梯度的符号表示为

$$\mathrm{d}f = (\nabla f(x))^{\mathrm{T}}\mathrm{d}x = \mathrm{d}x^{\mathrm{T}}\nabla f(x) \tag{D.8}$$

例 D.1　设 A 是 n 阶常数方阵, $y = x^{\mathrm{T}}Ax$, 求 $\partial y/\partial x$

解　由微分的运算法则得

$$\begin{aligned}\mathrm{d}y &= (\mathrm{d}x^{\mathrm{T}})Ax + x^{\mathrm{T}}\mathrm{d}(Ax) = (\mathrm{d}x)^{\mathrm{T}}Ax + x^{\mathrm{T}}A\mathrm{d}x = x^{\mathrm{T}}A^{\mathrm{T}}\mathrm{d}x + x^{\mathrm{T}}A\mathrm{d}x\\ &= (x^{\mathrm{T}}A^{\mathrm{T}} + x^{\mathrm{T}}A)\mathrm{d}x\end{aligned} \tag{D.9}$$

因此有 $\partial y/\partial x^{\mathrm{T}} = x^{\mathrm{T}}A^{\mathrm{T}} + x^{\mathrm{T}}A$, 从而得到

$$\frac{\partial y}{\partial x} = (x^{\mathrm{T}}A^{\mathrm{T}} + x^{\mathrm{T}}A)^{\mathrm{T}} = Ax + A^{\mathrm{T}}x \tag{D.10}$$

当 A 是对称矩阵时, 有 $\partial y/\partial x = 2Ax$; 当 A 取单位矩阵时得到

$$\frac{\partial(\|x\|^2)}{\partial x} = 2x, \qquad \frac{\partial(\|x\|)}{\partial x} = \frac{1}{2\sqrt{\|x\|^2}}\frac{\partial(\|x\|^2)}{\partial x} = \frac{x}{\|x\|} \tag{D.11}$$

接下来推导逆矩阵的微分公式。设 $Y = Y(\theta)$ 是一个 n 阶方阵, 且是可逆的, 则根据微分的运算法则, 得

$$0 = \mathrm{d}I = \mathrm{d}(YY^{-1}) = (\mathrm{d}Y)Y^{-1} + Y(\mathrm{d}Y^{-1}) \tag{D.12}$$

因此有

$$\mathrm{d}Y^{-1} = -Y^{-1}(\mathrm{d}Y)Y^{-1} \tag{D.13}$$

设 $Y = (y_{ij})_{n\times n}, Y^{-1} = (y^{ij})_{n\times n}$, 则有

$$\mathrm{d}y^{ij} = -\sum_{l,k=1}^{n} y^{il}(\mathrm{d}y_{lk})y^{kj} = -\sum_{l,k=1}^{n} y^{il}\frac{\partial y_{lk}}{\partial\theta^{\mathrm{T}}}y^{kj}\mathrm{d}\theta, \qquad i,j = 1,2,\cdots,n \tag{D.14}$$

由此得到

$$\frac{\partial y^{ij}}{\partial\theta} = -\sum_{l,k=1}^{n} y^{il}\frac{\partial y_{lk}}{\partial\theta^{\mathrm{T}}}y^{kj}, \qquad i,j = 1,2,\cdots,n \tag{D.15}$$

对于 n 阶方阵 $Y = (y_{ij})$, 记 $\mathrm{tr}(Y) = \sum_{i=1}^{n} y_{ii}$, 称为 Y 的**迹**。不难验证对于常数 a、b, 常数矩阵 C 及 n 阶矩阵值函数 Y, Z 有

$$\mathrm{tr}(aY + bZ) = a\,\mathrm{tr}(Y) + b\,\mathrm{tr}(Z) \tag{D.16}$$

$$\mathrm{d}\,\mathrm{tr}(Y) = \mathrm{tr}(\mathrm{d}Y), \qquad \mathrm{d}\,\mathrm{tr}(CY) = \mathrm{tr}(C\mathrm{d}Y) \tag{D.17}$$

$$\mathrm{d}\,\mathrm{tr}(YZ) = \mathrm{tr}(\mathrm{d}(YZ)) = \mathrm{tr}((\mathrm{d}Y)Z + Y\mathrm{d}Z) \tag{D.18}$$

$$\frac{\partial\,\mathrm{tr}(Y)}{\partial Y} = I \tag{D.19}$$

此外, 利用式 (D.13) 还可以得到

$$\mathrm{d}\mathrm{tr}(Y^{-1}) = \mathrm{tr}(\mathrm{d}(Y^{-1})) = \mathrm{tr}(-Y^{-1}(\mathrm{d}Y)Y^{-1}) = \mathrm{tr}(Y^{-1}(-Y^{-1})\mathrm{d}Y)$$
$$= \mathrm{tr}(-Y^{-2}\mathrm{d}Y) \tag{D.20}$$

因此有

$$\frac{\partial\,\mathrm{tr}(Y^{-1})}{\partial Y} = -(Y^{-2})^{\mathrm{T}} \tag{D.21}$$

设 C 是 n 阶常数矩阵, 则有

$$\mathrm{d}\,\mathrm{tr}(CY^{-1}) = \mathrm{tr}(C\mathrm{d}(Y^{-1})) = \mathrm{tr}(-CY^{-1}(\mathrm{d}Y)Y^{-1})$$
$$= \mathrm{tr}(-Y^{-1}CY^{-1}\mathrm{d}Y) \tag{D.22}$$

从而有

$$\frac{\partial\,\mathrm{tr}(CY^{-1})}{\partial Y} = -(Y^{-1})^{\mathrm{T}}C^{\mathrm{T}}(Y^{-1})^{\mathrm{T}} \tag{D.23}$$

再来看行列式的导数和微分。设 $Y = (y_{ij})_{n\times n}$ 是一个 n 阶方阵, $\det A$ 表示其行列式, 则有下列展开式:

$$\det Y = \sum_{j=1}^{n} y_{ij}\gamma_{ij}, \qquad i = 1, 2, \cdots, n \tag{D.24}$$

其中, γ_{ij} 表示 y_{ij} 对应的**代数余子式 (cofactor)**。于是有

$$\frac{\partial\det Y}{\partial y_{ij}} = \gamma_{ij}, \qquad i, j = 1, 2, \cdots, n \tag{D.25}$$

这些公式组织成矩阵形式为

$$\frac{\partial\det Y}{\partial Y} = \Gamma = (Y^*)^{\mathrm{T}} \tag{D.26}$$

其中, $\Gamma = (\gamma_{ij})$, $Y^* = \Gamma^{\mathrm{T}}$ 是 Y 的**伴随矩阵 (adjoint matrix)**。$\det Y$ 的微分为

$$\mathrm{d}(\det Y) = \sum_{i,j=1}^{n} \frac{\partial\det Y}{\partial y_{ij}}\mathrm{d}y_{ij} = \sum_{i,j=1}^{n} \gamma_{ij}\mathrm{d}y_{ij} = \mathrm{tr}(\Gamma^{\mathrm{T}}\mathrm{d}Y) = \mathrm{tr}(Y^*\mathrm{d}Y) \tag{D.27}$$

由于伴随矩阵满足 $Y^* = (\det Y)Y^{-1}$, 因此有

$$\mathrm{d}(\det Y) = (\det Y)\operatorname{tr}(Y^{-1}\mathrm{d}Y) \tag{D.28}$$

由式 (D.28) 可以得到下列式

$$\mathrm{d}\ln(\det Y) = \frac{1}{\det Y}\mathrm{d}(\det Y) = \operatorname{tr}(Y^{-1}\mathrm{d}Y) \tag{D.29}$$

设 $Y^{-1} = (y^{ij})_{n\times n}$, 则有

$$\mathrm{d}\ln(\det Y) = \sum_{i,j=1}^{n} y^{ji}\mathrm{d}y_{ij}, \quad \Rightarrow \quad \frac{\partial \ln(\det Y)}{\partial y_{ij}} = y^{ji}, \qquad i,j = 1,2,\cdots,n \tag{D.30}$$

写成矩阵的形式为

$$\frac{\partial \ln(\det Y)}{\partial Y} = (Y^{-1})^{\mathrm{T}} \tag{D.31}$$

部分习题答案

第 1 章习题答案

7. 证明：先证充分性。根据 $U + W$ 的定义，$U + W$ 中的任意一个元素 x 皆可表示为 $x = u + w, u \in U, w \in W$ 的形式，如果 $U \cap W = \{0\}$，则这种表示是唯一的，这是因为如果

$$x = u + w, \qquad x = u' + w', \qquad u, u' \in U, \ w, w' \in W \tag{ANS.1}$$

则 $u - u' = w' - w$，这个等式左边属于 U，右边属于 W，因此必有 $u - u' = w' - w \in U \cap W$，从而 $u - u' = w' - w = 0$，由此推出 $u = u', w = w'$。

再证必要性。如果 $U + W = U \oplus W$，对于任意 $x \in U \cap W$，x 可以唯一地表示成 $x = u + w, u \in U, w \in W$ 的形式，但一方面 $x = x + 0, x \in U, 0 \in W$，另一方面 $x = 0 + x, 0 \in U, x \in W$，因此必有 $x = 0$。

8. 证明：不妨设 $\dim V = \dim W = n$，根据定理 1.7，得

$$\dim \mathcal{N}(A) + \dim \mathcal{R}(A) = n \tag{ANS.2}$$

由于 A 是满射，因此 $\dim \mathcal{R}(A) = \dim W = n$，从而 $\dim \mathcal{N}(A) = 0$，由此推出 $\mathcal{N}(A) = \{0\}$，再由定理 1.6 推出 A 是单射，从而是线性同构。

9. 证明：根据习题 8 的结论，只需证明 $A : \mathcal{R}(A) \to \mathcal{R}(A^2)$ 是满射即可。事实上，对任意 $y \in \mathcal{R}(A^2)$，存在 $v \in V$，使得 $y = A^2 v$，令 $x = Av$，则 $x \in \mathcal{R}(A)$，且 $y = A^2 v = A(Av) = Ax$，这就证明了 $A : \mathcal{R}(A) \to \mathcal{R}(A^2)$ 是满射。

10. 证明：根据直和的定义，任意 $v \in V$ 皆可唯一地表示成

$$v = u + w, \qquad u \in U, \ w \in W \tag{ANS.3}$$

又因为 B_1 和 B_2 分别是 U 和 W 的基，因此 u 和 w 可唯一地表示成

$$u = c_1 u_1 + c_2 u_2 + \cdots + c_m u_m, \qquad w = d_1 w_2 + d_2 w_2 + \cdots + d_n w_n \tag{ANS.4}$$

从而 V 可唯一地表示成

$$v = c_1 u_1 + c_2 u_2 + \cdots + c_m u_m + d_1 w_2 + d_2 w_2 + \cdots + d_n w_n \tag{ANS.5}$$

这就证明了 $B_1 \cup B_2$ 是 V 的基。

14. 证明：设 λ 是 A 的任一特征值，v 是相应的特征向量，则有 $Av = \lambda v, A^2 v = \lambda^2 v$，从而有

$$(\lambda^2 - 2\lambda - 3)v = (A^2 - 2A - 3I)v = 0 \tag{ANS.6}$$

由于 $v \neq 0$, 必有 $\lambda^2 - 2\lambda - 3 = 0$。

16. 证明：设 $A = (a_{ij})_{m \times n}, B = (b_{ij})_{n \times m}$, 则 $C = AB$ 和 $D = BA$ 分别是 $m \times m$ 和 $n \times n$ 的方阵, 且 C 和 D 的对角元素分别为

$$c_{ii} = \sum_{k=1}^{n} a_{ik}b_{ki}, \qquad d_{kk} = \sum_{i=1}^{m} b_{ki}a_{ik} \tag{ANS.7}$$

于是有

$$\text{tr}(AB) = \text{tr}(C) = \sum_{i=1}^{m} c_{ii} = \sum_{i=1}^{m}\sum_{k=1}^{n} a_{ik}b_{ki}$$

$$= \sum_{k=1}^{n}\sum_{i=1}^{m} a_{ik}b_{ki} \qquad (\text{交换求和秩序})$$

$$= \sum_{k=1}^{n} d_{kk} = \text{tr}(D) = \text{tr}(BA) \tag{ANS.8}$$

18. 证明：注意到

$$P\{X_2 \leqslant x\} = \begin{cases} P\{X_1 \leqslant x\}, & x < -1 \\ P\{X_1 \leqslant -1\} + P\{-x \leqslant X_1 \leqslant 1\}, & -1 \leqslant x \leqslant 1 \\ P\{X_1 \leqslant x\}, & x > 1 \end{cases}$$

$$= \begin{cases} P\{X_1 \leqslant x\}, & x < -1 \\ P\{X_1 \leqslant -1\} + P\{-1 \leqslant X_1 \leqslant x\}, & -1 \leqslant x \leqslant 1 \\ P\{X_1 \leqslant x\}, & x > 1 \end{cases}$$

$$= P\{X_1 \leqslant x\} \tag{ANS.9}$$

因此 X_2 与 X_1 同分布, 从而服从一维标准正态分布。再注意到

$$F(x_1, x_2) = P\{X_1 \leqslant x_1, X_2 \leqslant x_2\}$$

$$= \begin{cases} P\{X_1 \leqslant x_1, X_2 \leqslant x_2\}, & x_2 < -1 \\ P\{X_1 \leqslant x_1, X_1 < -1\} + P\{X_1 \leqslant x_1, -1 \leqslant X_1 \leqslant x_2\}, & -1 \leqslant x_2 \leqslant 1 \\ P\{X_1 \leqslant x_1, X_1 \leqslant x_2\}, & x_2 > 1 \end{cases}$$

$$= P\{X_1 \leqslant \min(x_1, x_2)\}$$

$$= \begin{cases} \Phi(x_1), & x_1 \leqslant x_2, \\ \Phi(x_2), & x_1 > x_2 \end{cases} \qquad (\text{其中 } \Phi(x) = \int_{-\infty}^{x} \frac{1}{\sqrt{2\pi}} e^{-t^2/t} dt) \tag{ANS.10}$$

可见 (X_1, X_2) 的分布函数并不是二维正态分布。

19. 解：先求出 σ 的行列式和逆矩阵

$$\det \Sigma = (1-\rho^2)\sigma_1^2\sigma_2^2, \qquad \Sigma^{-1} = \frac{1}{1-\rho^2}\begin{pmatrix} \dfrac{1}{\sigma_1^2} & \dfrac{\rho}{\sigma_1\sigma_2} \\ \dfrac{\rho}{\sigma_1\sigma_2} & \dfrac{1}{\sigma_2^2} \end{pmatrix} \tag{ANS.11}$$

因此 X 的概率密度函数为

$$f(x_1,x_2) = \frac{1}{2\pi\sqrt{1-\rho^2}\sigma_1\sigma_2}\exp\left\{-\frac{1}{2(1-\rho^2)}\left[\left(\frac{x_1-\mu_1}{\sigma_1}\right)^2 - \right.\right.$$
$$\left.\left. 2\rho\left(\frac{x_1-\mu_1}{\sigma_1}\right)\left(\frac{x_2-\mu_2}{\sigma_2}\right) + \left(\frac{x_2-\mu_2}{\sigma_2}\right)^2\right]\right\} \tag{ANS.12}$$

接下来需要反复用到下列等式:

$$\int_{-\infty}^{\infty}\frac{1}{\sqrt{2\pi}}e^{-\frac{1}{2}z^2}\,\mathrm{d}z = 1, \qquad \int_{-\infty}^{\infty}z\frac{1}{\sqrt{2\pi}}e^{-\frac{1}{2}z^2}\,\mathrm{d}z = 0, \qquad \int_{-\infty}^{\infty}z^2\frac{1}{\sqrt{2\pi}}e^{-\frac{1}{2}z^2}\,\mathrm{d}z = 1$$

其中第一个是正态分布概率密度函数的归一性, 第二个是标准正态分布随机变量的均值为 0, 第三个是标准正态分布随机变量的方差为 1。先计算 X 的期望。作变换 $y_1 = (x_1 - \mu_1)/\sigma_1, y_2 = (x_2 - \mu_2)/\sigma_2$

$$EX_1 = \int_{-\infty}^{\infty}\int_{-\infty}^{\infty}x_1 f(x_1,x_2)\,\mathrm{d}x_1\mathrm{d}x_2$$
$$= \frac{1}{2\pi\sqrt{1-\rho^2}}\int_{-\infty}^{\infty}\int_{-\infty}^{\infty}(\sigma_1 y_1 + \mu_1)\exp\left\{-\frac{1}{2(1-\rho^2)}\left[y_1^2 - 2\rho y_1 y_2 + y_2^2\right]\right\}\mathrm{d}y_1\mathrm{d}y_2$$
$$= \frac{1}{2\pi\sqrt{1-\rho^2}}\int_{-\infty}^{\infty}\int_{-\infty}^{\infty}(\sigma_1 y_1 + \mu_1)$$
$$\exp\left\{-\frac{1}{2(1-\rho^2)}\left[(y_1-\rho y_2)^2 + (1-\rho^2)y_2^2\right]\right\}\mathrm{d}y_1\mathrm{d}y_2 \tag{ANS.13}$$

再作变换 $z_1 = (y_1 - \rho y_2)/\sqrt{1-\rho^2}, z_2 = y_2$, 得到

$$EX_1 = \frac{1}{2\pi}\int_{-\infty}^{\infty}\int_{-\infty}^{\infty}\left(\sqrt{1-\rho^2}\sigma_1 z_1 + \sigma_1\rho z_2 + \mu_1\right)e^{-\frac{1}{2}(z_1^2+z_2^2)}\mathrm{d}z_1\mathrm{d}z_1$$
$$= \sqrt{1-\rho^2}\sigma_1\int_{-\infty}^{\infty}\mathrm{d}z_2\frac{1}{\sqrt{2\pi}}e^{-\frac{1}{2}z_2^2}\int_{-\infty}^{\infty}z_1\frac{1}{\sqrt{2\pi}}e^{-\frac{1}{2}z_1^2}\mathrm{d}z_1$$
$$+ \sigma_1\rho\int_{-\infty}^{\infty}\mathrm{d}z_1\frac{1}{\sqrt{2\pi}}e^{-\frac{1}{2}z_1^2}\int_{-\infty}^{\infty}z_2\frac{1}{\sqrt{2\pi}}e^{-\frac{1}{2}z_2^2}\mathrm{d}z_2$$
$$+ \mu_1\int_{-\infty}^{\infty}\frac{1}{\sqrt{2\pi}}e^{-\frac{1}{2}z_1^2}\mathrm{d}z_1\int_{-\infty}^{\infty}\frac{1}{\sqrt{2\pi}}e^{-\frac{1}{2}z_2^2}\mathrm{d}z_2$$

$$= \mu_1 \tag{ANS.14}$$

同理可得 $EX_2 = \mu_2$，因此有 $EX = \mu$。接下来计算 X 的协方差矩阵。

$$DX_1 = E[(X_1 - EX_1)^2] = \int_{-\infty}^{\infty}\int_{-\infty}^{\infty}(x_1-\mu_1)^2 f(x_1,x_2)\mathrm{d}x_1\mathrm{d}x_2$$

$$= \frac{1}{2\pi\sqrt{1-\rho^2}}\int_{-\infty}^{\infty}\int_{-\infty}^{\infty}\sigma_1^2 y_1^2$$

$$\exp\left\{-\frac{1}{2(1-\rho^2)}\left[(y_1-\rho y_2)^2+(1-\rho^2)y_2^2\right]\right\}\mathrm{d}y_1\mathrm{d}y_2$$

$$= \frac{1}{2\pi}\int_{-\infty}^{\infty}\int_{-\infty}^{\infty}\sigma_1^2\left(\sqrt{1-\rho^2}z_1+\rho z_2\right)^2 \mathrm{e}^{-\frac{1}{2}(z_1^2+z_2^2)}\mathrm{d}z_1\mathrm{d}z_1$$

$$= \frac{1}{2\pi}\int_{-\infty}^{\infty}\int_{-\infty}^{\infty}\sigma_1^2\left((1-\rho^2)z_1^2+2\rho\sqrt{1-\rho^2}z_1z_2+\rho^2 z_2^2\right)\mathrm{e}^{-\frac{1}{2}(z_1^2+z_2^2)}\mathrm{d}z_1\mathrm{d}z_1$$

$$= \sigma_1^2(1-\rho^2)\int_{-\infty}^{\infty}\mathrm{d}z_2\frac{1}{\sqrt{2\pi}}\mathrm{e}^{-\frac{1}{2}z_2^2}\int_{-\infty}^{\infty}z_1^2\frac{1}{\sqrt{2\pi}}\mathrm{e}^{-\frac{1}{2}z_1^2}\mathrm{d}z_1 +$$

$$2\sigma_1^2\rho\sqrt{1-\rho^2}\int_{-\infty}^{\infty}\mathrm{d}z_1 z_1\frac{1}{\sqrt{2\pi}}\mathrm{e}^{-\frac{1}{2}z_1^2}\int_{-\infty}^{\infty}z_2\frac{1}{\sqrt{2\pi}}\mathrm{e}^{-\frac{1}{2}z_2^2}\mathrm{d}z_2 +$$

$$\sigma_1^2\rho^2\int_{-\infty}^{\infty}\mathrm{d}z_1\frac{1}{\sqrt{2\pi}}\mathrm{e}^{-\frac{1}{2}z_1^2}\int_{-\infty}^{\infty}z_2^2\frac{1}{\sqrt{2\pi}}\mathrm{e}^{-\frac{1}{2}z_2^2}\mathrm{d}z_1$$

$$= \sigma_1^2(1-\rho^2)+0+\sigma_1^2\rho^2 = \sigma_1^2 \tag{ANS.15}$$

同理可得 $DX_2 = \sigma_2^2$。接下来计算 $\mathrm{cov}(X_1, X_2)$：

$$\mathrm{cov}(X_1,X_2) = E\left[(X_1-EX_1)(X_2-EX_2)\right]$$

$$= \int_{-\infty}^{\infty}\int_{-\infty}^{\infty}(x_1-\mu_1)(x_2-\mu_2)f(x_1,x_2)\mathrm{d}x_1\mathrm{d}x_2$$

$$= \frac{1}{2\pi\sqrt{1-\rho^2}}\int_{-\infty}^{\infty}\int_{-\infty}^{\infty}\sigma_1\sigma_2 y_1 y_2$$

$$\exp\left\{-\frac{1}{2(1-\rho^2)}\left[(y_1-\rho y_2)^2+(1-\rho^2)y_2^2\right]\right\}\mathrm{d}y_1\mathrm{d}y_2$$

$$= \frac{1}{2\pi}\int_{-\infty}^{\infty}\int_{-\infty}^{\infty}\sigma_1\sigma_2\left(\sqrt{1-\rho^2}z_1+\rho z_2\right)z_2\mathrm{e}^{-\frac{1}{2}(z_1^2+z_2^2)}\mathrm{d}z_1\mathrm{d}z_1$$

$$= \sigma_1\sigma_2\sqrt{1-\rho^2}\int_{-\infty}^{\infty}\mathrm{d}z_1 z_1\frac{1}{\sqrt{2\pi}}\mathrm{e}^{-\frac{1}{2}z_1^2}\int_{-\infty}^{\infty}z_2\frac{1}{\sqrt{2\pi}}\mathrm{e}^{-\frac{1}{2}z_2^2}\mathrm{d}z_2 +$$

$$\sigma_1\sigma_2\rho\int_{-\infty}^{\infty}\mathrm{d}z_1\frac{1}{\sqrt{2\pi}}\mathrm{e}^{-\frac{1}{2}z_1^2}\int_{-\infty}^{\infty}z_2^2\frac{1}{\sqrt{2\pi}}\mathrm{e}^{-\frac{1}{2}z_2^2}\mathrm{d}z_2$$

$$= 0+\rho\sigma_1\sigma_2 = \rho\sigma_1\sigma_2 \tag{ANS.16}$$

因此有

$$\mathrm{cov}(X, X) = \begin{pmatrix} \mathrm{DX}_1 & \mathrm{cov}(X_1, X_2) \\ \mathrm{cov}(X_1, X_2) & \mathrm{DX}_2 \end{pmatrix} = \begin{pmatrix} \sigma_1^2 & \rho\sigma_1\sigma_2 \\ \rho\sigma_1\sigma_2 & \sigma_2^2 \end{pmatrix} = \Sigma \quad (\text{ANS.17})$$

先计算 X_2 的边缘密度函数。作变换 $y_1 = (x_1 - \mu_1)/\sigma_1, y_2 = (x_2 - \mu_2)/\sigma_2$, 得

$$
\begin{aligned}
f_2(x) &= \int_{-\infty}^{\infty} f(x_1, x_2)\mathrm{d}x_1 \\
&= \frac{1}{2\pi\sqrt{1-\rho^2}\sigma_2} \int_{-\infty}^{\infty} \exp\left\{ -\frac{1}{2(1-\rho^2)} \left[(y_1 - \rho y_2)^2 + (1-\rho^2)y_2^2 \right] \right\} \mathrm{d}y_1 \\
&= \exp\left\{ -\frac{1}{2}y_2^2 \right\} \frac{1}{2\pi\sqrt{1-\rho^2}\sigma_2} \int_{-\infty}^{\infty} \exp\left\{ -\frac{(y_1 - \rho y_2)^2}{2(1-\rho^2)} \right\} \mathrm{d}y_1 \\
&= \frac{1}{\sqrt{2\pi}\sigma_2} \exp\left\{ -\frac{1}{2}y_2^2 \right\} \int_{-\infty}^{\infty} \frac{1}{\sqrt{2\pi}} \exp\left\{ -\frac{1}{2}z^2 \right\} \mathrm{d}z \\
&= \frac{1}{\sqrt{2\pi}\sigma_2} \exp\left\{ -\frac{1}{2}y_2^2 \right\} \\
&= \frac{1}{\sqrt{2\pi}\sigma_2} \exp\left\{ -\frac{1}{2}\left(\frac{x_2 - \mu_2}{\sigma_2} \right)^2 \right\} \quad (\text{ANS.18})
\end{aligned}
$$

因此 X_1 对 X_2 的条件概率密度为

$$
\begin{aligned}
f_{1|2}(x_1|x_2) &= \frac{f(x_1, x_2)}{f_2(x_2)} \\
&= \frac{1}{\sqrt{2\pi(1-\rho^2)}\sigma_1} \exp\left\{ -\frac{1}{2(1-\rho^2)} \left[\left(\frac{x_1 - \mu_1}{\sigma_1} \right)^2 - \right. \right. \\
&\qquad \left. \left. 2\rho \left(\frac{x_1 - \mu_1}{\sigma_1} \right)\left(\frac{x_2 - \mu_2}{\sigma_2} \right) + \rho^2 \left(\frac{x_2 - \mu_2}{\sigma_2} \right)^2 \right] \right\} \\
&= \frac{1}{\sqrt{2\pi(1-\rho^2)}\sigma_1} \exp\left\{ -\frac{1}{2(1-\rho^2)} \left[\left(\frac{x_1 - \mu_1}{\sigma_1} \right) - \rho \left(\frac{x_2 - \mu_2}{\sigma_2} \right) \right]^2 \right\} \\
&= \frac{1}{\sqrt{2\pi(1-\rho^2)}\sigma_1} \exp\left\{ -\frac{1}{2(1-\rho^2)\sigma_1^2} \left[x_1 - \mu_1 - \rho\frac{\sigma_1}{\sigma_2}(x_2 - \mu_2) \right]^2 \right\} \\
&\qquad\qquad\qquad\qquad\qquad\qquad\qquad\qquad\qquad\qquad\qquad\qquad (\text{ANS.19})
\end{aligned}
$$

可见 $(X_1|X_2)$ 服从正态分布, 因此有

$$E[X_1|X_2] = \int_{-\infty}^{\infty} x_1 f_{1|2}(x_1|x_2)\mathrm{d}x_1 = \mu_1 + \rho\frac{\sigma_1}{\sigma_2}(x_2 - \mu_2) \quad (\text{ANS.20})$$

22. 证明: 只需证明等式 (1.268)。由于 $f(x,\theta)$ 是概率密度函数, 因此有

$$\int_{-\infty}^{\infty} f(x,\theta)\mathrm{d}x = 1, \qquad \forall\,\theta \tag{ANS.21}$$

方程 (ANS.21) 两边对 θ 求偏导, 得

$$\int_{-\infty}^{\infty} \frac{\partial}{\partial\theta} f(x,\theta)\mathrm{d}x = 0 \tag{ANS.22}$$

由此得到

$$\begin{aligned}
0 &= \int_{-\infty}^{\infty} \frac{\partial}{\partial\theta} f(x,\theta)\mathrm{d}x = \int_A \frac{\partial}{\partial\theta} f(x,\theta)\mathrm{d}x \\
&= \int_A \frac{\partial}{\partial\theta} \exp\left[\ln f(x,\theta)\right]\mathrm{d}x \\
&= \int_A \frac{\partial \ln f(x,\theta)}{\partial\theta} f(x,\theta)\mathrm{d}x \\
&= \int_A h(x) f(x,\theta)\mathrm{d}x = E[h(X_i)]
\end{aligned}$$

第 2 章习题答案

1. 证明: 首先, 关于矩阵的秩有下列不等式

$$\mathrm{rank}(A+B) \leqslant \mathrm{rank}(A) + \mathrm{rank}(B) \tag{ANS.23}$$

由此得到

$$\mathrm{rank}(I_n) = \mathrm{rank}\left(I_n - \frac{1}{n}\mathbb{1}_n + \frac{1}{n}\mathbb{1}_n\right) \leqslant \mathrm{rank}\left(I_n - \frac{1}{n}\mathbb{1}_n\right) + \mathrm{rank}\left(\frac{1}{n}\mathbb{1}_n\right)$$

移项, 得

$$\mathrm{rank}\left(I_n - \frac{1}{n}\mathbb{1}_n\right) \geqslant \mathrm{rank}(I_n) - \mathrm{rank}\left(\frac{1}{n}\mathbb{1}_n\right) = n - 1 \tag{ANS.24}$$

再注意到

$$I_n - \frac{1}{n}\mathbb{1}_n = \begin{pmatrix}
1-\dfrac{1}{n} & -\dfrac{1}{n} & -\dfrac{1}{n} & \cdots & -\dfrac{1}{n} \\[2mm]
-\dfrac{1}{n} & 1-\dfrac{1}{n} & -\dfrac{1}{n} & \cdots & -\dfrac{1}{n} \\[2mm]
-\dfrac{1}{n} & \dfrac{1}{n} & 1-\dfrac{1}{n} & \cdots & -\dfrac{1}{n} \\[2mm]
\vdots & \vdots & \vdots & \ddots & \vdots \\[2mm]
-\dfrac{1}{n} & -\dfrac{1}{n} & -\dfrac{1}{n} & \cdots & 1-\dfrac{1}{n}
\end{pmatrix} \tag{ANS.25}$$

不难发现它的 n 个列向量之和为 0, 因此

$$\text{rank}\left(I_n - \frac{1}{n}\mathbb{1}_n\right) \leqslant n - 1 \tag{ANS.26}$$

结合不等式 (ANS.24) 得到要证明的等式。

4. 证明: 不妨设 A_1 是 n_1 阶方阵, A_2 是 n_2 阶方阵, $n_1 + n_2 = n$, 设 $\text{rank}(A_1) = r_1, \text{rank}(A_2) = r_2$, 则 A 的前 n_1 个列向量构成的列向量组的秩为 r_1, 因此其极大无关组含 r_1 个列向量 $a_1, a_2, \cdots, a_{r_1}$, 同理可证 A 的后 n_2 个列向量构成的列向量组的极大无关组含 r_2 个列向量 $a_{r_1+1}, a_{r_1+2}, \cdots, a_{r_1+r_2}$, 于是

$$a_1, \ a_2, \ \cdots, \ a_{r_1}, \ a_{r_1+1}, \ a_{r_1+2}, \ \cdots, \ a_{r_1+r_2} \tag{ANS.27}$$

构成 A 的列向量组的极大无关组, 从而 $\text{rank}(A) = r_1 + r_2 = \text{rank}(A_1) + \text{rank}(A_2)$。

5. 证明：由第 3 题和第 4 题的结论直接推出。

6. 证明: 不难发现, B_n 可以写成下列分块的形式

$$B_n = \begin{pmatrix} C_1 \\ C_2 \\ \vdots \\ C_k \end{pmatrix}, \qquad C_i = \left(-\frac{1}{n}\mathbb{1}_{s_{i-1}\times n_i}, \left(\frac{1}{n_i} - \frac{1}{n}\right)\mathbb{1}_{n_i}, -\frac{1}{n}\mathbb{1}_{(n-s_i)\times n_i}\right)$$

$$s_i = n_1 + n_2 + \cdots + n_i, \qquad i = 1, 2, \cdots, k \tag{ANS.28}$$

因此分块矩阵 C_i 的 n_i 个行向量是相同的, 都是

$$c_i = \left(-\frac{1}{n}\mathbb{1}_{s_{i-1}\times 1}, \left(\frac{1}{n_i} - \frac{1}{n}\right)\mathbb{1}_{n_i\times 1}, -\frac{1}{n}\mathbb{1}_{(n-s_i)\times 1}\right) \tag{ANS.29}$$

于是 B_n 只有 k 个不相同的行向量 $c_1, c_2, \cdots, c_k$, 且这 k 个行向量满足

$$n_1 c_1 + n_2 c_2 + \cdots + n_k c_k = 0 \tag{ANS.30}$$

因此 $\text{rank}(B_n) \leqslant k - 1$。又因为 $B_n + A_n = J_n$, 因此

$$\text{rank}(B_n) \geqslant \text{rank}(J_n) - \text{rank}(A_n) = n - 1 - (n - k) = k - 1 \tag{ANS.31}$$

从而必有 $\text{rank}(B_n) = k - 1$。

第 3 章习题答案

1. 解:

$$EX_1 = p, \qquad EX_1 = 1 - p = q, \qquad E(X_1^2) = p, \qquad E(X_2^2) = 1 - p$$

$$\text{var}(X_1) = E(X_1^2) - (EX_1)^2 = p - p^2 = p(1 - p)$$

$$\text{var}(X_2) = E(X_2^2) - (EX_2)^2 = (1 - p) - (1 - p)^2 = p(1 - p)$$

$$\text{cov}(X_1, X_2) = E\left[(X_1 - EX_1)(X_2 - EX_2)\right] = E(X_1 X_2) - EX_1 EX_2 = -p(1 - p)$$

所以 X 的协方差矩阵为

$$\text{cov}(X, X) = \begin{pmatrix} p(1 - p) & -p(1 - p) \\ -p(1 - p) & p(1 - p) \end{pmatrix}$$

2. 证明: 利用分块矩阵的乘法不难验证

$$\begin{pmatrix} I_n & u \\ v^{\mathrm{T}} & 1 \end{pmatrix} \begin{pmatrix} I_n & 0 \\ -v^{\mathrm{T}} & 1 \end{pmatrix} = \begin{pmatrix} I_n - uv^{\mathrm{T}} & u \\ 0 & 1 \end{pmatrix} \tag{ANS.32}$$

$$\begin{pmatrix} I_n & 0 \\ -v^{\mathrm{T}} & 1 \end{pmatrix} \begin{pmatrix} I_n & u \\ v^{\mathrm{T}} & 1 \end{pmatrix} = \begin{pmatrix} I_n & u \\ 0 & 1 - v^{\mathrm{T}} u \end{pmatrix} \tag{ANS.33}$$

注意到式 (ANS.32) 和式 (ANS.33) 等号左边的矩阵乘积的行列式相等, 因此等号右边的矩阵的行列式也必相等, 从而有

$$\det\left(I_n - uv^{\mathrm{T}}\right) = 1 - v^{\mathrm{T}} u = 1 - u^{\mathrm{T}} v$$

3. 解:

$$\det(\lambda I_n - \Omega) = \det\left((\lambda - 1)I_n + vv^{\mathrm{T}}\right) = (\lambda - 1)^n \det\left(I_n + \frac{1}{\lambda - 1} vv^{\mathrm{T}}\right)$$

$$= (\lambda - 1)^n \det\left(I_n - \frac{1}{1 - \lambda} vv^{\mathrm{T}}\right)$$

$$= (\lambda - 1)^n \left(1 - \frac{1}{1 - \lambda} v^{\mathrm{T}} v\right)$$

$$= (\lambda - 1)^n \left(1 - \frac{1}{1 - \lambda}\right)$$

$$= -\lambda(\lambda - 1)^{n-1}$$

其中倒数第二个等号用到了 Sylvester 等式。由此可以看出, Ω 只有 0 和 1 两个特征值, 前一个重数为 1, 后一个重数为 $n - 1$。

4. (1) 解: 设 λ 是 P 的特征值, v 是相应的特征向量, 则有

$$(\lambda^2 - \lambda)x = P^2 x - Px = Px - Px = 0$$

由此推出 $\lambda^2 - \lambda = 0$, 从而 $\lambda = 0$ 或 1。

(2) 证明: 根据特征值分解定理, 存在正交矩阵 U, 使得

$$P = U\Lambda U^{\mathrm{T}}, \qquad \Lambda = \text{diag}(\lambda_1, \lambda_2, \cdots, \lambda_n) \tag{ANS.34}$$

其中, $\lambda_1 \geqslant \lambda_2 \geqslant \cdots \geqslant \lambda_n$ 是 P 的特征值。设 $\mathrm{rank}(P) = r$, 则 $\lambda_1 = \cdots = \lambda_r = 1, \lambda_{r+1} = \cdots = \lambda_n = 0$。令 $X = U^{\mathrm{T}} Z$, 则

$$\mathrm{cov}(X, X) = U^{\mathrm{T}} \mathrm{cov}(Z, Z) U = U^{\mathrm{T}} P U = \Lambda$$

因此 $X \sim N(0, \Lambda)$, 由此推出 X 的前 r 个分量 $X_1, X_2, \cdots, X_r$ 服从标准正态分布, 后 $n-r$ 个分量为 0, 从而

$$Z^{\mathrm{T}} Z = X^{\mathrm{T}} X = X_1^2 + X_2^2 + \cdots + X_r^2 \sim \chi^2(r)$$

第 4 章习题答案

1. 证明: 设 H 的特征分解为

$$H = \sum_{i=1}^r \lambda_i u_i u_i^{\mathrm{T}} \tag{ANS.35}$$

其中, r 是 H 的秩, $\lambda_1, \lambda_2, \cdots, \lambda_r$ 是 H 的非零特征值, $u_1, u_2, \cdots, u_r$ 是相应的单位特征向量。如果 v 与 $u_1, u_2, \cdots, u_r$ 都正交, 则有

$$Hv = \sum_{i=1}^r \lambda_i u_i u_i^{\mathrm{T}} v = 0 \tag{ANS.36}$$

因此如果 $v \neq 0$, 则 v 必是 H 的关于特征值 $\lambda = 0$ 的特征向量。

2. 证明：既然 $v_1, v_2, \cdots, v_n$ 是 $\mathbb{R}^n$ 的规范正交基, $\mathbb{R}^n$ 中的任意一个向量 x 皆可表示为 $x = \sum_{i=1}^n \langle x, v_i \rangle v_i$, 于是有

$$\|x\|^2 = \langle x, x \rangle = \left\langle \sum_{i=1}^n \langle x, v_i \rangle v_i, \sum_{i=1}^n \langle x, v_i \rangle v_i \right\rangle = \sum_{i=1}^n |\langle x, v_i \rangle|^2 \tag{ANS.37}$$

3. 证明：

$$\mathrm{tr}(C) = \mathrm{tr}(WW^{\mathrm{T}} C) = \mathrm{tr}(W^{\mathrm{T}} C W) \quad (W = (w_1, w_2, \cdots, w_n))$$
$$= \mathrm{tr}\left(\begin{pmatrix} w_1^{\mathrm{T}} \\ w_2^{\mathrm{T}} \\ \vdots \\ w_n^{\mathrm{T}} \end{pmatrix} (Cw_1, Cw_2, \cdots, Cw_n) \right)$$
$$= \sum_{i=1}^n w_i^{\mathrm{T}} C w_i$$

$$= \sum_{i=1}^{n} \langle Cw_i, w_i \rangle \qquad (\text{ANS.38})$$

4. 证明: 我们只证明性质式 (4.79), 另一个是类似的。由于 $m > n$ 且 A 是列满秩的, 因此 A 的奇异值分解为

$$A = USV^{\mathrm{T}}, \qquad S = \begin{pmatrix} \Sigma_n \\ 0_{(m-n) \times n} \end{pmatrix} \qquad (\text{ANS.39})$$

于是

$$A^+ = VS^+U^{\mathrm{T}} = V \begin{pmatrix} \Sigma_n^{-1} & 0_{n \times (m-n)} \end{pmatrix} U^{\mathrm{T}} \qquad (\text{ANS.40})$$

从而有

$$A^+A = VS^+U^{\mathrm{T}}USV^{\mathrm{T}} = VS^+SV^{\mathrm{T}} = VV^{\mathrm{T}} = I_n \qquad (\text{ANS.41})$$

$$A^{\mathrm{T}}A = VS^{\mathrm{T}}U^{\mathrm{T}}USV^{\mathrm{T}} = V\Sigma_n^2 V^{\mathrm{T}} \qquad (\text{ANS.42})$$

$$(A^{\mathrm{T}}A)^{-1}A^{\mathrm{T}} = V\Sigma_n^{-2}V^{\mathrm{T}}VS^{\mathrm{T}}U^{\mathrm{T}} = V\Sigma_n^{-2}S^{\mathrm{T}}U^{\mathrm{T}}$$

$$= VS^+U^{\mathrm{T}} = A^+ \qquad (\text{ANS.43})$$

5. 证明: 如果 B 是 A 的伪逆, 用定义不难验证性质 (a)~(d) 是成立的。现在证明如果性质 (a)~(d) 成立, 则 $B = A^+$。利用上一步的结论, 得

$$AA^+A = A, \qquad A^+AA^+ = A^+, \qquad (AA^+)^{\mathrm{T}} = AA^+, \qquad (A^+A)^{\mathrm{T}} = A^+A \quad (\text{ANS.44})$$

于是有

$$AB = (AB)^{\mathrm{T}} = B^{\mathrm{T}}A^{\mathrm{T}} = B^{\mathrm{T}}(AA^+A)^{\mathrm{T}} = B^{\mathrm{T}}A^{\mathrm{T}}(A^+)^{\mathrm{T}}A^{\mathrm{T}}$$

$$= (AB)^{\mathrm{T}}(AA^+)^{\mathrm{T}}$$

$$= (AB)(AA^+)$$

$$= (ABA)A^+$$

$$= AA^+ \qquad (\text{ANS.45})$$

同理可证 $BA = A^+A$, 因此有

$$B = BAB = B(AA^+) = (BA)A^+ = (A^+A)A^+ = A^+AA^+ = A^+ \qquad (\text{ANS.46})$$

第 5 章习题答案

1. 证明:

$$H^2 = X(X^{\mathrm{T}}X)^{-1}X^{\mathrm{T}}X(X^{\mathrm{T}}X)^{-1}X^{\mathrm{T}} = X(X^{\mathrm{T}}X)^{-1}(X^{\mathrm{T}}X)(X^{\mathrm{T}}X)^{-1}X^{\mathrm{T}}$$

$$= X(X^{\mathrm{T}}X)^{-1}X^{\mathrm{T}} = H \tag{ANS.47}$$

2. 证明:

$$X^{\mathrm{T}}(I - H) = X^{\mathrm{T}} - X^{\mathrm{T}}H = X^{\mathrm{T}} - X^{\mathrm{T}}X(X^{\mathrm{T}}X)^{-1}X^{\mathrm{T}} = X^{\mathrm{T}} - X^{\mathrm{T}} = 0 \tag{ANS.48}$$

3. 证明: 设 λ 是 A 的任一特征值, u 是相应的单位特征向量, 则有

$$\lambda = \langle \lambda u, u \rangle = \langle Au, u \rangle = \langle A^2 u, u \rangle = \langle \lambda^2 u, u \rangle = \lambda^2 \tag{ANS.49}$$

因此 λ 只能是 1 或 0。

4. 证明: 根据习题 3 的结论, A 的特征值只能是 1 或 0, 又因为 A 是对称的且 $\mathrm{rank}(A) = r$, 因此存在正交矩阵 U, 使得

$$U^{\mathrm{T}}AU = \begin{pmatrix} I_r & 0 \\ 0 & 0 \end{pmatrix} \tag{ANS.50}$$

从而有

$$U^{\mathrm{T}}(I_n - A)U = I_n - \begin{pmatrix} I_r & 0 \\ 0 & 0 \end{pmatrix} = \begin{pmatrix} 0 & 0 \\ 0 & I_{n-r} \end{pmatrix} \tag{ANS.51}$$

由此立刻得到 $\mathrm{rank}(I_n - A) = n - r$。

5. (1) 证明: 设若 v', v'' 都是 v 在 W 上的正交投影, 则有

$$\langle v - v', w \rangle = 0, \qquad \langle v - v'', w \rangle = 0, \qquad \forall w \in W$$

将两式相减, 得

$$\langle v'' - v', w \rangle = 0, \qquad \forall w \in W$$

因此必有 $v'' - v' = 0$, 即 $v'' = v'$。

(2) 显然。

(3) 证明: 充分性是命题 5.1 的结论, 下面证明必要性。如果 v' 是 v 在 W 上的正交投影, 则对任意 $w \in W$, 皆有

$$\|v - w\|^2 = \|v - v' + v' - w\|^2 = \|v - v'\|^2 + 2\langle v - v', v' - w \rangle + \|v' - w\|^2$$
$$= \|v - v'\|^2 + \|v' - w\|^2 \geqslant \|v - v'\|^2$$

因此式 (5.160) 成立。

(4) 证明: 设 $P_W u = u', P_W v = v'$, 则有

$$\langle \alpha u + \beta v - (\alpha u' + \beta v'), w \rangle = \alpha \langle u - u', w \rangle + \beta \langle v - v', w \rangle = 0, \qquad \forall w \in W$$

因此有

$$P_W(\alpha u + \beta v) = \alpha u' + \beta v' = \alpha P_W u + \beta P_W v$$

(5) 证明：设 $v_1 = P_{W_1}v, v_2 = P_{W_2}v$，由于 $W_1 \subseteq W_2$，因此 $v_1 \in W_2$，从而有

$$P_{W_2}P_{W_1}v = P_{W_2}v_1 = v_1 = P_{W_1}v$$

这就证明了 $P_{W_2}P_{W_1} = P_{W_1}$。

设 $v = v_2 + \varepsilon_2$，则 $\varepsilon_2 \in W_2^{\perp} \subseteq W_1^{\perp}$，因此 $P_{W_1}\varepsilon_2 = 0$，从而有

$$P_{W_1}v = P_{W_1}(v_2 + \varepsilon_2) = P_{W_1}v_2 = P_{W_1}P_{W_2}v$$

这就证明了 $P_{W_1} = P_{W_1}P_{W_2}$。

第 6 章习题答案

1. 证明：设 $X = (x_{ij})_{n \times p}, B = (b_{ij})_{p \times m}, F = (f_{ij})_{n \times m}$，则有

$$f_{ij} = \sum_{k=1}^{p} x_{ik}b_{kj}, \qquad i = 1, 2, \cdots, n, \quad j = 1, 2, \cdots, m$$

$$\sum_{i=1}^{n} f_{ij} = \sum_{i=1}^{n}\sum_{k=1}^{p} x_{ik}b_{kj} = \sum_{k=1}^{p}\sum_{i=1}^{n} x_{ik}b_{kj} = \sum_{k=1}^{p}\left(\sum_{i=1}^{n} x_{ik}\right)b_{kj} = 0$$

2. 解：利用 Lagrange 乘数法。原优化问题的 Lagrange 函数为

$$L(u, \lambda) = u^{\mathrm{T}}\Sigma u + \lambda(1 - \|u\|^2)$$

它取极值的必要条件是

$$\frac{\partial L}{\partial u} = 2\Sigma u - 2\lambda u = 0$$

$$\frac{\partial L}{\partial \lambda} = 1 - \|u\|^2 = 0$$

由此得到

$$\Sigma u = \lambda u, \qquad \|u\| = 1 \tag{ANS.52}$$

因此使 $f(u) = u^{\mathrm{T}}\Sigma u$ 取最大值的 u 必是 Σ 的单位特征向量，且相应的函数值为

$$f(u) = u^{\mathrm{T}}\Sigma u = u^{\mathrm{T}}\lambda u = \lambda\|u\|^2 = \lambda$$

由此推出 f 的最大值点必是 Σ 的关于其最大特征值 λ_1 的单位特征向量 u_1。

第 7 章习题答案

7. 证明：先证明式 (7.87)。等式两边左乘以 $I + L^{\mathrm{T}}\Psi^{-1}L$，得

$$L^{\mathrm{T}}\Psi^{-1}L = I + L^{\mathrm{T}}\Psi^{-1}L - I$$

这个等式显然成立, 因此式 (7.87) 成立。

再来看式 (7.88) 的证明。等式两边右乘以 $(LL^{\mathrm{T}} + \Psi)$, 得

$$I = \Psi^{-1}(LL^{\mathrm{T}} + \Psi) - \Psi^{-1}L(I + L^{\mathrm{T}}\Psi^{-1}L)^{-1}L^{\mathrm{T}}\Psi^{-1}(LL^{\mathrm{T}} + \Psi) \qquad \text{(ANS.53)}$$

记上述等式的右边为 R, 则利用式 (7.87) 得

$$
\begin{aligned}
R &= \Psi^{-1}(LL^{\mathrm{T}} + \Psi) - \Psi^{-1}L(I + L^{\mathrm{T}}\Psi^{-1}L)^{-1}L^{\mathrm{T}}\Psi^{-1}LL^{\mathrm{T}} - \Psi^{-1}L(I + L^{\mathrm{T}}\Psi^{-1}L)^{-1}L^{\mathrm{T}} \\
&= \Psi^{-1}(LL^{\mathrm{T}} + \Psi) - \Psi^{-1}L\left[I - (I + L^{\mathrm{T}}\Psi^{-1}L)^{-1}\right]L^{\mathrm{T}} - \Psi^{-1}L(I + L^{\mathrm{T}}\Psi^{-1}L)^{-1}L^{\mathrm{T}} \\
&= \Psi^{-1}(LL^{\mathrm{T}} + \Psi) - \Psi^{-1}LL^{\mathrm{T}} + \Psi^{-1}L(I + L^{\mathrm{T}}\Psi^{-1}L)^{-1}L^{\mathrm{T}} - \Psi^{-1}L(I + L^{\mathrm{T}}\Psi^{-1}L)^{-1}L^{\mathrm{T}} \\
&= I
\end{aligned}
$$

因此式 (ANS.53) 成立, 从而式 (7.88) 成立。

接下来证明式 (7.89)。式 (7.88) 两边右乘以 L, 得

$$(LL^{\mathrm{T}} + \Psi)^{-1}L = \Psi^{-1}L - \Psi^{-1}L(I + L^{\mathrm{T}}\Psi^{-1}L)^{-1}L^{\mathrm{T}}\Psi^{-1}L \qquad \text{(ANS.54)}$$

利用式 (7.87) 得

$$
\begin{aligned}
(LL^{\mathrm{T}} + \Psi)^{-1}L &= \Psi^{-1}L - \Psi^{-1}L\left[I - (I + L^{\mathrm{T}}\Psi^{-1}L)^{-1}\right] \\
&= \Psi^{-1}L(I + L^{\mathrm{T}}\Psi^{-1}L)^{-1}
\end{aligned} \qquad \text{(ANS.55)}
$$

等式两边取转置后便得到式 (7.89)。

第 8 章习题答案

2. 证明：正定性和对称性是显然的, 下面证明三角不等式。设 A 的特征分解为 $A = U\Lambda U^{\mathrm{T}}$, 其中 U 是正交矩阵, Λ 是对角矩阵, 且对角线上的元素是 A 的特征值, 因此皆为正数。令 $B^{\mathrm{T}} = U\Lambda^{1/2}$, 则 $A = B^{\mathrm{T}}B$, 因此

$$d_A^2(x - y) = (x - y)^{\mathrm{T}}A(x - y) = (x - y)^{\mathrm{T}}B^{\mathrm{T}}B(x - y) = \|B(x - y)\|^2 \qquad \text{(ANS.56)}$$

由此得到

$$
\begin{aligned}
d_A(x, z) &= \|B(x - z)\| = \|Bx - By + By - Bz\| \leqslant \|Bx - By\| + \|By - Bz\| \\
&= d_A(x, y) + d_A(y, z)
\end{aligned}
$$

3. 证明：正定性和对称性是显然的, 下面证明三角不等式。记

$$e_1 = (1, 0, 0, \cdots, 0, 0)^{\mathrm{T}}, \qquad e_2 = (0, 1, 0, \cdots, 0, 0)^{\mathrm{T}}, \qquad \cdots$$
$$e_{n-1} = (0, 0, 0, \cdots, 1, 0)^{\mathrm{T}}, \qquad e_n = (0, 0, 0, \cdots, 0, 1)^{\mathrm{T}}$$

则有

$$d^2(x_i, x_j) = (e_i - e_j)^{\mathrm{T}}C(e_i - e_j), \qquad i, j = 1, 2, \cdots, n \qquad \text{(ANS.57)}$$

利用习题 2 的结论即可得到三角不等式。

5. 证明：由式 (8.35) 得

$$D_c^2(p,q) = \frac{n_p + n_q}{n_p n_q} D_w^2(p,q), \qquad D_c^2(p,r) = \frac{n_p + n_r}{n_p n_r} D_w^2(p,r)$$

$$D_c^2(q,r) = \frac{n_q + n_r}{n_q n_r} D_w^2(q,r), \qquad D_c^2(l,r) = \frac{n_l + n_r}{n_l n_r} D_w^2(l,r)$$

将这些等式代入重心法递推式 (8.28), 整理后便可得到式 (8.38)。

第 9 章习题答案

略。

第 10 章习题答案

略。

第 11 章习题答案

2. 证明：首先注意到

$$\begin{aligned}
\sum_{i=1}^p (\widetilde{a}^{\mathrm{T}} \widetilde{a}_i)^2 &= \sum_{i=1}^p \widetilde{a}^{\mathrm{T}} \widetilde{a}_i \widetilde{a}_i^{\mathrm{T}} \widetilde{a} = \widetilde{a}^{\mathrm{T}} \left(\sum_{i=1}^p \widetilde{a}_i \widetilde{a}_i^{\mathrm{T}} \right) \widetilde{a} \\
&= \widetilde{a}^{\mathrm{T}} \left(\widetilde{A} \widetilde{A}^{\mathrm{T}} \right) \widetilde{a} \\
&= \widetilde{a}^{\mathrm{T}} I \widetilde{a}^{\mathrm{T}} \\
&= \|\widetilde{a}\|^2 = 1
\end{aligned} \tag{ANS.58}$$

同理可证

$$\sum_{i=1}^q (\widetilde{b}_i^{\mathrm{T}} \widetilde{b})^2 = \|\widetilde{a}\|^2 = 1 \tag{ANS.59}$$

于是有

$$\begin{aligned}
\widetilde{a}^{\mathrm{T}} \widetilde{\Sigma} \widetilde{b} &= \sum_{i=1}^p \gamma_i (\widetilde{a}^{\mathrm{T}} \widetilde{a}_i)(\widetilde{b}_i^{\mathrm{T}} \widetilde{b}) \\
&\leqslant \left(\sum_{i=1}^p \gamma_i (\widetilde{a}^{\mathrm{T}} \widetilde{a}_i)^2 \right)^{1/2} \left(\sum_{i=1}^p \gamma_i (\widetilde{b}_i^{\mathrm{T}} \widetilde{b})^2 \right)^{1/2} \qquad \text{(Cauchy 不等式)} \\
&\leqslant \gamma_1 \left(\sum_{i=1}^p (\widetilde{a}^{\mathrm{T}} \widetilde{a}_i)^2 \right)^{1/2} \left(\sum_{i=1}^p (\widetilde{b}_i^{\mathrm{T}} \widetilde{b})^2 \right)^{1/2} \qquad \text{(因为 } \gamma_1 \text{ 是最大的奇异值)}
\end{aligned}$$

$$\leqslant \gamma_1 \left(\sum_{i=1}^{p} (\widetilde{a}^{\mathrm{T}} \widetilde{a}_i)^2 \right)^{1/2} \left(\sum_{i=1}^{q} (\widetilde{b}_i^{\mathrm{T}} \widetilde{b})^2 \right)^{1/2} = \gamma_1$$

3. 证明：注意到

$$\widetilde{a}^{\mathrm{T}} \widetilde{\Sigma} \widetilde{b} = \sum_{i=1}^{p} \gamma_i (\widetilde{a}^{\mathrm{T}} \widetilde{a}_i)(\widetilde{b}_i^{\mathrm{T}} \widetilde{b}) = \sum_{i=k}^{p} \gamma_i (\widetilde{a}^{\mathrm{T}} \widetilde{a}_i)(\widetilde{b}_i^{\mathrm{T}} \widetilde{b})$$

$$\leqslant \left(\sum_{i=k}^{p} \gamma_i (\widetilde{a}^{\mathrm{T}} \widetilde{a}_i)^2 \right)^{1/2} \left(\sum_{i=k}^{p} \gamma_i (\widetilde{b}_i^{\mathrm{T}} \widetilde{b})^2 \right)^{1/2}$$

$$\leqslant \gamma_k \left(\sum_{i=k}^{p} (\widetilde{a}^{\mathrm{T}} \widetilde{a}_i)^2 \right)^{1/2} \left(\sum_{i=k}^{p} (\widetilde{b}_i^{\mathrm{T}} \widetilde{b})^2 \right)^{1/2}$$

$$\leqslant \gamma_k \left(\sum_{i=1}^{p} (\widetilde{a}^{\mathrm{T}} \widetilde{a}_i)^2 \right)^{1/2} \left(\sum_{i=1}^{q} (\widetilde{b}_i^{\mathrm{T}} \widetilde{b})^2 \right)^{1/2} = \gamma_k$$

4. 证明：设 a 和 b 是满足条件式 $(11.29 \sim 11.31)$ 的任意向量, $u = a^{\mathrm{T}} x, v = b^{\mathrm{T}} y$, 令

$$\widetilde{a} = \Sigma_{xx}^{\frac{1}{2}} a, \qquad \widetilde{b} = \Sigma_{yy}^{\frac{1}{2}} b \qquad \text{(ANS.60)}$$

则有

$$\|\widetilde{a}\|^2 = \widetilde{a}^{\mathrm{T}} \widetilde{a} = a^{\mathrm{T}} \Sigma_{xx} a = 1, \qquad \left\|\widetilde{b}\right\|^2 = \widetilde{b}^{\mathrm{T}} \widetilde{b} = b^{\mathrm{T}} \Sigma_{yy} b = 1, \qquad \text{(ANS.61)}$$

$$\widetilde{a}^{\mathrm{T}} \widetilde{a}_j = a^{\mathrm{T}} \Sigma_{xx} a_j = 0, \qquad \widetilde{b}^{\mathrm{T}} \widetilde{b}_j = b^{\mathrm{T}} \Sigma_{xx} b_j = 0, \qquad j = 1, 2, \cdots, i-1 \quad \text{(ANS.62)}$$

于是由习题 3 的结论得

$$\rho_{u,v} = a^{\mathrm{T}} \Sigma_{xy} b = \widetilde{a} \Sigma_{xx}^{-\frac{1}{2}} \Sigma_{xy} \Sigma_{yy}^{-\frac{1}{2}} \widetilde{b} = \widetilde{a}^{\mathrm{T}} \widetilde{\Sigma}_{xy} \widetilde{b}$$

$$\leqslant \gamma_i \qquad \text{(ANS.63)}$$

另一方面, $u_i = a_i^{\mathrm{T}} x$ 和 $v_i = b_i^{\mathrm{T}} y$ 满足

$$\rho_{u_i, v_i} = a_i^{\mathrm{T}} \Sigma_{xy} b_i = \widetilde{a}_i^{\mathrm{T}} \widetilde{\Sigma}_{xy} \widetilde{b}_i = \widetilde{a}_i^{\mathrm{T}} \left(\sum_{j=1}^{p} \gamma_j \widetilde{a}_j \widetilde{b}_j^{\mathrm{T}} \right) \widetilde{b}_i$$

$$= \sum_{j=1}^{p} \gamma_j \widetilde{a}_i^{\mathrm{T}} \widetilde{a}_j \widetilde{b}_j^{\mathrm{T}} \widetilde{b}_i$$

$$= \gamma_i \widetilde{a}_i^{\mathrm{T}} \widetilde{a}_i \widetilde{b}_i^{\mathrm{T}} \widetilde{b}_i$$

$$= \gamma_i \|\widetilde{a}_i\|^2 \left\|\widetilde{b}_i\right\|^2 = \gamma_i \qquad \text{(ANS.64)}$$

因此 a_i, b_i 是优化问题式 $(11.28 \sim 11.31)$ 的解。

参 考 文 献

[1]   Chung K L. A Course in Probability Theory [M]. 3rd ed. San Diego: Academic Press, 2000.

[2]   杨寿渊. 测度论与实分析基础 [M]. 上海: 复旦大学出版社, 2019.

[3]   陈纪修, 於崇华, 金路. 数学分析（上、下册）[M]. 北京: 高等教育出版社, 2004.

[4]   Rudin W. Principles of Mathematical Analysis [M]. 3rd ed. New York: McGraw-Hill Education, 1976.

[5]   Rudin W. Real and Complex Analysis[M]. McGraw-Hill Education, 1986.

[6]   Billingsley. Patrick Probability and measure[M]. 3rd ed. Wiley Series in Probability and Mathematical Statistics. A Wiley-Interscience Publication. New York: John Wiley & Sons, Inc., 1995.

[7]   Curtiss J H. A note on the theory of moment generating functions[J]. Annals of Mathematical Statistics, 1942, 13(4), 430-433.

[8]   Wishart J. The generalised product moment distribution in samples from a normal multivariate population[J]. Biometrika, 1928, 20A(1-2), 32-52.

[9]   Adriaans P, Zantinge D. Data Mining[M]. Harlow, England: Addison-Wesley, 1996.

[10]   方开泰. 实用多元统计分析 [M]. 上海: 华东师范大学出版社, 1989.

[11]   Hotelling H. The generalization of Student's ratio[J]. Annals of Mathematical Statistics, 1931, 2(3), 360-378.

[12]   Anderson T W. An Introduction to Multivariate Statistical Analysis[M]. 2nd ed. New York: Wiley, 1984.

[13]   SchatZoff M. Exact distribution of Wilks's likelihood ratio criterion[J]. Biometrika, 1966, 53, 347-358.

[14]   Pham-Gia T. Exact distribution of generalized Wilks's statistic and applications[J]. Journal of Multivariate Analysis, 2008, 99(8), 1698-1716.

[15]   Grilo L M, Coelho C A. The exact and near-exact distributions for the Wilks Lambda statistic used in the test of independence of two sets of variables[J]. American Journal of Mathematical and Management Science, 2010, 30(1-2), 111-145.

[16]   Bartlett M S. A note on the multiplying factor for various χ^2 approximations[J]. Journal of the Royal Statistical Society. Series B(Methodological), 1954, 16(2), 296-298.

[17]   Johnson R A, Wichern D W. 实用多元统计分析 (英文)(Applied Multivariate Statistical Analysis)[M]. 6th ed. 北京: 清华大学出版社, 2008.

[18]   Lattin J M, Carroll J D, Green P E. Analyzing Multivariate Data[M]. 北京：机械工业出版社, 2003.

[19]   何晓群. 多元统计分析 [M]. 4 版. 北京: 中国人民大学出版社, 2015.

[20]   王学民. 应用多元统计分析 [M]. 5 版. 上海: 上海财经大学出版社, 2016.

[21]   范金城, 梅长林. 数据分析 [M]. 2 版. 北京：科学出版社, 2010.

[22]   李春林, 陈旭红. 应用多元统计分析 [M]. 北京: 清华大学出版社, 2013.

[23]   Strang G. Linear Algebra and Its Applications[M]. 4th ed. Brooks Cole, 2004.

[24] Leon S J. 线性代数 (英文)(Linear Algebra with Applications)[M]. 9th ed. 北京: 机械工业出版社, 2017.

[25] 王萼芳. 高等代数 [M]. 4 版. 北京: 高等教育出版社, 2016.

[26] DeGroot M H, Schervish M J. 概率统计 (英文)(Probability and Statistics)[M]. 4th ed. 北京: 机械工业出版社, 2012.

[27] Larsen R J, Marx M L. 数理统计及其应用 (英文)(An Introduction to Mathematical Statistics and Its Application)[M]. 6th ed. 北京: 机械工业出版社, 2019.

[28] 陈希孺. 概率论与数理统计 [M]. 合肥: 中国科学技术大学出版社, 2009.

[29] 邓集贤, 杨维权, 司徒荣, 等. 概率论与数理统计 [M]. 4 版. 广州: 中山大学出版社, 2009.

[30] 何书元. 数理统计 [M]. 北京: 高等教育出版社, 2012.

[31] Holmos P R. Measure Theory(Graduate Texts in Mathematics)[M]. Springer-Verlag, 1978.

[32] T. Tao. An Introduction to Measure Theory(Graduate Texts in Mathematics)(new Edition)[M]. American Mathematical Society, 2011.

[33] 严家安. 测度论讲义 [M]. 北京: 科学出版社, 2004.

[34] 程士宏. 测度论与概率基础 [M]. 北京: 北京大学出版社, 2004.

[35] Welch B L. The generalization of "Student's" problem when several different population variances are involved[J]. Biometrika, 1947, 34(1-2), 28-35.

[36] Chapman D G. Some two sample tests[J]. Annals of Mathematical Statistics, 1950, 21(4), 601-606.

[37] Prokof'yev V N, Shishkin A D. Successive classification of normal sets with unknown variances[J]. Radio Engng. Electron. Phys, 1974, 19(2), 141-143.

[38] Dudewicz E J, Ahmed S U. New exact and asymptotically optimal solution to the Behrens-Fisher problem, with tables[J]. American Journal of Mathematical and Management Sciences, 1999, 18(3-4), 359-426.

[39] Dudewicz E J, Ahmed S U. New exact and asymptotically optimal heteroscedastic statistical procedures and tables, II[J]. American Journal of Mathematical and Management Sciences, 1998, 19(1-2), 157-180.

[40] Dudewicz E J, Ma Y, Mai S E, H. Su. Exact solutions to the Behrens-Fisher problem: Asyptotically optimal and finite sample efficient choice among[J]. Journal of Statistical Planning and Inference, 2007, 137(5), 1584-1605.

[41] Fisher R A. The correlation between relatives on the supposition of mendelian inheritance[J]. Philosophical Transactions of the Royal Society of Edinburgh, 1918, 52, 399-433.

[42] Nel D G, Van der Merwe C A. A solution to the multivariate Behrens-Fisher problem [J]. Communications in Statistics–Theory and Methods, 1986, 15, 3719-3735.

[43] Krishnamoorthy K, Yu J. Modified Nel and Van der Merwe test for the multivariate Behrens-Fisher problem [J]. Statistics & Probability Letters, 2004, 66, 161-169.

[44] Bartlett M S. Further aspects of the theory of multiple regression [J]. Proceedings of the Cambridge Philosophical Society, 1938, 34, 33-40.

[45] Box G E P. Problem in the analysis of growth and wear curves [J], Biometrics, 1950, 6, 362-389.

[46] Box G E P, Draper N R. Evolutionary Operation: A Statistical Method for Process Improvement [M]. New York: John Wiley, 1969.

[47] Pearson K. On the criterion that a given system of deviations from the probable in the case of

a correlated system of variables is such that it can be reasonably supposed to have arisen from random sampling[J]. Philosophical Magazine, 1900, 302, 157-175.

[48] Kolmogorov A. Sulla determinazione empirica di una legge di distribuzione [J]. G. Ist. Ital. Attuari, 1933, 4, 83-91.

[49] Smirnov N. Table for estimating the goodness of fit of empirical distributions [J]. Annals of Mathematical Statistics, 1948, 19(2), 279-281.

[50] Joanes D N, Gill C A. Comparing measures of sample skewness and kurtosis [J]. Journal of the Royal Statistical Society, Series D, 1998, 47(1), 183-189.

[51] Doane D P, Seward L E. Measuring skewness: a forgotten statistic [J]. Journal of Statistics Education, 2011, 19(2), 1-18.

[52] Kendall M G, Stuart A. (1969), The Advanced Theory of Statistics, Volume 1: Distribution Theory (3rd Ed.)[M]. London, UK: Charles Griffin & Company Limited, 1969.

[53] Spearman C. The proof and measurement of association between two rings [J]. American Journal of Psychology, 1904, 15(5), 72-101.

[54] Fieller E C, Hartley H O, Pearson E S. Tests for rank correlation coefficients [J]. Biometrika, 1957, 44(3), 470-481.

[55] Kendall M G. Rank correlation methods [M]. Griffin (Charles Griffin Book Series), 1990.

[56] Kendall M G. A new measure of rank correlation [J]. Biometrika, 1938, 30(1-2), 81-93.

[57] Kruskal W H. Ordinal measures of association [J]. Journal of the American Statistical Association, 1958, 53 (28), 814-861.

[58] Benhamou, Eric, Melot, et al. Seven Proofs of the Pearson Chi-Squared Independence Test and its Graphical Interpretation (August 29, 2018). Available at SSRN:https://ssrn.com/abstract=3239829, http://dx.doi.org/10.2139/ssrn.3239829, or https://arxiv.org/abs/1808.09171 v2.

[59] Anderson T W, Darling D A. A Test of Goodness of Fit [J]. Journal of the American Statistical Association, 1954, 49, 765-769.

[60] Shapiro S S, Wilk M B. An analysis of variance test for normality (complete samples)[J]. Biometrika, 1965, 52, 591-611.

[61] D'Agostino R B, Pearson E S. Tests for Departure from Normality[J]. Biometrika, 1973, 60, 613-622.

[62] J. S. Maritz. Distribution-Free Statistical Methods[M], Chapman & Hall, 1981.

[63] 王星. 非参数统计 [M]. 3 版. 北京: 电子工业出版社, 2021.

[64] 王静龙, 梁小筠. 非参数统计分析 [M]. 北京: 高等教育出版社, 2006.

[65] 孙山泽. 非参数统计讲义 [M]. 北京: 北京大学出版社, 2000.

[66] 吴喜之, 赵博娟. 非参数统计 [M]. 北京: 中国统计出版社, 2009.

[67] Hunter D R. 2015. Notes for a graduate-level course in asymptotics for statisticians[J]. Journal of the American Statistical Association, http://personal.psu.edu/drh20/asymp/lectures/asymp.pdf.

[68] Strang G. Linear Algebra and Learning from Data [M]. London: Wellesley-Cambridge Press, 2019.

[69] Golub G H, Loan C F V. Matrix Computations (3rd Ed.) [M]. Baltimore: Johns Hopkins University Press, 1996.

[70] 张贤达. 矩阵分析与应用 [M]. 北京: 清华大学出版社, 2004.

[71] 方保镕, 周继东, 李医民. 矩阵论 [M]. 2 版. 北京: 清华大学出版社, 2013.

[72] 杨明, 刘先忠. 矩阵论 [M]. 2 版. 武汉: 华中科技大学出版社, 2005.

[73] 徐仲, 张凯院, 陆全, 等. 矩阵论简明教程 [M]. 3 版. 北京: 中国科学出版社, 2014.

[74] Li C K, Strang G. An elementary proof of Mirsky's low rank approximation theorem [J]. Electronic Journal of Linear Algebra, 2020, 36, 694-697.

[75] 张恭庆, 林源渠. 泛函分析讲义（上册）[M]. 北京：北京大学出版社, 2014.

[76] Atkinson A C. Plots, Transformations and Regression: An Introduction to Graphical Methods of Diagnostic Regression Analysis[M]. Oxford, England: Oxford University Press, 1986.

[77] Belsley D A, Kuh E, Welsh R E. Regression Diagnostics: Identifying Influential Data and Sources of Collinearity[M]. New York: Wiley-Interscience, 2004.

[78] Cook R D, Weisberg S. Applied Regression Including Computing and Graphics[M]. New York: John Wiley, 1999.

[79] Cook R D, Weisberg S. Residuals and Influence in Regression[M]. London: Chapman and Hall, 1982.

[80] Draper N R, Smith H. Applied Regression Analysis(3rd Ed.)[M]. New York: John Wiley, 1998.

[81] Guilford J P, Fruchter B. Fundamental Statistics in Psychology and Education[M]. Tokyo: McGraw-Hill Kogakusha, LTD, 1973.

[82] Kendall M G, Stuart A. The Advanced Theory of Statistics vol. 2(3rd Edition)[M], 1973.

[83] Pearson K. On lines and planes of closest fit to systems of points in soace[J]. Philosophical Magazine, 1901, 2(6), 559-572.

[84] Galton F. Natural Inheritance[M]. Lodon: Macmillan and Company, 1889.

[85] Beltrami E. On bilinear functions[R]. University of Minnesota, Dept. of Computer Science, Technical Report, 1990(TR 1990-37), 1990. Original pubishing date: 1873.

[86] Jordan C. Mémoire sur les formes bilinéaires[J]. Journal de Mathematiques Pures et Appliquées, Deuxièmesérie, 1874, 19, 35-54.

[87] Hotelling H. Analysis of a Complex of Statistical Variables Into Principal Components[M]. Warwick and York, 1933.

[88] Jolliffe I T. Principal Component Analysis(2end Ed.)[M]. New York: Springer Verlag, 2002.

[89] Bartlett M S. The effect of standardization on a chi square approximation in factor analysis[J]. Biometrika, 1951, 38, 337-344.

[90] Kaiser H F. A second generation little jiffy[J]. Psychometrika, 1970, 35(4), 401-415.

[91] Kaiser H F, Rice J. Little jiffy, mark iv[J]. Educational and Psychological Measurement, 1970, 34(1), 111-117.

[92] Cattell R B. The Scree Test For The Number of Factors[J]. Multivariate Behavioral Research, 1966, 1(2), 245-276.

[93] Kaiser H F. The Application of Electronic Computers to Factor Analysis[J]. Educational and Psychological Measurement, 1960, 20, 141-151.

[94] Horn J L. A rationale and test for the number of factors in factor analysis[J]. Psychometrika, 1965, 30(2), 179-185.

[95] Glorfeld L W. An improvement on Horn's parallel analysis methodology for selecting the correct number of factors to retain[J]. Educational and Psychological Measurement, 1995, 55(3), 377-

393.

[96]   Thurstone L L. Multiple factor analysis[J]. Psychological Review, 1931, 38(5), 406-427.

[97]   Thurstone L L. The Vectors of Mind[J]. The Psychological Review, 1934, 41(1), 1-32.

[98]   Thurstone L L. The Vectors of Mind: Multiple-Factor Analysis for the Isolation of Primary
       Traits[M]. Chicago, Illinois: University of Chicago Press, 1935.

[99]   Holzinger K, Swineford F. A study in factor analysis: The stability of a bifactor solution[M].
       Supplementary Educational Monograph, no. 48. Chicago: University of Chicago Press, 1939.

[100] Jöreskog K G. Some contributions to maximum likelihood factor analysis [J]. Psychometrika,
       1967(4), 32, 443-482.

[101] Jennrich R I, Robinson S M. A newton-raphson algorithm for maximum likelihood factor analysis
       [J]. Psychometrika, 1969, 34(1), 111-123.

[102] Dempster A P, Laird N M, Rubin D B. Maximum likelihood estimation from incomplete data
       via the EM algorithm (with discussion)[J]. Journal of the Royal Statistical Society Series B,
       1977, 39(1), 1-38.

[103] Rubin D B, Thayer D T. EM algorithm for ML factor analysis [J]. Psychometrika, 1982, 47(1),
       69-76.

[104] Jöreskog K G, Sörbom D. LISREL-7: A guide to the program and applications (2nd edition).
       Chicago: SPSS, 1988.

[105] Liu C, Rubin D B. The ECME algorithm: A simple extension of EM and ECM with faster
       monotone convergence [J]. Biometrika, 1994, 81(4), 633-648.

[106] Kaiser H F. The varimax criterion for analytic rotation in factor analysis [J]. Psychometrika,
       1958, 23(3), 187-200.

[107] Linden M. A factor analytic study of Olympic decathlon data [J]. Research Quarterly, 1977,
       48(3), 562-568.

[108] Bartlett M S. The statistical conception of mental factors [J]. British Journal of Psychology,
       1937, 28, 97-104.

[109] Gorsuch R L. Factor Analysis [M]. Lawrence Erlbaum Associates, 1983.

[110] Arthanavi T S, Yadolah Dodge. Mathematical Programming in Statistics [M]. New York: John
       Wiley & Sons Inc., 1981.

[111] MacQueen J. Some methods for classification and analysis of multivariate observations
       [C]//Proceedings of the 5th Berkley Symposium on Mathematical Statistics and Probability, 1,
       281-297. Berkley, CA: University of California Press, 1967.

[112] Anderberg M R. Cluster Analysis for Applications [M]. New York: Academic Press, 1973.

[113] Everitt B S, Landau S, Leese M. Cluster Analysis(4th Ed.) [M]. London: Hodder Arnold, 2001.

[114] Hartigan J A. Clustering Analysis [M]. New York: John Wiley, 1975.

[115] Shepard R N. Multidimensional scaling, tree-fitting, and clustering [J]. Science, 1980,
       210(4468),390-398.

[116] Kruskal J B. Multidimensional scaling by optimizing goodness of fit to a nonmetric hypothesis
       [J]. Psychometrika, 1964, 29(1), 1-27.

[117] Kruskal J B. Non-metric multidimensional scaling: a numerical method [J]. Psychometrika,
       1964, 29(1), 115-129.

[118] Kruskal J B, Wish M. Multidimensional scaling [A]. Sage University Paper Series on Quantitative

Applications in the Social Science, 07-011. Beverly Hills and London: Sage Publications, 1978.

[119] de Leeuw J. Applications of convex analysis to multidimensional scaling [A]. in: J. Barra, F. Brodeau, G. Romier & B. van Cutsem, eds, Recent Developments in Statistics, 133-145. Amsterdam: North Holland Publishing Company, 1977.

[120] Glunt W, Hayden T, Rayden M. Molecular conformations from distance matrices [J]. Journal of Computational Chemistry, 1993, 14, 114-120.

[121] Kearsley A, Tapia R, Trosset M. The solution of the metric STRESS and SSTRESS problems in multidimensional scaling using Newton's method [J]. Computational Statistics, 1998, 13, 369-396.

[122] Takane Y, Young F, de Leeuw J. Nonmetric individual differences in multidimensional scaling: An alternating least squares method with optimal scaling features [J]. Psychometrika, 1984, 42, 7-67.

[123] Browne M. The Young-Householder algorithm and the least squares multidimensional scaling of squared distances [J]. Journal of Classification, 1987, 4, 175-190.

[124] Glunt W, Hayden T L, Liu W M. The embedding problem for predistance matrices [J]. Bulletin of Mathematical Biology, 1991, 53(5), 769-796.

[125] Trosset M. Applications of multidimensional scaling to molecular conformation [J]. Computing Science and Statistics, 1998, 29, 148-152.

[126] Trosset M. A new formulation of the nonmetric strain problem in multidimensional scaling [J]. Journal of Classification, 1998, 15, 15-35.

[127] Young F W, Hamer R M. Multidimensional Scaling: History, Theory, and Applications [M]. Hillsdale, NJ: Lawrence Erlbaum Associates, Publishers, 1987.

[128] Cox T F, Cox M A. Multidimensional Scaling [M]. Chapman & Hall/CRC, 2000.

[129] Borg I, Groenen P. Modern Multidimensional Scaling: Theory and Applications[M]. Springer Verlag, 2005.

[130] Lachenbruch P A, Mickey M R. Estimation of error rates in discriminant analysis [J]. Technometrics, 1968, 10(1), 1-11.

[131] Fisher R A. The use of multiple measurements in taxonomic problems [J]. Annals of Eugenics, 1936, 7, 179-188.

[132] Fisher R A. The statistical utilization of multiple measurements [J]. Annals of Eugenics, 1938, 8, 376-386.

[133] Hosmer D W, Lemeshow S. Applied Logistic Regression(2nd Ed.)[M]. New York: Wiley-Interscience, 2000.

[134] Dobson A J. An Introduction to Generalized Linear Models [M]. New York: Chapman & Hall, 1990.

[135] McCullagh P, Nelder J A. Generalized Linear Models [M]. New York: Chapman & Hall, 1990.

[136] 周志华. 机器学习 [M]. 北京: 清华大学出版社, 2016.

[137] Hotelling H. Relations between two sets of variates [J]. Biometrika, 1936, 28(3-4), 321-377.

[138] Krzanowski W J. Principles of Multivariate Analysis: A User's Perspective[M]. New York: Oxford University Press, 1988.

[139] Rasiwasia N, Costa Pereira J, Coviello E, et al. A new approach to cross-modal multimedia retrieval[C]. In Proceedings of the 18th ACM international conference on Multimedia, ACM,

2010. 251-260.

[140] Gao C, Ma Z, Zhou H H. Sparse CCA: Adaptive Estimation and Computational Barriers[J]. The Annals of Statistics, 2017, 45(5), 2074-2101.

[141] Witten D M, Tibshirani R, Hastie T. A penalized matrix decomposition, with applications to sparse principal components and canonical correlation analysis [J]. Biostatistics, 2009, 10(3), 515-534.

[142] Chen X, Liu H, Carbonell J G. Structured sparse canonical correlation analysis[A]. In International Conference on Artificial Intelligence and Statistics, 2012, 199-207.

[143] Dhillon P S, Foster D, Ungar L. Multi-view learning of word embeddings via cca [C]//In Advances in Neural Information Processing Systems (NIPS), volume 24, 2011.

[144] Faruqui M, Dyer C. Improving vector space word representations using multilingual correlation[C]. Association for Computational Linguistics, 2014.

[145] "Student"[William Sealy Gosset]. The probable error of a mean[J]. Biometrika, 1908, 6(1), 1-25.

[146] David H A, Nagaraja H N. Order Statistics(3rd Ed.)[M]. A John Wiley & Sons, 2003.

[147] Dvoretzky A, Kiefer J, Wolfowitz J. Asymptotic minimax character of the sample distribution function and of the classical multinomial estimator [J]. Annals of Mathematical Statistics, 1956, 27(3), 642-669.

[148] Massart P. The tight constant in the Dvoretzky‐Kiefer‐Wolfowitz inequality[J]. Annals of Probability, 1990, 18(3), 1269-1283.

图书资源支持

感谢您一直以来对清华版图书的支持和爱护。为了配合本书的使用，本书提供配套的资源，有需求的读者请扫描下方的"书圈"微信公众号二维码，在图书专区下载，也可以拨打电话或发送电子邮件咨询。

如果您在使用本书的过程中遇到了什么问题，或者有相关图书出版计划，也请您发邮件告诉我们，以便我们更好地为您服务。

我们的联系方式：

清华大学出版社计算机与信息分社网站：https://www.shuimushuhui.com/

地　　址：北京市海淀区双清路学研大厦 A 座 714

邮　　编：100084

电　　话：010-83470236　010-83470237

客服邮箱：2301891038@qq.com

QQ：2301891038（请写明您的单位和姓名）

资源下载： 关注公众号"书圈"下载配套资源。

资源下载、样书申请

书　圈

图书案例

清华计算机学堂

观看课程直播